21世纪高等学校规划教材 | 电子信息

微波技术与天线

龙光利 主编
薛转花 副主编

清华大学出版社
北京

内 容 简 介

本书系统讲述微波技术与天线的基本原理、基本技术及典型应用系统。全书分 9 章，内容包括绪论、微波传输线理论、规则金属波导、微波集成传输线、微波网络基础、微波元器件、天线基本理论、线天线和面天线。

本书语言通俗易懂，注重基本理论和基本技术，紧密联系实际系统，内容由浅入深，尽量减少繁杂的公式推导和定理证明。为了帮助读者掌握基本理论和分析方法，每章都给出了一定数量的例题，章末附有小结和习题，并配有习题参考答案。

本书可作为高等学校通信工程、电子信息工程、电子信息科学技术等专业本科生教材，也可供通信工程技术人员和科研人员用作参考书。

图书在版编目(CIP)数据

微波技术与天线/龙光利主编. —北京：清华大学出版社，2017（2023.4 重印）
（21 世纪高等学校规划教材·电子信息）
ISBN 978-7-302-48828-6

Ⅰ. ①微…　Ⅱ. ①龙…　Ⅲ. ①微波技术－高等学校－教材 ②微波天线－高等学校－教材
Ⅳ. ①TN015 ②TN822

中国版本图书馆 CIP 数据核字(2017)第 273105 号

责任编辑：郑寅堃　常建丽
封面设计：傅瑞学
责任校对：焦丽丽
责任印制：丛怀宇

出版发行：清华大学出版社
网　　址：http://www.tup.com.cn，http://www.wqbook.com
地　　址：北京清华大学学研大厦 A 座　　**邮　　编**：100084
社 总 机：010-83470000　　**邮　　购**：010-62786544
投稿与读者服务：010-62776969，c-service@tup.tsinghua.edu.cn
质量反馈：010-62772015，zhiliang@tup.tsinghua.edu.cn
课件下载：http://www.tup.com.cn，010-83470236
印 装 者：三河市龙大印装有限公司
经　　销：全国新华书店
开　　本：185mm×260mm　　**印　　张**：19　　**字　　数**：460 千字
版　　次：2017 年 12 月第 1 版　　**印　　次**：2023 年 4 月第 3 次印刷
印　　数：1301～1500
定　　价：59.00 元

产品编号：071230-01

出版说明

随着我国改革开放的进一步深化，高等教育也得到了快速发展，各地高校紧密结合地方经济建设发展需要，科学运用市场调节机制，加大了使用信息科学等现代科学技术提升、改造传统学科专业的投入力度，通过教育改革合理调整和配置了教育资源，优化了传统学科专业，积极为地方经济建设输送人才，为我国经济社会的快速、健康和可持续发展以及高等教育自身的改革发展做出了巨大贡献。但是，高等教育质量还需要进一步提高以适应经济社会发展的需要，不少高校的专业设置和结构不尽合理，教师队伍整体素质亟待提高，人才培养模式、教学内容和方法需要进一步转变，学生的实践能力和创新精神亟待加强。

教育部一直十分重视高等教育质量工作。2007 年 1 月，教育部下发了《关于实施高等学校本科教学质量与教学改革工程的意见》，计划实施“高等学校本科教学质量与教学改革工程”（简称“质量工程”），通过专业结构调整、课程教材建设、实践教学改革、教学团队建设等多项内容，进一步深化高等学校教学改革，提高人才培养的能力和水平，更好地满足经济社会发展对高素质人才的需要。在贯彻和落实教育部“质量工程”的过程中，各地高校发挥师资力量强、办学经验丰富、教学资源充裕等优势，对其特色专业及特色课程（群）加以规划、整理和总结，更新教学内容、改革课程体系，建设了一大批内容新、体系新、方法新、手段新的特色课程。在此基础上，经教育部相关教学指导委员会专家的指导和建议，清华大学出版社在多个领域精选各高校的特色课程，分别规划出版系列教材，以配合“质量工程”的实施，满足各高校教学质量和教学改革的需要。

为了深入贯彻落实教育部《关于加强高等学校本科教学工作，提高教学质量的若干意见》精神，紧密配合教育部已经启动的“高等学校教学质量与教学改革工程精品课程建设工作”，在有关专家、教授的倡议和有关部门的大力支持下，我们组织并成立了“清华大学出版社教材编审委员会”（以下简称“编委会”），旨在配合教育部制定精品课程教材的出版规划，讨论并实施精品课程教材的编写与出版工作。“编委会”成员皆来自全国各类高等学校教学与科研第一线的骨干教师，其中许多教师为各校相关院、系主管教学的院长或系主任。

按照教育部的要求，“编委会”一致认为，精品课程的建设工作从开始就要坚持高标准、严要求，处于一个比较高的起点上。精品课程教材应该能够反映各高校教学改革与课程建设的需要，要有特色风格、有创新性（新体系、新内容、新手段、新思路，教材的内容体系有较高的科学创新、技术创新和理念创新的含量）、先进性（对原有的学科体系有实质性的改革和发展，顺应并符合 21 世纪教学发展的规律，代表并引领课程发展的趋势和方向）、示范性（教材所体现的课程体系具有较广泛的辐射性和示范性）和一定的前瞻性。教材由个人申报或各校推荐（通过所在高校的“编委会”成员推荐），经“编委会”认真评审，最后由清华大学出版社审定出版。

目前，针对计算机类和电子信息类相关专业成立了两个“编委会”，即“清华大学出版社计算机教材编审委员会”和“清华大学出版社电子信息教材编审委员会”。推出的特色精品教材包括：

(1) 21世纪高等学校规划教材·计算机应用——高等学校各类专业，特别是非计算机专业的计算机应用类教材。

(2) 21世纪高等学校规划教材·计算机科学与技术——高等学校计算机相关专业的教材。

(3) 21世纪高等学校规划教材·电子信息——高等学校电子信息相关专业的教材。

(4) 21世纪高等学校规划教材·软件工程——高等学校软件工程相关专业的教材。

(5) 21世纪高等学校规划教材·信息管理与信息系统。

(6) 21世纪高等学校规划教材·财经管理与应用。

(7) 21世纪高等学校规划教材·电子商务。

(8) 21世纪高等学校规划教材·物联网。

清华大学出版社经过三十多年的努力，在教材尤其是计算机和电子信息类专业教材出版方面树立了权威品牌，为我国的高等教育事业做出了重要贡献。清华版教材形成了技术准确、内容严谨的独特风格，这种风格将延续并反映在特色精品教材的建设中。

清华大学出版社教材编审委员会
联系人：魏江江
E-mail：weijj@tup.tsinghua.edu.cn

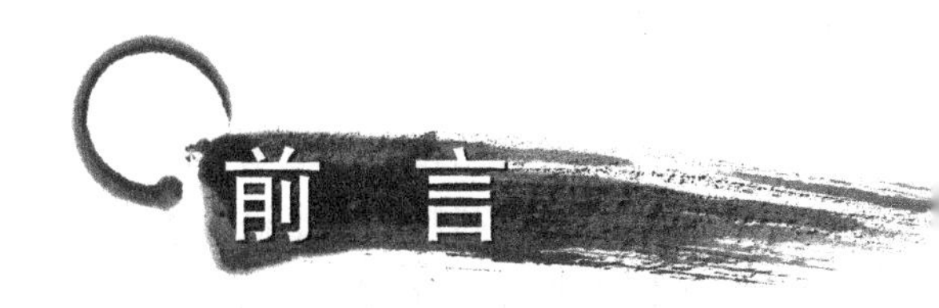

前言

“微波技术与天线”是高等理工院校通信工程、电子信息工程、电子信息科学与技术等专业的一门重要的技术基础课。为了提高学生综合运用本课程所学知识的能力，全面掌握微波技术与天线的基本概念、基本理论和基本原理，本书在内容上注重讲解基本概念，注重技术实用性和新颖性，概念准确，文字描述简洁明了。各章对重点内容都结合例子予以说明，并进行总结和归纳，以利于学生对微波技术与天线中最重要和关键的内容能深入理解、掌握和应用，为进一步加深学习和深入研究打下坚实基础。

本书内容比较丰富，分析严谨，内容由浅入深，注重理论联系实际。为了帮助读者掌握基本理论和分析方法，每章都给出了一定数量的例题，每章后还附有习题和参考答案，便于读者掌握主干内容。全书共分 9 章。

第 1 章为绪论，介绍微波技术与天线的基本概念，微波波段的划分，常用电器频段，微波的基本特点，微波的基本应用及本课程的体系结构。

第 2 章为微波传输线理论，概述微波传输线的定义及分类，均匀传输线方程及其传输线的工作特性参数，微波传输线的基本参量，无耗传输线的状态分析，传输线的功率、效率和损耗，史密斯圆图及应用，阻抗匹配。

第 3 章为规则金属波导，概述导波的场量分析、矩形波导、圆形波导、同轴线、波导的激励。

第 4 章为微波集成传输线，讨论微波集成传输线及发展过程、带状线、微带线、耦合微带线、介质波导和光纤。

第 5 章为微波网络基础，概述微波网络等效原理，单口网络，阻抗导纳矩阵和 ABCD 矩阵，微波网络的散射矩阵及传输矩阵。

第 6 章为微波元器件，讨论连接匹配元件，功率分配元器件，微波谐振器和微波铁氧体器件。

第 7 章为天线基本理论，讨论天线的功能及分类，天线基本振子的辐射，天线的电参数和接收天线理论。

第 8 章为线天线，概述对称振子天线，阵列天线，水平振子天线和直立天线，引向天线和电视天线，移动通信基站天线及其他类型天线。

第 9 章为面天线，概述惠更斯元的辐射，平面口径的辐射，抛物面天线，卡塞格伦天线和喇叭天线。

书末附有参数表和习题参考答案，便于读者查阅。

全书由龙光利任主编并编写其中第1～6章，薛转花任副主编并编写第7～9章及附录。全书由龙光利修改并定稿。本书在编写过程中得到了陕西理工大学教材建设经费资助和其他同事的帮助，在此一并表示感谢。

鉴于作者水平有限，书中难免存在不妥之处，恳请读者批评指正。

编　者

2017年7月

目 录

第1章 绪论

微波技术是近代科学研究的重大成就之一。几十年来,它已发展成为一门比较成熟的学科,在雷达、通信、导航、遥感、电子对抗以及工农业和科学研究等方面,微波技术都得到了广泛的应用。微波技术是无线电电子学门类中一门相当重要的学科,对科学技术的发展起着重要的作用。天线的任务则是将导行波变换为向空间定向辐射的电磁波,或将在空间传播的电磁波变为微波设备中的导行波。通过本章的学习,要求掌握微波波段的划分及微波的基本特点,了解常用电器频段、微波与天线的分析方法;理解微波的发展历程及其基本应用。

1.1 微波的定义及波段

1. 微波的定义

微波(Microwave)就是频率很高(波长很短)的电磁波。

从现象上看,如果把电磁波按波长(或频率)划分,则大致可以把300MHz～3000GHz(对应空气中波长λ是1m～0.1mm)这一频段的电磁波称为微波。纵观"左邻右舍",它处于超短波和红外光波之间。

2. 微波波长(频率)范围划分

在实际应用中,为了方便起见,通常把微波波段划分为以下4个波段:

(1) 分米波:波长10～1dm,频率0.3～3GHz,称为超高频(UHF)。

(2) 厘米波:波长10～1cm,频率3～30GHz,称为特高频(SHF)。

(3) 毫米波:波长10～1mm,频率30～300GHz,称为极高频(EHF)。

(4) 亚毫米波:波长1～0.1mm,频率300～3000GHz,称为超极高频。

另外,在通信和雷达工程及常规微波技术中,还用拉丁字母表示微波的分波段,见表1.1。

3. 微波在电磁波谱中的位置

微波介于无线电波及光波之间。微波在电磁波谱中的位置如图1.1所示。

(1) 无线电波:10kHz～10^3GHz范围内的电磁波,可分为以下波段:

甚低频(VLF)又称万米波(超长波),频率为3～30kHz,波长为10^5～10^4m。

表 1.1 常用微波波段的划分

波段符号	频率/GHz	波段符号	频率/GHz
UHF	0.3～1.12	Ka	26.5～40.0
L	1.12～1.7	Q	33.0～50.0
LS	1.7～2.6	U	40.0～60.0
S	2.6～3.95	M	50.0～75.0
C	3.95～5.85	E	60.0～90.0
XC	5.85～8.2	F	90.0～140.0
X	8.2～12.4	G	140.0～220.0
Ku	12.4～18.0	R	220.0～325.0
K	18.0～26.5		

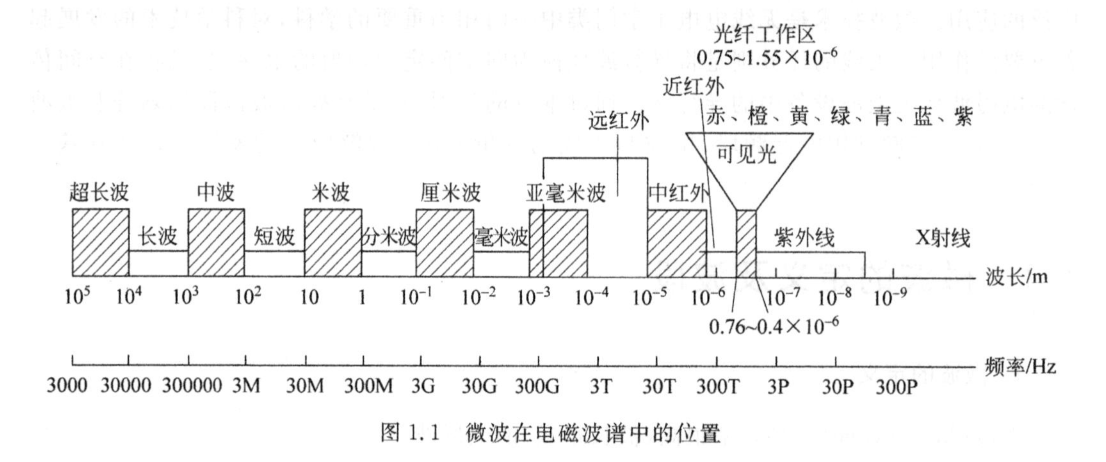

图 1.1 微波在电磁波谱中的位置

低频(LF)又称千米波(长波),频率为 30～300kHz,波长为 10^4～10^3m。

中频(MF)又称百米波(中波),频率为 0.3～3MHz,波长为 10^3～10^2m。

高频(HF)又称十米波(短波),频率为 3～30MHz,波长为 100～10m。

甚高频(VHF),又名米波(超短波),频率为 30～300MHz,波长为 10～1m。

(2) 微波：300MHz～3000GHz。

(3) 光波：10^3GHz 以上,分为红外线(远、中、近)、可见光(赤、橙、黄、绿、青、蓝、紫)、紫外线、X 射线、γ 射线等。

4. 常用家用电器频段

(1) 调幅无线电波(广播波段)：535～1605kHz。

(2) 短波无线电：3～30MHz。

(3) 调频无线电：88～108MHz。

(4) 商用电视：48.5～958MHz。其中,VHF：1～12 频道,48.5～223MHz; UHF：13～68 频道,470～958MHz。

(5) 微波炉：2.45GHz。

(6) 生物医学微波加热专用频率：915MHz、2.45GHz。

(7) 手机频率:
GSM900 上行:890～915MHz,下行:935～960MHz。
DCS1800 上行:1710～1785MHz,下行:1805～1880MHz
CDMA(IS95)上行:824～849MHz,下行:869～894MHz。

1.2 微波的基本特点

1. 似光性

微波的波长很短,元件尺寸小,具有类似光的特性,具体表现在以下几方面:
反射性:微波照射在物体上有强烈的反射(基于此特性,人们发明了雷达系统)。
直线传播:如光一样在空间直线传播。
集束性:如同光可聚集光束。
辐射性:微波通过天线装置形成定向辐射(可实现微波通信或探测)。

2. 穿透性

微波照射介质物体时,能深入到物质内部,具体表现在以下几方面:
(1) 能穿透大气层和地表层,为全天候微波通信和遥感打下基础。
(2) 能穿透宇宙空间的电离层,成为人类探索外层空间的"无线电窗口",它为空间通信、卫星通信、卫星遥感和射电天文学的研究提供了难得的无线电通道。
(3) 微波能穿透生物体,为微波生物医学奠定了基础。
(4) 毫米波还能穿透等离子体,是远程导弹和航天器重返大气层时实现通信和精确制导的重要手段。

3. 宽频带特性(信息性)

微波频率高,可用频带宽,可达数百甚至上千兆赫。因此信息量大,其携带信息的能力远远超过中短波及超短波;现多路无线电通信几乎都工作在微波波段。随着数字技术的发展,单位频带能携带的信息更多,这为微波通信提供了更广阔的前景。

4. 热效应特性

当微波电磁能量传递到有耗物体内部时,就会使物体的分子互相碰撞、摩擦,从而使物体发热,这就是微波的热效应特性。利用微波的热效应特性,可以进行微波加热(如微波炉),由于微波加热具有内外同热、效率高、加热速度快等特性,因此被广泛用于粮食、茶叶、卷烟、木材、纸张、皮革、食品等各种行业中。

5. 非电离性

微波具有量子特性,电磁辐射的能量不是连续的,而是由一个个的"光量子"所组成。单个量子的能量与其频率的关系为

$$E = h \cdot f \tag{1-1}$$

式中，$h=6.63\times10^{-34}\text{J}\cdot\text{s}$，称为普朗克常数。

由于低频电波的频率很低，量子能量很小，故量子特性不明显，不足以改变物质分子的内部结构或破坏分子间的键，因此，微波和物体之间的作用是非电离的。微波波段的电磁波，单个量子的能量为 $10^{-5}\sim10^{-2}$eV，而一般顺磁物质在外磁场中所产生的能级间的能量差额介于 $10^{-5}\sim10^{-4}$eV 之间，因而电子在这些能级间跃迁时所释放或吸收的量子的频率是属于微波范畴的，因此，微波可用来研究分子和原子的精细结构。同样，在超低温时物体吸收一个微波量子也可产生显著反应。上述两点对近代尖端科学，如微波波谱学、量子无线电物理的发展都起着重要作用。

6. 散射特性

当电磁波入射到某物体时，会在除入射波方向外的其他方向上产生散射。散射是入射波和该物体相互作用的结果，所以散射波携带了大量关于散射体的信息。人们通过对不同物体的散射特性的检验，从中提取目标特征信息，从而进行目标识别，这是实现微波遥感、雷达成像等的基础。同时，还可利用大气对流层的散射实现远距离微波散射通信。

微波除具有以上特性外，还具有抗低频干扰特性、视距传播特性、分布参数的不确定性、电磁兼容和电磁环境污染等，由于篇幅所限，本书对这些不展开讨论。

1.3 微波技术的发展

微波技术的发展与微波器件的发展和应用密不可分，大致可分为以下 4 个阶段。

第一阶段：1940 年以前，此阶段为实验室阶段，主要研究微波产生的方法。尽管在 19 世纪末，人们已经知道了超高频的许多特性，赫兹用火花振荡器得到了微波信号，并对其进行了研究，但赫兹本人并没有想到将这种电磁波用于通信，他的实验仅仅是证实了麦克斯韦的一个预言——电磁波的存在，他在给朋友的信中甚至否认了将微波用于实际的可能性，因此很长一段时间内对微波没有更深入的研究。1936 年 4 月，美国科学家 South Worth 用直径 12.5cm 的青铜管将 9cm 的电磁波传输了 260m，这一实验结果激励了当时的研究者，它证实了 Maxwell 的另一预言——电磁波可以在空心的金属管中传输，因此在第二次世界大战中微波技术的应用就成了一个热门的课题。

第二阶段：1940—1945 年，此阶段是微波技术迅速发展并应用于实际的阶段。该阶段正处于第二次世界大战期间，由于军事应用的迫切需要，微波技术得到了巨大发展，产生了许多微波器件。1943 年，终于制造出了第一台微波雷达，工作波长为 10cm。这一阶段由于各国都忙于实际应用，对理论的研究较少，使得理论落后于实际应用。

第三阶段：1945—1965 年，此阶段不仅开辟了新波段，而且扩展了应用范围，并逐步形成了一系列新的科学领域，如微波波谱学、射电天文学、射电气象学等。同时在前一阶段的基础上，比较完整而系统地建立了一整套微波电子学，为微波技术的进一步发展打下了理论基础。

第四阶段：1965 年以后，随着微波固体器件和微波集成电路的发展与应用，为微波技术的发展、也为微波设备的固定化与小型化开辟了一个新时代。

目前，微波设备正向着更高频段、宽频带、高功率、数字化、高可靠性、小型化等方面发展。微波技术正向毫米波和亚毫米波波段迅速发展，并且已经获得了广泛的实际应用。

1.4　微波应用(系统)

研究微波的产生、放大、传输、辐射、接收和测量的学科称为“微波技术”,它是近代科学技术的重大成就之一。微波技术的发展是和它的应用紧密联系在一起的。微波的实际应用极为广泛,下面就几个重要方面加以介绍。

1.4.1　作为信息载体

微波的传统应用是雷达和通信,这是微波作为信息载体的应用。

1. 用于雷达

1) 雷达的定义

利用电磁波对目标进行探测和定位的装置。雷达(RADAR)是微波的最早应用之一。RADAR一词是无线电探测与测距(Radio Detection And Ranging)的缩写。雷达是微波技术应用的典型例子。

在第二次世界大战期间,敌对双方开始了迅速准确地发现敌人的飞机和舰船的踪迹,继而又为了指引飞机或火炮准确地攻击目标,所以发明了可以进行探测、导航和定位的装置,这就是雷达。事实上,正是由于第二次世界大战期间对于雷达的急需,微波技术才迅速发展起来。雷达的发展经历了几个阶段。为适应各种不同要求,雷达的种类很多,性能也在不断提高。现代雷达多是微波雷达。迄今为止,各种类型的雷达,例如导弹跟踪雷达、炮火瞄准雷达、导弹制导雷达、地面警戒雷达乃至大型国土管制相控阵雷达等,仍然代表微波频率的主要应用。

2) 雷达的工作机理

电磁波在传播过程中遇到物体会产生反射,当电磁波垂直入射到接近理想的金属表面时所产生的反射最强烈,于是可根据从物体上反射回来的回波获得被测物体的有关信息。因此,雷达必须具有产生和发射电磁波的装置(即发射机和天线),以及接收物体反射波(简称回波)并对其进行检测、显示的装置(即天线、接收机和显示设备)。由于无论发射与接收电磁波都需要天线,根据天线收发互易原理,一般收发共用一部天线,这样就需要使用收发开关实现收发天线的共用。另外,天线系统一般需要旋转扫描,故还需天线控制系统。雷达系统的基本组成框图如图1.2所示。

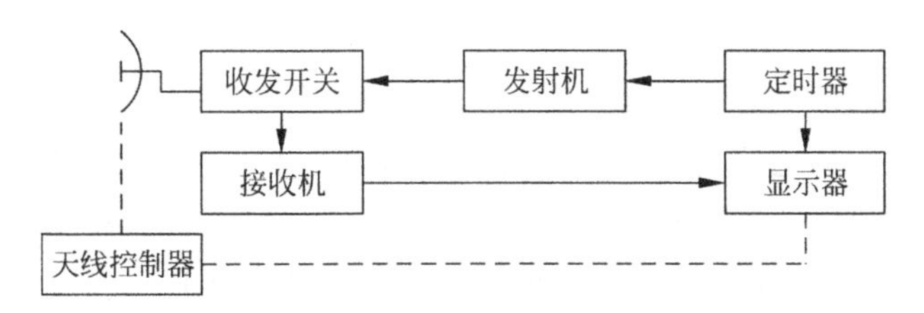

图1.2　雷达系统的基本组成框图

传统的雷达主要用于探测目标的距离、方位、速度等尺度信息,随着计算机技术、信号处理技术、电子技术、通信技术等相关技术的发展,现代雷达系统还能识别目标的类型、姿态,实时显示航迹，甚至实现实时图像显示。现代雷达系统一般由天馈子系统、射频收发子系统、信号处理子系统、控制子系统、显示子系统及**中央处理子系统**等组成，其组成框图如图1.3所示。

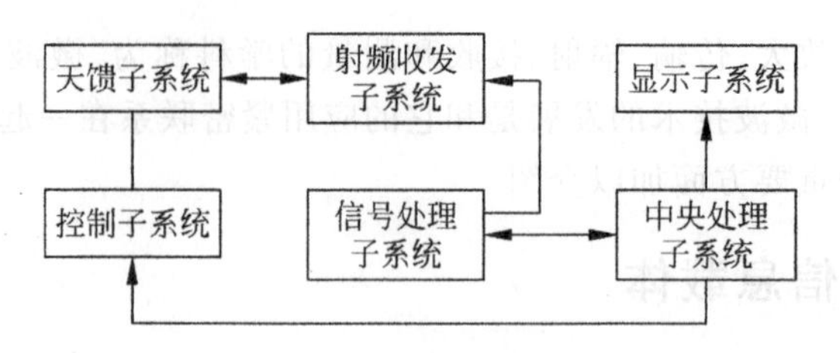

图1.3 现代雷达系统的组成框图

大多数雷达工作于超短波或微波波段，因此在不同的雷达系统中，既有各种微波传输系统(包括矩形波导、阻抗匹配器、功率分配器等)，又有线天线、阵列天线及面天线等天线系统。

3) 雷达的探测原理

(1) 测距：电磁波在自由空间是以光速这一有限速度传播的。

设雷达与目标之间的距离为 s，则由发射机经天线发射的雷达脉冲经目标反射后回到雷达，共走了 $2s$ 的距离。若能测得发射脉冲与回波脉冲之间的时间间隔 Δt，则目标距雷达的距离可由下式求得

$$s=\frac{1}{2}c\Delta t \tag{1-2}$$

传统的雷达采用同步扫描显示方式，使回波脉冲和发射脉冲同时显示在屏上，并根据时间比例刻度读出时差或距离，现代雷达则通过数字信号处理器将所测距离直接显示或记录下来。

(2) 测向：传统的雷达是利用尖锐的天线波束瞄准目标，从而确定目标的方位。天线波束越尖锐，测向就越精确。工作频率一定时，波束越窄，要求天线的口径越大，反之，天线口径一定，则要求的频率越高，因此雷达一般在微波波段工作。为了实现窄波束全方位搜索，传统的雷达系统必须使天线波束按一定规律在要搜索的空间进行扫描，以捕获目标。当发现目标时，停止扫描，微微转动天线，使接收信号最强时，天线所指的方向就是目标所在方向。从原理上讲，利用天线波束尖端的最强方向指向目标，从而测定目标的方位是准确的，但由天线方向图可知，波束最强的方向附近，对方向是很不敏感的，这给测向带来了较大的误差，因此这种方法适合搜索雷达，而不适合跟踪雷达。单脉冲技术是解决测向精度的有效方法。

(3) 测速：由振荡源发射的电磁波以不变的光速 c 传播时，如果接收者相对振荡源是不动的，那么它在单位时间内收到的振荡数目与振荡源产生的相同；如果振荡源与接收者之间有相对接近运动，则接收者在单位时间内接收的振荡数目比它不动时要多一点，也就是接收到的频率升高，当两者以相反方向运动时接收到的频率会下降。这就是**多普勒效应**。可以证明，当飞行目标向雷达靠近运动时，接收到的频率 f 与雷达振荡源发出的频率 f_0 的频差为

$$f_d=f-f_0=f_0\frac{2v_r}{c} \tag{1-3}$$

式中，f_d称为多普勒频率；v_r为飞行目标相对雷达的运动速度。可见，只要测得飞行目标的多普勒频率，就可利用式(1-3)求得飞行目标的速度，这就是雷达的测速原理。

(4) 目标识别：目标识别就是利用雷达接收到的飞行目标的散射信号，从中提取特征信息并进行分析处理，从而分辨出飞行目标的类别和姿态。目标识别的关键是目标特征信息的提取，这涉及对目标的编码、特征选择与提取、自动匹配算法的研制等过程。由于目标识别涉及电磁散射理论、模式识别理论、数字信号处理及合成孔径技术等多学科知识，而且特征信息提取的原理、方法也很多，因此在这里不一一介绍，仅对频域极点特征提取法加以简单介绍。

如前所述，从目标反射或散射回来的电磁波包含了幅度、相位、极化等有用信息，其中回波中有限频率的幅度响应数据与目标的特征极点有一一对应关系，因此基于频域极点特征提取的目标识别方法是根据回波中有限频率的幅度响应数据提取目标极点，然后将提取的目标极点与各类目标的标准模板库进行匹配识别，从而实现目标的识别。现代许多雷达系统正是根据上述原理不仅能探测飞行目标的距离、方位及速度，而且能分辨目标的类别和姿态，以便采取恰当的进攻或防御策略。科学技术的飞速发展，使雷达系统不断推陈出新，雷达的用途也越来越广，品种繁多，出现了单脉冲跟踪雷达、相控阵雷达及合成孔径雷达等。

2. 用于通信系统

微波具有频率高、频带宽、信息量大的特点，所以广泛用于各种通信业务，包括微波多路通信，微波中继通信，散射通信，移动通信，卫星通信和特殊用途通信。

3. 用于微波遥感系统

遥感技术是一门新兴的多学科交叉的综合性科学技术，是空间技术与电子技术相结合的产物，它是在一定距离以外感受、探测和识别所需要研究的对象。微波遥感是遥感技术的重要分支之一。它是以地球为研究对象，通过电磁波传感器，收集地面目标辐射或反射的电磁波，获得其特征信息，经过接收记录、数据传输和加工处理，变成人们可以直接识别的信号或图像，从而揭示被测目标的性质和变化规律。微波遥感系统的遥感器，可分为被动遥感和主动遥感，它工作在微波波段。被动遥感是指遥感器直接接收目标的反射或散射信号；而主动遥感是指利用人工辐射源向目标发射电磁波，再接收由目标反射或散射的电磁波。

由于微波波段的特殊性，微波遥感器具有全天候工作、对地表有穿透能力及能提供有别于红外线、可见光以外的特征信息等特点，从而使微波遥感在军事上、民用方面得到了广泛的应用。

1) 微波遥感系统的工作原理

现代遥感系统由遥感工作平台、遥感器、无线电通信系统及信号处理系统组成。其中遥感工作平台是安装遥感仪器的运载工具；遥感器是用来接收、记录被测目标电磁辐射的传感器，如扫描仪、雷达等；无线电通信系统用于控制、跟踪遥感仪器设备和传输遥感器所获得的目标信息；信号处理系统用以分析、处理、解译各种遥感信息。

2) 微波遥感的一般过程

地面目标的电磁辐射通过周围环境(如大气)进入遥感器后，遥感器将目标的特征信息加以接收、记录和处理后，再以无线电方式送给信息处理系统；信息处理系统将遥感信息进行加工处理，变成人们能够识别和分析的信号或图像。微波遥感之所以能够根据收集到的电磁辐射信息识别地面目标和现象，是基于电磁波与物质的相互作用——一切物质由于其种类(性质、形状、结构等)和环境条件的不同，就具有完全不同的电磁辐射特性。当电磁波与物体(不论是固体、液体、气体，还是等离子体)相遇时，会发生各种相互作用，并满足动量和能量守恒定律。在物质表面发生的相互作用称为面效应，电磁波透入物体表面以下一定距离发生的相互作用称为体效应，相互作用的结果会使入射波的振幅、方向、频率、相位和极化等发生变化，从而产生各种有用的特征信息，以此便能识别不同的物体。电磁波与物质的相互作用主要包括入射电磁波的反射、散射、透射、热效应及热辐射等。不同的遥感器的作用机制不同。

3) 微波遥感器

微波遥感器是微波遥感系统的关键，它的种类较多，使用较多的是微波辐射计和微波成像雷达。

(1) 微波辐射计：任何温度高于绝对零度的物体，都会有热辐射，热辐射的波长范围为1μm～1m，而热辐射的频率主要取决于物体的温度和比辐射率。

比辐射率表示物质通过辐射释放热量的难易程度，两个在同样环境中温度相同的物体，具有较高比辐射率的物体将更强烈地辐射出热射线。

进一步研究还发现，在微波波段中，各种物质的比辐射率相差很大，这种差别为识别物体提供了有用的信息。如油脂的比辐射率比海水高得多，在同样的温度下，油脂对微波辐射计的辐射能量比海水大很多，因此在海面上有油脂污染时，若将微波辐射计测得的信号转换成图片，就会看到浅色的油污漂浮在深色的海面上。这就是微波辐射计的遥感原理。图 1.4 是微波辐射计的一种——微波比较辐射计工作原理图。

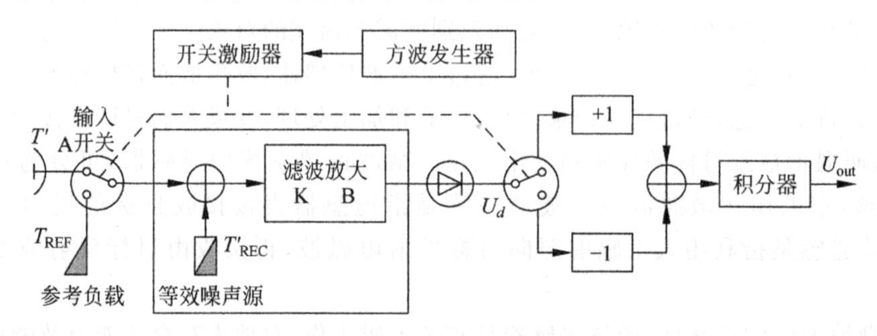

图 1.4 微波比较辐射计工作原理图

(2) 微波成像雷达：主动式微波遥感器实质上就是遥感雷达，它向目标发射微波信号，由于目标的几何形状、性质不同，接收到的回波的强度、极化、散射特性也不相同，从而可以提取所需信息。

在遥感雷达中，微波成像雷达是最典型的，它能提供目标图像，因此得到了广泛的应用。微波成像雷达可分为真实孔径侧视雷达和合成孔径侧视雷达两类，真实孔径侧视雷达(也称为机载侧视雷达)。机载侧视雷达是将一个长的水平孔径天线装在飞机的一侧或两侧，天线将微波能量集中成一个窄的扇形波束并在地面形成窄带，如图 1.5 所示。

天线将脉冲微波能量相继照射到窄带上各点，不同距离目标反射回来的回波在接收机中按时间先后分开，一个同步的强度调制光点在摄影胶片或显示器上横扫一条线，以便在与目标的地面距离成比例的地方记录目标的回波，当各条回波记录好后，再发另一个脉冲进行另一次扫描，从而产生条带状的雷达图像。这种雷达的方位分辨率会随着距离的增大而迅速变坏，而合成孔径雷达则解决了这个问题，大大提高了分辨率，从而得到了更广泛的应用。

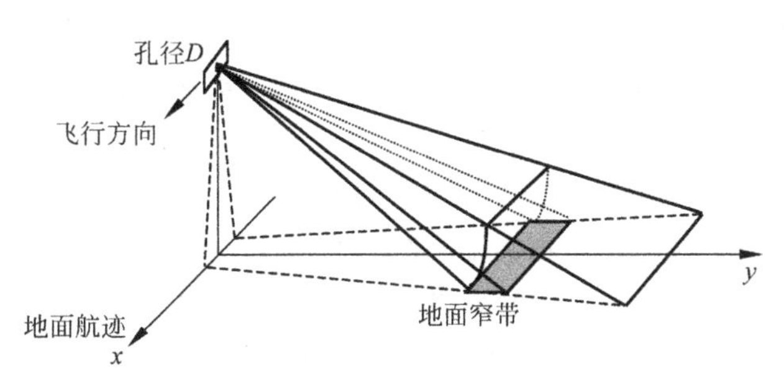

图 1.5 机载侧视雷达地面航迹与照射窄带示意图

4）微波遥感的应用

微波遥感除用在军事上外，还在民用方面，如水文、农业、气象等领域得到了广泛应用，见表 1.2。

表 1.2 微波遥感应用范围（民用）一览表

应用领域	应用范围
水温	河流水位预报、洪水图、水面积计算、雪区图
农业	土壤湿度分布、冰冻融化边界、监视作物生长、产量预测
森林	火灾图像、木材体积估计、监视砍伐
海洋	海面风速、监视船只航行、海面污染检测、监视鱼群
气象	温度分布、雨量分布
地质	地质结构探测、矿藏探测

由此可见，微波遥感在保护生态环境、监测自然灾害等方面起着越来越重要的作用，这在强调环境保护的今天尤为重要。另一方面，随着遥感技术、信号处理技术、计算机技术等相关学科的进一步发展，微波遥感的分辨率会进一步提高，微波遥感势必为人类的生存与发展做出更大的贡献。

1.4.2 作为能源

1. 强功率应用（利用微波的热效应）

1）微波灶（炉）

微波作为能源的应用始于 20 世纪 50 年代后期至 60 年代末，微波能应用随着微波灶（炉）的商品化进入家庭而得到大力发展。微波灶是利用微波加热的原理设计而成的一种家用电器。接通电源，50Hz 的交流电经恒压变压器后，一方面在次级低压绕组产生 3.4V 交流电，供给磁控管阴极加热；另一方面次级高压绕组产生 2000V 的高压经倍压整流，加到磁控管阳极之间，此时磁控管产生出微波，通过天线发射和矩形波导管的传输，到达谐振腔内，由于谐振腔用金属材料制成，微波不能穿透，只能在腔内来回反射，反复穿透加热物质，被加热的食物吸收微波能后在很短的时间内即可被加热熟透。电器控制系统起调节加热功率的大小和加热时间长短的作用。

微波灶外观与电烤炉相差不多，主要由磁控管、矩形波导管、微波加热器、灶门、直流电源、冷却系统、控制系统、外壳等组成。微波加热器又叫谐振腔，是盛放食物、烹调加热的地方，它由金属板制成，其表面涂附着非磁性材料，侧面开有排湿孔。家用微波灶的频率为2.45GHz。微波也是一种电磁波，国际电工委员会(ICE)标准对微波泄漏明确规定，在离灶门5cm处其微波泄漏量不大于5mW/cm^2。

2）微波污水处理技术(流体处理专用工业微波灶)

(1) 污水处理方法：按对污染物实施的作用不同，可分为两类：一类为分离法，通过各种外力的作用，把有害物质从污水中分离出来；另一类为转换法，通过化学或生物的作用，把有害物质转化为无害物质或可分解的物质，再经过分离予以除去。

(2) 微波能污水处理法：把微波场对单相和多相流物化反应的强烈催化作用、穿透作用、选择性功能及其杀灭微生物的功能(实验证明微波还对杀灭蓝藻等有特效)用于污水处理。以便克服常规处理法的缺陷。污水微波处理技术将是污水处理技术上的一场革命。

(3) 污水微波处理技术的优点：与传统处理技术相比有，它有以下优点：

- 微波可对流体中的不同物质进行选择性分子加热。
- 微波可对流体中的吸波物质的物化反应具有强烈的催化作用。
- 流体中的固相微粒在微波场中能迅速汇聚沉降与水分离。
- 污水置于微波场中，不但温升迅速，而且能量非常集中，并且在较低温度下就能杀灭微生物。
- 微波对流体具有穿透作用，加热均匀。
- 不带来新的污染。
- 微波加热高效(生产的和经济的)，占地面积小，造价低，工期短，运行费用低。

2. 弱功率应用

电量和非电量的测量(包括长度、速度、温度等)。其特点是不需要和被测对象接触，现应用最多是湿度的测量，即测量物质(煤、原油等)中的含水量。

1.4.3 生物医学应用

1. 治病

利用微波可以治疗人体的各种疾病。利用微波对生命体的热效应，选择局部加热，广泛用于治疗骨伤、创伤、小儿肺部疾病、胰腺疾病等，国际上规定专用频率，目前广泛使用的是915MHz和2450MHz。

2. 防病

微波的生物医学效应不仅对生物体有热效应，还有非热效应。微波的生物医学应用是利用微波有益的生物效应。微波的生物效应还有有害的效应，表现为超剂量的微波照射，可致癌、致畸、致突变。因此,应采取适当的防护措施,并对微波源的功率泄漏规定安全标准。微波既能治病,又能致病,关键是正确处理微波的强度(包括频率)、照射时间和作用条件三者的关系。通常采取的措施是,对微波源进行屏蔽,穿防护服,戴防护镜等,同时规定微波辐射标准。

我国在1979年制定了《微波辐射暂行卫生标准》:一天8小时连续辐射时,其剂量不超过38μW/cm^2;短时间间断辐射及一天超过8小时辐射时,一天总剂量不超过300μW·h/cm^2;由于特殊情况需要在辐射剂量大于1mW/cm^{2}环境下工作时,必须使用个人防护用品,但日剂量不得超过300μW·h/cm^2。一般不允许在剂量超过5mW/cm^{2}的辐射环境下工作。

1.4.4 作为科研手段

(1) 制作微波直线加速器对高能带电粒子、原子、原子核进行研究。根据各种物质对微波吸收情况的不同,可以用来研究物质内部的结构,这种技术称为微波波谱技术,有关这方面的知识称为微波波谱学。

(2) 进行天文观测、制作射电望远镜。应用微波技术来研究天文的科学称为射电天文学和雷达天文学;把微波技术应用于气象研究而形成的科学称为无线电气象学。

1.4.5 作为未来战场的尖端武器之一

微波技术的应用仅在第二次世界大战前几年才开始。战争的需要,促进了微波技术的发展,电磁波在波导中传输的成功,又提供了一个有效的能量传输设备。

科学家和军事家预测,未来战争将有十大尖端武器称雄战场,它们是:激光武器、基因武器、芯片武器、纳米武器、隐形武器、粒子束武器、天灾武器、微波炸弹、信息武器、太阳武器。其中微波炸弹是利用波束能量杀伤目标的一种新型武器。它由高功率发射机、大型发射天线和辅助设备组成。当超高功率微波聚集成一束很窄的电磁波时,它就像一把尖刀,“刺”向目标,达到杀伤目的。

1.5 本课程的体系结构

本课程研究的基本内容是微波技术与天线,它们是无线电技术的重要组成部分,其共同基础是电磁场理论,是电磁场在不同边值条件下的应用。

1. 微波技术研究的主要内容

微波技术研究的主要内容是微波的产生、传输、变换(包括放大和调制)、检测、发射和测量,以及与此相对应的微波器件和设备。重点是微波的传输,即传输线问题,它是研究其他问题的基础,它希望电磁波按一定要求沿微波传输系统无辐射地传输。从物理学的角度讲,微波技术所研究的主要是微波产生的机理,它在各种特定条件下的存在特性,以及微波与物质的作用。从工程技术的角度讲,微波技术主要研究的是具备各种不同功能的微波元件(包括传输线的设计),以及这些微波元件的合理组合和微波的测量方法。

2. 微波技术分析方法

整体来讲，是用“场”的分析方法，即用麦克斯韦方程结合边界条件来分析。但在微波低频情况下，可近似用“路”的分析方法，在高端近似用“光”的分析方法。

微波的基本理论是经典的电磁场理论，主要是以麦克斯韦方程为核心的场与波的理论。研究微波技术问题的基本方法是“场解”的方法，这与在低频电路中采用的路的概念和方法完全不同。在低频时，电路的几何尺寸比工作波长小得多，因此在整个电路系统中，各处的电压和电流可以认为是同时建立起来的。电压、电流有确定的物理意义，能对系统进行完全的描述，这就是以基尔霍夫方程为核心的低频电路理论。在微波电路中，工作波长与电路尺寸可相比拟，甚至更小，因而在整个系统中，从源端起直至负载端，波已变化了若干个周期，这样，电磁场的相位滞后现象（延时效应）不能再忽视了。此时，电压、电流等概念已失去明确的物理意义，只有用电磁场和电磁波的概念和方法才能对系统进行完全的描述。然而，这种“场解”法虽然是严格的，但只有在非常简单的边界条件下方能奏效。因为它涉及偏微分方程的求解问题，对较复杂的边界条件，直接求解相当繁杂，常需借助各种数值解法。

实际上，有许多微波工程问题并不需要知道系统中某点处的电、磁场的具体数据，所关心的仅是某元件、器件的对外特性，因而利用等效电路法求解即可满足要求。这种等效电路法就是把本质上属于场的问题，在一定条件下化为电路问题。这种化场为路的方法是一种简便的工程计算方法，在微波技术中得到了广泛的应用。用化场为路的方法去解决本质上属于电磁场的边值问题，可使问题简化。

3. 天线的主要内容

天线研究的主要内容是：将导行波变换为空间定向辐射的电磁波，或将在空间传播的电磁波变为微波设备中的导形波。天线的基本作用：一是有效地辐射或接收电磁波；二是把无线电波能量转化为导行波能量。

4. 本课程与相关课程的关系

本课程与相关课程的关系如图 1.6 所示。

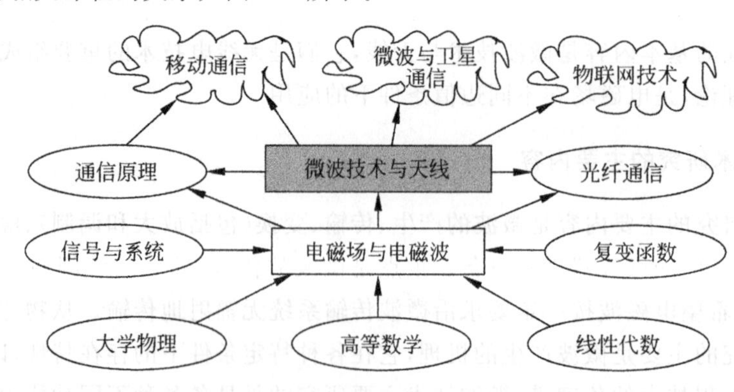

图 1.6　本课程与相关课程的关系

1.6 小结

把 300MHz～3000GHz(对应空气中波长是 1m～0.1mm)这一频段的电磁波称为微波，它处于超短波和红外光波之间。通常把微波波段划分为分米波、厘米波、毫米波、亚毫米波。

微波除具有似光性、穿透性、宽频带特性、热效应特性、非电离性、散射特性外，还具有抗低频干扰特性、视距传播特性、分布参数的不确定性、电磁兼容和电磁环境污染等。

微波技术的发展，与微波器件的发展和应用密不可分，大致可分为 4 个阶段。微波技术是近代科学技术的重大成就之一。微波的实际应用极为广泛，作为信息载体，用于雷达、通信系统、微波遥感系统等；作为能源，强功率应用主要是微波灶、流体处理专用工业微波灶等，弱功率应用主要是电量和非电量的测量(包括长度、速度、温度等)；生物医学应用，主要治病和防病；作为科研手段，主要是制作微波直线加速器、射电望远镜等；可作为未来战场的尖端武器之一。

本课程研究的基本内容是微波技术与天线，它们是无线电技术的重要组成部分，是电磁场在不同边值条件下的应用。通常用化场为路的方法去解决本质上属于电磁场的边值问题，从而使问题简化。本课程以高等数学、大学物理等课程为基础，和通信原理、光纤通信等共为专业基础课，同时为移动通信、微波与卫星通信等专业课程奠定基础。

习题

1-1 填空题

(1) 微波分米波的频率范围是________；微波厘米波段的波长范围是________。

(2) 微波炉的工作频率是________。

(3) 微波能穿透宇宙空间的电离层，成为人类探索外层空间的________，它为空间通信、卫星通信、卫星遥感和射电天文学的研究提供了难得的无线电通道。

(4) 研究微波的产生、放大、传输、辐射、接收和测量的学科称为________，它是近代科学技术的重大成就之一。

(5) 科学家和军事家预测，未来战争将有十大尖端武器称雄战场，它们是：激光武器、基因武器、芯片武器、纳米武器、隐形武器、粒子束武器、天灾武器、________、信息武器、太阳武器。

(6) 天线研究的主要内容是：将导行波变换为空间定向辐射的________，或将在空间传播的________变为微波设备中的导行波。

1-2 什么是微波？微波波段是怎样划分的？

1-3 简述微波具有哪些特性？

1-4 微波有哪些重要应用？

1-5 微波技术采用的分析方法是什么？

1-6 天线的基本作用是什么？

第2章 微波传输线理论

传输线理论又称一维分布参数理论，是微波电路设计和计算的理论基础。传输线理论在电路理论与场理论之间起着桥梁作用，在微波网络分析中也相当重要。本章从"化场为路"的观点出发，在讨论微波传输线定义及分类的基础上，首先建立均匀传输线方程，导出传输线方程的解，引入传输线的重要参量——阻抗、反射系数及驻波比；然后分析无耗传输线的特性，给出传输线的功率、效率和损耗；最后讨论阻抗匹配、史密斯圆图及其应用。

2.1 微波传输线的定义及分类

1. 传输线的定义及分类

凡是能够引导电磁波沿一定方向传输的导体、介质或由它们组成的导波系统，都可以称作传输线。传输线是微波技术中最重要的基本元件。

按微波传输线所引导的电磁波的波形(或称传输线的模式)来划分，大致可以分为3种类型：

1) TEM波传输线

TEM波传输线又称横电磁波传输线或双导体传输线，其特点是无纵向电磁场分量，即

$$\begin{cases} H_z = 0 \\ E_z = 0 \end{cases} \tag{2-1}$$

这类传输线有双导线、同轴线、带状线和微带线(严格说是准TEM波)，如图2.1所示。

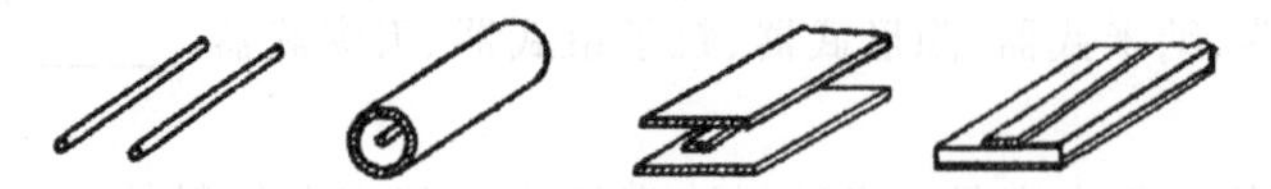

图2.1 TEM或准TEM传输线(平行双导线、同轴线、带状线、微带线)

2) TE波和TM波传输线(金属波导管)

TE波传输线又名横电波传输线，其特点是无纵向电场分量，存在纵向磁场分量，即

$$\begin{cases} E_z = 0 \\ H_z \neq 0 \end{cases} \tag{2-2}$$

TM波传输线又名横磁波传输线，其特点是无纵向磁场分量，存在纵向电场分量，即

$$\begin{cases} E_z \neq 0 \\ H_z = 0 \end{cases} \tag{2-3}$$

这两类传输线有矩形波导、圆波导、脊形波导和椭圆波导等，它们由空心金属管构成，属于单导体系统，如图 2.2 所示。

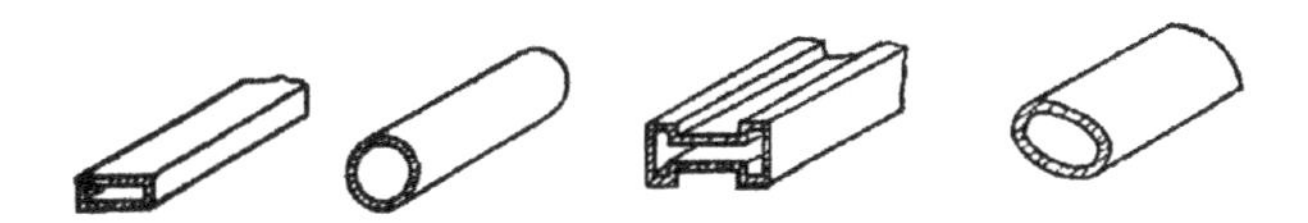

图 2.2　金属波导(矩形波导、圆形波导、脊形波导、椭圆波导)

3) 表面波传输线(介质传输线)

这类传输线的特点是电磁波沿传输线表面传播，纵向电场分量和纵向磁场分量都存在，即

$$\begin{cases} E_z \neq 0 \\ H_z \neq 0 \end{cases} \tag{2-4}$$

属于这类传输线有介质波导、介质镜像线和单根表面波传输线等，如图 2.3 所示。

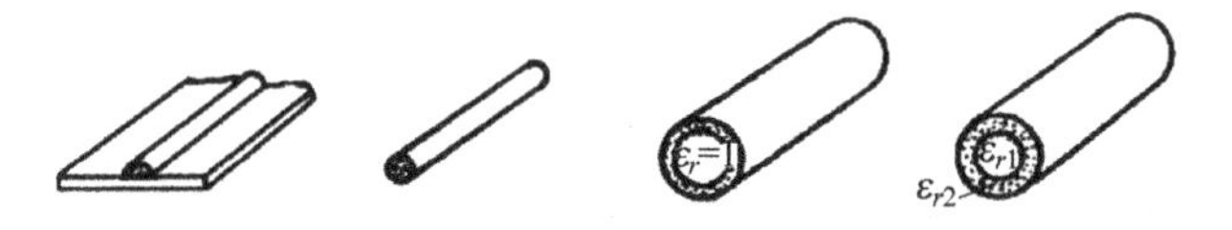

图 2.3　表面波波导(镜像线、介质波导、单根表面波传输线)

2. 长线与短线的概念及模型

1) 长线与短线

传输线的长度远大于传输的电磁波波长，称为长线，反之称为短线，即满足的条件是

$$\begin{cases} l \gg \lambda \quad \Rightarrow \quad 长线 \\ l \ll \lambda \quad \Rightarrow \quad 短线 \end{cases} \tag{2-5}$$

工程上，常把 l/λ 称为**电长度**，分界线为

$$\begin{cases} l/\lambda \geqslant 0.05 \quad \Rightarrow \quad 长线 \\ l/\lambda < 0.05 \quad \Rightarrow \quad 短线 \end{cases} \tag{2-6}$$

由于几何长度的不同，很短的线不一定是短线，很长的线也不一定是长线。

长线利用分布参数电路描述，短线利用集总参数电路描述。微波中一般均为长线。

2) 短线(集总参数电路)模型

在低频电路中，由于传输线传输的电磁波的波长远远大于电路系统的尺寸，因此，一般认为电能量全部集中在电容器中，磁能量全部集中在电感器中，只有电阻元件消耗能量，连接各元件的导线是一个理想导线，由这些参数元件构成的电路称为集总参数电路。这种电路传输线上各点的电压、电流不随时间和空间变化。集总参数电路模型图如图 2.4 所示。

3) 长线(分布参数电路)模型

在微波电路中，传输线传输的电磁波的波长与电系统的尺寸可相比拟，因此传输线存在

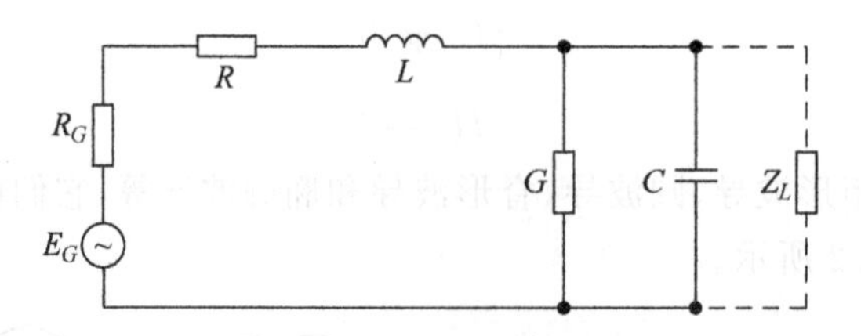

图 2.4 集总参数电路模型图

分布电阻 R_1、分布电导 G_1、分布电感 L_1 和分布电容 C_1；因此，长线又名**分布参数电路**，它不仅是时间的函数，同时也是空间的函数。分布参数电路模型图如图 2.5 所示。

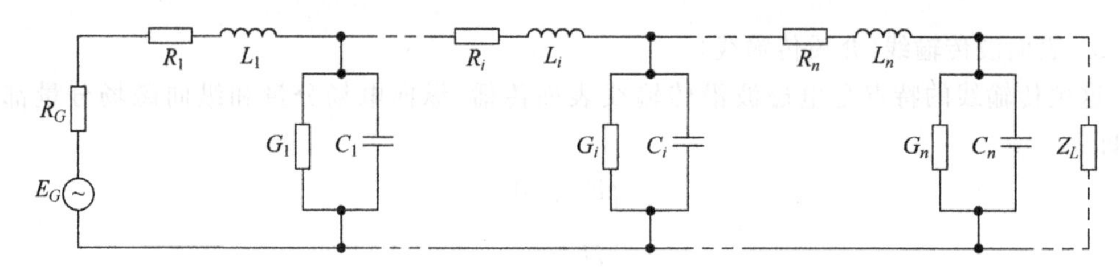

图 2.5 分布参数电路模型图

3. 均匀传输线及分析方法

沿线的参数(传输线的截面尺寸、形状、媒质分布材料及边界条件等)不变的传输线(即 R_1、L_1、C_1 和 G_1 沿传输线均匀分布，与距离无关)，这类传输线称为**均匀传输线**，组成的波导系统称为**规则波导系统**；否则称为**非均匀传输线**。

均匀传输线分为三类：

(1) 有耗均匀传输线，条件是 R_1、L_1、C_1 和 G_1 均存在。

(2) 低耗均匀传输线，条件是 $\omega L_1 \gg R_1$，$\omega C_1 \gg G_1$。

(3) 均匀无耗传输线，条件是 $R_1 = G_1 = 0$。

均匀传输线的分析方法主要有两种分析方法。

(1) 场分析法：即从麦克斯韦尔方程出发，求出满足边界条件的波动解，得出传输线上电场和磁场的表达式，进而分析传输特性。

(2) 等效电路法：即从传输线方程出发，求出满足边界条件的电压、电流波动方程的解，得出沿线等效电压、电流的表达式，进而分析传输特性。

一般采用后一种方法，即“**化场为路**”的方法进行分析。因为场分析法较为严格，但数学上比较烦琐，等效电路法实质是在一定的条件下“化场为路”，有足够的精度，数学上较为简便，因此被广泛采用。

2.2 均匀传输线方程及其解

2.2.1 均匀传输线方程

传输线方程又称电报方程，是传输线理论的基本方程，是描述传输线上电压和电流的变化规律及其相互关系的微分方程。

1. 均匀传输线方程的建立

如图 2.6(a)所示的均匀平行双导线系统(均匀传输线组成的导波系统均可等效),其中传输线的始端接微波信号源(简称信源),终端接负载。建立坐标——传输线纵向坐标为 z,坐标原点设在终端处,波沿负 z 方向传播。在均匀传输线上任意一点 z 处,取一微分线元 $\Delta z(\Delta z \ll \lambda)$,该线元可视为集总参数电路,其上有电阻 $R_1\Delta z$、电感 $L_1\Delta z$、电容 $C_1\Delta z$ 和漏电导 $G_1\Delta z$(其中 R_1、L_1、C_1、G_1 分别为单位长电阻、单位长电感、单位长电容和单位长漏电导),得到的等效电路如图 2.6(b)所示,则整个传输线可看作由无限多个上述等效电路级联而成。有耗和无耗传输线的等效电路分别如图 2.6(c)、(d)所示。

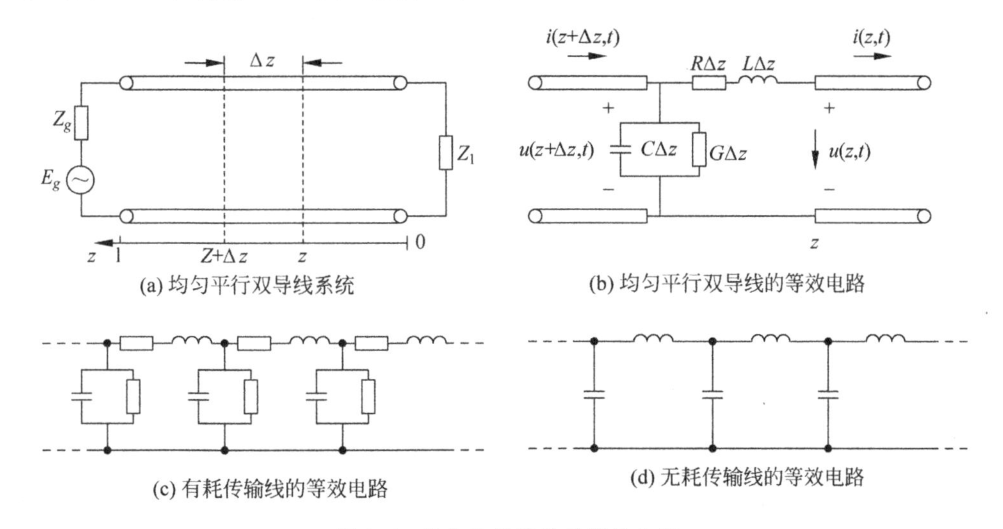

图 2.6　均匀传输线及其等效电路

设在时刻 t,位置 z 处的电压和电流分别为 $v(z,t)$ 和 $i(z,t)$,而在位置 $z+\Delta z$ 处的电压和电流分别为 $v(z+\Delta z,t)$ 和 $i(z+\Delta z,t)$。对很小的 Δz,按照泰勒级数展开,因泰勒级数的公式为

$$f(x_0+\Delta x)=f(x_0)+f'(x_0)\Delta x+\frac{f''(x_0)\Delta x^2}{2!}+\cdots+\frac{f^{(n)}(x_0)\Delta x^n}{n!}+\cdots \tag{2-7}$$

因此,$v(z+\Delta z,t)$ 和 $i(z+\Delta z,t)$ 展开得

$$\begin{cases} v(z+\Delta z,t)=v(z,t)+v'(z,t)\Delta z+\dfrac{v''(z,t)\Delta z^2}{2!}+\cdots+\dfrac{v^{(n)}(z,t)\Delta z^n}{n!}+\cdots \\ i(z+\Delta z,t)=i(z,t)+i'(z,t)\Delta z+\dfrac{i''(z,t)\Delta z^2}{2!}+\cdots+\dfrac{i^{(n)}(z,t)\Delta z^n}{n!}+\cdots \end{cases} \tag{2-8}$$

忽略高阶小量,有

$$\begin{cases} v(z+\Delta z,t)=v(z,t)+\dfrac{\partial v(z,t)}{\partial z}\Delta z \\ i(z+\Delta z,t)=i(z,t)+\dfrac{\partial i(z,t)}{\partial z}\Delta z \end{cases} \tag{2-9}$$

即线元 Δz 上的电压,电流变化为

$$\begin{cases} v(z+\Delta z,t)-v(z,t)=\dfrac{\partial v(z,t)}{\partial z}\Delta z \\ i(z+\Delta z,t)-i(z,t)=\dfrac{\partial i(z,t)}{\partial z}\Delta z \end{cases} \tag{2-10}$$

对图 2.6(b),应用基尔霍夫定律可得

$$\begin{cases} R_1\Delta z i(z,t)+L_1\Delta z\dfrac{\partial i(z,t)}{\partial t}+v(z,t)-v(z+\Delta z,t)=0 \quad (\text{KVL}) \\ G_1\Delta z v(z+\Delta z,t)+C_1\Delta z\dfrac{\partial v(z+\Delta z,t)}{\partial t}+i(z,t)-i(z+\Delta z,t)=0 \quad (\text{KCL}) \end{cases} \tag{2-11}$$

移项整理

$$\begin{cases} R_1\Delta z i(z,t)+L_1\Delta z\dfrac{\partial i(z,t)}{\partial t}=v(z+\Delta z,t)-v(z,t) \\ G_1\Delta z v(z+\Delta z,t)+C_1\Delta z\dfrac{\partial v(z+\Delta z,t)}{\partial t}=i(z+\Delta z,t)-i(z,t) \end{cases} \tag{2-12}$$

利用泰勒级数的近似公式(2-10),简化式(2-12)

$$\begin{cases} R_1\Delta z\cdot i(z,t)+L_1\Delta z\cdot\dfrac{\partial i(z,t)}{\partial t}=\dfrac{\partial v(z,t)}{\partial z}\Delta z \\ G_1\Delta z\cdot v(z,t)+C_1\Delta z\cdot\dfrac{\partial v(z,t)}{\partial t}=\dfrac{\partial i(z,t)}{\partial z}\Delta z \end{cases} \tag{2-13}$$

令 $\Delta z\to 0$,便得到方程

$$\begin{cases} \dfrac{\partial v(z,t)}{\partial z}=R_1\cdot i(z,t)+L_1\cdot\dfrac{\partial i(z,t)}{\partial t} \\ \dfrac{\partial i(z,t)}{\partial z}=G_1\cdot v(z,t)+C_1\cdot\dfrac{\partial v(z,t)}{\partial t} \end{cases} \tag{2-14}$$

这就是均匀传输线的一般方程,也称电报方程。它是一对偏微分方程;v 和 i 既是空间的函数,又是时间的参数。其解析解的严格求解不可能,一般只作数值计算;做各种假定之后,可求其解析解。

2. 时谐均匀传输线方程的通解

时谐电压和电流:电压电流随时间的变化规律具有 $e^{j\omega t}$ 的形式。

对于时谐电压和电流,电压电流可用复振幅表示为

$$\begin{cases} v(z,t)=Re[V(z)e^{j\omega t}] \\ i(z,t)=Re[I(z)e^{j\omega t}] \end{cases} \tag{2-15}$$

将式(2-15)代入式(2-14)电报方程,即为时谐传输线方程

$$\begin{cases} \dfrac{dV(z)}{dz}=(R_1+j\omega L_1)I(z)=Z_1 I(z) \\ \dfrac{dI(z)}{dz}=(G_1+j\omega C_1)V(Z)=Y_1 V(z) \end{cases} \tag{2-16}$$

式中

$$\begin{cases} Z_1=R_1+j\omega L_1 \\ Y_1=G_1+j\omega C_1 \end{cases} \tag{2-17}$$

其中，Z_1 称为**传输线单位长度串联阻抗**；Y_1 称为**传输线单位长度并联导纳**。

将式(2-16)对 z 再求一次微分，得方程

$$\begin{cases} \dfrac{d^2V(z)}{dz^2} - Z_1Y_1V(z) = 0 \\ \dfrac{d^2I(z)}{dz^2} - Z_1Y_1I(z) = 0 \end{cases} \tag{2-18}$$

令

$$\gamma = \sqrt{Z_1Y_1} = \sqrt{(R_1 + jwL_1)(G_1 + jwC_1)} \tag{2-19}$$

则

$$\begin{cases} \dfrac{d^2V(z)}{dz^2} - \gamma^2V(z) = 0 \\ \dfrac{d^2I(z)}{dz^2} - \gamma^2I(z) = 0 \end{cases} \tag{2-20}$$

电压解为

$$V(z) = A_1e^{\gamma z} + A_2e^{-\gamma z} = V_+(z) + V_-(z) \tag{2-21}$$

将式(2-21)代入时谐传输线方程式(2-16)中，可以得到

$$\begin{aligned} I(z) &= \frac{1}{Z_1}\frac{dV(z)}{dz} = \frac{1}{Z_1}(A_1\gamma e^{\gamma z} - A_2\gamma e^{-\gamma z}) = \frac{\gamma}{Z_1}(A_1e^{\gamma z} - A_2e^{-\gamma z}) \\ &= \frac{1}{Z_0}(A_1e^{\gamma z} - A_2e^{-\gamma z}) = I_+(z) + I_-(z) \end{aligned} \tag{2-22}$$

其中

$$Z_0 = \frac{Z_1}{\gamma} = \sqrt{\frac{R_1 + jwL_1}{G_1 + jwC_1}} \tag{2-23}$$

式中，A_1、A_2 为待定系数，由边界条件确定。

令

$$\gamma = \alpha + j\beta \tag{2-24}$$

则可得传输线上电压电流的瞬时表达式为

$$\begin{aligned} v(z,t) &= Re[V(z)e^{jwt}] = v_+(z,t) + v_-(z,t) \\ &= A_1e^{\alpha z}\cos(wt + \beta z) + A_2e^{-\alpha z}\cos(wt - \beta z) \end{aligned} \tag{2-25}$$

$$\begin{aligned} i(z,t) &= Re[I(z)e^{jwt}] = i_+(z,t) + i_-(z,t) \\ &= \frac{1}{Z_0}[A_1e^{\alpha z}\cos(wt + \beta z) - A_2e^{-\alpha z}\cos(wt - \beta z)] \end{aligned} \tag{2-26}$$

由式(2-25)和式(2-26)可见，传输线上电压和电流以波的形式传播，在任一点的电压或电流均由沿 $-z$ 方向传播的行波(称为入射波即信号源向负载传播的波)和沿 $+z$ 方向传播的行波(称为反射波即负载向信号源传播的波)叠加而成。

3. 时谐均匀传输线方程的定解

传输线的边界条件，通常有以下 3 种：**终端条件解**——已知终端电压 V_L 和终端电流 I_L；**始端条件解**——已知始端电压 V_0 和始端电流 I_0；**信号源和负载条件解**——已知信源电动势 E_g 和内阻 Z_g 以及负载阻 Z_L。

(1) 终端条件解。

由边界条件:

$$z=0,\quad V(0)=V_L,\quad I(0)=I_L$$

代入通解式(2-21)和式(2-22),得

$$\begin{cases}V_L=A_1+A_2\\ I_L=\dfrac{1}{Z_0}(A_1-A_2)\end{cases}\tag{2-27}$$

解式(2-27)得

$$\begin{cases}A_1=\dfrac{1}{2}(V_L+I_LZ_0)\\ A_2=\dfrac{1}{2}(V_L-I_LZ_0)\end{cases}\tag{2-28}$$

将 A_1、A_2 代入通解式(2-21)和式(2-22),得

$$\begin{cases}V(z)=\dfrac{V_L+I_LZ_0}{2}\mathrm{e}^{\gamma z}+\dfrac{V_L-I_LZ_0}{2}\mathrm{e}^{-\gamma z}\\ I(z)=\dfrac{V_L+I_LZ_0}{2Z_0}\mathrm{e}^{\gamma z}-\dfrac{V_L-I_LZ_0}{2Z_0}\mathrm{e}^{-\gamma z}\end{cases}\tag{2-29}$$

$$\begin{cases}V(z)=V_L\dfrac{\mathrm{e}^{\gamma z}+\mathrm{e}^{-\gamma z}}{2}+I_LZ_0\dfrac{\mathrm{e}^{\gamma z}-\mathrm{e}^{-\gamma z}}{2}=V_L\cosh\gamma z+I_LZ_0\sinh\gamma z\\ I(z)=I_L\dfrac{\mathrm{e}^{\gamma z}+\mathrm{e}^{-\gamma z}}{2}+\dfrac{V_L}{Z_0}\dfrac{\mathrm{e}^{\gamma z}-\mathrm{e}^{-\gamma z}}{2}=I_L\cosh\gamma z+\dfrac{V_L}{Z_0}\sinh\gamma z\end{cases}\tag{2-30}$$

(2) 始端条件解。

$$\begin{cases}V(d)=V_0\cosh\gamma d-I_0Z_0\sinh\gamma d\\ I(d)=I_0\cosh\gamma d-\dfrac{V_0}{Z_0}\sinh\gamma d\end{cases}\tag{2-31}$$

其中,$d=l-z$。

(3) 信号源和负载条件解。

$$\begin{cases}V(z)=\dfrac{E_gZ_0}{Z_g+Z_0}\cdot\dfrac{\mathrm{e}^{-\gamma l}}{1-T_LT_G\mathrm{e}^{-2\gamma l}}(\mathrm{e}^{\gamma z}+T_L\mathrm{e}^{-\gamma z})\\ I(z)=\dfrac{E_g}{Z_g+Z_0}\cdot\dfrac{\mathrm{e}^{-\gamma l}}{1-T_LT_G\mathrm{e}^{-2\gamma l}}(\mathrm{e}^{\gamma z}-T_L\mathrm{e}^{-\gamma z})\end{cases}\tag{2-32}$$

其中

$$\begin{cases}T_L=\dfrac{Z_l-Z_0}{Z_l+Z_0}\\ T_G=\dfrac{Z_g-Z_0}{Z_g+Z_0}\end{cases}\tag{2-33}$$

2.2.2 传输线的工作特性参数

1. 特性阻抗

1) 特性阻抗的定义

传输线上行波的电压与电流之比定义为传输线的特性阻抗(Characteristic Impedance),用

Z_0 表示,其倒数称为**特性导纳**(Characteristic Admittance),用 Y_0 表示,即

$$Z_0 = \frac{V_+(z)}{I_+(z)} = -\frac{V_-(z)}{I_-(z)} \tag{2-34}$$

由传输线方程通解得特性阻抗的一般表达式为

$$Z_0 = \sqrt{\frac{Z_1}{Y_1}} = \sqrt{\frac{R_1 + \mathrm{j}wL_1}{G_1 + \mathrm{j}wC_1}} \tag{2-35}$$

通常,特性阻抗 Z_0 是一个复数,且与工作频率有关。它由传输线自身分布参数决定,而与负载及信源无关,故称为**特性阻抗**。

讨论:

(1) 均匀无耗传输线的特性阻抗:均匀无耗传输线满足的条件是 $R_1=G_1=0$,此时传输线的特性阻抗 Z_0 为实数,且与频率无关。

$$Z_0 = \sqrt{\frac{L_1}{C_1}} \tag{2-36}$$

(2) 低耗传输线的特性阻抗:低耗传输线满足的条件是 $R_1 \ll wL_1$、$G_1 \ll wC_1$ 时,此时有

$$Z_0 = \sqrt{\frac{R_1 + \mathrm{j}wL_1}{G_1 + \mathrm{j}wC_1}} \approx \sqrt{\frac{L_1}{C_1}}\left(1 + \frac{1}{2}\frac{R_1}{\mathrm{j}wL_1}\right)\left(1 - \frac{1}{2}\frac{G_1}{\mathrm{j}wC_1}\right) \approx \sqrt{\frac{L_1}{C_1}} \tag{2-37}$$

可见,损耗很小时的传输线特性阻抗近似为实数。

2) 双导线、同轴线特性阻抗

对于直径为 d、间距为 D 的平行双导线传输线,其特性阻抗为

$$Z_0 = \frac{120}{\sqrt{\varepsilon_r}} \ln \frac{2D}{d} \tag{2-38}$$

式(2-38)中,ε_r 为导线周围填充介质的相对介电常数。常用的平行双导线传输线的特性阻抗有 250Ω、300Ω、400Ω 和 600Ω 4 种。

对于内、外导体半径分别为 a、b 的无耗同轴线,其特性阻抗为

$$Z_0 = \frac{60}{\sqrt{\varepsilon_r}} \ln \frac{b}{a} \tag{2-39}$$

式(2-39)中,ε_r 为同轴线内、外导体间填充介质的相对介电常数。常用的同轴线的特性阻抗有 50Ω 和 75Ω 两种。

2. 传播常数

传播常数是描述导行波沿导行系统传播过程中衰减和相位变化的参数,通常为复数,用 γ 表示。

$$\gamma = \sqrt{Z_1 Y_1} = \sqrt{(R_1 + \mathrm{j}wL_1)(G_1 + \mathrm{j}wC_1)} = \alpha + \mathrm{j}\beta \tag{2-40}$$

式(2-40)中,α 为**衰减常数**,单位为 Np/m (有时也用 dB/m,1Np/m=8.686 dB/m);β 为**相位常数**,单位为 rad/m。

讨论:

(1) 无耗传输线,因为 $R_1=G_1=0$,则 $\alpha=0$,此时

$$\gamma = \mathrm{j}\beta = \mathrm{j}w\sqrt{L_1C_1}, \quad \beta = w\sqrt{L_1C_1} \tag{2-41}$$

(2) 对于微波低耗线，因为满足 $R_1 \ll wL_1$、$G_1 \ll wC_1$，因此有

$$\begin{aligned}
\gamma &= \sqrt{(R_1 + \mathrm{j}wL_1)(G_1 + \mathrm{j}wC_1)} \\
&= \sqrt{\mathrm{j}wL_1\left(1+\frac{R_1}{\mathrm{j}wL_1}\right)\mathrm{j}wC_1\left(1+\frac{G_1}{\mathrm{j}wC_1}\right)} \\
&= \mathrm{j}w\sqrt{L_1C_1}\left(1+\frac{R_1}{\mathrm{j}wL_1}\right)^{\frac{1}{2}}\left(1+\frac{G_1}{\mathrm{j}wC_1}\right)^{\frac{1}{2}} \\
&\approx \mathrm{j}w\sqrt{L_1C_1}\left(1+\frac{1}{2}\frac{R_1}{\mathrm{j}wL_1}\right)\left(1+\frac{1}{2}\frac{G_1}{\mathrm{j}wC_1}\right) \\
&\approx \mathrm{j}w\sqrt{L_1C_1}\left(1+\frac{1}{2}\frac{R_1}{\mathrm{j}wL_1}+\frac{1}{2}\frac{G_1}{\mathrm{j}wC_1}\right) \\
&\xlongequal{Z_0\approx\sqrt{\frac{L_1}{C_1}}} \frac{1}{2}R_1Y_0 + \frac{1}{2}G_1Z_0 + \mathrm{j}w\sqrt{L_1C_1} \\
&= \alpha_c + \alpha_d + \mathrm{j}\beta = \alpha + \mathrm{j}\beta
\end{aligned} \tag{2-42}$$

其中，$\alpha_c = \frac{1}{2}R_1Y_0$，表示单位长度分布电阻决定的导体衰减常数；$\alpha_d = \frac{1}{2}G_1Z_0$，表示单位长度漏电电导决定的介质衰减常数；$\beta = w\sqrt{L_1C_1}$，表示相移常数。

3. 相速度与波长

1) 相速度

电压、电流入射波(或反射波)等相位面沿传输方向的传播速度，或者导波沿等相位面移动的速度，用 v_p 来表示。

$$v_p = \frac{w}{\beta} = \frac{1}{\sqrt{L_1C_1}} \tag{2-43}$$

因为

$$\beta = w\sqrt{L_1C_1}$$

所以

$$Z_0 = \sqrt{\frac{L_1}{C_1}} = \frac{1}{v_pC_1} = v_p \cdot L_1 \tag{2-44}$$

对于均匀无耗传输线来说，β 与 w 呈线性关系，导行波的相速与频率无关(即 v_p 与 f 无关)，称为**无色散波**；对于有耗线，β 与 w 不成线性关系，相速 v_p 与频率 w 有关，这称为**色散特性**。在微波技术中，常可把传输线看作是无损耗的。

2) 波长

相邻等相位面之间的距离为波长。

传输线波长(Wave Length)λ 与自由空间的波长(TEM 传输线) λ_0 的关系为

$$\lambda = \frac{2\pi}{\beta} = \frac{v_p}{f} = \frac{\lambda_0}{\sqrt{\varepsilon_r}} \tag{2-45}$$

2.3 微波传输线的基本参量

2.3.1 传输线的阻抗

1. 传输线阻抗概述

传输线上任意一点电压与电流之比称为传输线在该点的阻抗。

根据传输线方程的终端条件解，即

$$\begin{cases} V(z) = V_L\cosh\gamma z + I_L Z_0 \sinh\gamma z \\ I(z) = I_L\cosh\gamma z + \dfrac{V_L}{Z_0}\sinh\gamma z \end{cases}$$

则

$$Z_{in}(z) = \frac{V(z)}{I(z)} = \frac{V_L\cosh\gamma z + I_L Z_0 \sinh\gamma z}{I_L\cosh\gamma z + \dfrac{V_L}{Z_0}\sinh\gamma z}$$

$$= Z_0 \frac{V_L\cosh\gamma z + I_L Z_0 \sinh\gamma z}{I_L Z_0\cosh\gamma z + V_L \sinh\gamma z} \tag{2-46}$$

式(2-46)的分子、分母都除以 $I_L\cosh\gamma z$，并令负载 $Z_L = V_L/I_L$，得

$$Z_{in}(z) = Z_0 \frac{Z_L + Z_0\tanh\gamma z}{Z_0 + Z_L\tanh\gamma z} \tag{2-47}$$

对于无耗线：$\alpha=0$，$\gamma=\mathrm{j}\beta$，$\tanh\gamma z=\mathrm{j}\tan\beta z$，则

$$Z_{in}(z) = Z_0 \frac{Z_L + \mathrm{j}Z_0\tan\beta z}{Z_0 + \mathrm{j}Z_L\tan\beta z} \tag{2-48}$$

式(2-48)表明：均匀无耗传输线上任意一点 z 的阻抗与该点的位置 z 和负载阻抗 Z_L 有关，z 点的阻抗可看成由 z 处向负载看去的输入阻抗(或称视在阻抗)，即微波阻抗是分布参数阻抗，低频阻抗是集总参数阻抗。

2. 传输线阻抗的特性

(1) 传输线阻抗不能直接测量——传输线阻抗随位置 z 变换，分布于沿线各点，且与负载有关，是一种分布参数阻抗，且一般为复数。由于微波频率下，电压和电流缺乏明确的物理意义，不能直接测量，故传输线阻抗也不能直接测量。

(2) 传输线段具有阻抗变换作用，负载 Z_L 通过线段 z 变换成 $Z_{in}(z)$，反过来亦成立。

(3) 无耗线的阻抗呈周期性变化，具有 $\lambda/4$ 变换性和 $\lambda/2$ 重复性，即

若 $z=\dfrac{n\lambda}{2}$，则

$$Z_{in}(z) = Z_L \tag{2-49}$$

若 $z=\dfrac{n\lambda}{2}+\dfrac{\lambda}{4}$，则

$$Z_{in}(z) = \frac{Z_0^2}{Z_L} \tag{2-50}$$

【例 2-1】 一根特性阻抗为 50Ω、长度为 0.1875m 的无耗均匀传输线，其工作频率为 200MHz，终端接有负载 $Z_L=40+j30(\Omega)$，试求其输入阻抗。

【解】 由工作频率 $f=200\text{MHz}$ 得相移常数 $\beta=2\pi f/c=4\pi/3=240°$。将 $Z_L=40+j30(\Omega)$，$Z_0=50(\Omega)$，$z=0.1875\text{m}$ 及 β 值代入式(2-48)，得

$$Z_{in}=Z_0\frac{Z_L+jZ_0\tan\beta z}{Z_0+jZ_L\tan\beta z}=50\times\frac{40+j30+j\tan(240°\times0.1875)}{50+j\tan(240°\times0.1875)}=100(\Omega)$$

可见，若终端负载为复数，传输线上任意点处输入阻抗一般也为复数，但若传输线的长度合适，则其输入阻抗可变换为实数，这也称为**传输线的阻抗变换特性**。

2.3.2 反射参量(反射系数)

1. 反射系数 Γ

(1) 反射系数：传输线上任意一点 z 处的反射波电压(或电流)与入射波电压(或电流)之比为该电压(或电流)反射系数，即

$$\Gamma_v=\frac{V_-(z)}{V_+(z)} \tag{2-51}$$

$$\Gamma_I=\frac{I_-(z)}{I_+(z)} \tag{2-52}$$

式(2-51)和式(2-52)中：$V_+(z)$代表入射波电压；$V_-(z)$代表反射波电压；$I_+(z)$代表入射波电流；$I_-(z)$代表反射波电流。

(2) Γ_V与Γ_I的关系：由传输线方程终端条件解得

$$\Gamma_V=-\Gamma_I \tag{2-53}$$

通常反射系数指的是便于测量的**电压反射系数**，用 $\Gamma(z)$表示。

(3) 反射系数的一般表达式。

$$\Gamma(z)=\frac{V_-(z)}{V^+(z)}=\frac{\dfrac{V_L-I_LZ_0}{2}e^{-\gamma z}}{\dfrac{V_L+I_LZ_0}{2}e^{\gamma z}}=\frac{\dfrac{V_L}{I_L}-Z_0}{\dfrac{V_L}{I_L}+Z_0}e^{-2\gamma z}=\frac{Z_L-Z_0}{Z_L+Z_0}e^{-2\gamma z}$$

令

$$\Gamma_L=\frac{Z_L-Z_0}{Z_L+Z_0}=\left|\frac{Z_L-Z_0}{Z_L+Z_0}\right|e^{j\phi_L}=|\Gamma_L|e^{j\phi_L} \tag{2-54}$$

通常称 Γ_L为**终端反射系数**，则

$$\Gamma(z)=\Gamma_Le^{-2\gamma z}=|\Gamma_L|e^{j\phi_L}e^{-2\gamma z}=|\Gamma_L|e^{-2\alpha z}e^{j(\phi_L-2\beta z)} \tag{2-55}$$

从式(2-55)中可以看出：

① $\Gamma(z)$的大小和相位均在单位圆内的向内螺旋轨道上变化(顺时针表示朝向信号源方向)。

② 对无耗线，即 $\alpha=0$，此时

$$\Gamma(z)=|\Gamma_L|e^{j(\phi_L-2\beta z)} \tag{2-56}$$

一般 $\Gamma(z)$为复数，且其大小保持不变，仅其相位以 $-2\beta z$ 的角度沿等圆周向信号源方向(即顺时针)变化。

当 $Z_L=Z_0$ 时，$\Gamma(z)=0$，此时负载终端无反射，此时传输线上反射系数处处为零，一般称之为**负载匹配**。

当 $Z_L=0$ 时，$\Gamma_L=-1$，$|\Gamma(z)|=1$，此时称为**终端短路**。

当 $Z_L=\infty$ 时，$\Gamma_L=1$，$|\Gamma(z)|=1$，此时称为**终端开路**。

2. 阻抗与反射系数的关系

引入反射系数之后，传输线上 z 处的电压和电流可表示为

$$V(z)=V_+(z)+V_-(z)=V_+(z)[1+\Gamma(z)] \tag{2-57}$$

$$I(z)=I_+(z)+I_-(z)=I_+(z)[1-\Gamma(z)] \tag{2-58}$$

$$Z_{\text{in}}(z)=\frac{V(z)}{I(z)}=\frac{V_+(z)}{I_+(z)}\cdot\frac{1+\Gamma(z)}{1-\Gamma(z)}=Z_0\frac{1+\Gamma(z)}{1-\Gamma(z)} \tag{2-59}$$

反之，

$$\Gamma(z)=\frac{Z_{\text{in}}(z)-Z_0}{Z_{\text{in}}(z)+Z_0} \tag{2-60}$$

其中，Z_0 称为特性阻抗。

通常引入归一化阻抗

$$z_{\text{in}}(z)=\frac{Z_{\text{in}}(z)}{Z_0}=\frac{1+\Gamma(z)}{1-\Gamma(z)} \tag{2-61}$$

3. 传输系数 T

(1) 传输系数：通过传输线上某处的传输电压或电流与该处的入射电压或电流之比即为传输系数，用 T 表示，即

$$T=\frac{V^t}{V^+}=\frac{I^t}{I^+} \tag{2-62}$$

引入 T 的目的：为描述传输线上的功率传输关系。

(2) 传输系数 T 与反射系数 Γ 的关系见式(2-63)。

$$T=1+\Gamma \tag{2-63}$$

(3) 插入损耗：表示电路中两点之间传输系数的对数，用 L_I 表示。

$$L_I=-20\lg|T| \quad (\text{dB}) \tag{2-64}$$

2.3.3 驻波参量

1. 波腹点、波谷点、波节点的概念

传输线上各点的电压和电流一般由入射波和反射波叠加而成，结果在线上形成驻波，沿线各点的电压和电流的振幅不同，以 $\lambda/2$ 周期变化。

将电压(或电流)振幅具有最大值的点称为电压(或电流)驻波的**波腹点**；振幅具有最小值的点称为电压(或电流)**波谷点**；振幅值等于零的点称为驻波的电压(或电流)**波节点**。

2. 电压驻波比

(1) 电压驻波比：传输线上相邻的波腹点和波谷点的电压振幅之比称为**电压驻波比**，

用 VSWR 表示。简称**驻波比**(SWR)或称**电压驻波系数**,用 ρ 表示。

$$\rho = \frac{|V_{\max}|}{|V_{\min}|} \neq \frac{|I_{\max}|}{|I_{\min}|} \tag{2-65}$$

对于小信号,用晶体检波器检波,有

$$\rho = \sqrt{\frac{|I_{\max}|}{|I_{\min}|}} \tag{2-66}$$

(2) 行波系数:电压驻波系数的倒数称为行波系数,用 k 表示。

$$k = \frac{1}{\rho} = \frac{|V|_{\min}}{|V|_{\max}} \tag{2-67}$$

3. 无耗线 ρ 与 Γ 的关系

因为

$$V(z) = V_+(z)[1+|\Gamma_L|\mathrm{e}^{\mathrm{j}(\phi_L-2\beta z)}] = V_+(z)[1+\Gamma(z)] \tag{2-68}$$

$$I(z) = I_+(z)[1-|\Gamma_L|\mathrm{e}^{\mathrm{j}(\phi_L-2\beta z)}] = I_+(z)[1-\Gamma(z)] \tag{2-69}$$

所以

$$|V(z)|_{\max} = |V_+(z)|[1+|\Gamma(z)|] \tag{2-70}$$

$$|V(z)|_{\min} = |V_+(z)|[1-|\Gamma(z)|] \tag{2-71}$$

$$|I(z)|_{\max} = |I_+(z)|[1+|\Gamma(z)|] \tag{2-72}$$

$$|I(z)|_{\min} = |I_+(z)|[1-|\Gamma(z)|] \tag{2-73}$$

则

$$Z_0 = \frac{|V(z)|_{\max}}{|I(z)|_{\max}} = \frac{|V(z)|_{\min}}{|I(z)|_{\min}} \tag{2-74}$$

$$\rho = \frac{|V(z)|_{\max}}{|V(z)|_{\min}} = \frac{1+|\Gamma(z)|}{1-|\Gamma(z)|} \tag{2-75}$$

反过来

$$|\Gamma(z)| = \frac{\rho-1}{\rho+1} \tag{2-76}$$

推论:当 $|\Gamma(z)|=0,\rho=1$;当 $|\Gamma(z)|=1,\rho=\infty$。

4. 阻抗与驻波参量的关系

由无耗线无耗线输入阻抗可得

$$Z_{\text{in}}(z) = Z_0\frac{Z_L+\mathrm{j}Z_0\tan\beta z}{Z_0+\mathrm{j}Z_L\tan\beta z} \quad \Rightarrow \quad Z_L(z) = Z_0\frac{Z_{\text{in}}(z)-\mathrm{j}Z_0\tan\beta z}{Z_0-\mathrm{j}Z_{\text{in}}(z)\tan\beta z} \tag{2-77}$$

对于电压波腹点(即电流波谷点)

$$Z_{\max} = \frac{|V_{\max}|}{|I_{\min}|} = \frac{|V_{\max}|}{|V_{\min}|}\cdot\frac{|V_{\min}|}{|I_{\min}|} = \rho Z_0 \tag{2-78}$$

对于电压波谷点(即电流波腹点)

$$Z_{\min} = \frac{|V_{\min}|}{|I_{\max}|} = \frac{|V_{\min}|}{|V_{\max}|}\cdot\frac{|V_{\max}|}{|I_{\max}|} = \frac{Z_0}{\rho} \tag{2-79}$$

因此,电压波腹点和电压波谷点的阻抗一般为纯阻。

讨论:阻抗的测量。

通常选取电压驻波最小点为测量点，其距负载的距离用 d_{min} 表示，该点的阻抗为纯电阻。将 $Z_{min}=Z_0/\rho$ 代入式(2-77)得

$$Z_L = Z_0\,\frac{1-\mathrm{j}\rho\tan\beta d_{min}}{\rho-\mathrm{j}\tan\beta d_{min}} \tag{2-80}$$

当 Z_0 一定时，Z_L 可通过测量 ρ 和 d_{min} 确定。

d_{min} 的实际测量有两种方法：

(1) 测量距离负载的第一个电压驻波最小位置 d_{min1}。

(2) 直接测量 d_{min1} 测量不到，可先将终端短路，在传输线上某处确定一个电压波节点作为参考点；然后接上被测负载，测量参考点附近(一般为参考点左面第一个电压波谷点)的电压驻波最小点 d_{min}；利用 $\lambda/2$ 重复性，计算得到的参考点处的阻抗便是负载阻抗。

【例 2-2】 一根特性阻抗为 75Ω 的均匀无耗传输线，终端接有负载 $Z_L=R_L+\mathrm{j}X_L$，欲使线上电压驻波比为 3，则负载的实部 R_L 和虚部 X_L 应满足什么关系？

【解】 由驻波比 $\rho=3$，可得终端反射系数的模值应为

$$|\Gamma| = \frac{\rho-1}{\rho+1} = \frac{3-1}{3+1} = 0.5$$

于是由终端反射系数公式得

$$|\Gamma_L| = \left|\frac{Z_L-Z_0}{Z_L+Z_0}\right| = 0.5$$

将 $Z_L=R_L+\mathrm{j}X_L$，$Z_0=75\Omega$ 代入上式

$$\left|\frac{R_L+\mathrm{j}X_L-75}{R_L+\mathrm{j}X_L+75}\right|=0.5$$

整理得，负载的实部 R_L 和虚部 X_L 应满足的关系式为

$$(R_L-125)^2+X_L^2=100^2$$

即负载的实部 R_L 和虚部 X_L 应在圆心为(125,0)、半径为 100m 的圆上，上半圆对应负载为感抗，而下半圆对应负载为容抗。

2.4 无耗传输线的状态分析

无耗传输线的工作状态指端接不同负载时，电压、电流沿线的分布状态，无耗传输线有三种不同的工作状态，即行波状态、纯驻波状态和行驻波状态。

2.4.1 行波状态

1. 行波状态的条件

行波状态就是无反射的传输状态，其条件为：负载阻抗等于传输线的特性阻抗，即 $Z_L=Z_0$，此时 $\Gamma_L=0$，$\rho=1$，$k=1$。

2. 特性分析

因为是无耗传输线线，所以 $\alpha=0$；又因为 $\Gamma_L=0$，所以传输线上的电压、电流为

$$V(z) = V^+(z) = \frac{V_L+I_LZ_0}{2}\mathrm{e}^{\mathrm{j}\beta z} = V_L^+\mathrm{e}^{\mathrm{j}\beta z} = A_L\mathrm{e}^{\mathrm{j}\beta z} \tag{2-81}$$

$$I(z) = I^{+}(z) = \frac{V_L + I_L Z_0}{2Z_0} e^{j\beta z} = \frac{V_L^{+}}{Z_0} e^{j\beta z} = \frac{A_L}{Z_0} e^{j\beta z} \quad (2\text{-}82)$$

设 $A_L = |A_L| e^{j\phi_0}$，则传输线上电压电流瞬时值为

$$v(z,t) = Re[V(z)e^{jwt}] = Re[|A_L| e^{j(\phi_0+\beta z+wt)}]$$
$$= |A_L| \cos(wt + \beta z + \phi_0) \quad (2\text{-}83)$$

$$i(z,t) = Re[I(z)e^{jwt}] = \frac{|A_L|}{Z_0}\cos(wt + \beta z + \phi_0) \quad (2\text{-}84)$$

3. 特点

行波状态的特点是**等幅**、**同相**、**等阻抗**，即：①沿线电压和电流振幅不变，驻波比 $\rho=1$；②电压和电流在任意点上都同相；③传输线上各点阻抗均等于传输线特性阻抗。

2.4.2 纯驻波状态

纯驻波状态就是全反射，也即终端反射系数 $|\Gamma_L|=1$，驻波系数 $\rho=\infty$，在此状态下，负载阻抗必须满足的条件是

$$\left|\frac{Z_L - Z_0}{Z_L + Z_0}\right| = |\Gamma_L| = 1 \quad (2\text{-}85)$$

由于无耗传输线的特性阻抗 Z_0 为实数，因此要满足式(2-85)，负载阻抗必须为短路($Z_L=0$)、开路($Z_L\to\infty$)、纯感抗($Z_L=jX_L, X_L>0$)和纯容抗($Z_L=-jX_L, X_L>0$)四种情况之一。在上述 4 种情况下，传输线上入射波在终端将全部被反射，沿线入射波和反射波叠加形成纯驻波分布，唯一的差异在于驻波的分布位置不同。

1. 终端短路情况

因为终端短路，有 $Z_L=0$，所以反射系数 $\Gamma_L=-1$，驻波系数 $\rho=\infty$，传输线上的电压和电流为

$$V(z) = V^{+}(z) + V^{-}(z) = V^{+}(z)[1 + \Gamma(z)]$$
$$= V^{+}(z)(1 + \Gamma_L e^{-j2\beta z}) = V_L^{+} e^{j\beta z}(1 + \Gamma_L e^{-j2\beta z}) \quad (2\text{-}86)$$

所以

$$V(z) = \frac{V_L + I_L Z_0}{2} e^{j\beta z}(1 - e^{-j2\beta z}) = \frac{V_L + I_L Z_0}{2}(e^{j\beta z} - e^{-j\beta z})$$
$$= A_L(e^{j\beta z} - e^{-j\beta z}) = j2A_L \sin\beta z \quad (2\text{-}87)$$

同理

$$I(z) = \frac{2A_L}{Z_0}\cos\beta z \quad (2\text{-}88)$$

传输线电压电流瞬时值(令 $A_L = |A_L| e^{j\phi_0}$)为

$$v(z,t) = Re[V(z)e^{jwt}] = -2|A_L| \sin(wt + \phi_0)\sin\beta z \quad (2\text{-}89)$$

$$i(z,t) = Re[I(z)e^{jwt}] = \frac{2|A_L|}{Z_0}\cos(wt + \phi_0)\cos\beta z \quad (2\text{-}90)$$

终端 $z=0$ 处，$V_L=0$，$I_L = I(0) = \frac{2A_L}{Z_0}$。

故终端($z=0$)为电压波节点，电流波腹点。

无耗传输线上任一点 z 处的输入阻抗公式为 $Z_{\text{in}}(z)=Z_0\dfrac{Z_L+\text{j}Z_0\tan\beta z}{Z_0+\text{j}Z_L\tan\beta z}$，将 $Z_L=0$ 代入公式，得

$$Z_{\text{in}}(z)=\text{j}Z_0\tan\beta z \tag{2-91}$$

即任意长度 z 的终端短路线的输入阻抗都是纯电抗，可取 $-\text{j}\infty$ 和 $\text{j}\infty$ 之间的任意值。

讨论：

(1) 终端 $z=0$：$Z_{\text{in}}^{sc}(0)=0$。

(2) $z=\lambda/4$ 处：$Z_{\text{in}}^{sc}\left(\dfrac{\lambda}{4}\right)=\infty$，可视为并联谐振电路。

(3) $0<z<\dfrac{\lambda}{4}$：$Z_{\text{in}}^{sc}=\text{j}X_{\text{in}}^{sc}$，阻抗为纯感抗，等效为电感。

(4) $\dfrac{\lambda}{4}<z<\dfrac{\lambda}{2}$：$Z_{\text{in}}^{sc}=-\text{j}X_{\text{in}}^{sc}$，阻抗为纯容抗，等效为电容。

图 2.7 给出了终端短路时沿线电压、电流瞬时变化的幅度分布以及阻抗变化的情形。

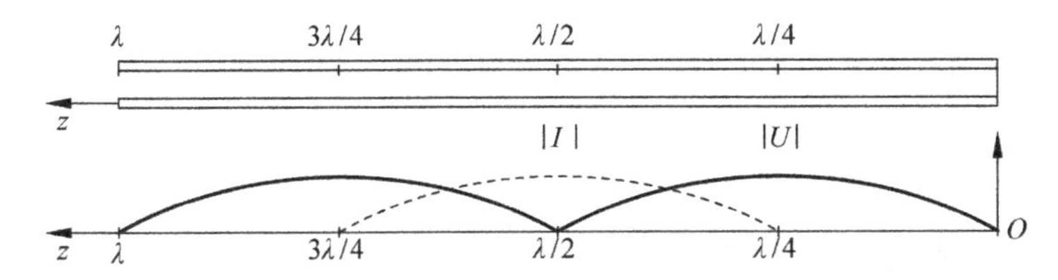

(a) 传输线及电压电流分布

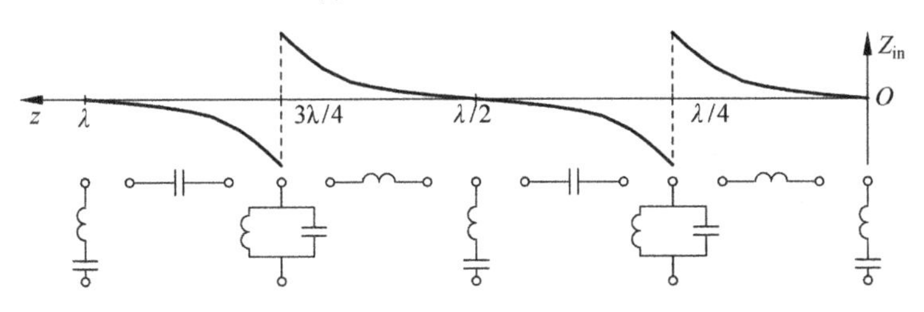

(b) 阻抗分布及等效电路

图 2.7 终端短路线中的纯驻波状态

对无耗传输线终端短路情形有以下结论：

(1) 沿线各点电压和电流振幅按正弦和余弦规律变化，电压和电流相位差为 90°，功率为无功功率，即无能量传输。

(2) 在 $z=n\lambda/2(n=0,1,2,\cdots)$ 处电压为零，电流的振幅值最大且等于 $2|A_L|/Z_0$，称这些位置为电压波节点，在 $z=(2n+1)\lambda/4\ (n=0,1,2,\cdots)$ 处电压的振幅值最大且等于 $2|A_L|$，而电流为零，称这些位置为电压波腹点。

(3) 传输线上各点阻抗为纯电抗，在电压波节点处 $Z_{\text{in}}=0$，相当于串联谐振，在电压波腹点处 $|Z_{\text{in}}|\to\infty$，相当于并联谐振，在 $0<z<\lambda/4$ 内，$Z_{\text{in}}=\text{j}X$，相当于一个纯电感，在 $\lambda/4<z<\lambda/2$ 内，$Z_{\text{in}}=-\text{j}X$，相当于一个纯电容，从终端起每隔 $\lambda/4$ 阻抗性质就变换一次，这种特性称为 $\lambda/4$ 阻抗变换性。

2. 终端开路情况

终端开路，负载阻抗 $Z_L=\infty$，终端反射系数 $\Gamma_L=1$，而驻波系数 $\rho=\infty$，传输线上的电压和电流为

$$V(z)=\frac{V_L+I_LZ_0}{2}\cdot 2\cos\beta z=2A_L\cos\beta z \tag{2-92}$$

$$I(z)=\frac{V_L+I_LZ_0}{2Z_0}\cdot \mathrm{j}2\sin\beta z=\mathrm{j}\,\frac{2A_L}{Z_0}\sin\beta z \tag{2-93}$$

瞬时表达式（令 $A_L=|A_L|\mathrm{e}^{\mathrm{j}\phi_0}$）为

$$v(z,t)=2\mid A_L\mid \cos(wt+\phi_0)\cos\beta z \tag{2-94}$$

$$i(z,t)=-\frac{2\mid A_L\mid}{Z_0}\sin(wt+\phi_0)\sin\beta z \tag{2-95}$$

终端（$z=0$）处，$V(z)=2A_L$，$I(z)=0$ 说明：**终端是电压波腹点，电流波节点。**

将 $Z_L=\infty$ 代入无耗传输线输入阻抗公式(2-48)，可得

$$Z_{\mathrm{in}}^{oc}(z)=\frac{Z_0}{\mathrm{j}\tan\beta z}=-\mathrm{j}Z_0\cot\beta z \tag{2-96}$$

即任意长度终端开路线输入阻抗是纯电抗，其值为$-\mathrm{j}\infty\sim\mathrm{j}\infty$之间。

讨论：

(1) 终端 $z=0$：$Z_{\mathrm{in}}^{oc}(0)=-\mathrm{j}\infty$。

(2) $z=\lambda/4$ 处：$Z_{\mathrm{in}}^{oc}\left(\frac{\lambda}{4}\right)=0$，可视为串联谐振电路。

(3) $0<z<\frac{\lambda}{4}$：$Z_{\mathrm{in}}^{oc}=-\mathrm{j}X_{\mathrm{in}}^{oc}$，阻抗为纯容抗，等效为电容。

(4) $\frac{\lambda}{4}<z<\frac{\lambda}{2}$：$Z_{\mathrm{in}}^{oc}=\mathrm{j}X_{\mathrm{in}}^{oc}$，阻抗为纯感抗，等效为电感。

同短路线的分析类似，终端开路时，传输线上的电压和电流也呈纯驻波分布，因此也只能存储能量而不能传输能量。在 $z=n\lambda/2$ ($n=0,1,2,\cdots$)处为电压波腹点，而在 $z=(2n+1)\lambda/4(n=0,1,2,\cdots)$处为电压波节点。

图 2.8 给出了终端开路时的驻波分布特性，图中 O'位置为终端开路处，OO'为 $\lambda/4$ 短路线。

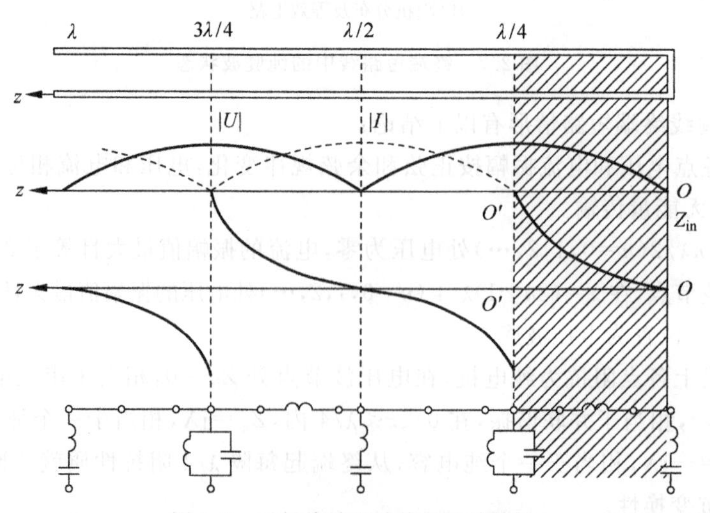

图 2.8 无耗终端开路线的驻波特性

讨论：短路线与开路线的关系。

(1) 传输线短路与开路的区别：在微波范围内，终端敞开口的传输线，严格地讲并不是真正开路线。因为开口处会有能量的辐射和分布电容的影响，所以实际的负载阻抗并不等于无限大，鉴于这个原因，实际中常利用 $\lambda/4$ 短路线作为开路的无限大负载。

(2) 无耗传输线短路输入阻抗与开路输入阻抗的关系为

$$Z_{\text{in}}^{sc}(z)\cdot Z_{\text{in}}^{oc}(z)=Z_0^2 \tag{2-97}$$

$$\frac{Z_{\text{in}}^{sc}(z)}{Z_{\text{in}}^{oc}(z)}=-\tan^2\beta z \tag{2-98}$$

由上述关系可知：对一定长度为 d 的无耗传输线作两次测量，测得 $Z_{\text{in}}^{oc}(d)$ 和 $Z_{\text{in}}^{sc}(d)$，便可确定此传输线的特性阻抗 Z_0 和相位常数 β，即

$$Z_0=\sqrt{Z_{\text{in}}^{sc}(d)\cdot Z_{\text{in}}^{oc}(d)} \tag{2-99}$$

$$\beta=\frac{1}{d}\arctan\sqrt{-\frac{Z_{\text{in}}^{sc}(d)}{Z_{\text{in}}^{oc}(d)}} \tag{2-100}$$

3. 终端接纯电感性负载情况

终端接纯电感性负载时，$Z_L=\text{j}X_L(X_L>0)$，终端反射系数为

$$\Gamma_L=\frac{Z_L-Z_0}{Z_L+Z_0}=\frac{-Z_0+\text{j}X_L}{Z_0+\text{j}X_L}=|\Gamma_L|\text{e}^{\text{j}\phi_L} \tag{2-101}$$

式中

$$|\Gamma_L|=1,\quad \phi_L=\arctan\frac{2X_LZ_0}{X_L^2-Z_0^2}$$

此时，驻波系数为：$\rho=\infty$，终端产生反射，形成驻波。

传输线上的电压、电流和阻抗分布：因为 $Z_L=\text{j}X_L(X_L>0)$，正好相当于一段小于 $\lambda/4$ 的短路线，沿线电压、电流和阻抗的分布曲线就是终端延长 l_{sc} 后短路线的分布曲线，即去除 l_{sc} 长度后等效短路线，l_{sc} 为

$$l_{sc}=\frac{\lambda}{2\pi}\arctan\frac{X_L}{Z_0}=\frac{1}{\beta}\arctan\frac{X_L}{Z_0} \tag{2-102}$$

此时，终端既不是电压波节点，也不是电压波腹点，距负载第一个出现的是电压波腹点。

4. 终端接纯电容性负载情况

终端接纯电容性负载时，$Z_L=-\text{j}X_C(X_C>0)$，终端反射系数为

$$\Gamma_L=\frac{Z_L-Z_0}{Z_L+Z_0}=\frac{-Z_0-\text{j}X_C}{Z_0-\text{j}X_C}=|\Gamma_L|\text{e}^{-\text{j}\phi_L} \tag{2-103}$$

式中

$$|\Gamma_L|=1,\quad \phi_L=\arctan\frac{2X_CZ_0}{X_C^2-Z_0^2}$$

此时，驻波系数为：$\rho=\infty$，终端产生反射，形成驻波。

传输线上的电压、电流和阻抗分布：因为 $Z_L=-\text{j}X_C(X_C>0)$，正好相当于一段小于

$\lambda/4$ 的开路线，沿线电压、电流和阻抗的分布曲线就是终端延长 l_{oc} 后开路线的分布曲线，即去除 l_{oc} 长度后等效开路线，l_{oc} 为

$$l_{oc}=\frac{\lambda}{2\pi}\operatorname{arccot}\left(\frac{X_C}{Z_0}\right)=\frac{1}{\beta}\operatorname{arccot}\left(\frac{X_C}{Z_0}\right) \tag{2-104}$$

此时，终端既不是电压波节点，也不是电压波腹点，距负载第一个出现的是电压波节点。

图 2.9 给出了终端接纯感抗和终端接纯容抗时驻波分布及短路线的等效。

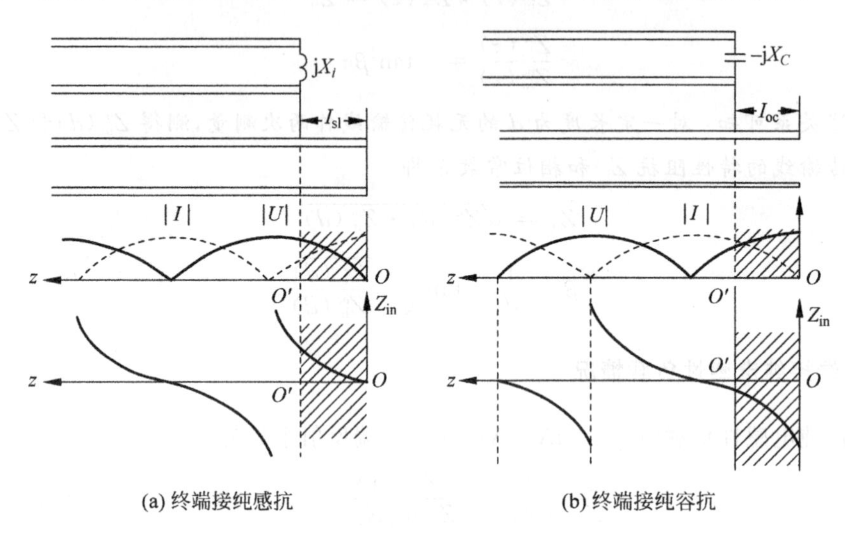

图 2.9　终端接纯感抗和终端接纯容抗时驻波分布及短路线的等效

处于纯驻波工作状态的无耗传输线，沿线各点电压、电流在时间和空间上相差均为 $\pi/2$，故它们不能用于微波功率的传输，但因其输入阻抗的纯电抗特性，在微波技术中却有着非常广泛的应用。

2.4.3　行驻波状态

当微波传输线终端接任意复数阻抗负载时，由信号源入射的电磁波功率一部分被终端负载吸收，另一部分则被反射，因此传输线上既有行波又有纯驻波，构成混合波状态，故称之为**行驻波状态**(Traveling-Standing Wave State)。

1. 行驻波状态时的反射系数

终端接一般复数阻抗负载，将产生部分反射，在线上形成行驻波，此时

$$Z_L=R_L\pm \mathrm{j}X_L \quad (X_L>0)$$

$$\Gamma_L=\frac{Z_L-Z_0}{Z_L+Z_0}=\frac{R_L\pm \mathrm{j}X_L-Z_0}{R_L\pm \mathrm{j}X_L+Z_0}=|\Gamma_L|\mathrm{e}^{\pm \mathrm{j}\varphi_L} \tag{2-105}$$

式中

$$|\Gamma_L|=\sqrt{\frac{(R_L-Z_0)^2+X_L^2}{(R_L+Z_0)^2+X_L^2}}<1 \tag{2-106}$$

$$\varphi_L = \arctan \frac{2X_L Z_0}{R_L^2 + X_L^2 - Z_0^2} \tag{2-107}$$

2. 行驻波状态特性分析

1）沿线电压、电流

$$V(z) = A_L e^{j\beta z}[1 + \Gamma_L e^{-j2\beta z}] = |A_L| e^{j(\phi_0+\beta z)}[1 + |\Gamma_L| e^{j(\phi_L - 2\beta z)}] \tag{2-108}$$

$$I(z) = \frac{A_L}{Z_0} e^{j\beta z}[1 - \Gamma_L e^{-j2\beta z}] = \frac{|A_L|}{Z_0} e^{j(\phi_0+\beta z)}[1 - |\Gamma_L| e^{j(\phi_L - 2\beta z)}] \tag{2-109}$$

2）沿线驻波最大值和最小值

$$|V|_{\max} = |A_L| [1 + |\Gamma_L|] = |V_L^+| [1 + |\Gamma_L|] \tag{2-110}$$

$$|V|_{\min} = |A_L| [1 - |\Gamma_L|] = |V_L^+| [1 - |\Gamma_L|] \tag{2-111}$$

$$|I|_{\max} = \frac{|A_L|}{Z_0}[1 + |\Gamma_L|] = |I_L^+| [1 + |\Gamma_L|] \tag{2-112}$$

$$|I|_{\min} = \frac{|A_L|}{Z_0}[1 - |\Gamma_L|] = |I_L^+| [1 - |\Gamma_L|] \tag{2-113}$$

3）电压驻波最大点和最小点的位置

电压驻波最大点

$$\cos(\phi_L - 2\beta z) = 1 \Rightarrow \phi_L - 2\beta z = -2n\pi$$

即

$$z_{\max} = \frac{\lambda}{4\pi}\varphi_L + \frac{n\lambda}{2} \quad n = 0,1,2,\cdots \tag{2-114}$$

电压驻波最小点

$$\cos(\phi_L - 2\beta z) = -1 \Rightarrow \phi_L - 2\beta z = -(2n \pm 1)\pi$$

即

$$z_{\min} = \frac{n\lambda}{2} + \left(\frac{\lambda}{4\pi}\varphi_L \pm \frac{\lambda}{4}\right) \quad n = 0,1,2,\cdots \tag{2-115}$$

波腹点与波谷点之间距

$$|z_{\max} - z_{\min}| = \left|-\frac{\lambda}{4}\right| = \frac{\lambda}{4} \tag{2-116}$$

当传输线接下列三种负载时，传输线均为行驻波状态：

(1) 终端接纯电阻 R_L，但电阻值不等于传输线的特性阻抗，即 $R_L \neq Z_0$。

(2) 终端接电感性负载，即 $Z_L = R_L + jX_L$。

(3) 终端接电容性负载，即 $Z_L = R_L - jX_L$。

图 2.10 给出了行驻波条件下传输线上电压、电流的分布。

4）传输线沿线输入阻抗

传输线上任意点输入阻抗一般为复数，表达式为

$$Z_{in}(z) = Z_0 \frac{Z_L + jZ_0 \tan(\beta z)}{Z_0 + jZ_L \tan(\beta z)}$$

但在电压驻波最大点处和最小点处的输入阻抗为纯电阻，即

$$Z(z_{\max}) = R_{\max} = \frac{V_{\max}}{I_{\min}} = \frac{\rho \cdot V_{\min}}{I_{\min}} = \rho \cdot \frac{V_{\min}}{I_{\min}} = \rho \cdot Z_0 \tag{2-117}$$

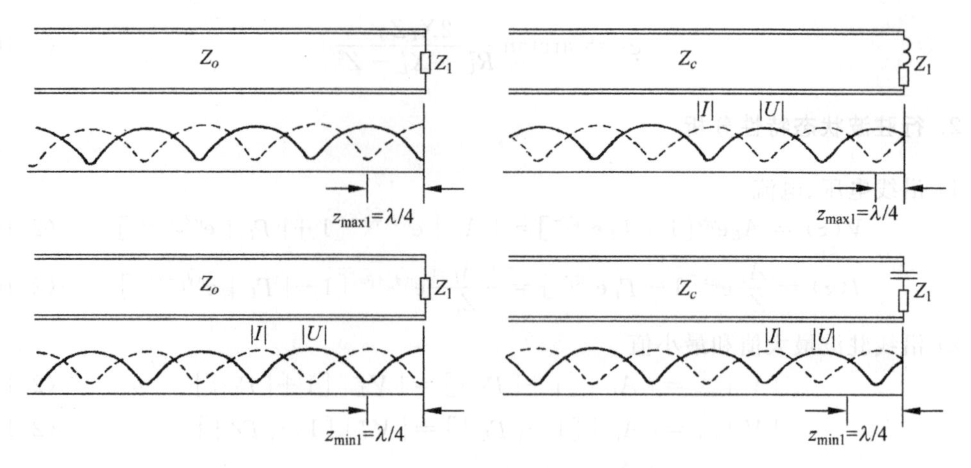

图 2.10　行驻波条件下传输线上电压、电流的分布

$$Z(z_{\min}) = R_{\min} = \frac{V_{\min}}{I_{\max}} = \frac{\frac{V_{\max}}{\rho}}{I_{\max}} = \frac{V_{\max}}{I_{\max}\cdot\rho} = \frac{Z_0}{\rho} = k\cdot Z_0 \tag{2-118}$$

同时，相邻电压波腹点(或相邻电压波谷点)相距 $\lambda/2$。电压波腹点和波谷点相距 $\lambda/4$，具有如下特性

$$R_{\max}\cdot R_{\min} = \rho\cdot Z_0\cdot\frac{Z_0}{\rho} = Z_0^2 \tag{2-119}$$

实际上，无耗传输线上距离为 $\lambda/4$ 的任意两点处阻抗的乘积均等于传输线特性阻抗的平方，这种特性称之为 **$\lambda/4$ 阻抗变换性**。

【例 2-3】 设有一无耗传输线，终端接有负载 $Z_L=40-\mathrm{j}30(\Omega)$，求：①要使传输线上驻波比最小，则该传输线的特性阻抗应取多少？②此时最小的反射系数及驻波比各为多少？③离终端最近的波节点位置在何处？④画出特性阻抗与驻波比的关系曲线。

【解】

① 要使线上驻波比最小，实质上只要使终端反射系数的模值最小，即

$$\frac{\partial\,|\,\Gamma_L\,|}{\partial Z_0} = 0$$

而

$$|\,\Gamma_L\,| = \left|\frac{Z_L - Z_0}{Z_L + Z_0}\right| = \left[\frac{(40-Z_0)^2+30^2}{(40+Z_0)^2+30^2}\right]^{\frac{1}{2}}$$

将上式对 Z_0 求导，并令其为 0，经整理可得：$40^2+30^2-Z_0{}^2=0$，即 $Z_0=50\Omega$。也就是说，当特性阻抗 $Z_0=50\Omega$ 时，终端反射系数最小，从而驻波比也为最小。

② 此时终端反射系数及驻波比分别为

$$\Gamma_L = \frac{Z_L - Z_0}{Z_L + Z_0} = \frac{40-\mathrm{j}30-50}{40-\mathrm{j}30+50} = \frac{1}{3}\mathrm{e}^{\mathrm{j}\frac{3\pi}{2}},\quad \rho = \frac{1+|\,\Gamma_L\,|}{1-|\,\Gamma_L\,|} = \frac{1+1/3}{1-1/3} = 2$$

③ 由于终端为容性负载，故离终端的第一个电压波节点位置为 $z_{\min1}=\frac{\lambda}{4\pi}\varphi_L-\frac{\lambda}{4}=\frac{1}{8}\lambda$。

④ 终端负载一定时，传输线特性阻抗与驻波系数的关系曲线如图 2.11 所示。其中负

载阻抗 $Z_L=40-\mathrm{j}30\ (\Omega)$。由图 2.11 可见，当 $Z_0=50\Omega$ 时驻波比最小，与前面的计算相吻合。

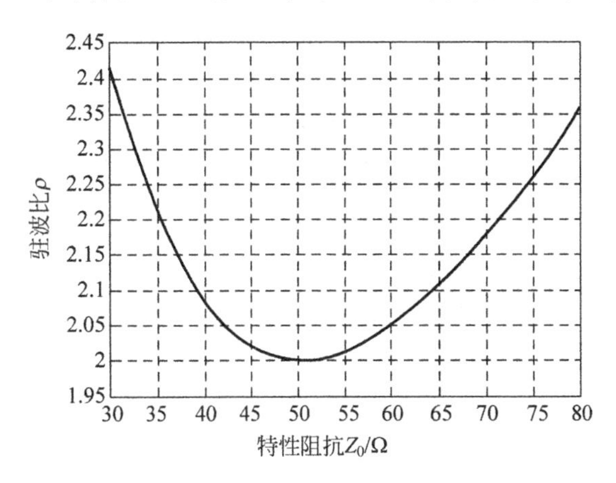

图 2.11 传输线特性阻抗与驻波系数的关系曲线

2.5 传输线的功率、效率和损耗

2.5.1 有耗线的特性

1. 有耗线损耗的分类及影响

实际应用的传输线都存在一定的损耗，包括**导体损耗**、**介质损耗**和**辐射损耗**，其中辐射损耗有时候可以避免，一般不考虑。

损耗的主要影响是使导行波的振幅衰减，其次，若有损耗，传输线的相移常数将与频率有关，使波的传播速度与频率有关，即引起色散效应。

有耗线和无耗线的基本特性是一样的，线上的电压和电流也是入射波和反射波的叠加，主要的不同点是：由于线上有损耗($\gamma=\alpha+\mathrm{j}\beta$)，入射波和反射波的振幅均要沿各自方向按指数规律衰减。

2. 有耗线的参量

1）有耗线反射系数

$$\Gamma(z)=\Gamma_L\mathrm{e}^{-2\gamma z}=|\Gamma_L|\mathrm{e}^{\mathrm{j}\phi_L}\mathrm{e}^{-2\alpha z}\mathrm{e}^{-2\mathrm{j}\beta z}=|\Gamma_L|\mathrm{e}^{-2\alpha z}\mathrm{e}^{\mathrm{j}(\phi_L-2\beta z)} \tag{2-120}$$

2）有耗线电压驻波系数

$$\rho=\frac{1+|\Gamma(z)|}{1-|\Gamma(z)|}=\frac{1+|\Gamma_L|\mathrm{e}^{-2\alpha z}}{1-|\Gamma_L|\mathrm{e}^{-2\alpha z}} \tag{2-121}$$

3）有耗线沿线电压和电流

$$\begin{aligned}V(z)&=V_z^{+}+V_z^{-}=V_z^{+}[1+\Gamma(z)]\\&=V_L^{+}\mathrm{e}^{\gamma z}[1+|\Gamma_L|\mathrm{e}^{-2\alpha z}\mathrm{e}^{\mathrm{j}(\phi_L-2\beta z)}]\\&=A_L\mathrm{e}^{\alpha z}\mathrm{e}^{\mathrm{j}\beta z}[1+|\Gamma_L|\mathrm{e}^{-2\alpha z}\mathrm{e}^{\mathrm{j}(\phi_L-2\beta z)}]\end{aligned} \tag{2-122}$$

$$I(z)=I_z^+ + I_z^- = I_z^+[1-\Gamma(z)]$$

$$=\frac{A_L}{Z_0}e^{\alpha z}e^{j\beta z}[1-|\Gamma_L|e^{-2\alpha z}e^{j(\phi_L-2\beta z)}] \tag{2-123}$$

4）有耗线沿线驻波电压电流最大值和最小值

$$|V(z)_{max}|=|V_L^+|e^{\alpha z}[1+|\Gamma_L|e^{-2\alpha z}]=|A_L|e^{\alpha z}[1+|\Gamma_L|e^{-2\alpha z}] \tag{2-124}$$

$$|V(z)_{min}|=|V_L^+|e^{\alpha z}[1-|\Gamma_L|e^{-2\alpha z}]=|A_L|e^{\alpha z}[1-|\Gamma_L|e^{-2\alpha z}] \tag{2-125}$$

$$|I(z)_{max}|=\frac{|A_L|}{Z_0}e^{\alpha z}[1+|\Gamma_L|e^{-2\alpha z}]=|I_L^+|e^{\alpha z}[1+|\Gamma_L|e^{-2\alpha z}] \tag{2-126}$$

$$|I(z)_{min}|=\frac{|A_L|}{Z_0}e^{\alpha z}[1-|\Gamma_L|e^{-2\alpha z}]=|I_L^+|e^{\alpha z}[1-|\Gamma_L|e^{-2\alpha z}] \tag{2-127}$$

5）有耗线沿线阻抗特性

$$Z_{in}(z)=Z_0\frac{Z_L+Z_0\tanh\gamma z}{Z_0+Z_L\tanh\gamma z} \tag{2-128}$$

终端短路时

$$Z_{in}^{sc}(z)=Z_0\tanh\gamma z \tag{2-129}$$

终端开路时

$$Z_{in}^{oc}(z)=Z_0\coth\gamma z \tag{2-130}$$

将式(2-129)和式(2-130)相乘，可得

$$Z_{in}^{oc}(z)\cdot Z_{in}^{sc}(z)=Z_0^2$$

即

$$Z_0=\sqrt{Z_{in}^{oc}(z)\cdot Z_{in}^{sc}(z)} \tag{2-131}$$

将式(2-129)和式(2-130)相除，可得

$$\frac{Z_{in}^{sc}(z)}{Z_{in}^{oc}(z)}=\tanh^2\gamma z$$

即

$$\gamma=\alpha+j\beta=\frac{1}{z}\operatorname{arctanh}\sqrt{\frac{Z_{in}^{sc}(z)}{Z_{in}^{oc}(z)}} \tag{2-132}$$

2.5.2 传输功率与效率

1. 传输功率

设传输线均匀且 $\gamma=\alpha+j\beta$ $(\alpha\neq 0)$，则有耗线沿线电压式(2-122)和电流式(2-123)转变为

$$V(z)=A_Le^{\alpha z}e^{j\beta z}[1+|\Gamma_L|e^{-2\alpha z}e^{j(\phi_L-2\beta z)}]$$

$$I(z)=\frac{A_L}{Z_0}e^{\alpha z}e^{j\beta z}[1-|\Gamma_L|e^{-2\alpha z}e^{j(\phi_L-2\beta z)}]$$

假设 Z_0 为实数，$\Gamma_L=|\Gamma_L|e^{j\phi_L}$，由电路理论可知，当此时是失配有耗线的情况，传输线上任一点 z 处的传输功率(Transmitted Power)为

$$
\begin{aligned}
P(z) &= \frac{1}{2}Re[V(z)I^*(z)] \\
&= \frac{1}{2}Re\{[V^+(z)+V^-(z)][I^+(z)+I^-(z)]^*\} \\
&= \frac{1}{2}Re\left\{[V_z^+(1+\Gamma(z))]\left[\frac{V_z^+}{Z_0}(1-\Gamma(z))\right]^*\right\} \\
&= \frac{1}{2}Re\left[\frac{|V_z^+|^2}{Z_0}(1+\Gamma_L e^{-2\alpha z}e^{-j2\beta z})(1-\Gamma_L e^{-2\alpha z e}e^{-j2\beta z})^*\right] \\
&= \frac{1}{2}\frac{|V_L^+|^2}{Z_0}e^{2\alpha z}(1-|\Gamma_L|^2 e^{-4\alpha z}) \\
&= \frac{|A_L|^2}{2Z_0}e^{2\alpha z}[1-|\Gamma_L|^2 e^{-4\alpha z}] = P^+(z) - P^-(z)
\end{aligned} \tag{2-133}
$$

其中，$P^+(z)$为入射波功率，$P^-(z)$为反射波功率。

讨论：

(1) 设传输线总长为 l，则始端入射功率为

$$P_0 = P(l) = \frac{|A_1|}{2Z_0}e^{2\alpha l}[1-|\Gamma_L|^2 e^{-4\alpha l}] \tag{2-134}$$

(2) 终端负载($z=0$)处，负载吸收功率为

$$P_L = P(0) = \frac{|A_L|^2}{2Z_0}[1-|\Gamma_L|^2] \tag{2-135}$$

(3) 匹配无耗线情况($\Gamma_L=0, \alpha=0$)，则传输给负载的功率是

$$P_0 = \frac{1}{2}Re[V_L^+ I_L^{+*}] = \frac{1}{2}\frac{|V_L^+|^2}{Z_0} = \frac{1}{2}\frac{|A_L|^2}{Z_0} \tag{2-136}$$

其中，V_L^+和I_L^+是负载处的行波复电压和复电流。

(4) 失配无耗线情况($\alpha=0$)，则负载($z=0$)的功率为

$$
\begin{aligned}
P_L &= \frac{1}{2}Re[V_L I_L^*] = \frac{1}{2}Re[(V_L^+ + V_L^-)(I_L^+ + I_L^-)^*] \\
&= \frac{1}{2}Re\left[V_L^+(1+\Gamma_L)\frac{V_L^{+*}}{Z_0}(1-\Gamma_L)^*\right] = \frac{1}{2}\frac{|V_L^+|^2}{Z_0}(1-|\Gamma_L|^2) \\
&= P_0(1-|\Gamma_L|^2) = P_i - P_r
\end{aligned} \tag{2-137}
$$

式(2-137)说明，负载的功率等于入射功率减去反射功率。

(5) 失配无耗线在电压驻波最大点和最小点的传输功率为

$$P = \frac{1}{2}|V_z|_{max}\cdot|I_z|_{min} = \frac{1}{2}\frac{|V_z|_{max}^2}{Z_0}\cdot k \tag{2-138}$$

或

$$P = \frac{1}{2}|V_z|_{min}\cdot|I_z|_{max} = \frac{1}{2}|I_z|_{max}^2\cdot Z_0 k \tag{2-139}$$

2. 传输线的传输效率

传输线的传输效率(Transmission Efficiency)为

$$\eta = \frac{\text{负载吸收功率 } P(0)}{\text{始端入射功率 } P(l)} = \frac{1-|\Gamma_L|^2}{e^{2\alpha l}[1-|\Gamma_L|^2 e^{-4\alpha l}]} \tag{2-140}$$

当负载与传输线阻抗匹配时,即$|\Gamma_L|=0$,此时传输效率最高,其值为

$$\eta_{\max}=e^{-2\alpha l} \tag{2-141}$$

对于无耗线来说,$\alpha=0$,$\eta=100\%$。可见,传输效率取决于传输线的损耗和终端匹配情况。

2.5.3 回波损耗和插入损耗

在传输线和线性二端口网络问题计算中有时需用到回波损耗(Return Loss)和插入损耗(Insertion Loss)的概念。

1. 回波损耗

回波损耗,又称回程损耗,或称反射波损耗,其定义为入射波功率与反射波功率之比的对数,即

$$\begin{aligned}L_r&=10\lg\frac{P^+}{P^-}=10\lg\frac{1}{|\Gamma_L|^2e^{-4\alpha z}}\\&=-20\lg|\Gamma_L|+2\times(8.686\alpha z)\quad(\mathrm{dB})\end{aligned} \tag{2-142}$$

对于无耗线,$\alpha=0$,L_r 与 z 无关,即

$$L_r(z)=-20\lg|\Gamma_L|\quad(\mathrm{dB}) \tag{2-143}$$

若负载匹配,则$|\Gamma_L|=0$,$L_r\to-\infty$,表示无反射波功率。

2. 插入损耗

插入损耗定义为入射波功率与传输功率之比,以分贝来表示为

$$L_R=10\lg\frac{P_{\mathrm{in}}}{P_t}\quad(\mathrm{dB}) \tag{2-144}$$

由式(2-133)得

$$L_R=10\lg\frac{1}{1-|\Gamma_L|^2e^{-4\alpha z}} \tag{2-145}$$

插入损耗包括输入和输出失配损耗和其他电路损耗(导体损耗、介质损耗、辐射损耗)。若不考虑其他损耗,即$\alpha=0$,则为反射损耗。

反射损耗又名失配损耗,一般仅用于信源匹配条件下($Z_G=Z_0$),表征由负载不匹配引起的负载功率减小程度,即

$$L_R=10\lg\frac{P_L|_{Z_L=Z_0}}{P_L|_{Z_L\neq Z_0}}=10\lg\frac{1}{1-|\Gamma_L|^2}=10\lg\frac{(\rho+1)^2}{4\rho}\quad(\mathrm{dB}) \tag{2-146}$$

式(2-144)中,ρ为传输线上驻波系数。

因反射损耗取决于负载失配程度,故又称为**失配损耗**。

回波损耗和插入损耗虽然都与反射信号即反射系数有关,但回波损耗取决于反射信号本身的损耗,$|\Gamma_L|$越大,则 L_r 越小;而反射损耗 L_R则表示反射信号引起的负载功率的减小,$|\Gamma_L|$越大,则 L_R也越大。图 2.12 是回波损耗$|L_r|$和插入损耗$|L_R|$随反射系数的变化曲线。

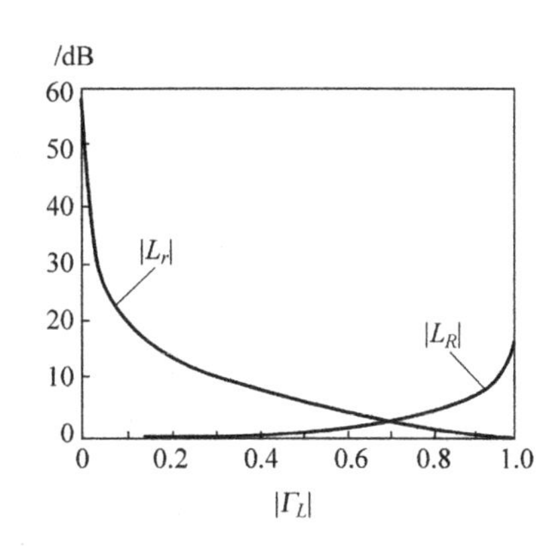

图 2.12 回波损耗 $|L_r|$ 和插入损耗 $|L_R|$ 随反射系数的变化曲线

2.6 史密斯圆图及应用

2.6.1 圆图概念及分类

圆图是求解均匀传输线有关阻抗计算和阻抗匹配问题的一类曲线坐标图。图上有两组坐标线,即归一化阻抗或导纳的实部和虚部的等值线簇与反射系数的模和辐角的等值线簇,所有这些等值线都是圆或圆弧(直线是圆的特例),故称为阻抗圆图或导纳圆图,简称圆图。圆图所依据的关系式是

$$z_{\text{in}}(z) = \frac{Z_{\text{in}}(z)}{Z_0} = \frac{1+\Gamma(z)}{1-\Gamma(z)} \quad 或者 \quad \Gamma(z) = \frac{z_{\text{in}}(z)-1}{z_{\text{in}}(z)+1} \tag{2-147}$$

式中 $z_{\text{in}}(z)$ 和 $\Gamma(z)$ 一般为复数

$$z_{\text{in}}(z) = r + \mathrm{j}x = |z| \mathrm{e}^{\mathrm{j}\theta} \tag{2-148}$$

$$\Gamma(z) = \Gamma_u(z) + \mathrm{j}\Gamma_v(z) = |\Gamma(z)| \mathrm{e}^{\mathrm{j}\phi(z)} \tag{2-149}$$

按照复变函数的观点,圆图则是将复 z 平面上的一组值线变换到 Γ 复平面上,或相反。而式(2-147)是双线性变换的解析函数,因而其变换具有保圆性。根据变换是从 z 到 Γ 还是从 Γ 到 z 以及采用的是直角坐标还是极坐标,可以得到各种不同的圆图,例如,从 z 到 Γ 平面且采用极坐标的是史密斯圆图,从 Γ 到 z 平面且采用直角坐标的是施米特圆图和从 z 到 Γ 平面(将 z=常数和 θ=常数→Γ 平面)的是卡特圆图等。本节只讨论最常用的史密斯圆图。

2.6.2 史密斯圆图

1. 阻抗圆图

史密斯圆图(Smith Chart)是通过双线性变换式(2-147),将 z 复平面上的 r=常数($r \geqslant 0$)和 x=常数的二簇相互正交的直线变换成 Γ 复平面上的二簇相互正交的圆,并同 Γ 复平面上的 Γ 极坐标等直线簇套印在一起而得到**阻抗圆图**(Impedance Chart)。由于史密斯圆图将一切归一化阻抗值限制在单位圆内,易于读取 Γ 和 ρ 等值,故应用最广泛。

(1) Γ 复平面上反射系数圆：无耗传输线上任一点的反射系数为

$$\Gamma(z)=\frac{\bar{z}_{\text{in}}(z)-1}{\bar{z}_{\text{in}}(z)+1} \tag{2-150}$$

其中，$\bar{z}_{\text{in}}(z)=Z_{\text{in}}(z)/Z_0$，为归一化输入阻抗；$\Gamma(z)$ 为一复数，它可以表示成极坐标形式，也可以表示成直角坐标形式。当表示成极坐标形式时，对于无耗线，有

$$\Gamma(z)=|\Gamma_l|\mathrm{e}^{\mathrm{j}(\phi_l-2\beta z)}=|\Gamma_l|\mathrm{e}^{\mathrm{j}\phi} \tag{2-151}$$

式中，ϕ_l 为终端反射系数 Γ_l 的幅角，$\phi=\phi_l-2\beta z$ 是 z 处反射系数的幅角。当 z 增加时，即由终端向电源方向移动时，ϕ 减小，相当于顺时针转动；反之，当 z 减小时，即由电源向负载方向移动时，ϕ 增大，相当于逆时针转动。沿传输线每移动 $\lambda/2$ 时，反射系数经历一周，如图 2.13 所示。又因为反射系数的模值不可能大于 1，因此，它的极坐标表示被限制在半径为 1 的单位圆周内。绘出的反射系数圆图如图 2.14 所示，图中每个同心圆的半径表示反射系数的大小，沿传输线移动的距离以波长为单位来计算，其起点为实轴左边的端点(即 $\phi=180°$ 处)，图中任意一点与圆心连线的长度就是与该点相应传输线上某点处反射系数的大小，连线与 $\phi=0°$ 的那段实轴间的夹角就是反射系数的幅角。可见，反射系数在 Γ 复平面上的极坐标等直线簇 $\Gamma(z)=$ 常数($\leqslant 1$)是单位圆内的一簇同心圆，如图 2.14 所示。$\phi=$ 常数的等值线簇则以角度或**向电源**和**向负载**的波长数标刻在单位圆外的圆周上。

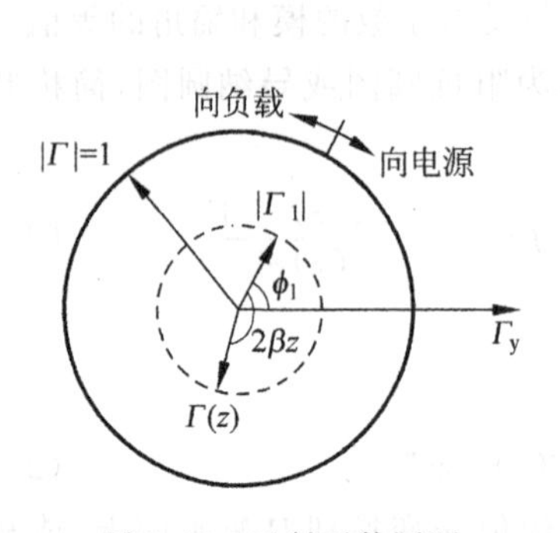

图 2.13 反射系数圆图

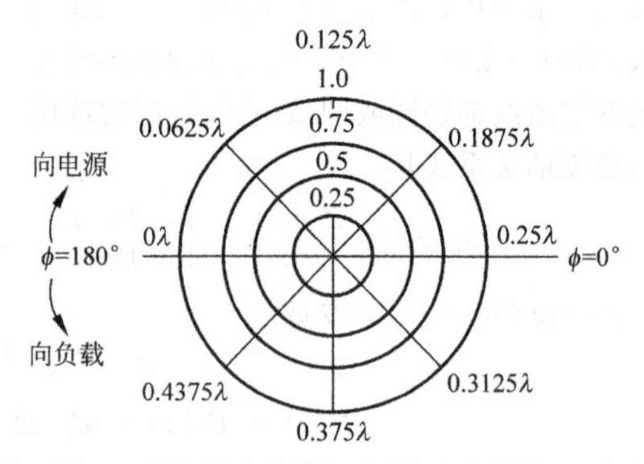

图 2.14 绘出的反射系数圆图

(2) Γ 复平面反射系数上的归一化阻抗圆：将 $\Gamma(z)$ 表示成直角坐标形式时，有

$$\Gamma(z)=\Gamma_u+\mathrm{j}\Gamma_v \tag{2-152}$$

传输线上任意一点归一化阻抗为

$$\bar{z}_{\text{in}}=\frac{Z_{\text{in}}}{Z_0}=\frac{1+(\Gamma_u+\mathrm{j}\Gamma_v)}{1-(\Gamma_u+\mathrm{j}\Gamma_v)} \tag{2-153}$$

令 $\bar{z}_{\text{in}}=\dfrac{Z_{\text{in}}}{Z_0}=r+\mathrm{j}x$，代入式(2-153)，分母有理化，分开实部和虚部，可以得到两个圆的方程

$$\begin{cases}\left(\Gamma_u-\dfrac{r}{1+r}\right)^2+\Gamma_v^2=\left(\dfrac{1}{1+r}\right)^2\\(\Gamma_u-1)^2+\left(\Gamma_v-\dfrac{1}{x}\right)^2=\left(\dfrac{1}{x}\right)^2\end{cases} \tag{2-154}$$

式(2-154)第一式是归一化电阻 r 为常数时归一化阻抗的轨迹方程，亦即等归一化电阻的轨迹方程，其轨迹为一簇圆，圆心坐标为 $(r/(1+r),0)$；半径为 $1/(1+r)$。令 $r=0,0.25,$

0.5,1,2,得到如图 2.15(a)所示**归一化电阻圆**(Resistance Circle)。式(2-154)第二式是归一化电抗 x 为常数时归一化阻抗的轨迹方程,亦即等归一化的电抗的轨迹方程,其轨迹为一簇圆弧(直线是圆的特例),圆心坐标为$(1,1/x)$;半径为 $1/x$。令 $x=0,\pm0.5,\pm1,\pm2,\pm4$,得到如图 2-15(b)所示**归一化电抗圆**(Reactance Circle)。

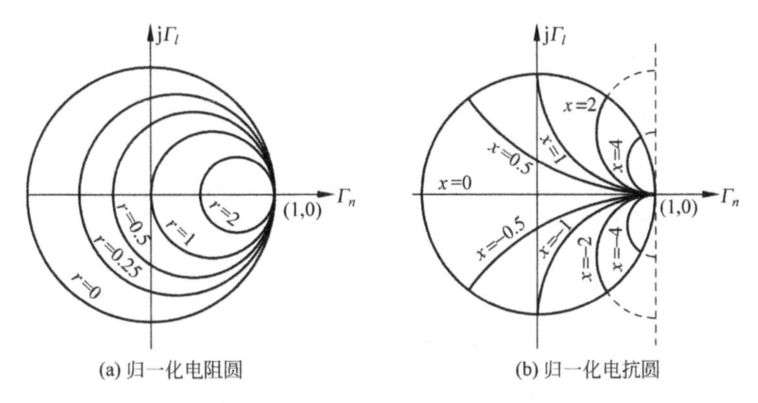

图 2.15　归一化电阻圆和归一化电抗圆

将上述反射系数圆图、归一化电阻圆图和归一化电抗圆图画在一起,就构成了完整的阻抗圆图,也称为史密斯圆图,如图 2.16 所示。在实际使用中,一般不需要知道反射系数 Γ 的情况,故不少圆图中并不画出反射系数圆图。

(3) Γ 复平面上等衰减圆:考虑到损耗,反射系数 Γ 与归一化阻抗 z 一一对应的关系形式不变,只是反射系数的模要以因子 $\mathrm{e}^{-2\alpha z}$ 变化,即

$$|\Gamma(z)|=|\Gamma_l|\mathrm{e}^{-2\alpha z} \tag{2-155}$$

可见反射系数的模要随 z 增加而衰减。因此,只要在上述无耗史密斯圆图上加画等衰减圆便构成有耗圆图。等衰减圆的画法是以 $\mathrm{e}^{-2\alpha z}$ 为半径,以原点为中心画圆,并在此圆周上标注 αz 之值。不过,为保持圆图的清晰,一般在圆图上不画出等衰减圆,使用时可从圆图下面附的计算尺上读取相应的衰减值。

(4) 圆图使用注意事项。

- 阻抗圆图上半圆内的归一化阻抗为 $r+\mathrm{j}x$,其电抗为感抗;阻抗圆图下半圆内的归一化阻抗为 $r-\mathrm{j}x$,其电抗为容抗。
- 阻抗圆图实轴上的点代表纯电阻点;实轴左半径上的点表示电压驻波最小点(电流驻波最大点),其上数据代表 $r_{\min}=k$;实轴右半径上的点表示电压驻波最大点(电流驻波最小点),其上数据代表 $r_{\max}=\mathrm{VSWR}$;实轴左端点 $z=0$,代表阻抗短路点(电压驻波节点);实轴右端点 $z=\infty$,代表阻抗开路点(电压驻波腹点);圆图中心 $z=1$,代表阻抗匹配点。
- 阻抗圆图最外的 $|\Gamma|=1$ 圆周上的点表示纯电抗,其归一化电阻为零,短路线和开路线的归一化阻抗即应落在此圆周上。
- z 增加是从负载移向信号源,在圆图上应顺时针方向旋转,z 减小是从信号源向负载移动,在圆图上应反时针方向旋转;圆图上旋转一周为 $\lambda/2$,而不是 λ。

2. 导纳圆图

用以计算导纳的圆图称为**导纳圆图**。分析表明,导纳圆图即阻抗圆图,事实上,归一化

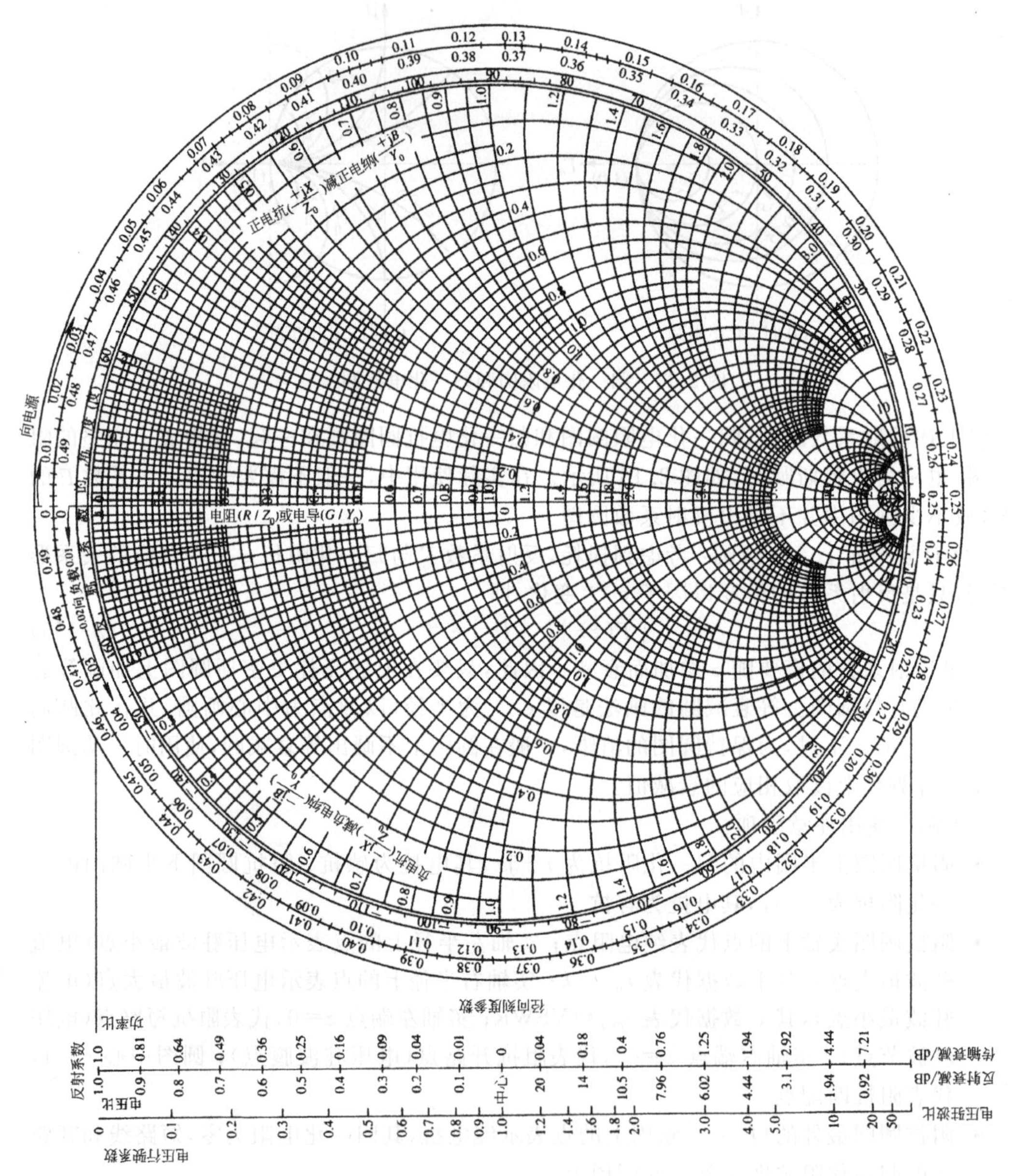
电阻(R/Z0)或电导(G/Y0)
正电抗(+jX/Z0)或正电纳(+jB/Y0)
负电抗(-jX/Z0)或负电纳(-jB/Y0)
向电源
向负载
径向刻度参数
反射系数
电压比
功率比
传输损耗/dB
反射损耗/dB
电压驻波比
电压行驶系数

图 2.16 史密斯圆图

导纳是归一化阻抗的倒数，即

$$y = g + \mathrm{j}b = \frac{1}{r + \mathrm{j}x} = \frac{1 - \Gamma}{1 + \Gamma} = \frac{1 + \Gamma \mathrm{e}^{\mathrm{j}\pi}}{1 - \Gamma \mathrm{e}^{\mathrm{j}\pi}} \tag{2-156}$$

式中，g 是归一化电导；b 是归一化电纳。

因此，由阻抗圆图上某归一化阻抗点沿等 $|\Gamma|$ 圆旋转 180°，即得到该点相应的归一化导纳值；整个阻抗圆图旋转 180°便得到导纳圆图，然而所得结果乃阻抗圆图本身，只是其上数据应为归一化导纳值。

注意：分清两种情况：一种是由导纳求导纳，此时便将圆图作为导纳圆图用；另一种是由阻抗求导纳，或由导纳求阻抗，相应的两值是在圆图上旋转 180°的关系。

阻抗圆图与导纳圆图有如下对应关系：当实施 $\Gamma \to -\Gamma$ 变换后，匹配点不变，$r=1$ 的电阻圆变为 $g=1$ 的电导圆，纯电阻线变为纯电导线；$x=\pm 1$ 的电抗圆弧变为 $b=\pm 1$ 的电纳圆弧，开路点变为短路点，短路点变为开路点；上半圆内的电纳 $b>0$ 呈容性；下半圆内的电纳 $b<0$ 呈感性。阻抗圆图与导纳圆图的重要点、线、面的对应关系如图 2.17 和图 2.18 所示。

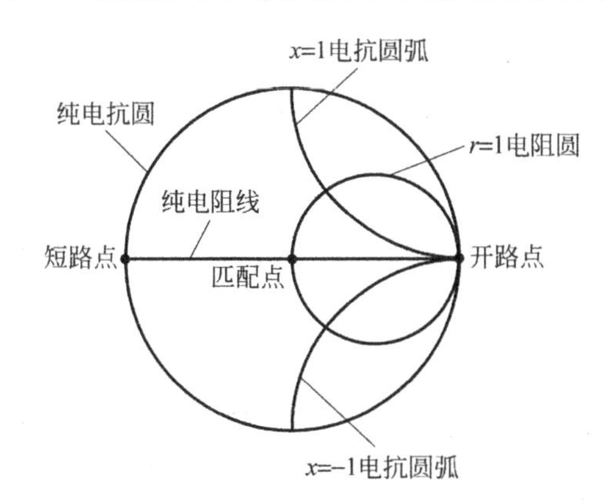

图 2.17 阻抗圆图的重要点、线、面

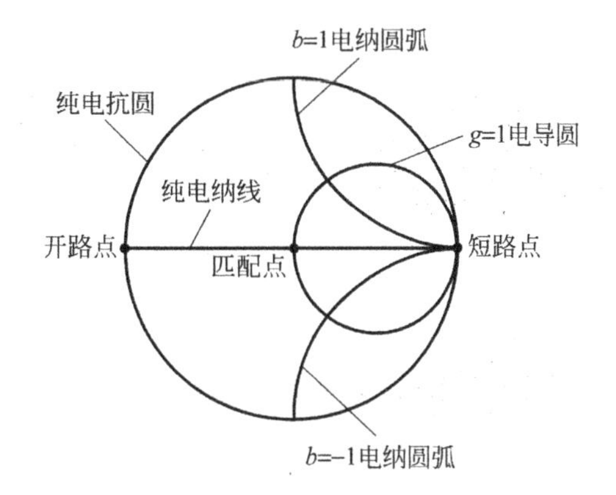

图 2.18 导纳圆图的重要点、线、面

2.6.3 圆图的应用举例

圆图是微波工程设计中的重要工具。利用圆图可以解决下列问题：根据终端负载阻抗计算传输线上的驻波比；根据负载阻抗及线长计算输入端的输入导纳、输入阻抗及输入端的反射系数；根据线上的驻波系数及电压波节点的位置确定负载阻抗；阻抗和导纳的互算等。

【例 2-4】 在特性阻抗 $Z_0=50\Omega$ 的无耗传输线上测得驻波比 $\rho=5$，电压最小点出现在 $z_{\min}=\lambda/3$ 处，如图 2.19 所求负载阻抗。

【解】 电压最小点处等效阻抗为一纯电阻 $r_{\min}=k=\frac{1}{\rho}=\frac{1}{5}=0.2$，此点落在圆图的左半实轴上，从 $r_{\min}=0.2$ 点沿等 $\rho(\rho=5)$ 的圆反时针(向负载方向)转 $\lambda/3$，得到归一化负载为

$$\bar{z}_L = 0.77 + \mathrm{j}1.48$$

故负载阻抗为

$$Z_L = (0.77 + \mathrm{j}1.48) \times 50 = 38.4 + \mathrm{j}74(\Omega)$$

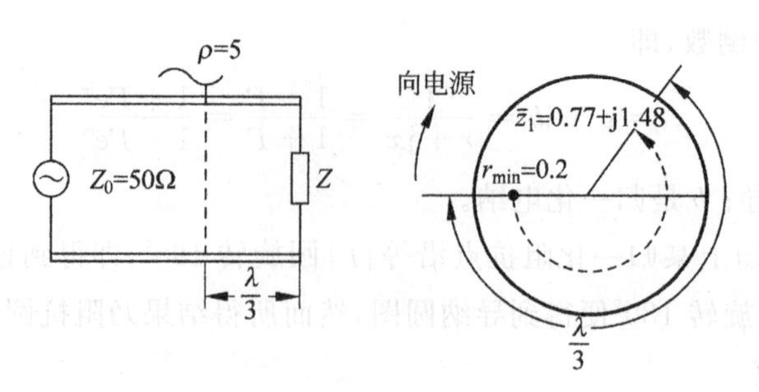

图 2.19 例 2-4 图

【例 2-5】 已知双线传输线的特性阻抗 $Z_0=300\Omega$，终接负载阻抗 $Z_L=180+\mathrm{j}240(\Omega)$，求终端反射系数 Γ_L 及离终端第一个电压波腹点至终端距离 $d_{\max1}$。

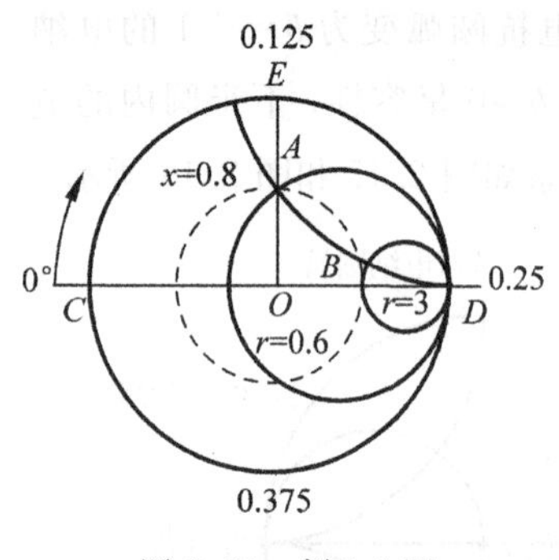

图 2.20 例 2-5 图

【解】

(1) 计算归一化负载阻抗：$\bar{z}_L=\dfrac{Z_L}{Z_0}=\dfrac{180+\mathrm{j}240}{300}=0.6+\mathrm{j}0.8$。

在阻抗圆图上找到 $r=0.6$，$x=0.8$ 两圆的交点 A 即为 Z_L 在圆图上的位置，如图 2.20 所示。

(2) 确定反射系数的模 $|\Gamma_L|$：以 O 点为圆心、OA 为半径画一个等反射系数圆，交实轴于 B 点，B 点所对应的归一化电阻 $r=3$，即为驻波系数 $\rho=3$，则

$$|\Gamma_L|=\frac{\rho-1}{\rho+1}=\frac{3-1}{3+1}=0.5$$

(3) 计算 Γ_L 的相角 ϕ_L：圆图上 OA 和实轴 OD 的夹角即为反射系数的相角 ϕ_L，可直接读得 $\phi_L=90°$，也可以用电长度来计算，延长 OA 至 E 点，读得波源方向的电长度为 0.125λ，实轴 OD 的电长度读数为 0.25λ，故 ϕ_L 为

$$\phi_L=2\beta z=2\times\frac{2\pi}{\lambda}\times z=2\times\frac{2\pi}{\lambda}\times(0.25\lambda-0.125\lambda)=\frac{\pi}{2}=90°$$

因此，终端的电压反射系数为

$$\Gamma_L=0.5\mathrm{e}^{\mathrm{j}90°}$$

(4) 确定第一个电压波腹点离终端的距离 $d_{\max1}$：由 A 点沿 $\rho=3$ 的圆顺时针方向转到与实轴 OD 相交于 B 点，即为波腹点的位置，故 B 点的电长度与 A 点电长度的差值乘以 λ，即为 $d_{\max1}$，故 $d_{\max1}=(0.25-0.125)\lambda=0.125\lambda$。

注意：此题也可用解析法求解。

2.7 阻抗匹配

2.7.1 阻抗匹配的概念及分类

1. 阻抗匹配的概念

阻抗匹配是使微波电路或是系统的反射、载行波尽量接近行波状态的技术措施。微波

电路和系统的设计(包括天线的设计),不管是无源电路,还是有源电路,都必须考虑阻抗匹配问题,原因是微波电路传输的是导行波,而低频电路中流动的是电压和电流,不匹配就会引起严重的反射。传输线阻抗匹配方法示意图如图2.21所示。

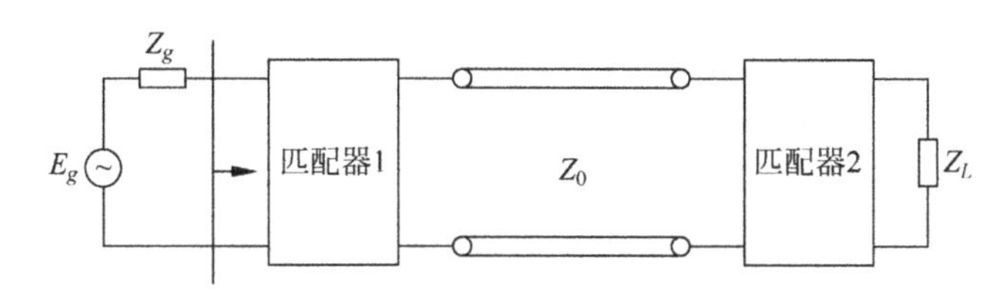

图2.21 传输线阻抗匹配方法示意图

阻抗失配的影响:

(1) 降低了传输效率:阻抗失配时,传输给传输线和负载的功率降低,馈线中的功率损耗增大。

(2) 功率容量减小:阻抗失配时,波腹电场比行波电场大得多,大功率易导致击穿。

(3) 工作稳定性变差:阻抗失配时,反射波会对信号源产生频率牵引作用,使信号源工作不稳定,甚至不能正常工作。

2. 阻抗匹配的分类

阻抗匹配具有三种不同的含义,分别是负载阻抗匹配、信源匹配和信源的共轭匹配,它们反映了传输线上三种不同的状态。

(1) 负载阻抗匹配(又名行波匹配):是负载阻抗等于传输线的特性阻抗(即 $Z_L=Z_0$)的情形。对于无耗传输线,传输线的输入阻抗等于特性阻抗(即 $Z_{in}=Z_0$)。方法是负载与传输线之间接入匹配装置,通常说的阻抗匹配均指这种匹配。

负载阻抗匹配从频率上划分为窄频带匹配和宽频带匹配,从实现手段上划分有 $\lambda/4$ 阻抗变换器法和支节调配器法。

窄频带匹配指的是只能在一个频率上得到完全匹配,或只能在某个中心频率附近较窄的频率范围内得到近似的匹配,如集总元件 L 节匹配网络、单节 $\lambda/4$ 变换器、支节调配器。

宽频带匹配是指负载与传输线能在较宽的频带(例如相对宽度10%以上)内得到较好的匹配。如 $\lambda/4$ 多阶梯变换器和渐变线阻抗变换器等,在这种情况下传输线上只有从信源到负载的入射波,而无反射波。

匹配负载完全吸收了由信源入射来的微波功率,而不匹配负载则将一部分功率反射回去,在传输线上出现驻波。当反射波较大时,波腹电场要比行波电场大得多,容易发生击穿,这就限制了传输线能最大传输的功率,因此要采取措施进行负载阻抗匹配。负载阻抗匹配一般采用阻抗匹配器。

(2) 信源匹配,分两种情况。

① 信号源与负载线的匹配:电源的内阻等于传输线的特性阻抗时,电源和传输线是匹配的,这种电源称为匹配源。对匹配源来说,它给传输线的入射功率是不随负载变化的,负载有反射时,反射回来的反射波被电源吸收。可以用阻抗变换器把不匹配源变成匹配源,但常用的方法是加一个去耦衰减器或隔离器,它们的作用是吸收反射波。

② 信源的共轭匹配：电源的内阻抗和传输线的输入阻抗共轭（即 $Z_{in}=Z_g^*$，若 $Z_{in}=R_{in}+jX_{in}$，$Z_g=R_g+jX_g$，则有：$R_{in}=R_g$，$X_{in}=-X_g$）。无耗传输线信源的共轭匹配如图 2.22 所示。

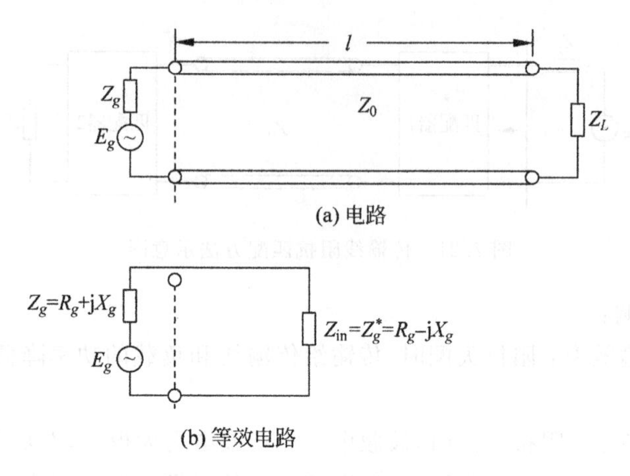

图 2.22 无耗传输线信源的共轭匹配

信源和传输线共轭匹配能使信号源的功率输出最大，负载能得到最大功率值。负载能得到的最大功率为

$$P_{max}=\frac{1}{8}\frac{|E_g|^2}{R_g} \tag{2-157}$$

式中，E_g 为信源电压。

2.7.2 集总元件 L 节匹配网络和λ/4 阻抗变换器

1. 集总元件 L 节匹配网络

在 1GHz 以下，可采用两个电抗元件组成的 L 节网络来使任意负载阻抗与传输线匹配。这种 L 节匹配网络（L Section Matching Network）的可能结构如图 2.23 所示；对不同的负载阻抗，其中的电抗元件可以是电感或电容，可借助于史密斯圆图分析设计，也可用解析法设计（基本方法是 $Z_{in}=Z_0$）。

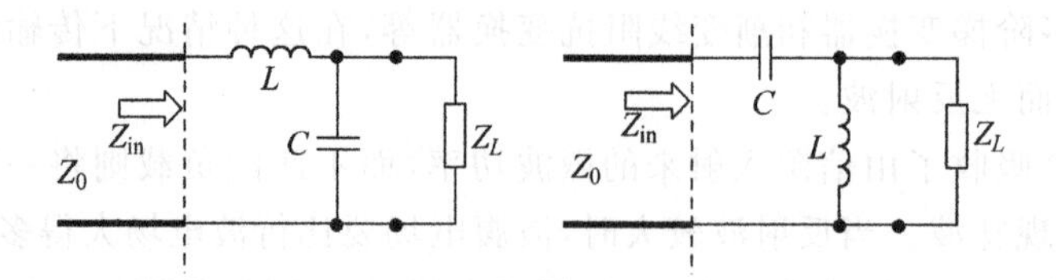

图 2.23 两种可能的 L 节匹配电路

2. λ/4 阻抗变换器

λ/4 阻抗变换器是由一段长度为 λ/4 的传输线组成，如图 2.24 所示。当特性阻抗为 Z_{01}、长度为 λ/4 的传输线终端接纯电阻 R_L 时，则该传输线的输入阻抗为

$$Z_{in} = \frac{Z_{01}^2}{R_L} \tag{2-158}$$

为了使 $Z_{in}=Z_0$ 实现匹配，必须使

$$Z_{01} = \sqrt{Z_0 R_L} \tag{2-159}$$

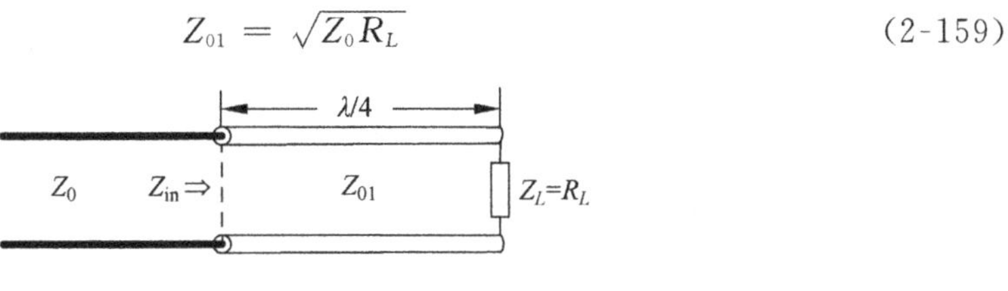

图 2.24 λ/4 阻抗变换器

若 λ/4 线在电压波腹点接入，则 λ/4 线的特性阻抗为

$$Z_{01} = \sqrt{Z_0 \rho Z_0} = \sqrt{\rho} Z_0 \tag{2-160}$$

若 λ/4 线在电压波节点接入，则 λ/4 线的特性阻抗为

$$Z_{01} = \sqrt{Z_0 Z_0/\rho} = Z_0/\sqrt{\rho} = \sqrt{k} Z_0 \tag{2-161}$$

单节 λ/4 线的主要缺点：由于 λ/4 阻抗变换器的长度取决于波长，因此严格说，它只能在中心频率点才能匹配，当频偏时，匹配特性变差，所以说该匹配法是窄带的。为了加宽频带，可采用多级 λ/4 阻抗变换器，或渐变式阻抗变换器。

注意：若负载不为纯电阻性负载，且 λ/4 传输线（阻抗变换器）接在终端负载处，则可在负载处并联一长度合适（可以计算出来）的短路线用以抵消负载中的电抗成分，从而使等效的负载变为纯电阻性负载。

2.7.3 支节调配器

1. 支节调配器的分类

支节调配器是由距离负载的某固定位置上并联或串联终端短路或开路的传输线（又称支节）构成的。

支节调配器按**支节节数**分，可分为**单支节调配器**、**双支节调配器**、**三支节调配器**及**多支节调配器**。

支节调配器按**支节结构**分，可分为**短路支节**和**开路支节**。一般用短路支节，不用开路支节，因为开路支节难以固定，有能量辐射。

支节调配器按**接入支节的方法**分，可分为**串联法**和**并联法**。

支节调配器按**支节计算方法**分，可分为**解析法**和**史密斯圆图法**。

下面我们仅用**解析法**分析**单支节调配器**，关于多支节调配器、史密斯圆图法，不作介绍，感兴趣的同学，请参考有关教材。

2. 并联短路单支节调配器

设传输线和调配支节的特性导纳均为 Y_0，负载导纳为 Y_L，长度为 l 的单支节调配器并联于离主传输线负载 d 处，如图 2.25 所示。

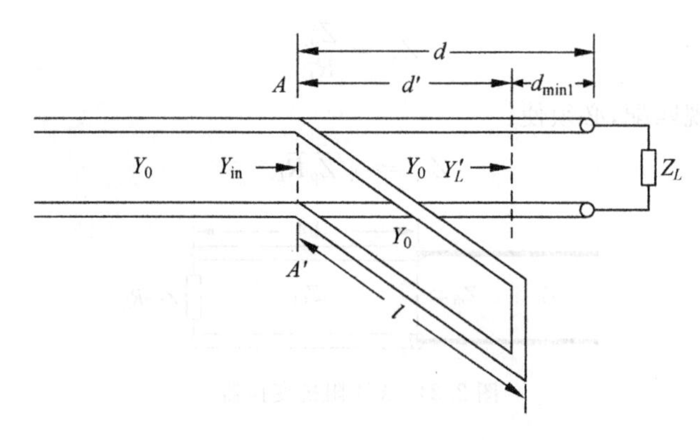

图 2.25 并联短路单支节调配器

设终端反射系数为$|\Gamma_L|e^{j\phi_L}$，传输线的工作波长为λ，驻波系数为ρ，由无耗传输线状态分析可知，离负载第一个电压波节点位置及该点导纳分别为

$$d_{min1}=\left[\frac{\lambda}{4\pi}\varphi_L\pm\frac{\lambda}{4}\right]_{min} \tag{2-162}$$

$$Y'_L=Y_0\rho \tag{2-163}$$

令$d'=d-d_{min1}$，并设参考面AA'处的输入导纳为Y_{in1}，则有

$$Y_{in1}=Y_0\frac{Y'_L+jY_0\tan(\beta d')}{Y_0+jY'_L\tan(\beta d')}=G_{in1}+jB_{in1} \tag{2-164}$$

将$Y'_L=Y_0\rho$代入式(2-164)，得

$$\begin{cases}G_{in1}=Y_0\dfrac{\rho[1+\tan^2(\beta d')]}{1+\rho^2\tan^2(\beta d')}\\ B_{in1}=Y_0\dfrac{1-\rho^2\tan^2(\beta d')}{1+\rho^2\tan^2(\beta d')}\end{cases} \tag{2-165}$$

而

$$Y_{in2}=-\frac{jY_0}{\tan(\beta l)} \tag{2-166}$$

则总的输入导纳为

$$Y_{in}=Y_{in1}+Y_{in2}=G_{in1}+jB_{in1}-\frac{jY_0}{\tan(\beta l)} \tag{2-167}$$

要使其与传输线特性导纳匹配，应有

$$\begin{cases}G_{in1}=Y_0\ \Rightarrow\ Y_0\dfrac{\rho[1+\tan^2(\beta d')]}{1+\rho^2\tan^2(\beta d')}=Y_0\\ B_{in1}-\dfrac{Y_0}{\tan(\beta l)}=0\ \Rightarrow\ Y_0\dfrac{1-\rho^2\tan^2(\beta d')}{1+\rho^2\tan^2(\beta d')}-\dfrac{Y_0}{\tan(\beta l)}=0\end{cases} \tag{2-168}$$

整理求解，得

$$\begin{cases}\tan(\beta d')=\pm\dfrac{1}{\sqrt{\rho}}\\ \dfrac{1}{\tan(\beta l)}=\pm\dfrac{1-\rho}{\sqrt{\rho}}\end{cases} \tag{2-169}$$

因为

$$\frac{1}{\tan(\beta l)} = \cot(\beta l) = \tan\left(\frac{\pi}{2} - \beta l\right) \tag{2-170}$$

$$\begin{cases} d = d_{\min 1} + d' = \left(\dfrac{\lambda}{4\pi}\phi_L \pm \dfrac{\lambda}{4}\right)_{\min} \pm \dfrac{\lambda}{2\pi}\arctan\dfrac{1}{\sqrt{\rho}} \\ l = \dfrac{\lambda}{4} \pm \dfrac{\lambda}{2\pi}\arctan\dfrac{\rho - 1}{\sqrt{\rho}} \end{cases} \tag{2-171}$$

式(2-171)就是解析法求解并联短路单支节调配器支节位置和支节长度的基本公式。

注意：计算数值应小于 $\lambda/2$；若计算结果为负值，不能舍去，因为无耗传输线阻抗具有 $\lambda/2$ 重复性，因此结果应加 $\lambda/2$。

3. 串联短路单支节调配器

设传输线和调配支节的特性阻抗均为 Z_0，负载阻抗为 Z_L，长度为 l 的串联单支节调配器串联于离主传输线负载距离 d 处，如图 2.26 所示。

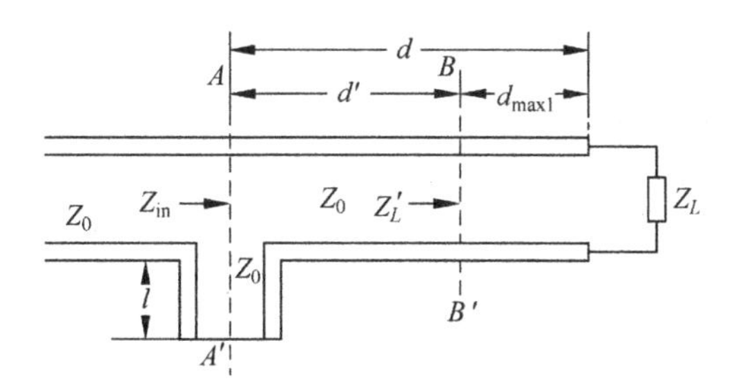

图 2.26 串联短路单支节调配器

设终端反射系数为 $|\Gamma_L|e^{j\phi_L}$，传输线的工作波长为 λ，驻波系数为 ρ。由无耗传输线状态分析可知，离负载第一个电压波腹点位置及该点阻抗分别为

$$d_{\max_1} = \frac{\lambda}{4\pi}\varphi_L \tag{2-172}$$

$$Z_L' = \rho Z_0 \tag{2-173}$$

令 $d' = d - d_{\max 1}$，并设参考面 AA' 处主传输线输入阻抗为 Z_{in1}，则有

$$Z_{in1} = Z_0 \frac{Z_L' + jZ_0\tan(\beta d')}{Z_0 + jZ_L'\tan(\beta d')} = R_{in1} + jX_{in1} \tag{2-174}$$

将式(2-173)代入式(2-174)，得

$$\begin{cases} R_{in1} = Z_0 \dfrac{\rho[1 + \tan^2\beta d']}{1 + \rho^2\tan^2\beta d'} \\ X_{in1} = Z_0 \dfrac{(1 - \rho^2)\tan\beta d'}{1 + \rho^2\tan^2\beta d'} \end{cases} \tag{2-175}$$

终端短路的串联支节输入阻抗为

$$Z_{in2} = jZ_0\tan(\beta l) \tag{2-176}$$

则参考面 AA' 处总的输入阻抗为

$$Z_{in} = Z_{in1} + Z_{in2} = R_{in1} + jX_{in1} + jZ_0\tan(\beta l)$$

要使其与传输线特性阻抗匹配，应有 $Z_{in} = Z_0$，即

$$\begin{cases} R_{\text{in1}} = Z_0 \\ X_{\text{in1}} + Z_0 \tan(\beta z) = 0 \end{cases} \tag{2-177}$$

则

$$R_{\text{in1}} = Z_0 \frac{\rho[1+\tan^2\beta d']}{1+\rho^2\tan^2\beta d'} = Z_0 \tag{2-178}$$

即

$$\tan^2\beta d' = \frac{1}{\rho}$$

推出

$$d' = \pm \frac{1}{\beta}\arctan\frac{1}{\sqrt{\rho}} = \pm \frac{\lambda}{2\pi}\arctan\frac{1}{\sqrt{\rho}} \tag{2-179}$$

又因为

$$\begin{cases} X_{\text{in1}} + Z_0\tan\beta l = Z_0 \dfrac{(1-\rho^2)\tan\beta d'}{1+\rho^2\tan^2\beta d'} + Z_0\tan\beta l = 0 \\ \tan\beta d' = \pm \dfrac{1}{\sqrt{\rho}} \end{cases} \tag{2-180}$$

所以

$$\tan\beta l = \frac{\pm(\rho^2-1)\dfrac{1}{\sqrt{\rho}}}{1+\rho} = \pm\frac{\rho-1}{\sqrt{\rho}} \tag{2-181}$$

推出

$$l = \pm\frac{1}{\beta}\arctan\frac{\rho-1}{\sqrt{\rho}} = \pm\frac{\lambda}{2\pi}\arctan\frac{\rho-1}{\sqrt{\rho}} \tag{2-182}$$

则

$$\begin{cases} d = d_{\max1} + d' = \dfrac{\lambda}{4\pi}\phi_L \pm \dfrac{\lambda}{2\pi}\arctan\dfrac{1}{\sqrt{\rho}} \\ l = \pm\dfrac{\lambda}{2\pi}\arctan\dfrac{\rho-1}{\sqrt{\rho}} \end{cases} \tag{2-183}$$

式(2-183)就是解析法求解串联短路单支节调配器支节位置和支节长度的基本公式。

注意：计算数值应小于$\lambda/2$；若计算结果为负值，不能舍去，因为无耗传输线阻抗具有$\lambda/2$重复性，因此结果应加$\lambda/2$。

【例 2-6】 设无耗传输线的特性阻抗为50Ω，工作频率为300MHz，终端接有负载$Z_L = 25+\text{j}75(\Omega)$，试用解析法求串联短路匹配支节离负载的距离$d$及短路支节的长度$l$。

【解】 由工作频率$f=300\text{MHz}$，得工作波长$\lambda=1\text{m}$。终端反射系数为

$$\Gamma_L = |\Gamma_L| e^{\text{j}\phi_L} = \frac{Z_L - Z_0}{Z_L + Z_0} = \frac{25+\text{j}75-50}{25+\text{j}75+50} = 0.333+\text{j}0.667 = 0.7454e^{\text{j}1.1071}$$

驻波系数为

$$\rho = \frac{1+|\Gamma_L|}{1-|\Gamma_L|} = 6.8541$$

第一波腹点位置

$$d_{\max 1}=\frac{\lambda}{4\pi}\varphi_L=0.0881(\mathrm{m})$$

匹配支节位置

$$\begin{cases} d=d_{\max 1}\pm\dfrac{\lambda}{2\pi}\arctan\dfrac{1}{\sqrt{\rho}} \\ \Rightarrow d=0.0881\pm\dfrac{1}{2\times 180^{\circ}}\arctan\dfrac{1}{\sqrt{6.8541}}=0.0881\pm\dfrac{20.905^{\circ}}{2\times 180^{\circ}} \\ =0.0881\pm 0.05807 \\ \Rightarrow d_1=0.14617(\mathrm{m}),\quad d_2=0.0301(\mathrm{m}) \end{cases}$$

短路支节的长度

$$\begin{cases} l=\pm\dfrac{\lambda}{2\pi}\arctan\dfrac{\rho-1}{\sqrt{\rho}}=\pm\dfrac{1}{2\times 180^{\circ}}\arctan\dfrac{6.8541-1}{\sqrt{6.8541}} \\ \Rightarrow l=\pm\dfrac{65.905^{\circ}}{2\times 180^{\circ}}=\pm 0.1831 \\ \Rightarrow l_1=0.1831(\mathrm{m}),\quad l_2=\dfrac{\lambda}{2}-0.1831=\dfrac{1}{2}-0.1831=0.3169(\mathrm{m}) \end{cases}$$

注意：本题也可用史密斯圆图求解。

【例 2-7】 设负载阻抗为 $Z_l=100+\mathrm{j}50(\Omega)$ 接入特性阻抗为 $Z_0=50\Omega$ 的传输线上，如图 2.27 所示，要用支节调配法实现负载与传输线匹配，试用史密斯圆图求支节的长度 l 及离负载的距离 d。

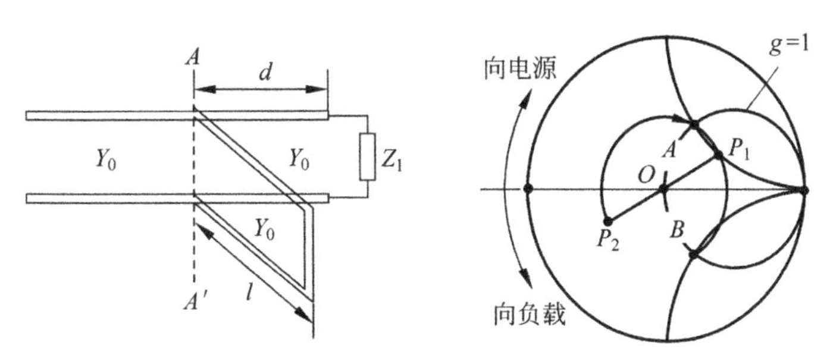

图 2.27 例 2-7 图

【解】 首先归一化负载阻抗

$$\bar{z}_l=Z_l/Z_0=2+\mathrm{j}1$$

在圆图上的位于 P_1 点，相应的归一化导纳为 $\bar{y}_l=0.4-\mathrm{j}0.2$，在圆图上的位于过匹配点 O 与 OP_1 相对称的位置点 P_2 上，其对应的向电源方向的电长度为 0.463λ，负载反射系数

$$\Gamma_l=0.4+\mathrm{j}0.2=0.447\angle 0.464$$

将点 P_2 沿等 $|\Gamma_l|$ 圆顺时针旋转与 $g=1$ 的电导圆交于两点 A、B 两点，A 点的导纳为 $\bar{y}_A=1+\mathrm{j}1$，对应的电长度为 0.159λ，B 点的导纳为 $\bar{y}_A=1-\mathrm{j}1$，对应的电长度为 0.338λ。

① 支节离负载的距离

$$\begin{cases} d=(0.5-0.463)\lambda+0.159\lambda=0.196\lambda \\ d'=(0.5-0.463)\lambda+0.338\lambda=0.375\lambda \end{cases}$$

② 短路支节的长度：短路支节对应的归一化导纳为$\bar{y}_1=-\mathrm{j}1$和$\bar{y}_2=\mathrm{j}1$，分别与$\bar{y}_A=1+\mathrm{j}1$和$\bar{y}_B=1-\mathrm{j}1$中的虚部相抵消。由于短路支节负载为短路，对应导纳圆图的右端点，将短路点顺时针旋转至单位圆与$b=-1$及$b=1$的交点，旋转的长度分别为

$$\begin{cases} l = 0.375\lambda - 0.25\lambda = 0.125\lambda \\ l' = 0.125\lambda + 0.25\lambda = 0.375\lambda \end{cases}$$

注意：*本题也可用解析法公式求解。*

2.8 小结

传输线理论又称一维分布参数理论，是微波电路设计和计算的理论基础。凡是能够导引电磁波沿一定方向传输的导体、介质或由它们组成的导波系统，都可以称作传输线。按微波传输线所引导的电磁波的波形(或称传输线的模式)可划分为三种类型：TEM波传输线、TE波和TM波传输线(金属波导管)、表面波传输线(介质传输线)。传输线的长度远大于传输的电磁波波长，称为长线，反之称为短线。工程上，常把l/λ称为电长度，分界线为：$l/\lambda \geqslant 0.05$，称为长线，反之称为短线。

传输线方程，又名电报方程，是传输线理论的基本方程，是描述传输线上电压和电流的变化规律及其相互关系的微分方程。时谐均匀传输线方程有终端条件解、始端条件解、信源和负载条件解。传输线上行波的电压与电流之比定义为传输线的特性阻抗，用Z_0来表示，其倒数称为特性导纳，用Y_0来表示。传播常数是描述导行波沿导行系统传播过程中衰减和相位变化的参数。相速度是电压、电流入射波(或反射波)等相位面沿传输方向的传播速度，或者导波沿等相位面移动的速度。波长是相邻等相位面之间的距离。

传输线上任意一点电压与电流之比称为传输线在该点的阻抗。均匀无耗传输线上任意一点z的阻抗与该点的位置z和负载阻抗Z_L有关，z点的阻抗可看成由z处向负载看去的输入阻抗(或称视在阻抗)，即微波阻抗是分布参数阻抗，低频阻抗是集总参数阻抗。无耗线的阻抗呈周期性变化，具有$\lambda/4$变换性和$\lambda/2$重复性。传输线上任意一点z处的反射波电压(或电流)与入射波电压(或电流)之比为该电压(或电流)反射系数，通常反射系数指的是便于测量的电压反射系数，用$\Gamma(z)$表示。传输线上相邻的波腹点和波谷点的电压振幅之比称为电压驻波比，用VSWR表示，简称驻波比(SWR)或称电压驻波系数，用ρ表示。电压驻波系数的倒数称为行波系数，用k表示。

无耗传输线的工作状态指端接不同负载时，电压、电流沿线的分布状态，无耗传输线有三种不同的工作状态，即行波状态、纯驻波状态和行驻波状态。

传输线上任一点z处的传输功率为入射波功率$P^+(z)$与反射波功率$P^-(z)$之差，传输效率取决于传输线的损耗和终端匹配情况。回波损耗，又称回程损耗，或称反射波损耗，其定义为入射波功率与反射波功率之比的对数。反射损耗又名失配损耗，一般仅用于信源匹配条件下($Z_G=Z_0$)，表征由负载不匹配引起的负载功率减小程度。

圆图是微波工程设计中的重要工具。将反射系数圆图、归一化电阻圆图和归一化电抗圆图画在一起，就构成了完整的阻抗圆图，也称为史密斯圆图。利用圆图可以解决的问题：根据终接负载阻抗计算传输线上的驻波比；根据负载阻抗及线长计算输入端的输入导纳、

输入阻抗及输入端的反射系数；根据线上的驻波系数及电压波节点的位置确定负载阻抗；阻抗和导纳的互算等。

使微波电路或系统无反射载行波或尽量接近行波的技术措施称为阻抗匹配。阻抗匹配具有三种不同的含义，分别是负载阻抗匹配、源阻抗匹配和共轭阻抗匹配，它们反映了传输线上三种不同的状态。在1GHz以下，可采用两个电抗元件组成的L节网络来使任意负载阻抗与传输线匹配。对不同的负载阻抗，其中的电抗元件可以是电感或电容，可借助于史密斯圆图分析设计，也可用解析法设计（基本方法是$Z_{in}=Z_0$）。$\lambda/4$阻抗变换器是由一段长度为$\lambda/4$的传输线组成。支节调配器是由距离负载的某固定位置上的并联或串联终端短路或开路的传输线（又称支节）构成的。

习题

2-1 填空题

(1) 按微波传输线所引导的电磁波的波形（或称传输线的模式）可划分为三种类型：________、________和________。

(2) 工程上，常把l/λ称为________，分界线为：$l/\lambda \geqslant$________，称为长线，反之称为短线。

(3) 传输线方程，又名________，是传输线理论的基本方程，是描述传输线上电压和电流的变化规律及其相互关系的________。

(4) 传输线上行波的电压与电流之比定义为传输线的________。双导线和同轴线的特性阻抗分别是________和________。

(5) ________是描述导行波沿导行系统传播过程中衰减和相位变化的参数。________是导波沿等相位面移动的速度。波长是相邻________之间的距离。

(6) 传输线上任意一点________之比称为传输线在该点的阻抗；均匀无耗传输线上任意一点z的阻抗为________；无耗线的阻抗呈周期性变化，具有________变换性和________重复性。

(7) 传输线上任意一点z处的反射波电压（或电流）与入射波电压（或电流）之比为该电压（或电流）________；通过传输线上某处的传输电压或电流与该处的入射电压或电流之比即为________。

(8) 传输线上相邻的波腹点和波谷点的电压振幅之比称为________，用VSWR表示。简称________(SWR)或称________，用ρ表示。电压驻波系数的倒数称为________，用k表示。

(9) 无耗传输线有三种不同的工作状态，即________、________和________。

(10) 回波损耗和反射损耗虽然都与反射信号即反射系数有关，但________取决于反射信号本身的损耗，$|\Gamma_L|$越大，则L_r越________；而________L_R则表示反射信号引起的负载功率的减小，$|\Gamma_L|$越大，则L_R也越________。

(11) 阻抗圆图上半圆内的电抗为________，下半圆内的电抗为________。阻抗圆图实轴上的点代表________；实轴左端点$z=0$，代表阻________；实轴右端点$z=\infty$，代表________；圆图中心$z=1$，代表________。圆图上旋转一周为________。

(12) 支节调配器按支节节数分，可分为________、双支节调配器、三支节调配器及多支节调配器。支节调配器按支节计算方法分，可分为________和________。

2-2　传输线长度为10cm，当信号频率为937.5MHz时，此传输线是长线还是短线？当信号频率为6MHz时，此传输线是长线还是短线？

2-3　某双导线的直径为2mm，间距为10cm，周围介质为空气，求其特性阻抗。某空气同轴线内外导体直径分别为0.25cm和0.75cm，求其特性阻抗；若在两导体间填充ε_r为2.25的介质，求其特性阻抗及300MHz时的波长。

2-4　某无耗线在空气中的单位长度电容为60pF/m，求其特性阻抗和单位长度电感。

2-5　设无耗线的特性阻抗为100Ω，负载阻抗为50－j50(Ω)，试求Γ_L、VSWR及距负载0.15λ处的输入阻抗。

2-6　在一均匀无耗传输线上，信号源的工作频率为6GHz，特性阻抗Z_0＝100Ω，终端接负载阻抗Z_L＝75＋j100(Ω)，试求：

(1) 传输线上的驻波系数ρ。

(2) 离终端2.5cm处的反射系数。

(3) 离终端1.25cm处的输入阻抗。

2-7　在长度为d的无耗线上测得Z_{in}^{sc}＝j50(Ω)，Z_{in}^{oc}＝－j50(Ω)，接实际负载时，VSWR＝2，d_{min}＝0，λ/2，λ，…，求Z_L。

2-8　设某一均匀无耗传输线特性阻抗为Z_0＝50Ω，终端接有未知负载Z_L，在传输线上测得电压最大值和最小值分别为100mV和20mV，第一个电压波节位置距离负载d_{min1}＝λ/3，试求该负载阻抗Z_L。

2-9　在特性阻抗为200Ω的无耗双导线上，测得负载处为电压驻波最小点，电压最小值为8V，距负载λ/4处为电压驻波最大点，电压最大值为10V，试求负载阻抗和负载吸收的功率。

2-10　特性阻抗为100Ω，长度为λ/8的均匀无耗传输线，终端接有负载阻抗为200＋j300(Ω)，始端接有电压为500V∠0°、内阻R_G＝100Ω的电源。求：①传输线始端的电压；②负载吸收的平均功率；③终端的电压。

2-11　求无耗传输线上回波损耗为3dB和10dB时的驻波比。

2-12　已知无耗传输线特性阻抗为Z_0＝50Ω，负载阻抗Z_L＝10－j20(Ω)，试用圆图确定终端反射系数Γ_L。

2-13　已知无耗传输线特性阻抗为Z_0＝50Ω，终端负载阻抗Z_L＝130－j70(Ω)，传输线长度为30cm，信号频率f_0＝300MHz，试用圆图确定始端输入阻抗和输入导纳。

2-14　已知同轴线特性阻抗Z_0＝50Ω，信号波长λ＝10cm，终端电压反射系数Γ_L＝0.2∠50°。试用圆图确定：①电压波腹点和波节点处的阻抗；②终端负载阻抗；③靠近终端第一个电压波腹点和波节点距离终端的距离。

2-15　设某一均匀无耗传输线特性阻抗为Z_0＝150Ω，终端接有未知负载Z_L＝250＋j100(Ω)，将λ/4阻抗变换器加在第一个电压波腹点d_{max1}处实现阻抗匹配，试求λ/4阻抗变换器的特性阻抗及d_{max1}。

2-16　在特性阻抗为600Ω的无耗双导线上，测得电压最大值为200V，电压最小值为

40V，第一个电压波节点 $d_{\min1}=0.15\lambda$，求负载 Z_L。若用并联单支节进行匹配，试用解析法公式求支节的位置和支节长度。

2-17 特性阻抗为 50Ω 的无耗传输线，终端接负载阻抗为 $Z_L=25+\mathrm{j}75(\Omega)$，若用并联单支节进行匹配，试用史密斯圆图和解析法公式分别求支节的位置和支节长度。

2-18 一均匀无耗传输线特性阻抗为 70Ω，终端接负载阻抗为 $Z_L=70+\mathrm{j}140(\Omega)$，若用串联单支节进行匹配，试用史密斯圆图和解析法公式分别求支节的位置和支节长度。

第3章 规则金属波导

规则金属波导是指各种截面形状的无限长笔直的空心金属管，其截面形状、尺寸、管壁材料及管内介质沿其管轴方向均不改变，它将被导引的电磁波完全限制在金属管内沿轴向传播，故又称为规则封闭波导，通常称为规则波导。管壁材料一般用铜、铝等金属制成，有时管壁上镀有金或银。本章采用场分析法，首先对规则波导传输系统中的电磁场问题进行分析，研究规则波导的一般特性，然后着重讨论矩形金属波导和圆形金属波导的传输特性和有关问题，最后讨论波导的耦合激励方法和同轴线的传输特性。

3.1 导波的场量分析

3.1.1 导行波和导模

1. 导行波的定义及分类

用以约束或导引电磁波能量定向传输的结构，称为导行系统。导行系统的功能是无辐射、无损耗的导引电磁波沿其轴向进行，而将能量从一处传输至另一处。沿导行系统定向传输的电磁波称为导行波，简称导波。

因为导行波的结构不同，它所传输的电磁波的特性就不同，因此，按截止波数的不同，可将导行波分为三类：

(1)**TEM 波(横电磁波)**：TEM 波传输条件是

$$\begin{cases} E_Z = 0 \\ H_Z = 0 \end{cases} \Rightarrow \quad k_c = 0(\text{其中 } k_c \text{ 为截止波数}) \tag{3-1}$$

此时，电磁波能量被约束或限制在导体之间沿轴向传播，其导行波是 TEM 波或准 TEM 波。特点：电场和磁场均分布在导波传播方向垂直的横截面内。

(2) **TE 或 TM 波**(横电波或横磁波)：此时，封闭金属波导使电磁波能量完全限制在金属管内沿轴向传播，其导行波是 TE 波或 TM 波。

TE 波传输条件是

$$\begin{cases} E_Z = 0 \\ H_Z \neq 0 \end{cases} \Rightarrow \quad k_c^2 > 0 \tag{3-2}$$

TE 波特点：磁场有传播方向分量，电场完全分布在与波导传播方向垂直的横截面内。

TM 波传输条件是

$$\begin{cases}E_Z \neq 0 \\ H_Z = 0\end{cases} \Rightarrow \quad k_c^2 > 0 \tag{3-3}$$

TM 波特点：磁场完全分布在与导波传播垂直的横截面内，电场则有传播方向分量。

(3) **表面波**：表面波传输条件是

$$\begin{cases}E_Z \neq 0 \\ H_Z \neq 0\end{cases} \Rightarrow \quad k_c^2 < 0 \tag{3-4}$$

表面波特点：电磁波能量约束在波导结构的周围（波导内和波导表面附近）沿轴向传播。相对于 TE、TM 波来说，表面波又称**慢波**（相速比无界媒质空间中的速度要慢），TE 波和 TM 波又称**快波**。

2. 导模

导模指在微波传输系统中导行波的模式，又称传输模、正规模，是能够沿导行系统传播且独立存在的场型。导模的特点是：

(1) 在导行系统横截面上的电磁场呈驻波分布且是完全确定的，这一分布与频率无关，并与横截面在导行系统上的位置无关。

(2) 导模是离散的，具有离散谱；当工作频率一定时，每个导模具有唯一的传播常数。

(3) 导模之间相互正交，彼此独立，互不耦合。

(4) 具有截止特性，截止条件和截止波长因导行系统和模式而异。

3.1.2　规则金属波导概述

规则金属波导指各种截面形状的无限长笔直的空心金属管，其截面形状和尺寸，管壁材料及管内介质沿其管轴方向均不改变。它将被导引的电磁波完全限制在金属管内沿轴向传播，故又称为规则封闭波导，通常称为规则波导(Regular Waveguild)。管壁材料一般用铜、铝等金属制成，有时管壁上镀有金或银。

1897 年，J. W. 瑞利建立了金属波导管内电磁波传播的理论，他纠正了 O. 亥维赛关于内导体的空心金属管内不能传播电磁波的错误理论，并指出在金属管内存在着各种电磁波模式的可能性，引入了截止波长的概念。但此后 40 年中，在波导的理论和实践方面均未获得实质性的进展，直到 1936 年，S. 索思沃思和 W. 巴罗等人发表了有关波导传播模式的激励和测量方面的文章以后，波导的理论、实验和应用才有了重大的发展，并日趋完善。

金属波导管内的电磁场可由麦克斯韦方程组结合边界条件求解，是典型的边值问题。波导管壁的导电率很高，求解时通常可假设波导壁为理想导体；管内填充的介质假设为理想介质；在管壁处的边界条件是电场的切线分量和磁场的法线分量为零。

注意：麦克斯韦方程组

微分方程

$$\begin{cases}\nabla\times H = J + \dfrac{\partial D}{\partial t} \\ \nabla\times E = -\dfrac{\partial B}{\partial t} \\ \nabla\cdot D = \rho \\ \nabla\cdot B = 0\end{cases} \tag{3-5}$$

辅助方程

$$\begin{cases}D = \varepsilon E \\ B = \mu H \\ J_c = \sigma E\end{cases} \tag{3-6}$$

积分方程

$$\begin{cases}\oint_l H\cdot \mathrm{d}l = \int_s J\cdot \mathrm{d}S + \int_s \dfrac{\partial D}{\partial t}\cdot \mathrm{d}S \\ \oint_l E\cdot \mathrm{d}l = -\int_s \dfrac{\partial B}{\partial t}\cdot \mathrm{d}S \\ \oint_l D\cdot \mathrm{d}S = \int_\tau \rho\cdot \mathrm{d}\tau \\ \oint_l B\cdot \mathrm{d}S = 0\end{cases} \tag{3-7}$$

其中，ρ为自由电荷密度；D为电位移矢量(电通量密度)。

规则金属波导传播的波形为TE波和TM波，且有无穷多模式。这些导模在传播中存在严重的色散现象，并具有截止特性；每种导模都有相应的截止波长λ_c(或截止频率f_c)，只有满足截止波长大于工作波长(或截止频率小于工作频率)的条件时才能传输。

规则金属波导仅有一个导体，不能传播TEM导波。原因是：如果空心金属波导内部存在TEM波，则要求磁场应完全在波导的横截面内，而且是闭合曲线。由麦克斯韦第一方程$\left(即 \oint_l H\cdot \mathrm{d}l = \int_s J\cdot \mathrm{d}S + \int_s \dfrac{\partial D}{\partial t}\cdot \mathrm{d}S\right)$知，闭合曲线上磁场的积分应等于与曲线相交链的电流。由于空心金属波导中不存在轴向(即传播方向)的传导电流，故必要求有传播方向的位移电流。由位移电流的定义式：$J_d=\partial D/\partial t$，这就要求在传播方向有电场存在。显然，这个结论与$TEM$波(即不存在传播方向的电场也不存在传播方向的磁场)的定义相矛盾。所以，规则金属波导内不能传播TEM波。

规则金属波导具有导体损耗和介质(管内介质一般为空气)损耗小，无辐射损耗。功率容量大，结构简单，易于制造等优点，广泛应用于3000MHz～300GHz的微波厘米波段和毫米波段的通信、雷达、遥感、电子对抗和测量等系统中。

规则金属波导的横截面可做成各种形状，如矩形、圆形、椭圆形和三角形等。

3.1.3 规则金属管内的电磁波

对由均匀填充介质的金属波导管建立如图3.1所示坐标系，设z轴与波导的轴线相重合。由于波导的边界和尺寸沿轴向不变，故称为规则金属波导。

1. 分析规则金属波导的假设条件

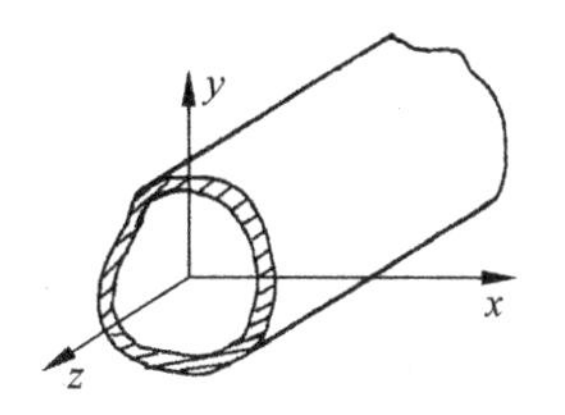

图 3.1 金属波导管结构图

为了简化起见,作如下假设:

(1) 波导管内填充的介质是均匀、线性、各向同性的。

(2) 波导管内无自由电荷和传导电流的存在。

(3) 波导管内的场是时谐场。

2. 矢量亥姆霍茨方程

由电磁场理论,对无源自由空间电场 E 和磁场 H 满足以下**矢量亥姆霍茨方程**

$$\begin{cases}\nabla^2 E + k^2 E = 0 \\ \nabla^2 H + k^2 H = 0\end{cases} \tag{3-8}$$

式中,$k^2=\omega^2\mu\varepsilon$。其中,$\omega$ 为角频率,$\omega=2\pi f$,f 为频率。

现将电场和磁场分解为横向分量和纵向分量,即

$$\begin{cases}E = E_t + a_z E_z \\ H = H_t + a_z H_z\end{cases} \tag{3-9}$$

式中,a_z 为 z 向单位矢量;t 表示横向坐标,可以代表直角坐标中的(x,y),也可代表圆柱坐标中的(ρ,φ)。

为方便起见,下面以直角坐标为例讨论,将式(3-9)代入式(3-8),整理后可得

$$\begin{cases}\nabla^2 E_Z + k^2 E_Z = 0 \\ \nabla^2 E_t + k^2 E_t = 0 \\ \nabla^2 H_Z + k^2 H_Z = 0 \\ \nabla^2 H_t + k^2 H_t = 0\end{cases} \tag{3-10}$$

3. 纵向场应满足的解的形式

以电场为例来讨论纵向场应满足的解的形式。

设∇_t^2为二维拉普拉斯算子,则有

$$\nabla^2 = \nabla_t^2 + \frac{\partial^2}{\partial z^2} \tag{3-11}$$

利用分离变量法,令

$$E(x,y,z) = E_Z(x,y)Z(z)$$

代入式(3-10),并整理得

$$-\frac{(\nabla_t^2 + k^2)E_Z(x,y)}{E_Z(x,y)} = \frac{\frac{\mathrm{d}^2}{\mathrm{d}z^2}Z(z)}{Z(z)} \tag{3-12}$$

式(3-12)中左边是横向坐标(x,y)的函数,与 z 无关;而右边是 z 的函数,与(x,y)无关。只有二者均为一常数,式(3-12)才能成立,设该常数为 γ^2,则有

$$\begin{cases}\nabla_t^2 E_Z(x,y) + (k^2+\gamma^2)E_Z(x,y) = 0 \\ \frac{\mathrm{d}^2}{\mathrm{d}z^2}Z(z) - \gamma^2 Z(z) = 0\end{cases} \tag{3-13}$$

式(3-13)的第二式的形式与传输线方程相同,其通解为

$$Z(z)=A_1\mathrm{e}^{-\gamma z}+A_2\mathrm{e}^{\gamma z} \tag{3-14}$$

A_1 为待定常数,对无耗波导 $\gamma=\mathrm{j}\beta$,而 β 为相移常数。

由前面假设,规则金属波导为无限长,没有反射波,故 $A_2=0$,即纵向电场的纵向分量应满足的解的形式为

$$Z(z)=A_1\mathrm{e}^{-\gamma z} \tag{3-15}$$

现设 $E_{0z}(x,y)=A_1E_z(x,y)$,则纵向电场可表达为

$$E(x,y,z)=E_{oz}(x,y)\mathrm{e}^{-\mathrm{j}\beta z} \tag{3-16}$$

同理,纵向磁场也可表达为

$$H(x,y,z)=H_{oz}(x,y)\mathrm{e}^{-\mathrm{j}\beta z} \tag{3-17}$$

而 $E_{oz}(x,y)$,$H_{oz}(x,y)$满足以下方程

$$\begin{cases}\nabla_t^2E_{oz}(x,y)+k_c^2E_{oz}(x,y)=0\\ \nabla_t^2H_{oz}(x,y)+k_c^2H_{oz}(x,y)=0\end{cases} \tag{3-18}$$

式(3-18)中,$k_c=\sqrt{k^2-\beta^2}$,k_c为传输系统的**本征值**(导波的横向截止波数)。

由麦克斯韦方程,无源区电场和磁场应满足的方程为

$$\begin{cases}\nabla\times\vec{H}=\mathrm{j}w\varepsilon\vec{E}\\ \nabla\times\vec{E}=-\mathrm{j}w\mu\vec{H}\end{cases} \tag{3-19}$$

将它们用直角坐标展开,并利用式(3-16)和式(3-17)可得

$$\begin{cases}E_x=\dfrac{-\mathrm{j}}{k_c^2}\left(wu\dfrac{\partial H_z}{\partial y}+\beta\dfrac{\partial E_Z}{\partial x}\right)\\ E_y=\dfrac{\mathrm{j}}{k_c^2}\left(wu\dfrac{\partial H_z}{\partial x}-\beta\dfrac{\partial E_Z}{\partial y}\right)\\ H_x=\dfrac{\mathrm{j}}{k_c^2}\left(-\beta\dfrac{\partial H_Z}{\partial x}+w\varepsilon\dfrac{\partial Ez}{\partial y}\right)\\ H_y=\dfrac{-\mathrm{j}}{k_c^2}\left(\beta\dfrac{\partial H_Z}{\partial y}+w\varepsilon\dfrac{\partial E_z}{\partial x}\right)\end{cases} \tag{3-20}$$

分析得出的结论:

(1) 在规则波导中场的纵向分量满足标量齐次波动方程,结合相应边界条件即可求得纵向分量 E_z和 H_z,而场的横向分量即可由纵向分量求得。

(2) 既满足上述方程又满足边界条件的解有许多,每一个解对应一个波形也称之为模式,不同的模式具有不同的传输特性。

(3) k_c是微分方程式(3-18)在特定边界条件下的特征值,它是一个与导波系统横截面形状、尺寸及传输模式有关的参量。由于当相移常数 $\beta=0$ 时,意味着波导系统不再传播,亦称为截止,此时 $k_c=k$,故将 k_c称为截止波数。

3.1.4 导行波的一般传输特性

描述波导传输特性的主要参数有相移常数、截止波数、相速、波导波长、群速、波阻抗及传输功率等。

1. 导模的截止波长与传输条件

1）相移常数

在确定的均匀媒质中，波数 $k=w\sqrt{\mu\varepsilon}$ 与电磁波的频率成正比，相移常数 β 和 k 的关系式为

$$\beta=\sqrt{k^2-k_c^2}=k\sqrt{1-\frac{k_c^2}{k^2}} \tag{3-21}$$

2）截止波长与截止频率

导行系统中某导模无衰减所能传播的最大波长，称为该导模的截止波长，用 λ_c 表示；导行系统中某导模无衰减所能传播的最低频率，称为该导模的截止频率，用 f_c 表示。

$$\begin{cases}\lambda_c=\dfrac{2\pi}{k_c}\\ f_c=\dfrac{k_c}{2\pi\sqrt{\mu\varepsilon}}\\ f_c=\dfrac{c}{\lambda_c\sqrt{\varepsilon_r}}\end{cases} \tag{3-22}$$

k_c 为截止波数，它是当 $\beta=0$ 时，$k=w\sqrt{\mu\varepsilon}$ 的取值。

3）导模无衰减传输的条件

导模无衰减传输的条件是：截止波长大于工作波长（$\lambda_c>\lambda$），或者截止频率小于工作频率（$f_c<f$）。

2. 相速度和群速度

1）相速度

相速度指导模沿等相位面移动的速度，用 v_p 表示。

$$v_p=\frac{w}{\beta}=\frac{v}{\sqrt{1-\left(\dfrac{\lambda}{\lambda_c}\right)^2}}=\frac{v}{G} \tag{3-23}$$

其中

$$v=\frac{c}{\sqrt{\varepsilon_r}},\quad \lambda=\frac{\lambda_0}{\sqrt{\varepsilon_r}},\quad G=\sqrt{1-\left(\frac{\lambda}{\lambda_c}\right)^2}=\sqrt{1-\left(\frac{f_c}{f}\right)^2}$$

c 和 λ_0 称为自由空间的光速和波长；G 称为**波导因子**或**色散因子**。

2）群速度

群速度指波包移动速度或窄带信号的传播速度，用 v_g 表示。

$$v_g=\frac{dw}{d\beta}=v\cdot\sqrt{1-\left(\frac{\lambda}{\lambda_c}\right)^2}=v\cdot G \tag{3-24}$$

导模的传播速度随频率变化，表明相应导行系统具有严重的色散现象。由于频率增加相速度减小，故属正常色散，具有如下关系

$$v_p\cdot v_g=v^2 \tag{3-25}$$

3. 波导波长

导行系统中导模相邻同相位面之间的距离，或相位差为 2π 的相位面之间的距离为该导

模的波导波长，用 λ_g 表示。

$$\lambda_g = \frac{2\pi}{\beta} = \frac{\lambda}{\sqrt{1-\left(\frac{\lambda}{\lambda_c}\right)^2}} = \frac{\lambda}{G} \tag{3-26}$$

4. 波阻抗

导行系统中导模的横向电场与横向磁场之比为该导模的波阻抗，即

$$Z_W = \frac{E_t}{H_t} \tag{3-27}$$

导行波不同，波阻抗亦不同，其中

$$Z_{TE} = \frac{\eta}{\sqrt{1-\left(\frac{\lambda}{\lambda_c}\right)^2}} = \frac{\eta}{G} \tag{3-28}$$

$$Z_{TM} = \eta\sqrt{1-\left(\frac{\lambda}{\lambda_c}\right)^2} = \eta \cdot G \tag{3-29}$$

$$Z_{TEM} = \eta = \frac{\eta_0}{\sqrt{\varepsilon_r}} \tag{3-30}$$

其中：η 为媒质的固有阻抗，

$$\eta=\sqrt{\frac{\mu}{\varepsilon}},\quad \eta_0=\sqrt{\frac{\mu_0}{\varepsilon_0}}=120\pi\approx377(\Omega)$$

注意：对于空气 $u_0=4\pi\times10^{-7}\,\mathrm{H/m}$，$\varepsilon_0=\frac{1}{36\pi}\times10^{-9}\,\mathrm{F/m}$。

5. 传输功率

由玻印亭定理，波导中某个波形的传输功率为

$$\begin{aligned} P &= \frac{1}{2}Re\int_s(\vec{E}\times\vec{H}^*)\cdot \mathrm{d}s = \frac{1}{2}Re\int_s(\vec{E}_t\times\vec{H}_t^*)\cdot\vec{a}_z\cdot \mathrm{d}s \\ &= \frac{1}{2Z_W}\int_s |E_t|^2\cdot \mathrm{d}s = \frac{Z_W}{2}\int_s |H_t|^2\cdot \mathrm{d}s \end{aligned} \tag{3-31}$$

式中，Z_W 为导波波形的波阻抗。

3.2 矩形波导

3.2.1 矩形波导的结构及场分布

1. 矩形波导的结构

由金属材料制成的截面为矩形的内充空气的规则金属波导称为矩形波导。它是微波技术中最常用的传输系统之一。若矩形波导的宽边尺寸为 a，窄边尺寸为 b，建立如图 3.2 所示的坐标。建立直角坐标并采用分离变量法可得到矩形波导的全部场分量。

矩形波导是最早使用的导行系统之一，至今仍是使用最广泛的导行系统，特别是高功率系统、毫米波系统和一些精密测试系统等，主要采用矩形波导。

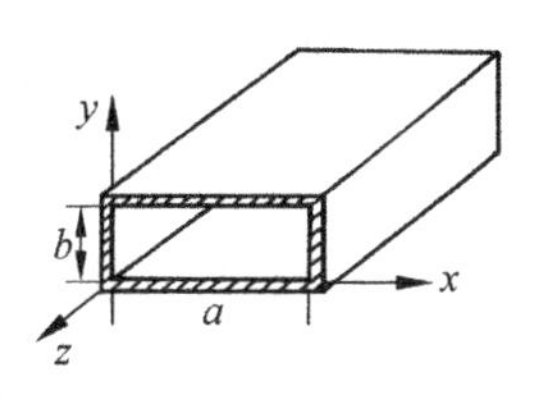

图 3.2 矩形波导及其坐标

2. 矩形波导的场分布

由导波原理分析可知，矩形金属波导因为是规则金属波导中的一种，只能存在 TE 波和 TM 波。采用分离变量法可得到矩形波导的全部场分量。

1) **TE 波**

此时 $E_z=0, H_z=H_{oz}(x,y)\mathrm{e}^{-\mathrm{j}\beta z}\neq 0$，且满足

$$\nabla_t^2 H_{oz}(x,y)+k_c^2 H_{oz}(x,y)=0 \tag{3-32}$$

在直角坐标系中$\nabla_t^2=\dfrac{\partial^2}{\partial x^2}+\dfrac{\partial^2}{\partial y^2}$，式(3-32)可写作

$$\left(\frac{\partial^2}{\partial x^2}+\frac{\partial^2}{\partial y^2}\right)H_{oz}(x,y)+k_c^2 H_{oz}(x,y)=0 \tag{3-33}$$

应用分离变量法，令

$$H_{oz}(x,y)=X(x)Y(y) \tag{3-34}$$

代入式(3-33)，并除以 $X(x)Y(y)$，得

$$-\frac{1}{X(x)}\frac{\mathrm{d}^2X(x)}{\mathrm{d}x^2}-\frac{1}{Y(y)}\frac{\mathrm{d}^2Y(y)}{\mathrm{d}y^2}=k_c^2 \tag{3-35}$$

要使式(3-35)成立，式(3-35)左边每项必须均为常数，设分别为 k_x^2 和 k_y^2，则有

$$\begin{cases}\dfrac{\mathrm{d}^2X(x)}{\mathrm{d}x^2}+k_x^2X(x)=0\\[2ex]\dfrac{\mathrm{d}^2Y(y)}{\mathrm{d}y^2}+k_y^2Y(y)=0\\[2ex]k_x^2+k_y^2=k_c^2\end{cases} \tag{3-36}$$

于是，$H_{oz}(x,y)$的通解为

$$H_{oz}(x,y)=(A_1\cos k_x x+A_2\sin k_x x)(B_1\cos k_y y+B_2\sin k_y y) \tag{3-37}$$

其中，$A_1A_2B_1B_2$ 为待定系数，由边界条件确定。H_z应满足的边界条件为

$$\begin{cases}\left.\dfrac{\partial H_z}{\partial x}\right|_{x=0}=\left.\dfrac{\partial H_z}{\partial x}\right|_{x=a}=0\\[2ex]\left.\dfrac{\partial H_z}{\partial y}\right|_{y=0}=\left.\dfrac{\partial H_z}{\partial y}\right|_{y=b}=0\end{cases} \tag{3-38}$$

将式(3-37)代入式(3-38)可得

$$\begin{cases}A_2=0 \quad k_x=\dfrac{m\pi}{a}\\[2ex]B_2=0 \quad k_y=\dfrac{n\pi}{b}\end{cases} \tag{3-39}$$

由此得到矩形波导 TE 波纵向磁场的基本解为

$$H_z=A_1B_1\cos\left(\frac{m\pi}{a}x\right)\cos\left(\frac{n\pi}{b}y\right)\mathrm{e}^{-\mathrm{j}\beta z}=H_{mn}\cos\left(\frac{m\pi}{a}x\right)\cos\left(\frac{n\pi}{b}y\right)\mathrm{e}^{-\mathrm{j}\beta z} \tag{3-40}$$

式中，$m,n=0,1,2,\cdots$；H_{mn}是模式振幅常数，故$H_z(x,y,z)$的通解为

$$H_z=\sum_{m=0}^{\infty}\sum_{n=0}^{\infty}H_{mn}\cos\left(\frac{m\pi}{a}x\right)\cos\left(\frac{n\pi}{b}y\right)\mathrm{e}^{-\mathrm{j}\beta z} \tag{3-41}$$

将式(3-41)代入式(3-20)，则TE波其他场分量的表达式为

$$\begin{cases}E_x=\sum\limits_{m=0}^{\infty}\sum\limits_{n=0}^{\infty}\dfrac{\mathrm{j}wu}{k_c^2}\dfrac{n\pi}{b}H_{mn}\cos\left(\dfrac{m\pi}{a}x\right)\sin\left(\dfrac{n\pi}{a}y\right)\mathrm{e}^{-\mathrm{j}\beta z}\\ E_y=\sum\limits_{m=0}^{\infty}\sum\limits_{n=0}^{\infty}\dfrac{-\mathrm{j}wu}{k_c^2}\dfrac{m\pi}{a}H_{mn}\sin\left(\dfrac{m\pi}{a}x\right)\cos\left(\dfrac{n\pi}{b}y\right)\mathrm{e}^{-\mathrm{j}\beta z}\\ E_z=0\\ H_x=\sum\limits_{m=0}^{\infty}\sum\limits_{n=0}^{\infty}\dfrac{\mathrm{j}\beta}{k_c^2}\dfrac{m\pi}{a}H_{mn}\sin\left(\dfrac{m\pi}{a}x\right)\cos\left(\dfrac{n\pi}{b}y\right)\mathrm{e}^{-\mathrm{j}\beta z}\\ H_y=\sum\limits_{m=0}^{\infty}\sum\limits_{n=0}^{\infty}\dfrac{\mathrm{j}\beta}{k_c^2}\dfrac{m\pi}{b}H_{mn}\cos\left(\dfrac{m\pi}{a}x\right)\sin\left(\dfrac{n\pi}{b}y\right)\mathrm{e}^{-\mathrm{j}\beta z}\end{cases} \tag{3-42}$$

式中，$k_c=\sqrt{\left(\frac{m\pi}{a}\right)^2+\left(\frac{n\pi}{b}\right)^2}$为矩形波导TE波的截止波数，它与波导尺寸、传输波形有关。m和n分别代表TE波沿x方向和y方向分布的半波个数，一组m、n，对应一种TE波，称作TE_{mn}模；但m和n不能同时为零，否则场分量全部为零。因此，矩形波导能够存在TE_{m0}模和TE_{0n}模及$\mathrm{TE}_{mn}(m,n\neq0)$模；其中$\mathrm{TE}_{10}$模是最低次模，也称为主模、基次模，其余称为高次模。

2）TM波

对TM波，$H_z=0$，$E_z=E_{oz}(x,y)\mathrm{e}^{-\mathrm{j}\beta z}$，此时满足

$$\nabla_t^2E_{oz}+k_c^2E_{oz}=0 \tag{3-43}$$

其通解也可写为

$$E_{oz}(x,y)=(A_1\cos k_xx+A_2\sin k_xx)(B_1\cos k_yy+B_2\sin k_yy) \tag{3-44}$$

应满足的边界条件为

$$\begin{cases}E_z(0,y)=E_z(a,y)=0\\ E_z(x,0)=E_z(x,b)=0\end{cases} \tag{3-45}$$

用TE波相同的方法可求得TM波的全部场分量

$$\begin{cases}E_x=\sum\limits_{m=1}^{\infty}\sum\limits_{n=1}^{\infty}\dfrac{-\mathrm{j}\beta}{k_c^2}\dfrac{m\pi}{a}E_{mn}\cos\left(\dfrac{m\pi}{a}x\right)\sin\left(\dfrac{n\pi}{b}y\right)\mathrm{e}^{-\mathrm{j}\beta z}\\ E_y=\sum\limits_{m=1}^{\infty}\sum\limits_{n=1}^{\infty}\dfrac{-\mathrm{j}\beta}{k_c^2}\dfrac{n\pi}{b}E_{mn}\sin\left(\dfrac{m\pi}{a}x\right)\cos\left(\dfrac{n\pi}{b}y\right)\mathrm{e}^{-\mathrm{j}\beta z}\\ E_z=\sum\limits_{m=1}^{\infty}\sum\limits_{n=1}^{\infty}E_{mn}\sin\left(\dfrac{m\pi}{a}x\right)\sin\left(\dfrac{n\pi}{b}y\right)\mathrm{e}^{-\mathrm{j}\beta z}\\ H_x=\sum\limits_{m=1}^{\infty}\sum\limits_{n=1}^{\infty}\dfrac{\mathrm{j}w\varepsilon}{k_c^2}\dfrac{n\pi}{b}E_{mn}\sin\left(\dfrac{m\pi}{a}x\right)\cos\left(\dfrac{n\pi}{b}y\right)\mathrm{e}^{-\mathrm{j}\beta z}\\ H_y=\sum\limits_{m=1}^{\infty}\sum\limits_{n=1}^{\infty}\dfrac{-\mathrm{j}w\varepsilon}{k_c^2}\dfrac{m\pi}{a}E_{mn}\cos\left(\dfrac{m\pi}{a}x\right)\sin\left(\dfrac{n\pi}{b}y\right)\mathrm{e}^{-\mathrm{j}\beta z}\\ H_z=0\end{cases} \tag{3-46}$$

式(3-46)中，$k_c=\sqrt{\left(\frac{m\pi}{a}\right)^2+\left(\frac{n\pi}{b}\right)^2}$；$E_{mn}$为模式电场振幅数。$TM_{11}$模是矩形波导TM波的最低次模，其他均为高次模。

总之，矩形波导内存在许多模式的波，TE波是所有TE_{mn}模式场的总和，而TM波是所有TM_{mn}模式场的总和。

3. 矩形波导场分布的特点

(1) 矩形波导不存在TEM导模。

(2) 矩形波导存在无穷多种TE导模，以TE_{mn}表示。不存在TE_{00}导模(当$m=n=0$时，H_z为一个恒定磁场，其余场分量均不存在，研究无意义)。其中m表示场量沿x轴(x为$0\to a$)分布的半驻波数目(半周期数目)；n表示场量沿y轴(y为$0\to b$)分布的半驻波数目(半周期数目)。其最低次模是TE_{10}模，也是矩形波导的主模(其中要求m、n不能同时为0)。

(3) 矩形波导有无穷多种TM导模，以TM_{mn}表示。不存在TM_{0n}、TM_{m0}、TM_{00}波形。mn为波形指数，不能为0，为任意正整数，其意义同TE，其最低次模为TM_{11}模。

(4) 导模在矩形波导横截面上的场呈驻波分布且在每个截面上的场分布是完全确定的，这一分布与频率无关，并与此横截面在导行系统上的位置无关；整个导模以完整的场结构(称之为场型)沿轴向(z轴)传播。

(5) 主模TE_{10}模的场分量为

$$\begin{cases}E_y=\dfrac{-j\omega\mu a}{\pi}H_{10}\sin\dfrac{\pi x}{a}e^{-j\beta z}\\ H_x=\dfrac{j\beta a}{\pi}H_{10}\sin\dfrac{\pi x}{a}e^{-j\beta z}\\ H_z=H_{10}\cos\dfrac{\pi x}{a}e^{-j\beta z}\\ E_x=E_z=H_y=0\end{cases}\tag{3-47}$$

也可写为

$$\begin{cases}E_y=\dfrac{\omega\mu a}{\pi}H_{10}\sin\dfrac{\pi x}{a}\cos\left(\omega t-\beta z-\dfrac{\pi}{2}\right)\\ H_x=\dfrac{\beta a}{\pi}\sin\dfrac{\pi x}{a}\cos\left(\omega t-\beta z+\dfrac{\pi}{2}\right)\\ H_z=H_{10}\cos\dfrac{\pi x}{a}\cos(\omega t-\beta z)\\ E_x=E_z=H_y=0\end{cases}\tag{3-48}$$

从式(3-47)或式(3-48)可以看出，TE_{10}模只有E_y、H_x和H_z 3个场分量。

电场只有E_y分量，且不随y变化；随x呈正弦变化，在$x=0$和a处为零，在$x=a/2$处最大，即在a边上有半个驻波分布。其分布曲线如图3.3(a)所示。

磁场有H_x和H_z两个分量且均与y无关，所以磁力线是xz平面内的闭合曲线，其轨迹为椭圆。H_x随x呈正弦变化，在$x=0$或a处为零，在$x=a/2$处最大；H_z随x呈余弦变化，在$x=0$或a处最大，并在$x=a/2$处为零；H_x和H_z在a边上有半个驻波分布。电场和磁场沿z向传播(即整个场型沿z向传播)。其分布曲线如图3.3(b)所示。波导横截面和纵剖面上的**场分布**(也可称为**场结构**,是指波导中电力线和磁力线的形状与疏密分布情况)如图 3.3(c)、(d)所示。

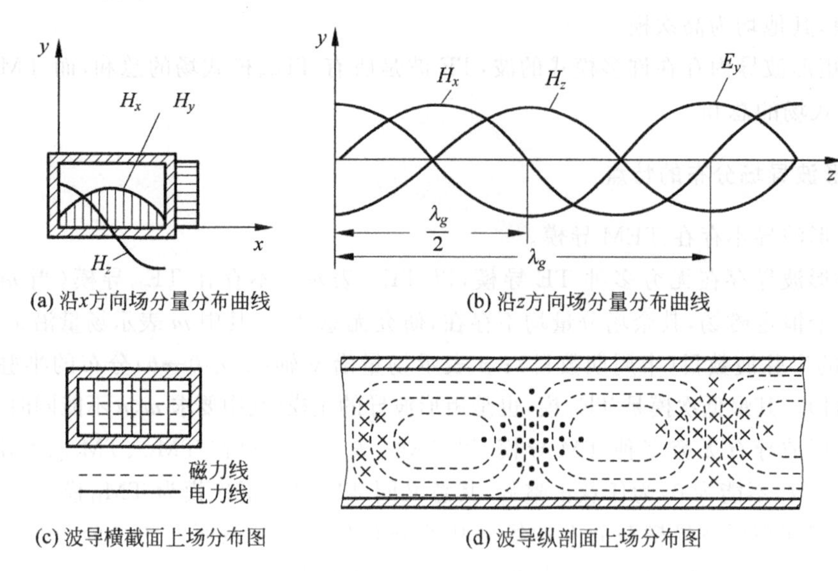

图 3.3 矩形波导 TE_{10} 模的场分布图

由图 3.3 可以看出,H_x 和 E_y 最大值在同截面上出现,电磁波沿 z 方向按行波状态变化;E_y、H_x 和 H_z 相位差为 90°,电磁波沿横向为驻波分布。

(6) 管壁电流:当波导中传输微波信号时,在金属波导内壁表面上将产生感应电流,称之为管壁电流。结果表明,当矩形波导中传输 TE_{10} 模时,在左右两侧壁的管壁电流只有 J_y 分量,且大小相等,方向相同;在上下宽壁内的管壁电流由 J_x 和 J_z 合成。在同一位置的上下宽壁内的管壁电流大小相等,方向相反。管壁电流在波导宽壁中央($x=a/2$)只有纵向电流,这一特点被用来在波导宽壁中央纵向开一长缝,制成驻波测量线,进行各种微波测量。

3.2.2 矩形波导的传输特性

1. 导模的传输与截止

1) 传播常数和截止波长(频率)

矩形波导中每个 TE_{mn} 和 TM_{mn} 导模的**传播常数**为

$$\beta=\sqrt{k^2-k_c^2}=\sqrt{k^2-\left(\frac{m\pi}{a}\right)^2-\left(\frac{n\pi}{b}\right)^2} \tag{3-49}$$

对于传输模,β 应为常数,要求 $k^2>k_c^2$;截止时 $\beta=0$,$k^2=k_c^2$。

导模的截止波长为

$$\lambda_{cTE_{mn}}=\lambda_{cTM_{mn}}=\frac{2\pi}{k_{cmn}}=\frac{2\pi}{\sqrt{\left(\frac{m\pi}{a}\right)^2+\left(\frac{n\pi}{b}\right)^2}} \tag{3-50}$$

导模的截止频率为

$$f_{cTE_{mn}}=f_{cTM_{mn}}=\frac{1}{\lambda_c\sqrt{\mu\varepsilon}}=\frac{c}{\lambda_c}\frac{1}{\sqrt{\mu_r\varepsilon_r}} \tag{3-51}$$

对于空气，$\mu_r=\varepsilon_r=1$。

2）导模的传输条件

某导模在传输中能够传输的条件是该导模的截止波长 λ_c 大于工作波长 λ（或 $f_c<f$）。

3）导模的截止

金属波导中导模的截止是由于消失模的出现。$\lambda_c<\lambda$ 或者 $f_c>f$ 的导模的 β 为虚数，相应的模式称为**消失模**或**截止模**，其所有场分量的振幅将按指数规律衰减，这种衰减是由于截止模的电抗反射损耗所致。标准波导 BJ-32 各模式截止波长分布图如图 3.4 所示。

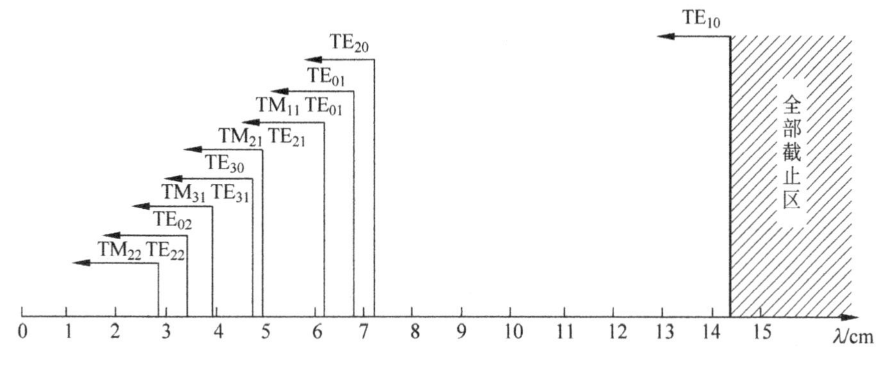

图 3.4　标准波导 BJ-32 各模式截止波长分布图

以截止模工作的波导称为**截止波导**，其传播常数为衰减常数

$$\gamma=\alpha=\frac{2\pi}{\lambda_c}\sqrt{1-\left(\frac{\lambda_c}{\lambda}\right)^2}\approx\frac{2\pi}{\lambda_c}\tag{3-52}$$

传播常数近似与频率无关。利用一段截止波导可做成截止衰减器。

4）模式简并现象

导行系统中截止波长 λ_c 相同，场结构不同的现象称为**模式简并现象**。除 TE_{m0} 和 TE_{on} 模外，矩形波导的导模都具有模式简并（即 $\lambda_{cTE_{mn}}=\lambda_{cTM_{mn}}$，除 TE_{m0} 和 TE_{on} 模外）。

5）主模

导行系统中截止波长 λ_c 最长（或截止频率 f_c 最低）的导模称为该导行系统的主模，或称基模、最低次模，其他模称为高次模。$a>b$ 的矩形波导的主模是 TE_{10} 模，其截止波长 $\lambda_{cTE_{10}}=2a$。

6）单模波导和多模波导

传输单一模式（通常是**传输主模**）的波导称为单模波导，矩形波导使用时几乎都以主模 TE_{10} 模工作。允许主模和一个或多个高次模同时传输称为多模传输；能够维持多个模同时传输的波导则称为多模波导。

【例 3-1】　设某矩形波导的尺寸为 $a=8\text{cm}$，$b=4\text{cm}$；试求工作频率在 3GHz 时，该波导能传输的模式。

【解】　由 $f=3\text{GHz}$，得

$$\lambda=\frac{c}{f}=0.1(\text{m})$$

$$\lambda_{cTE_{10}}=2a=0.16(\text{m})>\lambda$$

$$\lambda_{cTE_{01}}=2b=0.08(\text{m})<\lambda$$

$$\lambda_{c\text{TM}_{11}} = \frac{2a}{\sqrt{a^2+b^2}} = 0.0715(\text{m}) < \lambda$$

可见，该波导在工作频率为3GHz时只能传输TE_{10}模。

2. 相速度和群速度

矩形波导导模的相速度为

$$v_p = \frac{v}{G} = \frac{v}{\sqrt{1-\left(\frac{\lambda}{\lambda_c}\right)^2}} \tag{3-53}$$

主模TE_{10}模的相速度为

$$v_{p_{\text{TE10}}} = \frac{v}{\sqrt{1-\left(\frac{\lambda}{2\alpha}\right)^2}} \tag{3-54}$$

矩形波导导模的群速度为

$$v_g = v \cdot G = v\sqrt{1-\left(\frac{\lambda}{\lambda_c}\right)^2} \tag{3-55}$$

主模TE_{10}模的群速度为

$$v_{g_{\text{TE}_{10}}} = v\sqrt{1-\left(\frac{\lambda}{2\alpha}\right)^2} \tag{3-56}$$

其中，v和λ分别表示媒质中平面波的速度$\left(v=\frac{c}{\sqrt{\varepsilon_r}}\text{；}c\text{为真空中的光速}\right)$和波长$\left(\lambda=\frac{\lambda_0}{\sqrt{\varepsilon_r}}\text{，}\lambda_0\text{为自由空间波长}\right)$。

3. 波导波长和波阻抗

矩形波导导模的波导波长为

$$\lambda_{g_{\text{TE}}} = \frac{\lambda}{\sqrt{1-\left(\frac{\lambda}{\lambda_c}\right)^2}} \tag{3-57}$$

主模TE_{10}模的波导波长为

$$\lambda_{g_{\text{TE}_{10}}} = \frac{\lambda}{\sqrt{1-\left(\frac{\lambda}{2a}\right)^2}} \tag{3-58}$$

矩形波导中，TE导模的波阻抗为

$$Z_{\text{TE}} = \frac{\eta}{G} = \frac{\eta}{\sqrt{1-\left(\frac{\lambda}{\lambda_c}\right)^2}} \tag{3-59}$$

主模TE_{10}模的波阻抗为

$$Z_{\text{TE}_{10}} = \frac{\eta}{\sqrt{1-\left(\frac{\lambda}{2a}\right)^2}} \tag{3-60}$$

矩形波导中 TM 导模的波阻抗为

$$Z_{\mathrm{TM}} = \eta \cdot G = \eta\sqrt{1-\left(\frac{\lambda}{\lambda_c}\right)^2} \tag{3-61}$$

对于传输模，β 为实数，Z_{TE} 和 Z_{TM} 亦为实数；对于消失模，β 为虚数，Z_{TE} 和 Z_{TM} 亦为虚数，呈电抗，因此金属波导中消失模的出现将对信号源呈现电抗性反射。

4. 传输功率

矩形波导 TE_{10} 模的传输功率为

$$P = \frac{1}{2Z_{\mathrm{TE}_{10}}}\iint |E_y|^2 \mathrm{d}x\mathrm{d}y = \frac{abE_{10}^2}{4Z_{\mathrm{TE}_{10}}} \tag{3-62}$$

其中，$E_{10} = \frac{wua}{\pi}H_{10}$，是 E_y 分量在波导宽边中心处的振幅值。

由式(3-62)可得波导传输 TE_{10} 模时的功率容量为

$$P_{br} = \frac{abE_{10}^2}{4Z_{\mathrm{TE}_{10}}} = \frac{abE_{br}^2}{480\pi}\sqrt{1-\left(\frac{\lambda}{2a}\right)^2},\quad Z_{\mathrm{TE}_{10}} = \frac{\eta}{G_{10}} \tag{3-63}$$

其中，E_{br} 为击穿电场幅值。因空气的击穿场强为 30kV/cm，故空气矩形波导的功率容量为

$$P_{br} = 0.6ab\sqrt{1-\left(\frac{\lambda}{2a}\right)^2}\quad (\mathrm{MW}) \tag{3-64}$$

a、b 的单位均为 cm。

可见，波导尺寸越大，频率越高，则功率容量越大。当负载不匹配时，由于形成驻波，电场振幅变大，因此功率容量会变小。假设不匹配时的功率容量 P'_{br}，匹配时的功率容量 P_{br}，二者的关系为

$$P'_{br} = \frac{P_{br}}{\rho} \tag{3-65}$$

式(3-65)中，ρ 为驻波系数。

5. TE_{10} 模矩形波导的损耗

1）介质损耗

金属波导中填充均匀介质的损耗引起的导波的损耗(TE 导波或 TM 导模)为

$$a_d = \frac{k^2\tan\delta}{2\beta}(\mathrm{Np/m}) \tag{3-66}$$

式(3-66)中，$\tan\delta$ 为介质损耗正切，空气的介质损耗正切为 0；$\beta=\sqrt{k^2-k_c^2}$，$k=\frac{2\pi}{\lambda}$，$k_c=\frac{2\pi}{\lambda_c}$。

2）导体损耗

矩形波导 TE_{10} 模的导体损耗为

$$a_c = \frac{R_s}{b\eta G_{10}}\left[1+2\frac{b}{a}\left(\frac{\lambda_0}{2a}\right)^2\right]\quad (\mathrm{Np/m}) \tag{3-67}$$

式(3-67)中，$G_{10}=\sqrt{1-\left(\frac{\lambda_0}{2a}\right)^2}$；$R_s$ 为导体表面电阻，$R_s=\sqrt{\frac{w\mu}{2\sigma}}$，$w=2\pi f$；$\mu$ 为导磁率；σ 为电导率；η 为波阻抗。

6. 矩形波导 TE_{10} 模的等效阻抗

TE_{10} 模的波阻抗只与宽边尺寸 a 有关，而与窄边尺寸无关，因此不能应用波阻抗来处理不同尺寸波导的匹配问题。为此需引入波导的等效阻抗，它有多种定义形式，为简化计算，常以与截面尺寸有关的部分作为公认的等效阻抗

$$Z_{e_{TE_{10}}} = \frac{b}{a}\frac{\eta}{\sqrt{1-\left(\frac{\lambda}{2a}\right)^2}} = \frac{b}{a}\frac{\eta}{G_{10}} \tag{3-68}$$

可令 $\eta=1$，定义 TE_{10} 模矩形波导的无量纲等效阻抗为

$$Z_{e_{TE_{10}}} = \frac{b}{a}\frac{1}{\sqrt{1-\left(\frac{\lambda}{2a}\right)^2}} = \frac{b}{a}\frac{1}{G_{10}} \tag{3-69}$$

3.2.3 矩形波导尺寸选择

1. 矩形波导尺寸选择原则

在矩形波导尺寸选择原则上，一般考虑其波导带宽、波导功率及波导容量。

1) 波导带宽问题

只传输主模 TE_{10} 模，其他高次模截止。保证在给定频率范围内的电磁波在波导中都能以单一的 TE_{10} 模传输，其他高次模都应截止，为此应满足

$$\begin{cases} \lambda_{c_{TE_{20}}} < \lambda < \lambda_{c_{TE_{10}}} \\ \lambda_{c_{TE_{01}}} < \lambda < \lambda_{c_{TE_{10}}} \end{cases} \tag{3-70}$$

将 TE_{10} 模、TE_{20} 模和 TE_{01} 模的截止波长代入式(3-70)得

$$\begin{cases} a < \lambda < 2a \\ 2b < \lambda < 2a \end{cases},\quad 或写作 \quad \begin{cases} \lambda/2 < a < \lambda \\ 0 < b < \lambda/2 \end{cases} \tag{3-71}$$

即取 $b<a/2$。

2) 波导功率容量问题

波导功率容量要大，同时波导不能发生击穿(传输功率大，即 b 要尽量大)。在传输所要求的功率时，波导不至于发生击穿。由功率容量公式(3-64)可知，适当增加 b，可增加功率容量，故 b 应尽量大一些。

3) 波导的衰减问题

通过波导后的微波信号功率不要损失太大。增大 b 也可使衰减变小，故 b 应尽可能大一些，即损耗小，但 $b>a/2$ 后，单模频带变窄。

2. 尺寸选择

综合考虑，矩形波导的尺寸一般选为

$$\begin{cases} a = 0.7\lambda \\ b = (0.4 \sim 0.5)a \end{cases} \tag{3-72}$$

若波导尺寸选定，工作频率（波长）范围可取：$1.05a \leqslant \lambda \leqslant 1.6a$。

通常将 $b=a/2$ 的波导称为**标准波导**（国际代号为 R，国家代号为 BJ）。为了提高功率容量，选 $b>a/2$ 这种波导称为**高波导**。为了减小体积减小重量，有时也选 $b<a/2$ 的波导，这种波导称为**扁波导**。

矩形波导的缺点是：频带不宽，得不到倍频程；为实现宽频带，常采取脊波导。

3.3 圆形波导

3.3.1 圆形波导的结构及场分布

1. 圆形波导的结构

截面形状为圆形的空心金属管，称为圆形波导，简称圆波导（Circular Waveguild）。通常利用圆柱坐标系(ρ,φ,z)进行分析，内壁半径为 a，国际标准代号为 C。圆波导及其坐标系如图 3.5 所示。圆波导具有加工方便、双极化、低损耗等优点，广泛应用于远距离通信、双极化馈线以及微波圆形谐振器等，是一种较为常用的规则金属波导。

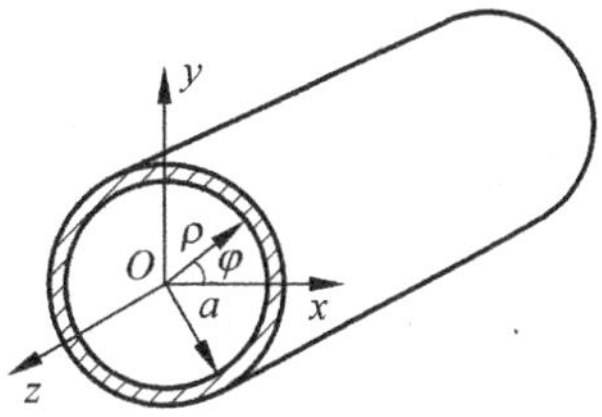

图 3.5 圆波导及其坐标系

2. 圆波导中场分布的分析

圆波导同矩形波导一样，只能传输 TE 和 TM 波形。

1) **TE 波**

此时 $E_z=0, H_z=H_{oz}(\rho,\varphi)\mathrm{e}^{-\mathrm{j}\beta z}\neq 0$，且满足

$$\nabla_t^2 H_{oz}(\rho,\varphi)+k_c^2 H_{oz}(\rho,\varphi)=0 \tag{3-73}$$

在圆柱坐标中，$\nabla_t^2=\dfrac{\partial^2}{\partial p^2}+\dfrac{1}{\rho}\dfrac{\partial}{\partial\rho}+\dfrac{1}{\rho^2}\dfrac{\partial^2}{\partial\varphi^2}$，式(3-73)可改写为

$$\left(\frac{\partial^2}{\partial p^2}+\frac{1}{\rho}\frac{\partial}{\partial\rho}+\frac{1}{\rho^2}\frac{\partial^2}{\partial\varphi^2}\right)H_{oz}(\rho,\phi)+k_c^2 H_{oz}(\rho,\phi)=0 \tag{3-74}$$

应用分离变量法，令

$$H_{oz}(\rho,\varphi)=R(\rho)\Phi(\varphi)$$

代入式(3-74)，并除以 $R(\rho)\Phi(\varphi)$，得

$$\frac{1}{R(\rho)}\left[\rho^2\frac{\mathrm{d}R(\rho)}{\mathrm{d}\rho^2}+\rho\frac{\mathrm{d}R(\rho)}{\mathrm{d}\rho}+\rho^2 k_c^2 R(\rho)\right]=-\frac{1}{\Phi(\varphi)}\frac{\mathrm{d}^2\Phi(\varphi)}{\mathrm{d}\varphi^2} \tag{3-75}$$

要使上式成立，上式两边必须均为常数，设该常数为 m^2，则得

$$\begin{cases}\dfrac{1}{R(\rho)}\left[\rho^2\dfrac{\mathrm{d}R^2(\rho)}{\mathrm{d}\rho^2}+\rho\dfrac{\mathrm{d}R(\rho)}{\mathrm{d}\rho}+(\rho^2 k_c^2-m^2)R(\rho)\right]=0\\[2ex]\dfrac{\mathrm{d}^2\Phi(\varphi)}{\mathrm{d}\varphi^2}+m^2\Phi(\varphi)=0\end{cases} \tag{3-76}$$

式(3-76)第一式的通解为

$$R(\rho)=A_1 J_m(k_c\rho)+A_2 N_m(k_c\rho) \tag{3-77}$$

式(3-77)中，$J_m(x)$，$N_m(x)$分别为第一类和第二类 m 阶贝塞尔函数。

式(3-76)第二式的通解为

$$\Phi(\varphi) = B_1 \cos m\varphi + B_2 \sin m\varphi = B\begin{bmatrix}\cos m\varphi \\ \sin m\varphi\end{bmatrix} \tag{3-78}$$

式(3-78)中后一种表示形式是考虑到圆波导的轴对称性,因此场的极化方向具有不确定性,使导行波的场分布在 ϕ 方向存在 $\cos m\phi$ 和 $\sin m\phi$ 两种可能的分布,它们独立存在,相互正交,截止波长相同,构成同一导行模的**极化简并模**(Degenerating Mode)。

另外,由于 $\rho\to 0$ 时 $N_m(k_c\rho)\to -\infty$,故式(3-77)中有 $A_2=0$。于是 $H_{oz}(\rho,\phi)$ 的通解为

$$H_{oz}(\rho,\varphi) = A_1 B J_m(k_c\rho)\begin{bmatrix}\cos m\varphi \\ \sin m\varphi\end{bmatrix} \tag{3-79}$$

由边界条件 $\left.\dfrac{\partial H_{oz}}{\partial\rho}\right|_{\rho=a}=0$,及式(3-79)得

$$J'_m(k_c a)=0$$

设 m 阶贝塞尔函数的一阶导数 $J'_m(x)$ 的第 n 个根为 μ_{mn},则有

$$k_c a = \mu_{mn} \quad 或 \quad k_c = \frac{u_{mn}}{a} \quad n = 1,2,\cdots \tag{3-80}$$

于是圆波导 TE 模纵向磁场 H_z 基本解为

$$H_z(\rho,\varphi,z) = A_1 B J_m\left(\frac{u_{mn}}{a}\rho\right)\begin{bmatrix}\cos m\varphi \\ \sin m\varphi\end{bmatrix} \mathrm{e}^{-\mathrm{j}\beta z} \tag{3-81}$$

其中:$m=0,1,2,\cdots$;$n=1,2,\cdots$。

令模式振幅 $H_{mn}=A_1B$,则 $H_z(\rho,\varphi,z)$ 的通解为

$$H_Z(\rho,\varphi,z) = \sum_{m=0}^{\infty}\sum_{n=1}^{\infty} H_{mn} J_m\left(\frac{u_{mn}}{a}\rho\right)\begin{bmatrix}\cos m\varphi \\ \sin m\phi\end{bmatrix} \mathrm{e}^{-\mathrm{j}\beta z} \tag{3-82}$$

于是可求得其他场分量

$$\begin{cases}
E_P = \pm \displaystyle\sum_{m=0}^{\infty}\sum_{n=1}^{\infty} \frac{\mathrm{j}wuma^2}{u_{mn}\rho} H_{mn} J_m\left(\frac{u_{mn}}{a}\rho\right)\begin{bmatrix}\sin m\varphi \\ \cos m\phi\end{bmatrix} \mathrm{e}^{-\mathrm{j}\beta z} \\
E_\varphi = \pm \displaystyle\sum_{m=0}^{\infty}\sum_{n=1}^{\infty} \frac{\mathrm{j}wua}{u_{mn}} H_{mn} J'_m\left(\frac{u_{mn}}{a}\rho\right)\begin{bmatrix}\cos m\varphi \\ \sin m\phi\end{bmatrix} \mathrm{e}^{-\mathrm{j}\beta z} \\
E_z = 0 \\
H_\rho = \displaystyle\sum_{m=0}^{\infty}\sum_{n=1}^{\infty} \frac{-\mathrm{j}\beta a}{u_{mn}} H_{mn} J'_m\left(\frac{u_{mn}}{a}\rho\right)\begin{bmatrix}\cos m\varphi \\ \sin m\phi\end{bmatrix} \mathrm{e}^{-\mathrm{j}\beta z} \\
H_\varphi = \pm \displaystyle\sum_{m=0}^{\infty}\sum_{n=1}^{\infty} \frac{\mathrm{j}\beta ma^2}{u_{mn}^2\rho} H_{mn} J_m\left(\frac{u_{mn}}{a}\rho\right)\begin{bmatrix}\sin m\varphi \\ \cos m\phi\end{bmatrix} \mathrm{e}^{-\mathrm{j}\beta z}
\end{cases} \tag{3-83}$$

可见,圆波导中同样存在着无穷多种 TE 模,不同的 m 和 n 代表不同的模式,记作 TE_{mn},式中,m 表示场沿圆周分布的整波数,n 表示场沿半径分布的最大值个数。此时波阻抗为

$$Z_{\mathrm{TE}_{mn}} = \frac{E_\rho}{H_\varphi} = \frac{wu}{\beta_{\mathrm{TE}_{mn}}} \tag{3-84}$$

式中,

$$\beta_{\mathrm{TE}_{mn}} = \sqrt{k^2 - \left(\frac{u_{mn}}{a}\right)^2}$$

2) TM 波

通过与 TE 波相同的分析，可求得 TM 波纵向电场 $E_Z(\rho,\varphi,z)$ 的通解为

$$E_Z(\rho,\varphi,z)=\sum_{m=0}^{\infty}\sum_{n=1}^{\infty}E_{mn}J_m\left(\frac{v_{mn}}{a}\rho\right)\begin{vmatrix}\cos m\varphi\\ \sin m\varphi\end{vmatrix}\mathrm{e}^{-\mathrm{j}\beta z} \tag{3-85}$$

其中，v_{mn} 是 m 阶贝塞尔函数 $J_m(x)$ 的第 n 个根，且 $k_{c\mathrm{TM}_{mn}}=v_{mn}/a$，于是可求得其他场分量

$$\begin{cases}E_P=\sum_{m=0}^{\infty}\sum_{n=1}^{\infty}\dfrac{-\mathrm{j}\beta a}{v_{mn}}E_{mn}J'_m\left(\dfrac{v_{mn}}{a}\rho\right)\begin{vmatrix}\cos m\varphi\\ \sin m\phi\end{vmatrix}\mathrm{e}^{-\mathrm{j}\beta z}\\ E_\varphi=\pm\sum_{m=0}^{\infty}\sum_{n=1}^{\infty}\dfrac{\mathrm{j}\beta ma^2}{v^2{}_{mn}\rho}E_{mn}J_m\left(\dfrac{v_{mn}}{a}\rho\right)\begin{vmatrix}\sin m\varphi\\ \cos m\phi\end{vmatrix}\mathrm{e}^{-\mathrm{j}\beta z}\\ H_\rho=\mp\sum_{m=0}^{\infty}\sum_{n=1}^{\infty}\dfrac{\mathrm{j}w\varepsilon ma^2}{v_{mn}^2\rho}E_{mn}J_m\left(\dfrac{v_{mn}}{a}\rho\right)\begin{vmatrix}\sin m\varphi\\ \cos m\phi\end{vmatrix}\mathrm{e}^{-\mathrm{j}\beta z}\\ H_\varphi=\sum_{m=0}^{\infty}\sum_{n=1}^{\infty}\dfrac{-\mathrm{j}\beta\varepsilon a}{v_{mn}}E_{mn}J'_m\left(\dfrac{v_{mn}}{a}\rho\right)\begin{vmatrix}\cos m\varphi\\ \sin m\phi\end{vmatrix}\mathrm{e}^{-\mathrm{j}\beta z}\\ H_Z=0\end{cases} \tag{3-86}$$

可见，圆波导中存在着无穷多种 TM 模，波形指数 m 和 n 的意义与 TE 模相同. 此时波阻抗为

$$Z_{\mathrm{TM}_{mn}}=\frac{E_\rho}{H\phi}=\frac{\beta_{\mathrm{TM}_{mn}}}{w\varepsilon} \tag{3-87}$$

式中，$\beta_{\mathrm{TM}_{mn}}=\sqrt{k^2-\left(\dfrac{v_{mn}}{a}\right)^2}$。

3. 圆波导场分布的特点

(1) 圆波导不存在 TEM 波形，只能传输 TE 波和 TM 波。

(2) 圆波导可以存在无穷多种 TE 导模，用 TE_{mn} 表示；其场沿半径按贝塞尔函数或按贝塞尔函数导数的规律变化，场沿圆周按正弦或余弦形式变化；波形指数 m 表示场沿圆周分布的整波数(整驻波个数)，n 表示场沿半径方向分布的最大值的个数(半驻波个数)。不存在 TE_{m0} 波形(存在 TE_{0n} 波形)；其最低次模是 TE_{11} 模，也是圆波导的主模。

(3) 圆波导中可以存在无穷多种 TM 导模，用 TM_{mn} 表示；波形指数 m、n 的意义与 TE_{mn} 相同；不存在 TM_{m0} 波形；最低次模是 TM_{01} 波形，是圆波导的次主模。

(4) 圆波导中导模的传输条件仍是 $\lambda_c>\lambda$(截止波长大于工作波长)或 $f_c<f$(截止频率小于工作频率)，导模的截止也是由于消失模的出现。

(5) 圆波导的导模存在两种简并现象。

① 模式简并现象：导模的截止波长相同，场结构不同，这种现象就是模式简并现象(又名"E-H 简并")；圆波导的 TE_{0n} 模与 TM_{1n} 是模式简并。

② 极化简并现象：导模的场量沿半径方向的变化规律相同，沿 z 轴的传输特性相同，但沿圆周分别呈正弦和余弦分布，两种波形的极化面(电场的对称面)相差 90°，它们独立存在，相互正交，截止波长也相同，这种现象就是极化简并现象。圆波导，除 TE_{0n} 模和 TM_{0n} 模外，其他 TE_{mn} 和 TM_{mn} 都存在极化简并。

3.3.2 圆波导的传输特性

与矩形波导不同，圆波导的TE波和TM波的传输特性各不相同。

1. 截止波长

圆波导TE_{mn}模、TM_{mn}模的截止波数分别为

$$\begin{cases} k_{cTE_{mn}} = \dfrac{\mu_{mn}}{a} \\ k_{cTM_{mn}} = \dfrac{v_{mn}}{a} \end{cases} \tag{3-88}$$

式(3-88)中，μ_{mn}为第一类m阶贝塞尔函数导函数$J'_m(k_c a)$的第n个根，v_{mn}为第一类m阶贝塞尔函数$J_m(k_c a)$的第n个根。于是，各模式的截止波长分别为

$$\begin{cases} \lambda_{TE_{mn}} = \dfrac{2\pi}{k_{cTE_{mn}}} = \dfrac{2\pi a}{\mu_{mn}} \\ \lambda_{TM_{mn}} = \dfrac{2\pi}{k_{cTM_{mn}}} = \dfrac{2\pi a}{v_{mn}} \end{cases} \tag{3-89}$$

在所有的模式中，TE_{11}模截止波长最长，其次为TM_{01}模，三种典型模式的截止波长分别为：$\lambda_{cTE_{11}} = 3.4126a \approx 3.41a$，$\lambda_{cTM_{01}} = 2.6127a \approx 2.61a$，$\lambda_{cTE_{01}} = 1.6398a \approx 1.64a$。

注意：第一类m阶贝塞尔函数：$J_m(x) = \sum\limits_{j=0}^{\infty} \dfrac{(-1)^j \left(\dfrac{x}{2}\right)^{m+2j}}{j!(m+j)!}$，$m \geqslant 0$。

第一类m阶贝塞尔函数的导函数：$J'_m(x) = \dfrac{1}{2}[J_{m-1}(x) - J_{m+1}(x)]$。

圆波导中各模式截止波长的分布图如图3.6所示。

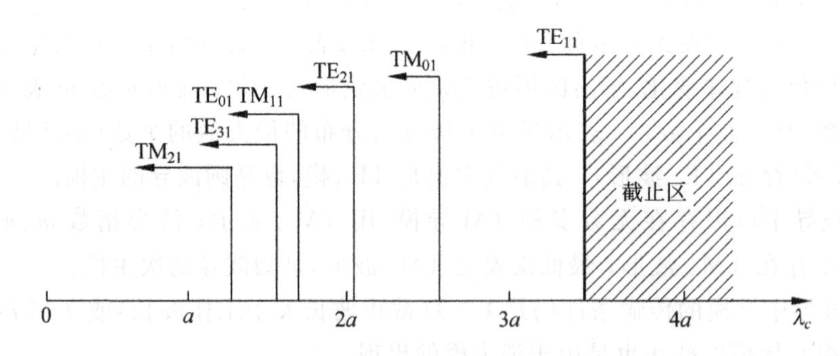

图3.6 圆波导中各模式截止波长的分布图

2. 传播常数

1) TE_{mn}模

$$\beta_{TE_{mn}} = \sqrt{k_2 - k^2_{cTE_{mn}}} = \sqrt{k^2 - \left(\frac{u_{mn}}{a}\right)^2} \tag{3-90}$$

其中，μ_{mn}为m阶贝塞尔函数的一阶导数$J'_m(k_c a)$的第n个根，$\mu_{11} = 1.841$，$\mu_{01} = 3.832$。

2）TM_{mn}模

$$\beta_{\text{TM}_{mn}} = \sqrt{k_2 - k_{c\text{TM}_{mn}}^2} = \sqrt{k^2 - \left(\frac{v_{mn}}{a}\right)^2} \tag{3-91}$$

其中，v_{mn}为m阶贝塞尔函数$J_m(k_c a)$的第n个根的值，$v_{01}=2.405$。

3. 传输条件

圆波导中导模的传输条件是$\lambda_c>\lambda$（截止波长大于工作波长）或$f_c<f$（截止频率小于工作频率）；导模的截止也是由于消失模的出现。圆波导中导模的传输特性与矩形波导相似。

4. 波阻抗及相速度

1）TE_{mn}模

波阻抗

$$Z_{\text{TE}} = \frac{E_r}{H_\varphi} = \frac{-E_\varphi}{H_r} = \frac{wu}{\beta} = \frac{\eta}{G} \tag{3-92}$$

相速度

$$v_p = \frac{v}{G} \tag{3-93}$$

波导波长

$$\lambda_g = \frac{\lambda}{G} \tag{3-94}$$

其中

$$G = \sqrt{1 - \left(\frac{\lambda}{\lambda_c}\right)^2},\quad \eta = \frac{\eta_0}{\sqrt{\varepsilon_r}},\quad \eta_0 = \sqrt{\frac{u_0}{\varepsilon_0}} = 120\pi \approx 377(\Omega)$$

2）TM_{mn}模

波阻抗

$$Z_{\text{TM}} = \frac{E_r}{H_\varphi} = \frac{-E_\varphi}{H_r} = \frac{\beta}{w\varepsilon} = \eta \cdot G \tag{3-95}$$

相速度

$$v_p = v \cdot G \tag{3-96}$$

波导波长

$$\lambda_g = \frac{\lambda}{G} \tag{3-97}$$

5. 主模TE_{11}模衰减常数

1）导体衰减常数

$$\alpha_{c11} = \frac{R_s}{ak\eta\beta_{11}}\left(k_c^2 + \frac{k^2}{\mu_{11}^2 - 1}\right) = \frac{R_s}{a\eta G_{11}}\left[0.4195 + \left(\frac{\lambda}{\lambda_{c_{11}}}\right)^2\right](\text{Np/m}) \tag{3-98}$$

其中，R_s为导体表面电阻，$R_s=\sqrt{\frac{wu}{2\sigma}}$；$\sigma$为导体导电率；$a$为圆波导内壁半径。

2) 介质衰减常数

$$\alpha_d = \frac{k^2 \tan\delta}{2\beta_{11}} (\mathrm{Np/m}) \tag{3-99}$$

其中,k 为波数,$k=\frac{2\pi}{\lambda}$; $\tan\delta$ 为介质损耗正切; β_{11} 位 TE_{11} 模的传播常数。

6. 传输功率

TE_{mn} 模的传输功率为

$$P_{TE_{mn}} = \frac{\pi a^2}{2\delta_m}\left(\frac{\beta}{k_c}\right)^2 Z_{TE} H_{mn}^2 \left(1 - \frac{m^2}{k_c^2 a^2}\right) J_m^2(k_c a) \tag{3-100}$$

TM_{mn} 模的传输功率为

$$P_{TM_{mn}} = \frac{\pi a}{2\delta_m}\left(\frac{\beta}{k_c}\right)^2 \frac{E_{mn}^2}{Z_{TM}} J_m'^2(k_c a) \tag{3-101}$$

其中,式(3-100)和式(3-101)中的 δ_m 为

$$\delta_m = 2 \quad m \neq 0$$
$$\delta_m = 1 \quad m = 0$$

【**例 3-2**】 求半径为 0.5cm,填充 ε_r 为 2.25 的介质($\tan\delta=0.001$)的圆波导前两个传输模的截止频率;设其内壁镀银,计算工作频率为 13.0GHz 时 50cm 长波导的 dB 衰减值。

【**解**】 圆波导前两个传输模是 TE_{11} 和 TM_{01},其截止频率分别为

$$f_{cTE_{11}} = \frac{c}{\lambda_{cTE_{11}}\sqrt{\varepsilon_r}} = \frac{3\times10^8}{3.41\times0.5\times10^{-2}\times\sqrt{2.25}} = 1.173\times10^{10}\,\mathrm{Hz} = 11.73\,\mathrm{GHz}$$

$$f_{cTM_{01}} = \frac{c}{\lambda_{cTM_{01}}\sqrt{\varepsilon_r}} = \frac{3\times10^8}{2.61\times0.5\times10^{-2}\times\sqrt{2.25}} = 1.533\times10^{10}\,\mathrm{Hz} = 15.33\,\mathrm{GHz}$$

显然,当工作频率 $f_0=13.0\mathrm{GHz}$ 时,该波导只能传输 TE_{11} 模,其波数为

$$k = \frac{2\pi}{\lambda} = \frac{2\pi f_0\sqrt{\varepsilon_r}}{c} = \frac{2\times3.14\times13.0\times10^9\times\sqrt{2.25}}{3\times10^8} = 408.2(\mathrm{m}^{-1})$$

TE_{11} 模的传播常数为

$$\beta_{TE_{11}} = \sqrt{k^2 - k_c^2} = \sqrt{k^2 - \left(\frac{2\pi}{\lambda_{cTE_{11}}}\right)^2}$$
$$= \sqrt{408.2^2 - \left(\frac{2\times3.14}{3.41\times50\times10^{-2}}\right)^2}$$
$$= 175.96(\mathrm{rad/m})$$

介质衰减常数为

$$\alpha_d = \frac{k^2\tan\delta}{2\beta_{11}} = \frac{408.2^2\times0.001}{2\times175.96} = 0.47(\mathrm{Np/m})$$

银的导电率 $\sigma=6.17\times10^7\,\mathrm{S/m}$,其表面电阻为

$$R_s = \sqrt{\frac{w\mu}{2\sigma}} = \sqrt{\frac{2\pi f\mu_0}{2\sigma}}$$
$$= \sqrt{\frac{2\times3.14\times13.0\times10^9\times4\times3.14\times10^{-7}}{2\times6.17\times10^7}}$$
$$= 0.029\Omega$$

导体衰减常数为

$$\alpha_{c_{11}} = \frac{R_s}{a\eta G_{11}}\left[0.4195 + \left(\frac{\lambda}{\lambda_{c_{11}}}\right)^2\right]$$

$$= \frac{R_s\sqrt{\varepsilon_r}}{a\eta_0\sqrt{1-\left(\frac{f_{c_{11}}}{f_0}\right)^2}}\left[0.4195 + \left(\frac{f_{c_{11}}}{f_0}\right)^2\right]$$

$$= \frac{0.029\times\sqrt{2.25}}{0.5\times10^{-2}\times377\times\sqrt{1-\left(\frac{11.73\times10^9}{13.0\times10^9}\right)^2}}\times\left[0.4195+\left(\frac{11.73\times10^9}{13.0\times10^9}\right)^2\right]$$

$$= 0.066(\text{Np/m})$$

总的衰减值为

$$L = (\alpha_{d_{11}} + \alpha_{c_{11}})\times l = (0.47 + 0.066)\times 50\times 10^{-2}$$

$$= 0.268\text{Np} = 0.268\times 8.686\text{dB} = 2.33\text{dB}$$

3.3.3 圆波导的三种常用模

1. 主模 TE_{11} 模

圆波导中 TE_{11} 模的截止波长($\lambda_{cTE_{11}} = 3.4126a \approx 3.41a$)最长，其场结构与矩形波导 TE_{10} 模场结构相似，圆波导 TE_{11} 场结构分布图如图 3.7 所示。

实用中，圆波导 TE_{11} 模便是由矩形波导 TE_{10} 模来激励，即将矩形波导的截面逐渐过渡成圆形，从而构成如图 3.8 所示的方圆波导变换器，则 TE_{10} 模便会自然地过渡成 TE_{11} 模。TE_{11} 模虽然是圆波导的主模，但它存在极化简并，当圆波导出现椭圆度时，就会分裂出 $\cos\phi$ 和 $\sin\phi$ 模，所以一般情况下不宜采用 TE_{11} 模来传输微波能量和信号，这也是实用中不用圆波导而采用矩形波导作微波传输系统的根本原因。不过，利用圆波导 TE_{11} 模的极化简并特性可以构成一些双极化元件，如极化分离器，极化衰减器等。

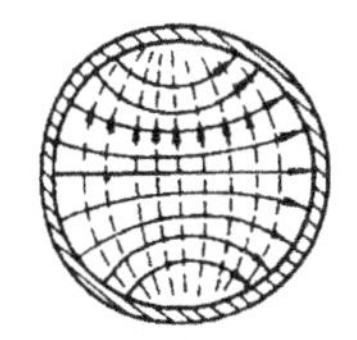

(a) 横截面上场分布图

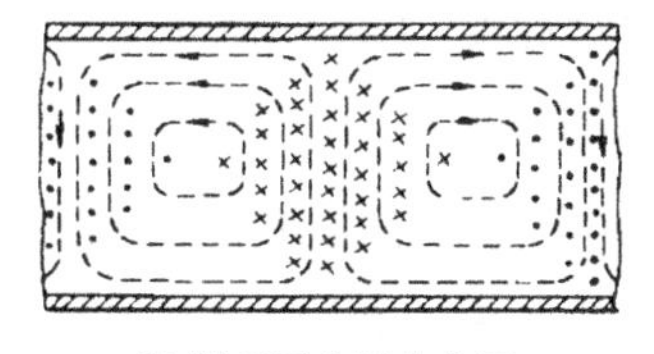

(b) 纵剖面上场分布图

图 3.7 圆波导 TE_{11} 场结构分布图

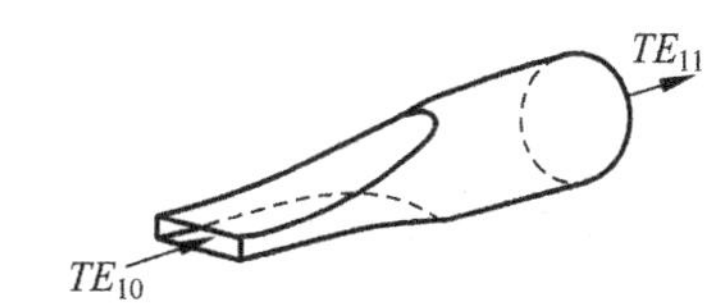

图 3.8 方圆波导变换器

传输 TE_{11} 模的圆波导的半径一般选取 $\lambda/3$(单模传输条件：$2.61a < \lambda < 3.41a$)。

2. 圆对称 TM_{01} 模

TM_{01} 模是圆波导的最低型横磁波，是圆波导的次主模。其截止波长 $\lambda_c = 2.6127a \approx 2.61a$。其场结构分布图如图 3.9 所示。

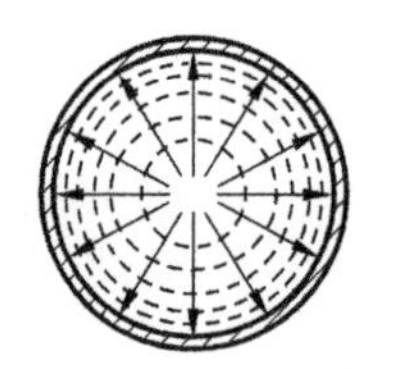
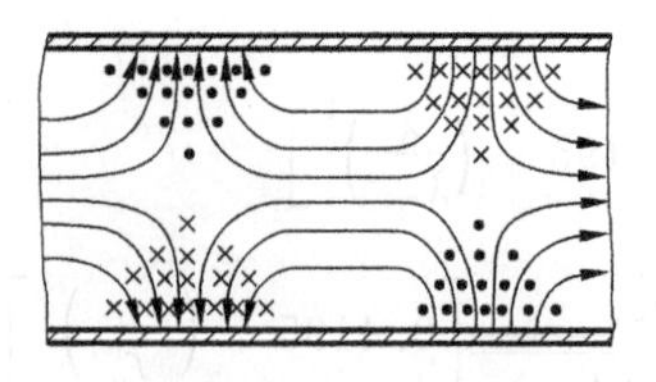
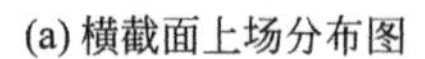

(a) 横截面上场分布图　　(b) 纵剖面上场分布图

图 3.9　圆波导 TM_{01} 场结构分布图

圆波导 TM_{01} 模场结构特点为：

(1) 电磁场沿 ϕ 方向不变化，场分布具有圆对称性(或轴对称性)，不存在极化简并模。

(2) 电场相对集中在中心线附近，磁场相对集中在波导壁附近。

(3) 磁场只有 H_ϕ 分量，因而管壁电流只有 J_z 分量。

由于 TM_{01} 模有上述特点，因此可作为雷达天线与馈线的旋转关节中的工作模式和电子管中的谐振腔及直线电子加速器中的工作模式。

3. 低损耗 TE_{01} 模

TE_{01} 模是圆波导的高次模式，比它低的模式有 TE_{11}、TM_{01}、TE_{21} 模，它与 TM_{11} 模是模式简并。它也是圆对称模，故无极化简并，其截止波长 $\lambda_c=1.6398a\approx1.64a$。圆波导 TE_{01} 场结构分布图如图 3.10 所示。

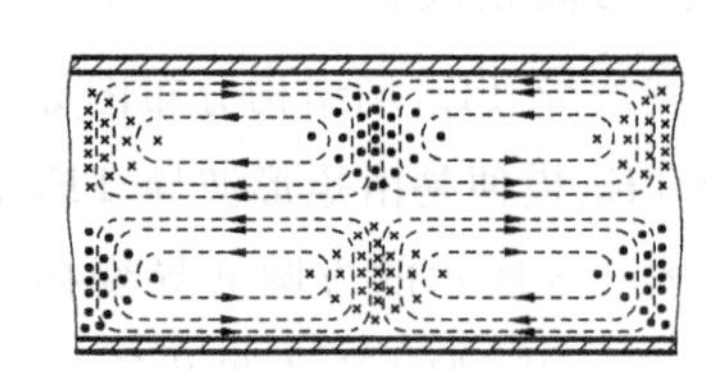

(a) 横截面上场分布图　　(b) 纵剖面上场分布图

图 3.10　圆波导 TE_{01} 场结构分布图

TE_{01} 模场结构特点为

(1) 电磁场沿 ϕ 方向不变化，具有轴对称性，无极化简并模。

(2) 电场只有 E_ϕ 分量，在中心和管壁附近为零。

(3) 在管壁附近磁场只有 H_z 分量，故管壁电流只有 J_ϕ 分量。

由于 TE_{01} 模有上述特点，因此，当传输功率一定时，随频率增高损耗将减小，衰减常数变小(TE_{on} 模均具有此特性)，这一特性使圆波导 TE_{01} 模用于作毫米波长距离低损耗传输与高 Q 值圆柱谐振腔的工作模式。在毫米波段，TE_{01} 模圆波导的理论衰减为 TE_{10} 模矩形波导衰减的 1/4～1/8；但 TE_{01} 模不是圆波导的主模，而且又与 TM_{11} 互为模式简并，使用时需设法抑制其他的低次传输模。

为了更好地说明 TE_{01} 模的低损耗特性，图 3.11 给出了圆波导三种模式的导体衰减曲线。

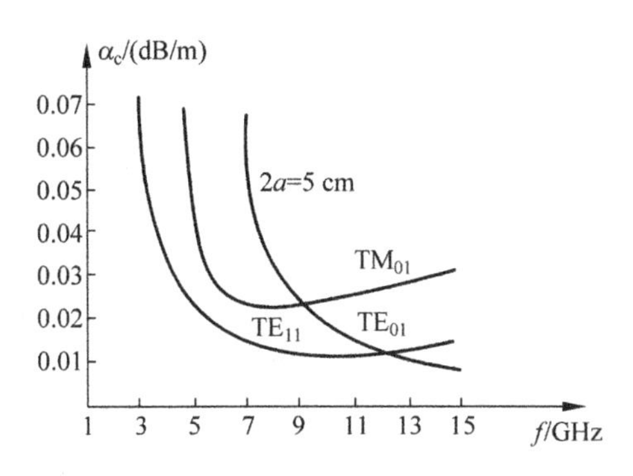

图 3.11　圆波导三种模式的导体衰减曲线

3.4　同轴线

3.4.1　同轴线的分类及应用

同轴线(Coaxial Line)是由两根同轴的圆柱导体构成的导行系统。通常内导体外半径为 a,外导体内半径为 b,两导体之间填充空气(硬同轴线)或相对介电常数为 ε_r 的高频介质(软同轴线即同轴电缆)。可利用圆柱坐标系进行分析,同轴线的结构如图 3.12 所示,通常由分离变量法得到其场分量。

如果按同轴线的结构形式分类,同轴线可分为**硬同轴线**和**软同轴线**。

所谓**硬同轴线**,它的外导体管是一金属管,内导体也是金属管或实心导体,内外导体的介质是空气,内外导体间用介质垫圈或四分之一波长金属绝缘子支撑住,这种同轴线也称为**同轴波导**。

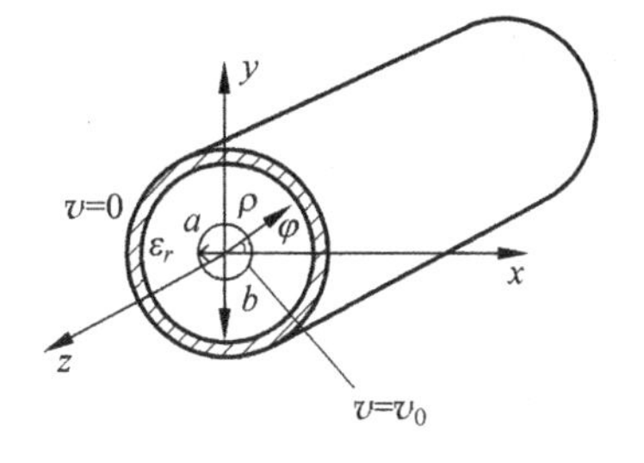

图 3.12　同轴线的结构

所谓**软同轴线**,其外导体由金属丝编织而成其外侧套以塑料管,内导体由单根或多根细导线组成,内外导体间填充以低损耗的介质材料(如聚四氟乙烯,聚乙烯等),这种同轴线可以自由弯曲,通常称为**同轴电缆**。

同轴线是一种双导体导行系统,可传输 TEM 导波;但当同轴线的横向尺寸与工作波长比拟时,同轴线中也会出现 TE 模和 TM 模,它们是同轴线的高次模。同轴线以 TEM 模工作,广泛用作宽频带馈线,设计宽带元件。

3.4.2　同轴线的场方程及传输特性

1. 同轴线的场方程

求解同轴线中的 TEM 波各场量,就是在柱坐标系下求解横向分布函数 ϕ 所满足的拉普拉斯方程,即

$$\frac{\partial^2 \phi}{\partial p^2}+\frac{1}{\rho}\frac{\partial \phi}{\partial \rho}+\frac{1}{\rho^2}\frac{\partial^2 \phi}{\partial \varphi^2}=0 \tag{3-102}$$

由于对称性,可认为 Φ 沿坐标 ϕ 均匀分布,即$\frac{\partial \phi}{\partial \varphi}=0$,$\Phi$ 仅是坐标 ρ 的函数,因而式(3-102)可简化为常微分方程

$$\rho^2 \frac{\mathrm{d}^2 \phi}{\mathrm{d}\rho^2}+\rho \frac{\mathrm{d}\phi}{\mathrm{d}\rho}=0 \tag{3-103}$$

其一般解为

$$\Phi(\rho)=B_0-B_1\ln\rho \tag{3-104}$$

设同轴线的外导体接地,内导体上的传输电压为 $U(z)$,取传播方向为 $+z$,传播常数为 β,则同轴线 TEM 波模式电压和模式电流所满足的广义传输线方程为

$$\begin{cases}U(z)=A_1 \mathrm{e}^{-\mathrm{j}\beta z}\\ I(z)=\dfrac{A_1}{Z_{\mathrm{TEM}}}\mathrm{e}^{-\mathrm{j}\beta z}=\dfrac{A_1}{\eta}\mathrm{e}^{-\mathrm{j}\beta z}\end{cases} \tag{3-105}$$

横电磁波的纵向场分量都为零,即 $E_z=0$,$H_z=0$,故 $E=E_t$,$H=H_t$,此时,$k_c=0$,$\gamma=\mathrm{j}\beta=\mathrm{j}k$,$E_t$ 和 H_t 可按式(3-106)计算

$$\begin{cases}E_t=-U(z)\ \nabla_t\Phi\\ H_t=I(z)\ \nabla_t\Phi\times\vec{a}_z\end{cases} \tag{3-106}$$

将式(3-104)及式(3-105)代入式(3-106),可得同轴线中 TEM 波的横向场分量为

$$\begin{cases}E_t=\vec{a}_\rho\dfrac{E_0}{\rho}\mathrm{e}^{-\mathrm{j}\beta z}\\ H_t=\vec{a}_\varphi\dfrac{E_0}{\eta\rho}\mathrm{e}^{-\mathrm{j}\beta z}\end{cases} \tag{3-107}$$

式中,E_0 是振幅常数,$\eta=120\pi/\sqrt{\varepsilon_r}$是 TEM 波的波阻抗。

2. 同轴线的传输特性

1) 传播常数及截止波长

对于 TEM 模

$$\begin{cases}k_c=0\\ \lambda_c=\infty\\ \beta=k=\dfrac{2\pi}{\lambda}\end{cases} \tag{3-108}$$

2) 相速度及波导波长

$$\begin{cases}v_p=v=\dfrac{c}{\sqrt{\varepsilon_r}}\\ \lambda_g=\lambda=\dfrac{\lambda_0}{\sqrt{\varepsilon_r}}\end{cases} \tag{3-109}$$

式中，c 为自由空间光速；λ_0 为自由空间波长。

3）特性阻抗与波阻抗

$$\begin{cases} Z_0 = \dfrac{60}{\sqrt{\varepsilon_r}}\ln\dfrac{b}{a} \quad (\Omega) \\ Z_{\text{TEM}} = \eta = \dfrac{\eta_0}{\sqrt{\varepsilon_r}} \end{cases} \tag{3-110}$$

4）衰减常数

同轴线的损耗由导体损耗和介质损耗引起，由于导体损耗远比介质损耗大。

(1) 导体衰减常数：设同轴线单位长电阻为 R，而导体的表面电阻为 R_s，两者之间的关系为

$$R = R_s\left(\frac{1}{2\pi a} + \frac{1}{2\pi b}\right) \tag{3-111}$$

导体损耗而引入的衰减系数 α_c 为

$$\alpha_c = \frac{R}{2Z_0} \tag{3-112}$$

将式(3-110)和式(3-111)代入式(3-112)

$$\alpha_c = \frac{R_s}{2\eta\ln\dfrac{b}{a}}\left(\frac{1}{a} + \frac{1}{b}\right) \quad (\text{Np/m}) \tag{3-113}$$

(2) 介质衰减常数

$$\alpha_d = \frac{k}{2}\tan\delta \quad (\text{Np/m}) \tag{3-114}$$

其中，k 为波数；$\tan\delta$ 为介质损耗正切。

(3) 导体衰减常数最小尺寸条件

$$\frac{\partial\alpha_c}{\partial a} = 0 \quad \Rightarrow \quad \frac{b}{a} = 3.591 \approx 3.60 \tag{3-115}$$

此尺寸相应的空气同轴线特性阻抗为 76.71(近似为 77)Ω。

5）传输功率

当同轴线外导体接地，内导体电压为

$$V(z) = V_0 e^{-j\beta z} \tag{3-116}$$

同轴线内导体上的电流为

$$I(z) = \frac{V(z)}{Z_0} = \frac{V_0}{Z_0}e^{-j\beta z} \tag{3-117}$$

同轴线传输功率为

$$P = \frac{1}{2}Re[V(z)I(z)^*] = \frac{V_0^2}{2Z_0} \tag{3-118}$$

同轴线内导体附近的电场最强，击穿前**最大电压为**

$$V_{\max} = E_{br}a\ln\frac{b}{a} \tag{3-119}$$

式中，E_{br} 是介质击穿场强。

同轴线耐压最大条件为

$$\frac{\partial V_{\max}}{\partial a}=0 \quad \Rightarrow \quad \frac{b}{a}=2.72 \tag{3-120}$$

对于空气同轴线,此时特性阻抗 $Z_0=60\Omega$,$E_{br}=30\text{kV/cm}$,则**空气同轴线最大功率容量为**

$$P_{\max}=\frac{V_{\max}^2}{2Z_0}=\frac{\pi a^2 E_{br}^2}{\eta_0}\ln\frac{b}{a}=7.5\times 10^{10}a^2\ln\frac{b}{a} \quad (\text{W}) \tag{3-121}$$

式中,a 和 b 的单位为 m。

同轴线功率最大条件为

$$\frac{\partial P_{\max}}{\partial a}=0 \quad \Rightarrow \quad \frac{b}{a}=\sqrt{\mathrm{e}}=1.65 \tag{3-122}$$

此尺寸对应空气同轴线的特性阻抗为 30Ω。

3.4.3 同轴线的高次模及尺寸选择

1. 同轴线的高次模

1) 研究同轴线高次模的目的

在一定的尺寸条件下,除传输模 TEM 外,同轴线中也会出现 TE 模和 TM 模,它们是同轴线的高次模。实用中,这些高次模常是截止的,只是在不连续性或激励源附近起电抗作用,重要的是,要知道这些波导模式,特别是最低次波导模式的截止波长或截止频率,以避免这些模式在同轴线中传播,这正是我们分析同轴线高次模的目的。

2) TE 模和 TM 模的截止波长

对于同轴线内的 TE 或 TM 高次模来说,其截止 k_c 所满足的都是超越方程式,严格求解很困难,一般采用用数值法求得近似解。

对于 TE_{mn} 模来说,其截止波长为

$$\lambda_{cmn}\approx\frac{\pi(a+b)}{m}, \quad m\neq 0 \tag{3-123}$$

其中 TE_{11} 模的截止波长为

$$\lambda_{c\text{TE}_{11}}\approx\pi(a+b) \tag{3-124}$$

对于 TM_{mn} 模来说,其截止波长为

$$\lambda_{c\text{TM}_{mn}}\approx\frac{2}{n}(b-a), \quad n=1,2,3,\cdots \tag{3-125}$$

其中 TM_{01} 模的截止波长为

$$\lambda_{c\text{TM}_{01}}\approx 2(b-a) \tag{3-126}$$

2. 同轴线的尺寸选择

选择同轴线尺寸考虑的因素:

(1) 保证同轴线只传输 TEM 模,此时要求[$\lambda_{\min}>\pi(b+a)$];

(2) 要求同轴线衰减最小,此时 $\frac{b}{a}\approx 3.6$,$Z_{0空}\approx 77\Omega$。

要求同轴线耐压最大,此时 $\frac{b}{a}=2.72$,$Z_{0空}\approx 60\Omega$;

要求同轴线功率容量最大,此时 $\frac{b}{a}\approx 1.65$,$Z_{0空}\approx 30\Omega$。

折中考虑，通常取 $b/a=2.303$，此尺寸相应的空气同轴线特性阻抗为 50Ω，兼顾了耐压，功率容量和衰减，是通用型同轴线。

(3) 通常允许有 5%的保险系数(波长加 5%，频率减 5%)。

同轴线已有标准化尺寸，实际使用的同轴线的特性阻抗 Z_0 一般有 50Ω 和 75Ω；75Ω 同轴线衰减最小，主要用于远距离传输。

【例 3-3】 同轴电缆的 $a=0.89\text{mm}$，$b=2.95\text{mm}$，填充介质的 ε_r 为 2.2，求其最高可用频率。

【解】 因为 $\lambda_{c\text{TE}_M}=\infty$，而

$$\lambda_{c\text{TE}_{11}} \approx \pi(a+b) = 3.14 \times (0.89+2.95) = 12.06(\text{mm})$$

所以

$$f_{c\text{TE}_{11}} = \frac{c}{\lambda_{c\text{TE}_{11}}\sqrt{\varepsilon_r}} = \frac{3\times 10^8}{12.06\times 10^{-3}\times\sqrt{2.2}} = 16.77\times 10^9\,\text{Hz}$$

实用时取 5%的余量，因此最高频率为

$$f_{\max} = f_{c\text{TE}_{11}}\times 0.95 = 16.77\times 10^9\times 0.95 = 15.93\times 10^9\,\text{Hz} = 15.93\text{GHz}$$

3.5 波导的激励

前面分析了规则金属波导中可能存在的电磁场的各种模式。那么，如何在波导中产生这些导行模呢？这就涉及波导的激励。波导的激励就是在规则金属波导中产生电磁场的各种模式。同时，在规则金属波导中提取微波信息，就是波导的耦合。波导的激励与耦合就本质而言是电磁波的辐射和接收，是微波源向波导内有限空间的辐射或在波导的有限空间内接收微波信息。由于辐射和接收是互易的，因此激励与耦合具有相同的场结构，所以我们只研究波导的激励。由于激励源附近的边界条件比较复杂，严格地用数学方法来分析波导的激励问题比较困难，一般只能求近似解，这里仅定性讨论这一问题。激励波导的方法通常有四种：电激励、磁激励、电流激励和直接过渡，下面分别论述。

1. 电激励

电激励(Electrical Encouragement)又称探针激励，将同轴线内的内导体延伸一小段，沿电场方向插入矩形波导内，构成探针激励(通常置于所要激励模式电场最强处，以增强激励度)，如图 3.13(a)所示。

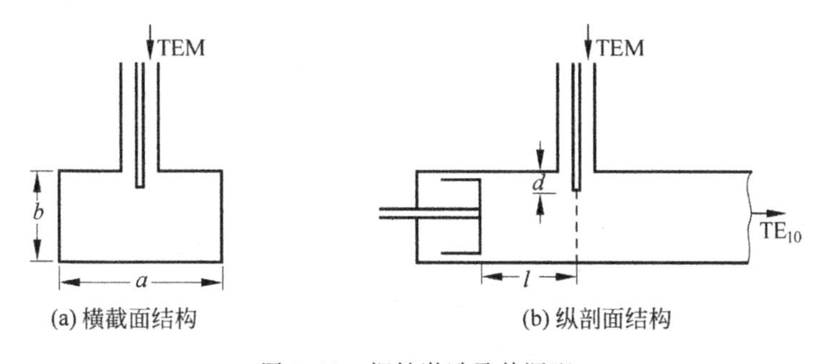

图 3.13 探针激励及其调配

由于这种激励类似于电偶极子的辐射，故称**电激励**。在探针附近，由于电场强度会有E_z分量，电磁场分布与TE_{10}模有所不同，必然有高次模被激发。但当波导尺寸只允许主模传输时，激发起的高次模随着探针位置的远离快速衰减，因此不会在波导内传播。为了提高功率耦合效率，在探针位置两边，波导与同轴线的阻抗应匹配，为此往往在波导一端接上一个短路活塞，如图3.13(b)所示。调节探针插入深度d和短路活塞位置l，使同轴线耦合到波导中去的功率达到最大。短路活塞用以提供一个可调电抗以抵消和高次模相对应的探针电抗。

2. 磁激励

磁激励(Magnetic Encouragement)又称环激励，将同轴线的内导体延伸一小段后弯成环形，将其端部焊在外导体上，然后插入波导中所需激励模式的磁场最强处，并使小环法线平行于磁力线，如图3.14所示。

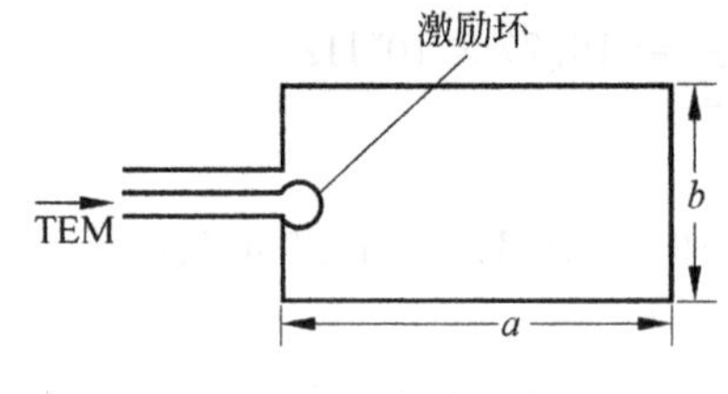

图3.14 磁激励示意图

由于这种激励类似于磁偶极子辐射，故称为**磁激励**。同样，也可连接一个短路活塞，以提高功率耦合效率。但由于耦合环不容易和波导紧耦合，而且匹配困难，频带较窄，最大耦合功率也比探针激励小，因此在实际中常用探针耦合。

3. 电流激励

电流激励(Current Encouragement)又称孔或缝激励，在波导之间的激励往往采用小孔耦合，即在两个波导的公共壁上开孔或缝，使一部分能量辐射到另一波导去，以此建立所要的传输模式。由于波导开口处的辐射类似于电流元的辐射，故称为电流激励。小孔耦合最典型的应用是定向耦合器。它在主波导和耦合波导的公共壁上开有小孔，以实现主波导向耦合波导传送能量，如图3.15所示。另外小孔或缝的激励还可采用波导与谐振腔之间的耦合、两条微带之间的耦合等。

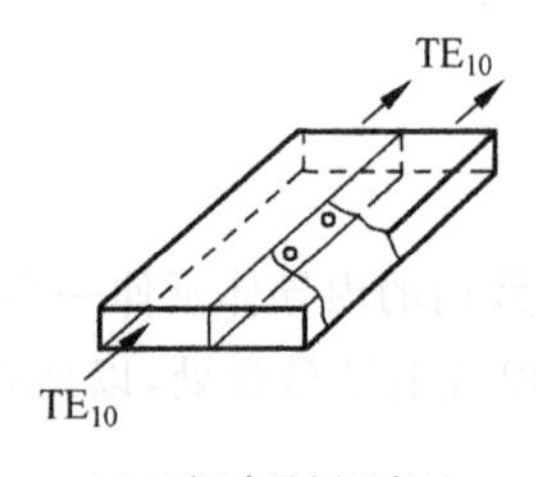

(a) 平行波导侧孔耦合

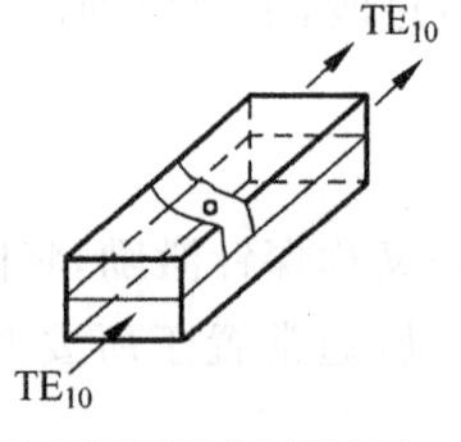

(b) 平行波导上下孔耦合

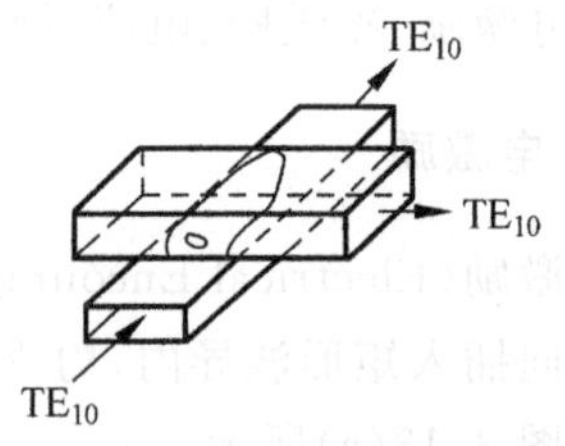

(c) 垂直波导上下孔耦合

图3.15 波导的小孔耦合

4. 直接过渡

通过波导截面形状的逐渐变形，可将原波导中的模式转换成另一种波导中所需要的模式。如方圆过渡，矩形波导TE_{10}模转换成圆波导TE_{11}模，如图3.16所示。这种直接过渡方式还常用于同轴线与微带线之

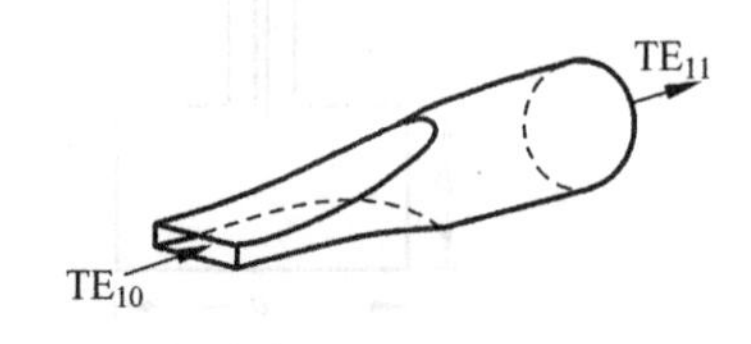

图3.16 矩形波导TE_{10}模至圆波导TE_{11}模过渡

间的过渡和矩形波导与微带线之间的过渡等。

3.6　小结

本章研究规则金属波导的基本理论，包括横向模式理论和纵向传输特性。横向模式理论主要指场的分析和求解方法、导模的场结构和管壁电流等。纵向传输特性指各种导模沿波导轴向的传输特性，这些内容是微波理论和技术的核心内容，也是微波和天线工程的理论基础。

规则金属波导指各种截面形状的无限长笔直的空心金属管，其截面形状和尺寸，管壁材料及管内介质沿其管轴方向均不改变。规则金属波导仅有一个导体，不能传播 TEM 导波。导模在传输中能够传输的条件是该导模的截止波长 λ_c 大于工作波长 λ（或 $f_c < f$）。金属波导中导模的截止是由于消失模的出现。

由金属材料制成的截面为矩形的内充空气的规则金属波导称为矩形波导。矩形波导不存在 TEM 导模。矩形波导存在无穷多种 TE 导模，以 TE_{mn} 表示，不存在 TE_{00} 导模，其中 m 表示场量沿 x 轴（x 由 0 到 a）分布的半驻波数目（半周期数目），n 表示场量沿 y（y 由 0 到 b）分布的半驻波数目（半周期数目），其最低次模是 TE_{10} 模，也是矩形波导的主模。矩形波导有无穷多种 TM 导模，以 TM_{mn} 表示，不存在 TM_{0n}、TM_{m0}、TM_{00} 波形，mn 为波形指数，不能为 0，为任意正整数，其意义同 TE，其最低次模为 TM_{11} 模。

截面形状为圆形的空心金属管，称为圆形波导，简称圆波导。圆波导不存在 TEM 波形，可以存在无穷多种 TE 导模，用 TE_{mn} 表示；波形指数 m 表示场沿圆周分布的整波数（整驻波个数），n 表示场沿半径方向分布的最大值的个数（半驻波个数）；不存在 TE_{m0} 波形（存在 TE_{0n} 波形）；其最低次模是 TE_{11} 模，也是圆波导的主模。圆波导中可以存在无穷多种 TM 导模，用 TM_{mn} 表示；波形指数 m、n 的意义与 TE_{mn} 相同；不存在 TM_{m0} 波形；最低次模是 TM_{01} 波形，是圆波导的次主模。圆波导的导模存在模式简并和极化简并两种简并现象，圆波导的 TE_{0n} 模与 TM_{1n} 是模式简并（E-H 简并）；圆波导，除 TE_{0n} 模和 TM_{0n} 模外，其他 TE_{mn} 和 TM_{mn} 都存在极化简并。

同轴线是由两根同轴的圆柱导体构成的导行系统。同轴线可传输 TEM 导波，但当同轴线的横向尺寸与工作波长比拟时，同轴线中也会出现 TE 模和 TM 模，它们是同轴线的高次模。同轴线以 TEM 模工作，广泛用作宽频带馈线，设计宽带元件。

波导的激励就是在规则金属波导中产生电磁场的各种模式，同时，在规则金属波导中提取微波信息，就是波导的耦合。波导的激励与耦合就本质而言是电磁波的辐射和接收，由于辐射和接收是互易的，因此激励与耦合具有相同的场结构。激励波导的方法通常有四种：电激励、磁激励、电流激励和直接过渡。

习题

3-1　填空题

(1) 导行波的结构不同，传输的电磁波的特性就不同，因此，按截止波数的不同，可将导行波分为三类：________、________和________。

(2) 导行系统中某导模无衰减所能传播的最大波长，称为该导模的________；导行系统中某导模无衰减所能传播的最低频率，称为该导模的________。

(3) 导行系统中导模相邻同相位面之间的距离，或相位差为 2π 的相位面之间的距离为该导模的________；导行系统中导模的横向电场与横向磁场之比为该导模的________。

(4) 矩形波导存在无穷多种 TE 导模，以 TE_{mn} 表示，不存在________，其中 m 表示________，n 表示________，矩形波导的主模是________。

(5) 圆波导中可以存在无穷多种 TM 导模，用 TM_{mn} 表示，波形指数 m 表示________，n 表示________。不存在________波形。

(6) 圆波导的导模存在________和________两种简并现象，圆波导的________模与________模是模式简并；圆波导，除________模和________模外，其他 TE_{mn} 和 TM_{mn} 都存在极化简并。

(7) 圆波导的三种常用模是主模________模，圆对称模________模，低损耗模________模。

(8) 同轴线可传输________，但当同轴线的横向尺寸与工作波长比拟时，同轴线中也会出现________模和________模，它们是同轴线的高次模。

(9) 要求同轴线衰减最小，此时 $b/a\approx$________，对应空气特性阻抗为________Ω；要求同轴线耐压最大，此时 $b/a\approx$________，对应空气特性阻抗为________Ω；要求同轴线功率容量最大，此时 $b/a\approx$________，对应空气特性阻抗为________Ω；折中考虑，通常取 $b/a=$________，此尺寸相应的空气同轴线特性阻抗为________Ω，兼顾了耐压，功率容量和衰减，是通用型同轴线。

(10) 波导的激励就是在规则金属波导中________，同时，在规则金属波导中提取微波信息，就是波导的耦合。激励波导的方法通常有四种：________、________电流激励和________。

3-2　一个空气填充的矩形波导，要求只传输 TE_{10} 模，信号源的频率为 10GHz，试确定波导的尺寸，并求出相速度 v_p，群速度 v_g 及波导波长 λ_g。

3-3　截面尺寸 $a=2, b=23$mm 的矩形波导，工作频率为 10GHz 的脉冲调制载波通过此波导传输，当波导长度为 100m 时，试计算产生的脉冲延迟时间是多少？

3-4　用 BJ-100 型矩形波导传输电磁波的工作波长分别为 1.5cm、3cm 和 5cm，问波导中分别可能出现哪些波形？

3-5　设矩形波导尺寸为 $a\times b=6\times 3\text{cm}^2$，内充空气，工作频率 3GHz，工作在主模，求该波导能承受的最大功率为多少？

3-6　设矩形波导尺寸为 $a\times b=23\times 10\text{mm}^2$，内充空气，试求：

(1) 传输模的单模工作频带。

(2) 在 a、b 不变的情况下如何才能获得更宽的频带？

3-7　一圆波导的半径 $a=3.8$cm，空气介质填充。

(1) 试求 TE_{11}、TM_{01}、TE_{01} 三种模式的截止波长。

(2) 当工作波长为 10cm 时，求最低次模的波导波长。

(3) 求传输模单模工作的频率范围。

3-8 圆波导的直径为 5cm，当传输电磁波的工作波长分别为 8cm、6cm 及 3cm 时，圆波导中分别可能出现哪些波形？

3-9 要求圆波导只传输 TE_{11} 模，信号工作波长为 5cm，问圆波导半径应取何值？

3-10 已知工作波长为 8mm，信号通过尺寸为 $a \times b = 7.112 \times 3.556\text{mm}^2$ 的矩形波导，现转换到圆波导 TE_{01} 模传输，要求圆波导与上述矩形波导相速度一样，试求圆波导的半径；若过渡到圆波导后要求传输 TE_{11} 模且相速度相等，再求圆波导的半径。

3-11 介质为空气的同轴线外导体内直径 $D = 7\text{mm}$，内导体直径 $d = 3.04\text{mm}$，要求同轴线只传输 TEM 波，问电磁波的最短工作波长为多少？

3-12 空气填充的同轴线外导体内直径 $D = 16\text{mm}$，内导体直径 $d = 4.44\text{mm}$，电磁波的频率 $f = 20\text{GHz}$，问同轴线中可能出现哪些波形？

3-13 设计一同轴线，要求其中传输的最短工作波长为 10cm，特性阻抗为 50Ω，试计算硬的（空气填充）和软的（介质填充 $\varepsilon_r = 2.25$）两种同轴线尺寸。

第4章 微波集成传输线

20世纪50年代初以前，所有微波设备几乎都利用金属波导和同轴线电路制成。这类传输系统具有损耗小、结构牢固、功率高、容量大及电磁波限制在波导管内等优点，其缺点是比较笨重，高频下批量生产成本高，频带较窄，难实现集成化。随着航空、航天事业发展的需要，对微波设备提出了体积要小、重量要轻、可靠性要高、性能要优越、一致性要好、成本要低等要求。这就促成了微波技术与半导体器件及集成电路的结合，产生了微波集成电路(Microwave Integrated Circuit,MIC)。能使微波电路和系统集成化，且为平面型结构的传输线就是微波集成传输线。本章首先讨论带状线、微带线及耦合微带线，之后讨论介质波导和光纤，最后简要介绍集成电路的生产过程。

4.1 微波集成传输线及发展过程

1. 微波集成传输线的定义及分类

能使微波电路和系统集成化，且为平面型结构的传输线就是微波集成传输线。微波集成电路对微波集成传输元件的基本要求之一，就是它必须具有平面型结构，这样可以通过调整单一平面尺寸来控制其传输特性，从而实现微波电路的集成化。各种微波集成传输线如图4.1所示。

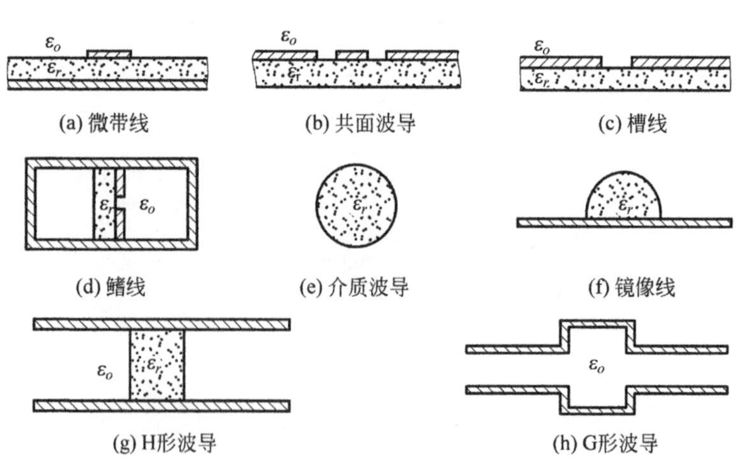

图4.1 各种微波集成传输线

微波集成传输线，归纳起来，可分为四大类：

(1) 准 TEM 波传输线，主要包括微带传输线、共面波导等。

(2) 非 TEM 波传输线，主要包括槽线、鳍线等。

(3) 开放式介质波导传输线，主要包括介质波导、镜像波导等，光纤波导是介质波导的特例。

(4) 半开放式介质波导，主要包括 H 形波导、G 形波导等。

2. 微波集成传输线的发展简史

(1) 20 世纪 50 年代初以前，所有微波设备几乎都利用金属波导和同轴线电路制成，这类传输系统具有损耗小、结构牢固、功率容量高及电磁波限制在导管内等优点，其缺点是比较笨重，高频下批量生产成本高，频带较窄，难实现集成化。

(2) 20 世纪 50 年代初，出现第一代微波印制传输线——带状线，有些场合可取代同轴线和金属波导，用来制作微波无源电路。

(3) 20 世纪 60 年代初，出现第二代微波印制传输线——微带线；随后又相继出现了鳍线、槽线、共面波导和共面带状线等平面型微波集成传输线。利用这些平面传输线中的一种或其组合所实现的微波电路，与常规的微波电路相比，具有体积小、重量轻，价格低廉，可靠性高(有待进一步提高)，性能优越，功能的可复制性好等共同优点，且适宜与微波固体芯片等器件配合使用，构成各种各样的混合微波集成电路和单片微波集成电路。

(4) 20 世纪 60 年代末，发展的毫米波导、介质波导和光波导，是一类表面波传输线(又称表面波导或开波导)；介质波导的技术比较可靠，且可集成化，获得了广泛应用。其主要结构形式包括圆形介质棒，矩形介质棒和介质镜像线。

(5) 20 世纪 70 年代初，毫米波低损耗传输系统的发展受到光纤技术迅速发展的挑战。光纤在大容量电信方面的特长越来越明显，其造价极其低廉，而且适应性很强，但随后的研究表明，毫米波和光纤各有所长。介质波导和光波导尽管使用的频段不同，但传输表面波其分析方法和传输特性相同，且介质波导理论是光波导理论的基础。用于传输光波的导行系统除光纤外，还有薄膜光波导和带状光波导等。

4.2 带状线

4.2.1 带状线的结构及尺寸选择

1. 带状线的结构

带状线(Strip Line)又称三板线，是一种由均匀介质填充的双接地板平面传输线。带状线由两块相距为 b 的接地板与中间宽度为 w、厚度为 t 的矩形截面导体构成，接地板之间填充均匀介质或空气，如图 4.2 所示。带状线传输 TEM 模，可以代替同轴线制作高性能(宽频带、高 Q 值、高隔离度)无源元件，但它不便外接固体微波元件，因而不宜

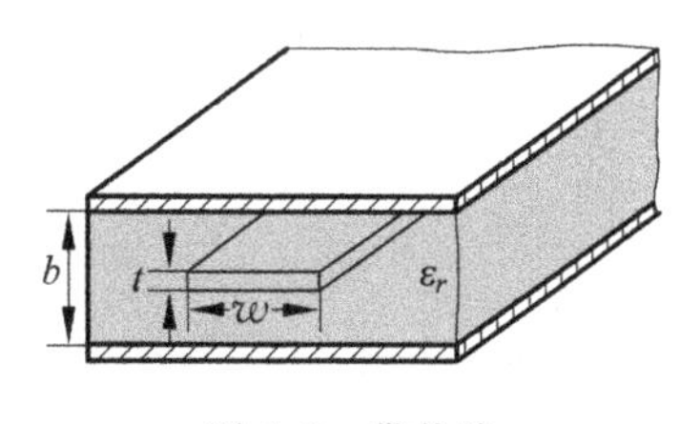

图 4.2 带状线

制作有源电路。

带状线具有两个导体，且为均匀介质填充。故可传输 TEM 导波，且为带状线的工作模式。直观上，带状线可视为由同轴线演化而来——即将同轴线的外导体对半分开后，再将两半外导体向左右展平，并将内导体制成扁平带线。图 4.3 给出了带状线的演化过程及其电场分布结构。

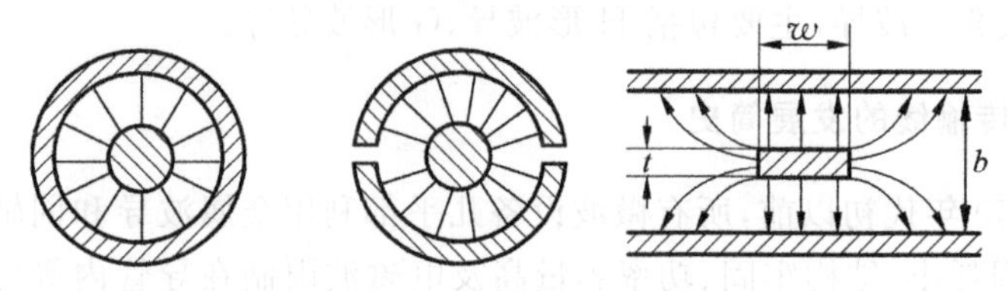

图 4.3　带状线的演化过程及其电场分布结构

2. 带状线的尺寸选择

也像同轴线一样，带状线也存在高次模 TE 或 TM 模。其中：TE 模的最低次模为 TE_{10} 模，其截止波长 $\lambda_{cTE_{10}} \approx 2w$；TM 模的最低次模为 TM_{01} 模，其截止波长 $\lambda_{cTM_{01}} \approx 2b$。

为避免出现这些高次模，通常选取带状线的横向尺寸为

$$\begin{cases} \lambda_{\min} > \lambda_{cTM_{01}} & \Rightarrow \quad b < \dfrac{\lambda_{\min}}{2} = \dfrac{\lambda_{0min}}{2\sqrt{\varepsilon_r}} \\ \lambda_{\min} > \lambda_{cTE_{10}} & \Rightarrow \quad w < \dfrac{\lambda_{\min}}{2} = \dfrac{\lambda_{0min}}{2\sqrt{\varepsilon_r}} \end{cases} \tag{4-1}$$

接地板宽度 $a=(5\sim6)w$。

带状线最易发生电击穿的地方是中心导体的 4 个边缘棱角处，为提高脉冲功率容量，将其倒成圆角。

4.2.2 带状线的 TEM 特性

由于带状线由同轴线演化而来，因此与同轴线具有相似的特性，这主要体现在其传输主模也为 TEM。带状线的传输特性参量主要有：特性阻抗 Z_0、衰减常数 α、相速 v_p 和波导波长 λ_g。

工程上，主要是带状线电路的设计，即选定基片(已知 ε_r 和 b)，计算导体带宽度 w 和长度，导体带宽度 w 由特性阻抗 Z_0 确定，长度由波导波长 λ_g 决定。

1. 特性阻抗 Z_0

由于带状线上的传输主模为 TEM 模，因此可以用准静态的分析方法求得单位长分布电容 C 和分布电感 L，即

$$Z_0 = \sqrt{L/C} = \frac{1}{v_p C} \tag{4-2}$$

式中，相速 $v_p=1/\sqrt{LC}=c/\sqrt{\varepsilon_r}$ (c 为自由空间中的光速)。

由式(4-2)可知，只要求出带状线的单位长分布电容 C，则就可求得其特性阻抗。求解

分布电容的方法很多,但常用的是等效电容法和保角变换法。由于计算结果中包含了椭圆函数而且对有厚度的情形还需修正,故不便于工程应用。

工程上特性阻抗通常有三种计算方法:公式法(分 $t\approx 0$ 和 $t\neq 0$ 两种情况);曲线法(由实用特性阻抗曲线求得,即给定 ε_r、b 和 w 求 Z_0,或给定 Z_0、ε_r 和 $b(t)$ 设计 w);查表法(根据编程计算特性阻抗数据表,由表查 Z_0 或 w)。

1) 公式法

这里给出了一组比较实用的公式,这组公式分为导带厚度为零和导带厚度不为零两种情况。

(1) 导带厚度为零时的特性阻抗计算公式为

$$Z_0=\frac{30\pi}{\sqrt{\varepsilon_r}}\frac{b}{w_e+0.441b}(\Omega) \tag{4-3}$$

式中,w_e 是中心导带的有效宽度,由式(4-4)给出

$$\frac{w_e}{b}=\frac{w}{b}-\begin{cases}0 & w/b>0.35\\(0.35-w/b)^2 & w/b<0.35\end{cases} \tag{4-4}$$

(2) 导带厚度不为零时的特性阻抗计算公式为

$$Z_0=\frac{30}{\sqrt{\varepsilon_r}}\ln\left\{1+\frac{4}{\pi}\cdot\frac{1}{m}\left[\frac{8}{\pi}\cdot\frac{1}{m}+\sqrt{\left(\frac{8}{\pi}\cdot\frac{1}{m}\right)^2+6.27}\right]\right\} \tag{4-5}$$

式中

$$\begin{cases}m=\dfrac{w}{b-t}+\dfrac{\Delta w}{b-t}\\[2mm]\dfrac{\Delta w}{b-t}=\dfrac{x}{\pi(1-x)}\left\{1-0.5\ln\left[\left(\dfrac{x}{2-x}\right)^2+\left(\dfrac{0.0796x}{w/b+1.1x}\right)^n\right]\right\}\\[2mm]n=\dfrac{2}{1+\dfrac{2}{3}\cdot\dfrac{x}{1-x}}\\[2mm]x=\dfrac{t}{b}\end{cases}$$

式中,t 为导带厚度。

2) 曲线法

科恩在 1955 年用保角变换法计算出零厚度带状线特性阻抗曲线,对于非零导带,他将厚度的影响折合成宽高比(w/b)来计算,得到如图 4.4 所示的实用特性曲线,其精度约为 1.5%。应用此曲线,若给定 ε_r、w/b,便可查得特性阻抗 Z_0;若已知特性阻抗 Z_0、和 ε_r、b,便可求得导带宽度 w。

由图 4.4 可见,带状线特性阻抗随着 w/b 的增大而减小,而且也随着 t/b 的增大而减小。

3) 编程法

对公式进行编程,做成数据表,供使用时查找。

2. 带状线的衰减常数α

带状线的损耗包括由中心导带和接地板导体引起的导体损耗、两接地板间填充的介质

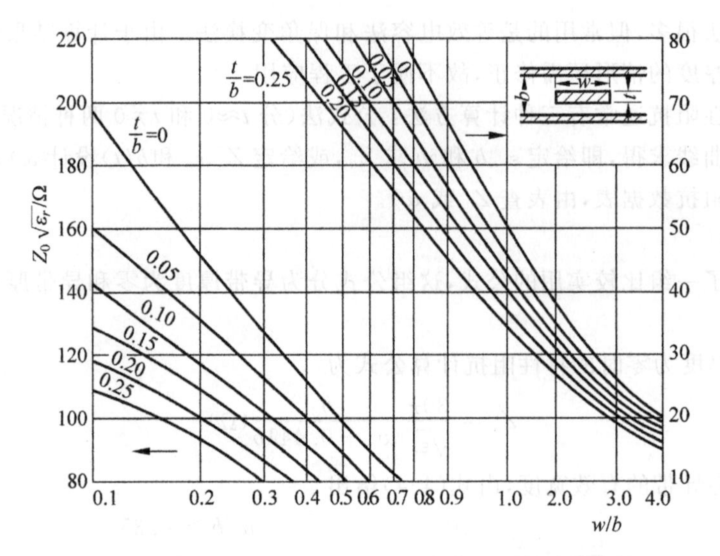

图 4.4 带状线的特性阻抗随形状参数 w/b 的变化曲线

损耗及辐射损耗。由于带状线接地板通常比中心导带大得多,因此带状线的辐射损耗可忽略不计,所以带状线的衰减主要由导体损耗和介质损耗引起,即

$$\alpha = \alpha_c + \alpha_d \tag{4-6}$$

式中,α 为带状线总的衰减常数;α_c为导体衰减常数;α_d为介质衰减常数。

1）介质衰减常数

介质衰减常数可由以下公式给出

$$a_d = \frac{1}{2}GZ_0 = \frac{k}{2}\tan\delta(\text{Np/m}) = \frac{27.3\sqrt{\varepsilon_r}}{\lambda_0}\tan\delta(\text{dB/m}) \tag{4-7}$$

式中,G 为带状线单位长漏电导,$\tan\delta$ 为介质材料的损耗角正切。

2）导体衰减常数

导体衰减常数可由惠勒增量电感法求得,近似结果为(单位：Np/m)

$$a_c = \begin{cases} \dfrac{2.7\times 10^{-3}R_S\varepsilon_r Z_0}{30\pi(b-t)}A & (\sqrt{\varepsilon_r}Z_0 < 120\Omega) \\ \dfrac{0.16R_s}{Z_0 b}B & (\sqrt{\varepsilon_r}Z_0 > 120\Omega) \end{cases} \tag{4-8}$$

式中

$$\begin{cases} A = 1 + \dfrac{2w}{b-t} + \dfrac{1}{\pi}\dfrac{b+t}{b-t}\ln\left(\dfrac{2b-t}{t}\right) \\ B = 1 + \dfrac{b}{0.5w+0.7t}\left(0.5 + \dfrac{0.414t}{w} + \dfrac{1}{2\pi}\ln\dfrac{4\pi w}{t}\right) \end{cases}$$

其中,R_s为导体的表面电阻;t 为导体带厚度。

若导体带和接地板的材料为铜的带状线,其 α_c可用以下近似公式计算

$$\alpha_c = \frac{\sqrt{f\varepsilon_r}}{b}\left[4 + \left(0.4 - 0.13\ln\frac{t}{b}\right)(6.5x - 4x^2 + 7.5x^3)\right]\times 10^{-4}(\text{dB/m}) \tag{4-9}$$

式中,$x=\sqrt{\varepsilon_r}Z_0/180$,频率 f 的单位为 GHz;t 和 b 的单位为 m。

式(4-9)的适用范围：$0.003\leqslant t/b\leqslant 0.030$。

3. 相速度和波导波长

1) 相速度

由于带状线传输的主模为TEM模，故其相速度为

$$v_p = v = \frac{c}{\sqrt{\varepsilon_r}} = \frac{1}{\sqrt{LC}} \tag{4-10}$$

式中，c 为自由空间光速。

2) 波导波长

$$\lambda_g = \lambda = \frac{\lambda_0}{\sqrt{\varepsilon_r}} \tag{4-11}$$

式中，λ_0 为自由空间波长。

4. 带状线的传播常数与截止波长

带状线的传播常数 β 与截止波长 λ_c 一般取

$$\begin{cases} \beta = k = \dfrac{2\pi}{\lambda} \\ \lambda_c = \dfrac{2\pi}{k_c} = \infty \end{cases} \tag{4-12}$$

5. 带状线的最高工作频率

带状线的最高工作频率一般取

$$f_c(\text{GHz}) = \frac{15}{b\sqrt{\varepsilon_r}}\,\frac{1}{(w/b + \pi/4)} \tag{4-13}$$

式中，w 和 b 的单位均为cm。

4.3 微带线

4.3.1 微带线的结构及尺寸选择

1. 微带线的结构

微带线(Microstrip Line)是一种可用光刻程序制作的不对称微波集成传输线。微带传输线容易与其他无源微波电路和有源微波器件集成，实现微波部件与其他无源部件和系统集成化。它是目前混合微波集成电路(Hybrid Microwave Integrated Circuit，HMIC)和单片微波集成电路(Monolithic Microwave Integrated Circuit，MMIC)使用最多的一种平面型传输线。

微带线是(金属化)厚度为 h 的介质基片的一面制作宽度为 w，厚度为 t 的导体带，另一面作接地金属平板而构成的，微带线的结构及场分布图如图4.5所示。介质基片常用材料为：氧化铝陶瓷、聚四氟乙烯、聚四氟乙烯玻璃纤维板、砷化镓等；微带线导体带(其宽度为 w，厚度为 t)和接地板均由良好的金属材料(如金、银、铜)构成。

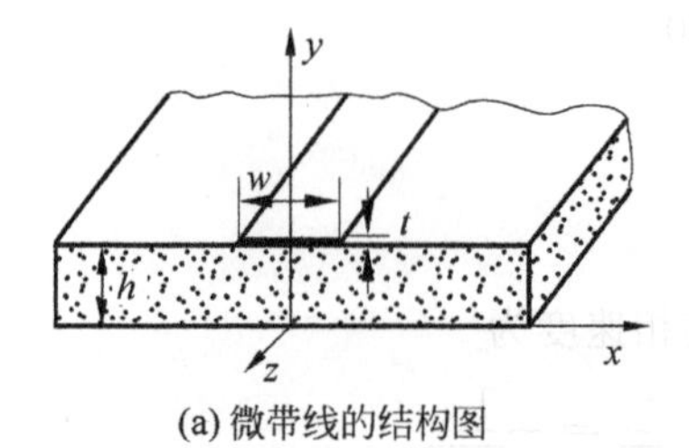

(a) 微带线的结构图

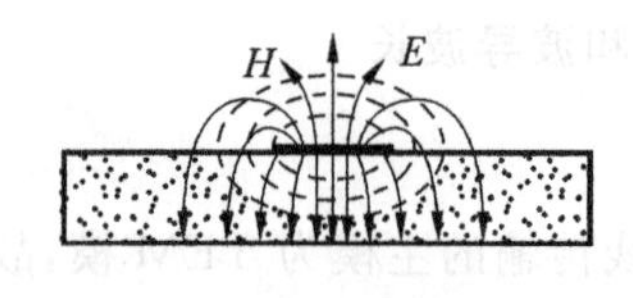

(b) 微带线的场分布图

图 4.5　微带线的结构及场分布图

微带线可看作是由双导线演化而来，即将无限薄的理想导体平板插入双导体之间，因为导体带和所有电力线垂直，所以不影响原来的场分布，而后去掉板下的一根导线，并将留下的另一根导线“压扁”，并在导体带和薄板之间加入介质材料，从而构成微带线。微带线的演化过程及结构如图 4.6 所示。

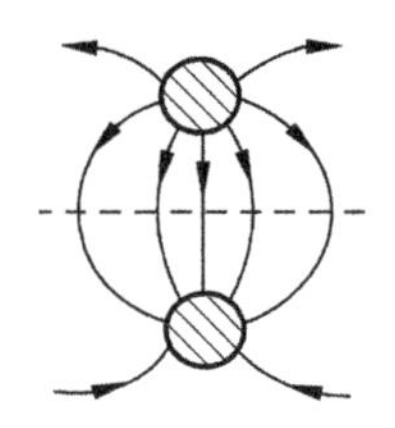
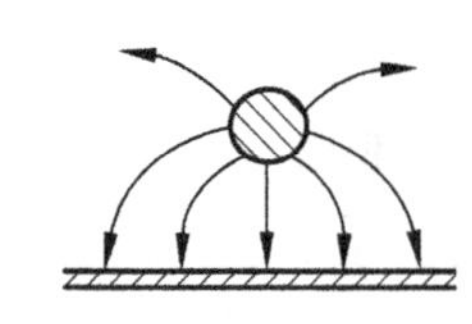
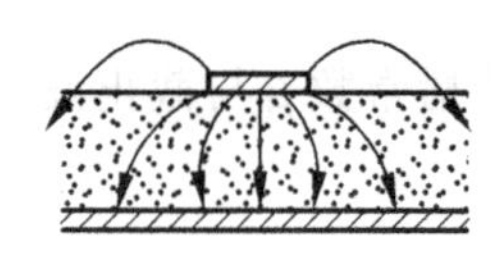

图 4.6　微带线的演化过程及结构

微带线或由微带线构成的微波元件大都采用薄膜（如真空镀膜）和光刻等工艺在介质基片上制作出所需要的电路。此处，也可利用在介质基片两面敷有铜箔的板。在板的一面用光刻腐蚀法做出所需要的电路，而板另一面的铜箔则作为接地板。

2. 微带线的尺寸选择

微带线不可能存在纯 TEM 模——这是因为微带线导体带上面是空气，下面为介质基片，所以大部分场在介质基片内，且集中在导体带与接地板之间，但也有一部分场分布在基片上面的空气区域内。TEM 模在介质内的相速度为 $c/\sqrt{\varepsilon_r}$，而在空气中的相速度为 c，显然相速度在介质——空气分界面处不可能对 TEM 模匹配。因此，微带线不可能存在纯 TEM 模。微带线的传输模不是纯 TEM 波，而是接近 TEM 模——准 TEM 模。其高次模有两种模式——波导模式和表面波模式。

微带线波导模式存在于导带与接地板之间，可分为 TE 模和 TM 模，TE 模最低次模为 TE_{10} 模，其截止波长为

$$\lambda_{cTE_{10}} = \begin{cases} 2w\sqrt{\varepsilon_r} & t=0 \\ 2\sqrt{\varepsilon_r}(0.4h+w) & t\neq 0 \end{cases} \tag{4-14}$$

而 TM 模最低次模为 TM_{01} 模，其截止波长为

$$\lambda_{cTM_{01}} = 2h\sqrt{\varepsilon_r} \tag{4-15}$$

微带线表面波模式则只要在接地板上有介质基片即能存在，它是导体表面的介质基片使电磁波束缚在导体表面附近而不扩散，并使电磁波沿导体表面传输，故称为表面波。它也有 TE 模和 TM 模，其最低次模为 TM_0 模，其截止波长 $\lambda_c=\infty$，即在任何频率下 TM_0 模均

存在。其次为 TE_1 模，其截止波长为

$$\lambda_{cTE_1} = 4h\sqrt{\varepsilon_r - 1} \tag{4-16}$$

为抑制高次模的产生，微带的尺寸应满足

$$\begin{cases} w < \dfrac{(\lambda_0)_{\min}}{2\sqrt{\varepsilon_r}} - 0.4h \\ h < \min\left[\dfrac{(\lambda_0)_{\min}}{2\sqrt{\varepsilon_r}}, \dfrac{(\lambda_0)_{\min}}{4\sqrt{\varepsilon_r - 1}}\right] \end{cases} \tag{4-17}$$

实际常用微带采用的基片有纯度为 99.5% 的氧化铝陶瓷($\varepsilon_r = 9.5 \sim 10$，$\tan\delta = 0.0003$)、聚四氯乙烯($\varepsilon_r = 2.1$，$\tan\delta = 0.0004$)和聚四氯乙烯玻璃纤维板($\varepsilon_r = 2.55$，$\tan\delta = 0.008$)；使用基片厚度一般为 0.008～0.08mm，而且一般都有金属屏蔽盒，使之免受外界干扰。屏蔽盒的高度取 $H \geqslant (5 \sim 6)h$，接地板宽度取 $a \geqslant (5 \sim 6)w$。

4.3.2　微带线的传输特性分析

微带线的传输模不是纯 TEM 模，微带线中真正的场是一种混合的 TE-TM 波场，其纵向场分量是由介质-空气分界面处的边缘场 E_x 和 H_x 引起的，它们与导体带和接地板之间的横向场分量相比很小，所以微带线中传输模的特性与 TEM 模相差很小，称为准 TEM 模。因此，其特性分析比较复杂和困难，方法也很多，常用分析方法有以下 3 种。

(1) 准静态法：将微带线中的传输模看成是纯 TEM 模，用求场结构的分布电容来求微带线的特性参数。

(2) 色散模型法：计及高次模的影响，找出色散规律，求出在各种微带尺寸和不同基片 ε_r 情况下，微带线参数 v_p、Z_0 与 f 的关系。

(3) 全波分析法：是把微带中的传输模按混合模处理，用解波动方程边值问题的方法来求微带的色散特性与高次模的分布情况，即微带的传播因数。

下面从麦克斯韦方程出发分析纵向分量的存在。

为微带线建立如图 4.5 所示的坐标。介质边界两边电磁场均满足无源麦克斯韦方程组

$$\begin{cases} \nabla \times \vec{H} = \mathrm{j}w\varepsilon\vec{E} \\ \nabla \times \vec{E} = -\mathrm{j}wu\vec{H} \end{cases} \tag{4-18}$$

由于理想介质表面既无传导电流，又无自由电荷，故由连续性原理，在介质和空气的交界面上，电场和磁场的切向分量均连续，即有

$$\begin{cases} E_{x_1} = E_{x_2} \\ E_{z_1} = E_{z_2} \\ H_{x_1} = H_{x_2} \\ H_{z_1} = H_{z_2} \end{cases} \tag{4-19}$$

式中，下标“1、2”分别代表介质基片区域和空气区域。

由于

$$\nabla\cdot\vec{A}=\frac{\partial A_x}{\partial x}+\frac{\partial A_y}{\partial y}+\frac{\partial A_z}{\partial z} \tag{4-20}$$

$$\nabla\times\vec{A}=\begin{vmatrix} i & j & k \\ \frac{\partial}{\partial x} & \frac{\partial}{\partial y} & \frac{\partial}{\partial z} \\ A_x & A_y & A_z \end{vmatrix}=\left(\frac{\partial A_z}{\partial y}-\frac{\partial A_y}{\partial z}\right)i+\left(\frac{\partial A_x}{\partial z}-\frac{\partial A_z}{\partial x}\right)j+\left(\frac{\partial A_y}{\partial x}-\frac{\partial A_x}{\partial y}\right)k \tag{4-21}$$

在 $y=h$ 处,电磁场的法向分量应满足

$$\begin{cases} E_{y_2}=E_{y_1} \\ H_{y_2}=H_{y_1} \end{cases} \tag{4-22}$$

先考虑磁场,由式(4-18)中的第1式得

$$\begin{cases} \frac{\partial H_{z_1}}{\partial y}-\frac{\partial H_{y_1}}{\partial z}=\mathrm{j}w\varepsilon_0\varepsilon_r E_{x_1} \\ \frac{\partial H_{z_2}}{\partial y}-\frac{\partial H_{y_2}}{\partial z}=\mathrm{j}w\varepsilon_0 E_{x_2} \end{cases} \tag{4-23}$$

由边界条件可得

$$\frac{\partial H_{z_1}}{\partial y}-\frac{\partial H_{y_1}}{\partial z}=\varepsilon_r\left(\frac{\partial H_{z_2}}{\partial y}-\frac{\partial H_{y_2}}{\partial z}\right) \tag{4-24}$$

设微带线中波的传播方向为 $+z$ 方向,故电磁场的相位因子为 $\mathrm{e}^{\mathrm{j}(\omega t-\beta z)}$,而 $\beta_1=\beta_2=\beta$,故有

$$\begin{cases} \frac{\partial H_{y_2}}{\partial z}=-\mathrm{j}\beta H_{y_2} \\ \frac{\partial H_{y_1}}{\partial z}=-\mathrm{j}\beta H_{y_1} \end{cases} \tag{4-25}$$

将式(4-25)代入式(4-24),得

$$\frac{\partial H_{z_1}}{\partial y}-\varepsilon_r\frac{\partial H_{z_2}}{\partial y}=\mathrm{j}\beta(\varepsilon_r-1)H_{y_2} \tag{4-26}$$

同理可得

$$\frac{\partial E_{z_1}}{\partial y}-\varepsilon_r\frac{\partial E_{z_2}}{\partial y}=\mathrm{j}\beta\left(1-\frac{1}{\varepsilon_r}\right)E_{y_2} \tag{4-27}$$

可见,当 $\varepsilon_r\neq1$ 时,必然存在纵向分量 E_z 和 H_z,亦即不存在纯 TEM 模。但是当频率不很高时,由于微带线基片厚度 h 远小于微带波长,此时纵向分量很小,其场结构与 TEM 模相似,因此一般称之为准 TEM 模(Quasi TEM Mode)。

4.3.3 微带传输线的准 TEM 特性

1. 特性阻抗 Z_0 与相速

微带传输线同其他传输线一样,满足传输线方程。因此对准 TEM 模而言,如忽略损耗,则有

$$\begin{cases} Z_0 = \sqrt{\dfrac{L}{C}} = \dfrac{1}{v_p C} \\ v_p = \dfrac{1}{\sqrt{LC}} \end{cases} \tag{4-28}$$

式中，L 和 C 分别为微带线上的单位长分布电感和单位长分布电容。

然而，由于微带线周围不是填充一种介质，其中一部分为基片介质，另一部分为空气，这两部分对相速均产生影响，其影响程度由介电常数 ε 和边界条件共同决定。当不存在介质基片即空气填充时，这时传输的是纯 TEM 波，此时的相速与真空中光速几乎相等，即 $v_p \approx c = 3\times10^8\,\text{m/s}$；而当微带线周围全部用介质填充，此时也是纯 TEM 波，其相速 $v_p = c/\sqrt{\varepsilon_r}$，由此可见，实际介质部分填充的微带线(简称介质微带)的相速 v_p 必然介于 c 和 $c/\sqrt{\varepsilon_r}$ 之间。为此可引入**有效介电常数** ε_e，令

$$\varepsilon_e = \left(\frac{c}{v_p}\right)^2 \tag{4-29}$$

则介质微带线的相速为

$$v_p = \frac{c}{\sqrt{\varepsilon_e}} \tag{4-30}$$

这样，有效介电常数 ε_e 的取值就在 1 与 ε_r 之间，具体数值由相对介电常数 ε_r 和边界条件决定。现设空气微带线的分布电容为 C_0，介质微带线的分布电容为 C_1，于是有

$$\begin{cases} c = \dfrac{1}{\sqrt{LC_0}} \\ v_p = \dfrac{1}{\sqrt{LC_1}} \end{cases} \tag{4-31}$$

由式(4-30)及式(4-31)得

$$C_1 = \varepsilon_e C_0 \quad 或 \quad \varepsilon_e = \frac{C_1}{C_0} \tag{4-32}$$

可见，有效介电常数 ε_e 就是介质微带线的单位长分布电容 C_1 和空气微带线的单位长分布电容 C_0 之比。于是，介质微带线的特性阻抗 Z_0 与空气微带线的特性阻抗 Z_0^a 有如下关系

$$Z_0 = \frac{Z_0^a}{\sqrt{\varepsilon_e}} \Rightarrow Z_0^a = Z_0 \cdot \sqrt{\varepsilon_e} \tag{4-33}$$

由此可见，只要求得空气微带线的特性阻抗 Z_0^a 及有效介电常数 ε_e，则介质微带线的特性阻抗就可由式(4-33)求得。可以通过保角变换及复变函数求得 Z_0^a 及 ε_e 的严格解，但结果仍为较复杂的超越函数，工程上一般采用近似公式法(分 $t\approx0$ 和 $t\neq0$ 两种情况)、曲线法(由实用特性阻抗曲线求得)和查表法(根据编程计算特性阻抗数据查表)三种方法。

1) 公式法

这里给出了一组比较实用的公式，这组公式分为导带厚度为零和导带厚度不为零两种情况。

(1) 导带厚度为零时的空气微带的特性阻抗 Z_0^a 及有效介电常数 ε_e 的计算公式

$$Z_0^a = Z_0\sqrt{\varepsilon_e} = \begin{cases} 59.952\ln\left(\dfrac{8h}{w}+\dfrac{w}{4h}\right) & \dfrac{w}{h}\leqslant 1 \\ \dfrac{119.904\pi}{\dfrac{w}{h}+2.42-0.44\dfrac{h}{w}+\left(1-\dfrac{h}{w}\right)^6} & \dfrac{w}{h}>1 \end{cases} \tag{4-34}$$

$$\varepsilon_e = 1+q(\varepsilon_r-1) \tag{4-35}$$

其中

$$\begin{cases} q=\dfrac{1}{2}+\dfrac{1}{2}\left[\left(1+\dfrac{12h}{w}\right)^{-\frac{1}{2}}+0.041\left(1-\dfrac{w}{h}\right)^2\right] & w/h\leqslant 1 \\ q=\dfrac{1}{2}+\dfrac{1}{2}\left(1+\dfrac{12h}{w}\right)^{-\frac{1}{2}} & w/h>1 \end{cases} \tag{4-36}$$

式中，w/h 是微带的形状比；w 是微带的导带宽度；h 是介质基片厚度。q 为填充因子，它的大小反映了介质填充的程度。当 $q=0$ 时，$\varepsilon_e=1$，对应于全空气填充；当 $q=1$ 时，$\varepsilon_e=\varepsilon_r$，对应于全介质填充。

工程上，很多时候是已知微带线的特性阻抗 Z_0 及介质的相对介电常数 ε_r，反过来求 w/h，此时分为两种情形。

- $Z_0>44-2\varepsilon_r(\Omega)$

$$\frac{w}{h}=\left[\frac{\exp(A)}{8}-\frac{1}{4\exp(A)}\right]^{-1} \tag{4-37}$$

其中

$$A=\frac{Z_0\sqrt{2(\varepsilon_r+1)}}{119.9}+\frac{\varepsilon_r-1}{2(\varepsilon_r+1)}\left(\ln\frac{\pi}{2}+\frac{1}{\varepsilon_r}\ln\frac{4}{\pi}\right) \tag{4-38}$$

此时的有效介电常数表达式为

$$\varepsilon_e=\frac{\varepsilon_r+1}{2}\left[1-\frac{\varepsilon_r-1}{2A(\varepsilon_r+1)}\left(\ln\frac{\pi}{2}+\frac{1}{\varepsilon_r}\ln\frac{4}{\pi}\right)\right]^{-2} \tag{4-39}$$

其中，A 可由式(4-38)求出，也可作为 w/h 的函数由式(4-40)给出。

$$A=\ln\left[\frac{4h}{w}+\sqrt{\left(\frac{4h}{w}\right)^2+2}\right] \tag{4-40}$$

- $Z_0<44-2\varepsilon_r(\Omega)$

$$\frac{w}{h}=\frac{2}{\pi}[(B-1)-\ln(2B-1)]+\frac{\varepsilon_r-1}{\pi\varepsilon_r}\left[\ln(B-1)+0.293-\frac{0.517}{\varepsilon_r}\right] \tag{4-41}$$

其中

$$B=\frac{59.95\pi^2}{Z_0\sqrt{\varepsilon_r}} \tag{4-42}$$

由此可算出有效介电常数

$$\varepsilon_e=\frac{\varepsilon_r+1}{2}+\frac{\varepsilon_r-1}{2}\left(1+10\frac{h}{w}\right)^{-0.555} \tag{4-43}$$

若先知道 Z_0 也可由下式求得 ε_e，即

$$\varepsilon_e=\frac{\varepsilon_r}{0.96+\varepsilon_r(0.109-0.004\varepsilon_r)[\lg(10+Z_0)-1]} \tag{4-44}$$

上述相互转换公式在微带器件的设计中是十分有用的。

(2) 导带厚度不为零时空气微带的特性阻抗 Z_0^a：当导带厚度不为零时，介质微带线的有效介电常数和空气微带的特性阻抗 Z_0^a 必须修正。此时导体厚度 $t\neq0$ 可等效为导体宽度加宽为 w_e，这是因为当 $t\neq0$ 时，导带的边缘电容增大，相当于导带的等效宽度增加。当 $t<h$，$t<w/2$ 时相应的修正公式为

$$\begin{cases}\dfrac{w_e}{h}=\dfrac{w}{h}+\dfrac{t}{\pi h}\left(1+\ln\dfrac{2h}{t}\right) & \dfrac{w}{h}\geqslant\dfrac{1}{2\pi}\\[2ex] \dfrac{w_e}{h}=\dfrac{w}{h}+\dfrac{t}{\pi h}\left(1+\ln\dfrac{4\pi w}{t}\right) & \dfrac{w}{h}\leqslant\dfrac{1}{2\pi}\end{cases}\tag{4-45}$$

在前述零厚度特性阻抗计算公式中，用 w_e/h 代替 w/h 即可得非零厚度时的特性阻抗。

2) 曲线法

对上述公式用 MATLAB 编制计算微带线特性阻抗的计算程序，计算不同 ε_r 情况下，不同导带厚度时的微带特性阻抗，计算结果如图 4.7 所示。

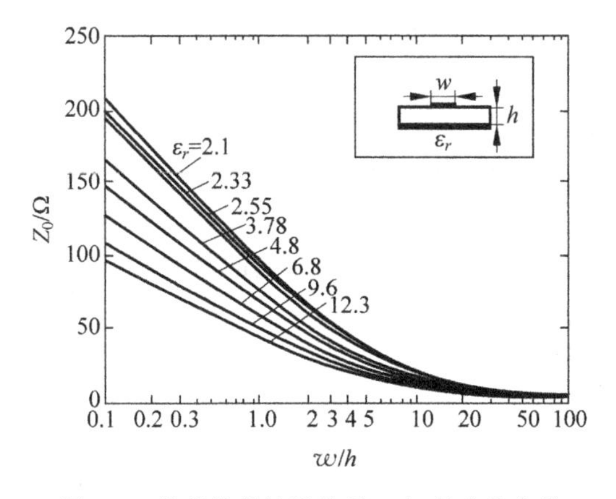

图 4.7　微带线特性阻抗随 w/h 的变化曲线

由图 4.7 可见，介质微带特性阻抗随着 w/h 的增大而减小；相同尺寸条件下，ε_r 越大，特性阻抗越小。

3) 编程法

对公式进行编程，做成数据表，供使用时查找。

2. 波导波长 λ_g

微带线的波导波长也称为带内波长，即

$$\lambda_g=\lambda_e=\frac{\lambda_0}{\sqrt{\varepsilon_e}}\tag{4-46}$$

显然，微带线的波导波长与有效介电常数 ε_e 有关，也就是与 w/h 有关，亦即与特性阻抗 Z_0 有关。对同一工作频率，不同特性阻抗的微带线有不同的波导波长。

3. 微带线的衰减常数 α

由于微带线是半开放结构，因此除了有导体损耗和介质损耗之外，还有一定的辐射损耗。不过当基片厚度很小、相对介电常数 ε_r 较大时，绝大部分功率集中在导带附近的空间里，所以辐射损耗是很小的，和其他两种损耗相比可以忽略，因此，下面着重讨论导体损耗和

介质损耗引起的衰减。

1) 导体衰减常数 α_c

由于微带线的金属导体带和接地板上都存在高频表面电流,因此存在热损耗,但由于表面电流的精确分布难以求得,所以也就难以得出计算导体衰减的精确计算公式。工程上一般采用以下近似计算公式(以 dB 表示)。

$$\frac{\alpha_c Z_0 h}{R_s} = \begin{cases} \dfrac{8.68}{2\pi}\left[1-\left(\dfrac{w_e}{4h}\right)^2\right]\left\{1+\dfrac{h}{w_e}+\dfrac{h}{\pi w_e}\left[\ln\left(4\pi\dfrac{w/h}{t/h}+\dfrac{t/h}{w/h}\right)\right]\right\} & w/h \leqslant 0.16 \\ \dfrac{8.68}{2\pi}\left[1-\left(\dfrac{w_e}{4h}\right)^2\right]\left[1+\dfrac{h}{w_e}+\dfrac{h}{\pi w_e}\left(\ln\dfrac{2h}{t}-\dfrac{t}{h}\right)\right] & 0.16 \leqslant w/h \leqslant 2 \\ \dfrac{8.68}{\dfrac{w_e}{h}+\dfrac{2}{\pi}\ln\left[2\pi e\left(\dfrac{w_e}{2h}+0.94\right)\right]}\left[\dfrac{w_e}{h}+\dfrac{\dfrac{w_e}{\pi h}}{\dfrac{w_e}{2h}+0.094}\right]\left[1+\dfrac{h}{w_e}+\dfrac{h}{\pi w_e}\left(\ln\dfrac{2h}{t}-\dfrac{t}{h}\right)\right] & w/h \geqslant 2 \end{cases} \tag{4-47}$$

式中,w_e 为 t 不为零时导带的等效宽度;R_s 为导体表面电阻。

为了降低导体的损耗,除了选择表面电阻率很小的导体材料(金、银、铜)之外,对微带线的加工工艺也有严格的要求。一方面加大导体带厚度,这是由于趋肤效应的影响,导体带越厚,则导体损耗越小,故一般取导体厚度为 5~8 倍的趋肤深度;另一方面,导体带表面的粗糙度应尽可能小,一般应在微米量级以下。

2) 介质衰减常数 α_d

对均匀介质传输线,其介质衰减常数由下式决定

$$a_d = \frac{1}{2}GZ_0 = \frac{k}{2}\tan\delta(\mathrm{Np/m}) = \frac{27.3\sqrt{\varepsilon_r}}{\lambda_0}\tan\delta(\mathrm{dB/m}) \tag{4-48}$$

式中,$\tan\delta$ 为介质材料的损耗角正切。

由于实际微带只有部分介质填充,因此必须使用以下修正公式

$$a_d = \frac{k_e q_e}{2}\tan\delta(\mathrm{Np/m}) = \frac{27.3\sqrt{\varepsilon_r}}{\lambda_0}\left(q\frac{\varepsilon_r}{\varepsilon_e}\right)\tan\delta(\mathrm{dB/m}) \tag{4-49}$$

式中,$k_e=k_0\sqrt{\varepsilon_e}=\frac{2\pi}{\lambda_0}\sqrt{\varepsilon_e}$;$q_e=q\frac{\varepsilon_r}{\varepsilon_e}=\frac{\varepsilon_r(\varepsilon_e-1)}{\varepsilon_e(\varepsilon_r-1)}$,$q_e$ 为介质损耗角的填充系数。

一般情况下,微带线的导体衰减远大于介质衰减,因此一般可忽略介质衰减。但当用硅和砷化镓等半导体材料作为介质基片时,微带线的介质衰减相对较大,不可忽略。

4. 微带线的色散特性

前面对微带线的分析都是基于准 TEM 模条件下进行的。当频率较低时,这种假设是符合实际的。然而,实验证明,当工作频率高于 5GHz 时,介质微带线的特性阻抗和相速的计算结果与实际相差较多。这表明,当频率较高时,微带线中由 TE 和 TM 模组成的高次模使特性阻抗和相速随着频率变化而变化,也即具有色散特性。事实上,频率升高时,ε_e 应增大,则相速 v_p 要降低,而相应的特性阻抗 Z_0 应减小。为此,一般用修正公式来计算介质微带线传输特性。下面给出的这组公式的适用范围为:$2\leqslant\varepsilon_r\leqslant16$,$0.06\leqslant w/h\leqslant16$ 以及 $f\leqslant100\mathrm{GHz}$。

有效介电常数 $\varepsilon_e(f)$ 可用以下公式计算

$$\varepsilon_e(f)=\left[\frac{\sqrt{\varepsilon_r}-\sqrt{\varepsilon_e}}{1+4F^{-1.5}}+\sqrt{\varepsilon_e}\right]^2 \tag{4-50}$$

式中，

$$F=\frac{4h\sqrt{\varepsilon_r-1}}{\lambda_0}\left\{0.5+\left[1+2\ln\left(1+\frac{w}{h}\right)\right]^2\right\}$$

而特性阻抗计算公式为

$$Z_0(f)=Z_0\frac{\varepsilon_e(f)-1}{\varepsilon_e-1}\sqrt{\frac{\varepsilon_e}{\varepsilon_e(f)}} \tag{4-51}$$

微带线的最高工作频率 f_T 可按下式估算

$$f_T=\frac{150}{\pi h(\mathrm{mm})}\sqrt{\frac{2}{\varepsilon_r-1}}\arctan\varepsilon_r\quad(\mathrm{GHz}) \tag{4-52}$$

4.4　耦合微带线

耦合微带传输线简称耦合微带线，它由两根平行放置、彼此靠得很近的微带线构成。耦合微带线有不对称和对称两种结构。两根微带线的尺寸完全相同的就是对称耦合微带线，尺寸不相同的就是不对称耦合微带线。耦合微带线可用来设计各种定向耦合器、滤波器、平衡与不平衡变换器等。这里只介绍对称耦合微带线。

4.4.1　耦合微带线的奇偶模分析方法

对称耦合微带线的结构及其场分布如图 4.8 所示，其中 ω 为导带宽度，s 为两导带间距离。

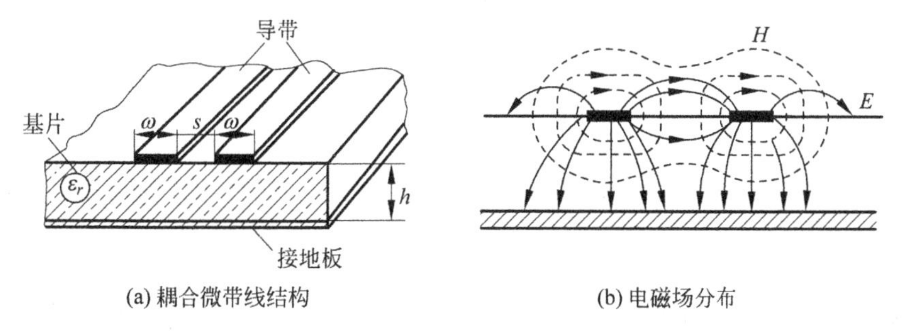

图 4.8　对称耦合微带线的结构及其场分布

耦合微带线和微带线一样是部分填充介质的不均匀结构，因此其上传输的不是纯 TEM 模，而是具有色散特性的混合模，故分析较为复杂。分析方法也有准静态法、色散模型法和全波分析法。一般采用准静态法进行分析。

设两耦合线上的电压分布分别为 $U_1(z)$ 和 $U_2(z)$，线上电流分别为 $I_1(z)$ 和 $I_2(z)$，且传输线工作在无耗状态，此时两耦合线上任一微分段 dz 可等效为如图 4.9 所示。

其中，C_a、C_b 为各自独立的分布电容，C_{ab} 为互分布电容，L_a、L_b 为各自独立的分布电感，

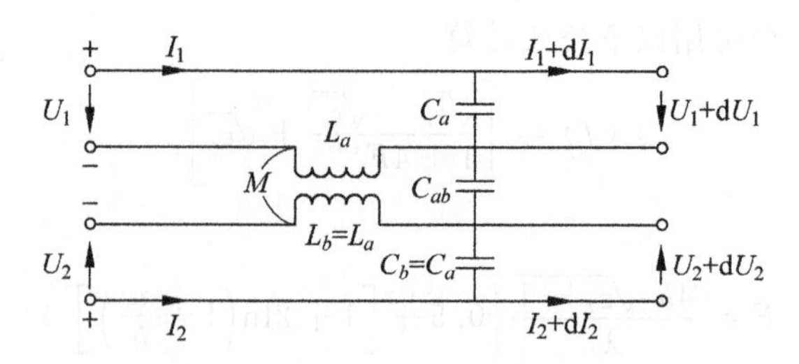

图 4.9 对称耦合微带线的等效电路

L_{ab}为互分布电感，对于对称耦合微带有

$$C_a = C_b,\quad L_a = L_b,\quad L_{ab} = M$$

由电路理论可得

$$\begin{cases} -\dfrac{dU_1}{dz} = j\omega L I_1 + j\omega L_{ab} I_2 \\ -\dfrac{dU_2}{dz} = j\omega L_{ab} I_1 + j\omega L I_2 \\ -\dfrac{dI_1}{dz} = j\omega C U_1 - j\omega C_{ab} U_2 \\ -\dfrac{dI_2}{dz} = -j\omega C_{ab} U_1 + j\omega C U_2 \end{cases} \tag{4-53}$$

式中，$L=L_a$与$C=C_a+C_{ab}$分别表示另一根耦合线存在时的单线的单位长分布电感和单位长分布电容，式(4-53)即为**耦合传输线方程**。

对于对称耦合微带线，可以将激励分为**奇模激励**和**偶模激励**。设两线的激励电压分别为U_1、U_2，则可表示为两个等幅同相电压U_e激励(即偶模激励)和两个等幅反相电压U_o激励(即奇模激励)。U_1和U_2与U_e和U_o之间的关系为

$$\begin{cases} U_e + U_o = U_1 \\ U_e - U_o = U_2 \end{cases} \tag{4-54}$$

$$\begin{cases} U_e = (U_1 + U_2)/2 \\ U_o = (U_1 - U_2)/2 \end{cases} \tag{4-55}$$

1. 偶模激励

当对耦合微带线进行偶模激励时，对称面上磁场的切向分量为零，电力线平行于对称面，对称面可等效为“磁壁”，如图 4.10(a)所示。此时，在式(4-53)中令$U_1=U_2=U_e$，$I_1=I_2=I_e$，得

$$\begin{cases} -\dfrac{dU_e}{dz} = j\omega(L + L_{ab}) I_e \\ -\dfrac{dI_e}{dz} = j\omega(C - C_{ab}) U_e \end{cases} \tag{4-56}$$

于是可得偶模传输线方程

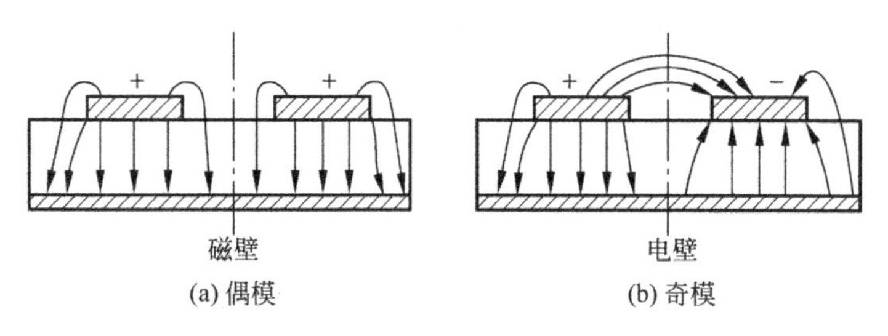

图 4.10 偶模激励和奇模激励时的电力线分布

$$\begin{cases}\dfrac{\mathrm{d}^2U_e}{\mathrm{d}z^2}+\omega^2LC\left(1+\dfrac{L_{ab}}{L}\right)\left(1+\dfrac{C_{ab}}{C}\right)U_e=0\\[2ex]\dfrac{\mathrm{d}^2I_e}{\mathrm{d}z^2}+\omega^2LC\left(1+\dfrac{L_{ab}}{L}\right)\left(1-\dfrac{C_{ab}}{C}\right)I_e=0\end{cases}\tag{4-57}$$

令 $K_L=L_{ab}/L$ 与 $K_C=C_{ab}/C$ 分别为电感耦合函数和电容耦合函数。由第 2 章均匀传输线理论可得偶模传输常数 β_e、相速 v_{pe} 及特性阻抗 Z_{0e} 分别为

$$\begin{cases}\beta_e=\omega\sqrt{LC(1+K_L)(1-K_C)}\\[1ex]v_{pe}=\dfrac{\omega}{\beta_e}=\dfrac{1}{\sqrt{LC(1+K_L)(1-K_C)}}\\[2ex]Z_{0e}=\dfrac{1}{v_{pe}C_{0e}}=\sqrt{\dfrac{L(1+K_L)}{C(1-K_C)}}\end{cases}\tag{4-58}$$

式中，$C_{0e}=C(1-K_C)=C_a$，为偶模电容。

2. 奇模激励

当对耦合微带线进行奇模激励时，对称面上电场的切向分量为零，对称面可等效为“电壁”，如图 4.10(b)所示。此时，在式(4-53)中，令 $U_1=-U_2=U_0$，$I_1=-I_2=I_0$，得

$$\begin{cases}-\dfrac{\mathrm{d}U_0}{\mathrm{d}z}=\mathrm{j}\omega L(1-K_L)I_0\\[2ex]-\dfrac{\mathrm{d}I_0}{\mathrm{d}z}=\mathrm{j}\omega C(1-K_C)U_0\end{cases}\tag{4-59}$$

经同样分析，可得奇模传输常数 β_0、相速 v_{po} 及特性阻抗 Z_{0o} 分别为

$$\begin{cases}\beta_0=\omega\sqrt{LC(1-K_L)(1+K_C)}\\[1ex]v_{po}=\dfrac{\omega}{\beta_0}=\dfrac{1}{\sqrt{LC(1-K_L)(1+K_C)}}\\[2ex]Z_{0o}=\dfrac{1}{v_{po}C_{0o}}=\sqrt{\dfrac{L(1-K_L)}{C(1+K_C)}}\end{cases}\tag{4-60}$$

式中，$C_{0o}=C(1+K_C)=C_a+2C_{ab}$，为奇模电容。

4.4.2 奇偶模有效介电常数与耦合系数

与单根微带线一样，耦合微带线为非均匀介质填充，其传输模式为混合模. 用准静态法分析就是引入有效介电常数为 ε_e 的均匀介质，代替耦合微带线的混合介质，但由于耦合微

带线存在奇模和偶模激励两种状态，所以有效介电常数也分为奇模有效介电常数 ε_{eo} 和耦模有效介电常数 ε_{ee}。

设空气介质情况下奇、偶模电容分别为 $C_{0o}(1)$ 和 $C_{0e}(1)$，而实际介质情况下的奇、偶模电容分别为 $C_{0o}(\varepsilon_r)$ 和 $C_{0e}(\varepsilon_r)$，则耦合微带线的奇、偶模有效介电常数分别为

$$\begin{cases}\varepsilon_{eo} = \dfrac{C_{eo}(\varepsilon_r)}{C_{0o}(1)} = 1 + q_0(\varepsilon_r - 1) \\ \varepsilon_{ee} = \dfrac{C_{0e}(\varepsilon_r)}{C_{0e}(1)} = 1 + q_e(\varepsilon_r - 1)\end{cases} \tag{4-61}$$

式中，q_0、q_e 分别为**奇、偶模的填充因子**。此时，**奇偶模的相速**和**特性阻抗**可分别表达为

$$\begin{cases}v_{po} = \dfrac{c}{\sqrt{\varepsilon_{oe}}} \\ v_{pe} = \dfrac{c}{\sqrt{\varepsilon_{ee}}} \\ Z_{0o} = \dfrac{1}{v_{po}C_{0o}(\varepsilon_r)} = \dfrac{Z_{0o}^a}{\sqrt{\varepsilon_{eo}}} \\ Z_{0e} = \dfrac{1}{v_{pe}C_{0e}(\varepsilon_r)} = \dfrac{Z_{0e}^a}{\sqrt{\varepsilon_{ee}}}\end{cases} \tag{4-62}$$

式中，Z_{0o}^a 和 Z_{0e}^a 分别为空气耦合微带的奇、偶模特性阻抗。可见，由于耦合微带线的 ε_{eo} 和 ε_{ee} 不相等，故奇、偶模的波导波长也不相等，它们分别为

$$\begin{cases}\lambda_{go} = \lambda_o / \sqrt{\varepsilon_{eo}} \\ \lambda_{ge} = \lambda_o / \sqrt{\varepsilon_{ee}}\end{cases} \tag{4-63}$$

当介质为空气时，$\varepsilon_{eo} = \varepsilon_{ee} = 1$，奇、偶模相速均为光速，此时必有

$$K_L = K_C = K \tag{4-64}$$

式中称 K 为**耦合系数**，由式(4-58)和式(4-60)得

$$\begin{cases}Z_{0e}^a = \sqrt{\dfrac{L}{C}}\sqrt{\dfrac{1+K}{1-K}} \\ Z_{0o}^a = \sqrt{\dfrac{L}{C}}\sqrt{\dfrac{1-K}{1+K}}\end{cases} \tag{4-65}$$

设 $Z_{0C}^a = \sqrt{L/C}$，它是考虑到另一根耦合线存在条件下，空气填充时单根微带线的特性阻抗，于是有

$$\begin{cases}\sqrt{Z_{0e}^a Z_{0o}^a} = Z_{0C}^a \\ K = \dfrac{Z_{0e}^a - Z_{0o}^a}{Z_{0e}^a + Z_{0o}^a} \quad \Rightarrow \quad C = 20\lg K \quad (\text{dB}) \\ Z_{0C}^a = Z_0^a\sqrt{1-K^2}\end{cases} \tag{4-66}$$

式中，Z_0^a 是空气填充时孤立单线的特性阻抗；C 称为**耦合度**。

根据以上分析，可得出以下结论：

(1) 对空气耦合微带线，奇偶模的特性阻抗虽然随耦合状况而变，但两者的乘积等于存在另一根耦合线时的单线特性阻抗的平方。

(2) 耦合越紧,Z_{0o}^{a}和Z_{0e}^{a}差值越大;耦合越松,Z_{0o}^{a}和Z_{0e}^{a}差值越小。当耦合很弱时,即$K\to 0$,此时奇、偶特性阻抗相当接近且趋于孤立单线的特性阻抗。

4.4.3 曲线法求耦合微带的特性阻抗及尺寸设计

1. 耦合带状线的奇、偶模阻抗及尺寸设计

图4.11和图4.12分别表示薄带侧边耦合带状线的奇、偶模阻抗Z_{0o}、Z_{0e}与耦合带状线尺寸s/b、ω/b的列线图。图中s为耦合带状线中心导带间的间距,b为两接地板间的距离,ω为中心导带的宽度。由图4.11可根据已知的Z_{0o}、Z_{0e}很方便求得s/b,由图4.12可根据已知的Z_{0o}、Z_{0e}方便地求得和ω/b。

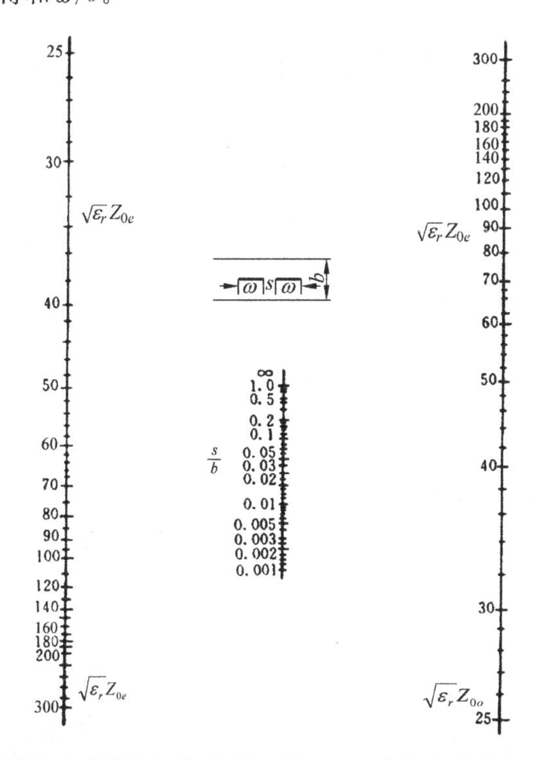

图4.11 薄带侧边耦合带状线的奇、偶模阻抗Z_{0o}、Z_{0e}与耦合带状线尺寸s/b的列线图

图中,Z_{0o}表示奇模阻抗、Z_{0e}表示偶模阻抗。

2. 耦合微带线的奇、偶模特性阻抗及尺寸设计

图4.13给出了耦合微带线的奇、偶模特性阻抗Z_{0o}、Z_{0e}与耦合微带线尺寸ω/h和s/h的关系曲线($\varepsilon_r=9$)。当已知耦合微带线的尺寸ω/h、s/h及基片的相对介电常数ε_r时,由图可很方便地求得奇、偶模特性阻抗Z_{0o}、Z_{0e};反之,若已知Z_{0o}和Z_{0e},由图可求出ω/h和s/h,但比较麻烦。图4.14给出了耦合微带线的奇、偶特性阻抗Z_{0o}和Z_{0e}与耦合微带线尺寸ω/h和s/h的另一组曲线($\varepsilon_r=10$)。利用该图很方便地根据已知的Z_{0o}和Z_{0e}求得ω/h和s/h。

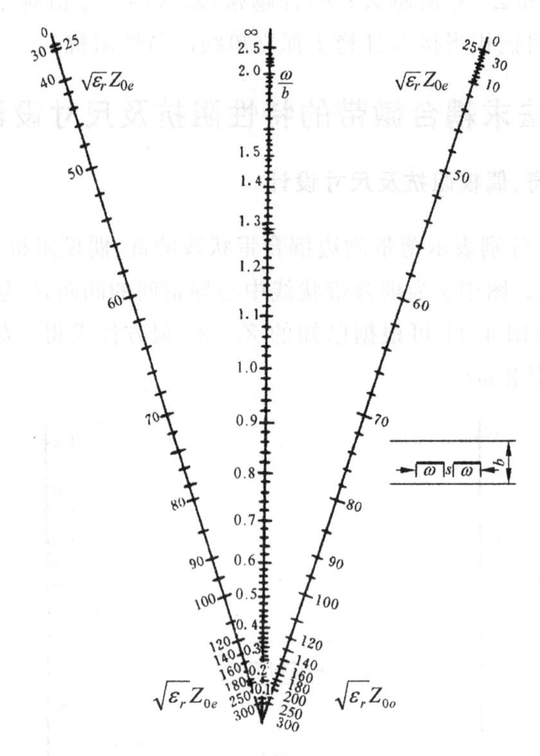

图 4.12　薄带侧边耦合带状线的奇、偶模阻抗 Z_{0o}、Z_{0e}与耦合带状线尺寸 ω/b 的列线图

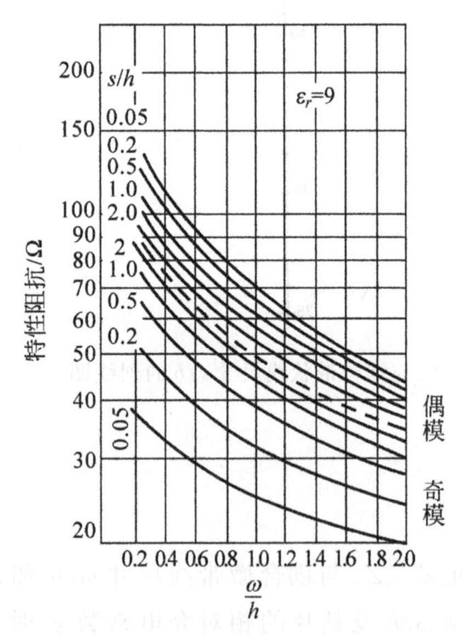

图 4.13　耦合微带线的奇、偶模特性阻抗 Z_{0o}、Z_{0e}与耦合微带线尺寸 ω/h 和 s/h 的关系曲线($\varepsilon_r=9$)

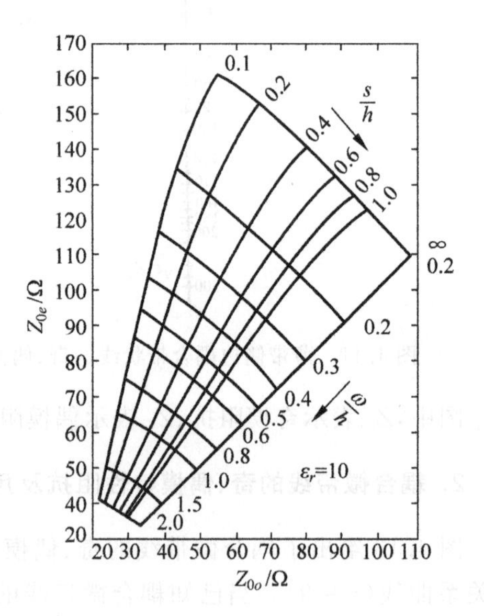

图 4.14　耦合微带线的奇、偶模特性阻抗 Z_{0o}、Z_{0e}与耦合微带线尺寸 ω/h 和 s/h 的关系曲线($\varepsilon_r=10$)

4.4.4 共面传输线

共面传输线(Coplanar Transmission Lines)分共面波导(Coplanar Waveguild,CPW)和共面带状线(Coplanar Stripline,CPS),如图 4.15 所示。两者为互补结构。在这种共面传输线中,所有导体均位于同一平面内(即在介质基片的同一表面上)。这两种传输线的重要优点之一是安装并联或串联形式的有源或无源集总参数元件都非常方便,而用不着在基片上钻孔或开槽。

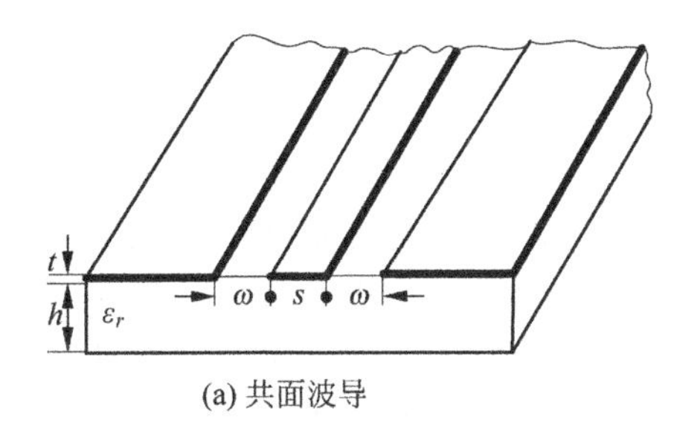

(a) 共面波导

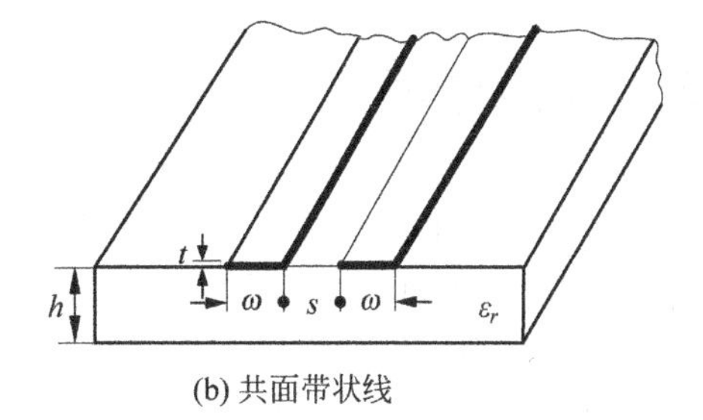

(b) 共面带状线

图 4.15 共面传输线

共面波导是在传统微带线的基础上变化而来的,它是将地与金属条带置于同一平面而构成的,有三种基本形式,即无限宽地共面波导、有限宽地共面波导和金属衬底共面波导。

共面波导由于其金属条带与地在同一平面而具备很多优点:①低色散宽频带特性;②便于与其他元器件连接;③特性阻抗调整方便;④方便构成无源部件(如定向耦合器)及平面天线的馈电。正因为具有上述特点,所以共面波导得到了广泛的应用。将共面波导用于微波集成电路(MIC)中,增加了电路设计的灵活性,并可改善某些功能电路的性能。用共面波导,便于设计制作非互易铁氧体元件、定向耦合器等,与介质基片另一面微带线或槽线相结合使用,还可设计耦合器、滤波器、过渡电路等组合元件。

共面波导和共面带状线能支持准 *TEM* 模的传输,其特性分析的简单方法是用准静态方法;但在高频时其上完全为非 *TEM* 模,需应用全波分析法求解。下面给出 $t\approx 0$ 时特性阻抗 Z_0 和有效介电常数 ε_e 的准静态法结果。

1. 共面波导

$$Z_0 = \frac{30\pi}{\sqrt{\varepsilon_e}}\frac{K'(k)}{K(k)} \tag{4-67}$$

式中,$K'(k)=K(k')$,$k'=\sqrt{1-k^2}$,$k=S/(S+2W)$;$K(k)$表示第一类完全椭圆函数。$K'(k)$表示第一类完全椭圆余函数。$K(k)/K'(k)$的近似公式(精确到 8×10^{-6})为

$$\begin{cases}\dfrac{K(k)}{K'(k)} = \left[\dfrac{1}{\pi}\ln\left(2\dfrac{1+\sqrt{k'}}{1-\sqrt{k'}}\right)\right]^{-1} & \text{对于 } 0\leqslant k\leqslant 0.7 \\[2ex] \dfrac{K(k)}{K'(k)} = \left[\dfrac{1}{\pi}\ln\left(2\dfrac{1+\sqrt{k}}{1-\sqrt{k}}\right)\right]^{-1} & \text{对于 } 0.7\leqslant k\leqslant 1\end{cases} \tag{4-68}$$

$$\varepsilon_e = \frac{\varepsilon_r+1}{2}\left\{\tan\left[0.775\ln\left(\frac{h}{W}\right)+1.75\right] + \frac{kW}{h}\left[0.04-0.7k+0.01(1-0.1\varepsilon_r)(0.25+k)\right]\right\} \tag{4-69}$$

在 $\varepsilon_r \geqslant 9, h/W \geqslant 1$ 和 $0 \leqslant k \leqslant 0.7$ 范围内，式(4-69)的精度优于1.5%。

2. 共面带状线

$$Z_0 = \frac{120\pi}{\sqrt{\varepsilon_e}} \frac{K(k)}{K'(k)} \tag{4-70}$$

ε_e 的公式与共面波导 ε_e 的公式(4-69)相似，只是公式中的 W 是导体带宽度，而 S 是导体之间的距离。

4.5 介质波导

目前，微波技术正在向毫米波波段发展，世界各国正在积极研制毫米波元器件和系统，规模庞大，进展迅速。当工作频率处于毫米波波段时，普通的微带线将出现一系列新的问题，首先是高次模的出现使微带的设计和使用复杂化。人们自然又想到用波导来传输信号。频率越高，使用波导的尺寸越小，可是频率太高了，要制造出相应尺寸的金属波导会十分困难。于是人们积极研制适合于毫米波波段的传输器件，其中各种形式的介质波导在毫米波波段得到了广泛应用。介质波导可分为两大类：一类开放式介质波导，主要包括圆形介质波导和介质镜像线等；另一类是半开放介质波导，主要包括H形波导、G形波导等。

从本质上讲，毫米波介质波导和光波导，都是以内全反射原理工作的，其导模都属表面波，场在波导内呈驻波分布，波导表面外按指数衰减，以保证导模无衰减沿轴向传输。导模的截止都是由于辐射模的出现，其截止条件都是波导外的衰减为零。介质波导和光波导的不同点是：频段不同——毫米波介质波导 $\lambda = 1 \sim 10\text{mm}$，而光纤 $\lambda = 0.75 \sim 1.55\mu\text{m}$；材料不同——毫米介质波导 $\varepsilon_r = 2 \sim 100$，取材广泛，而光波导光学石英玻璃($\varepsilon_r = 3.82$)，其纯度要求较高。

4.5.1 圆形介质波导

圆形介质波导主要用作介质天线。圆形介质波导由半径为 a、相对介电常数为 $\varepsilon_r(\mu_r = 1)$ 的介质圆柱组成，如图4.16所示。

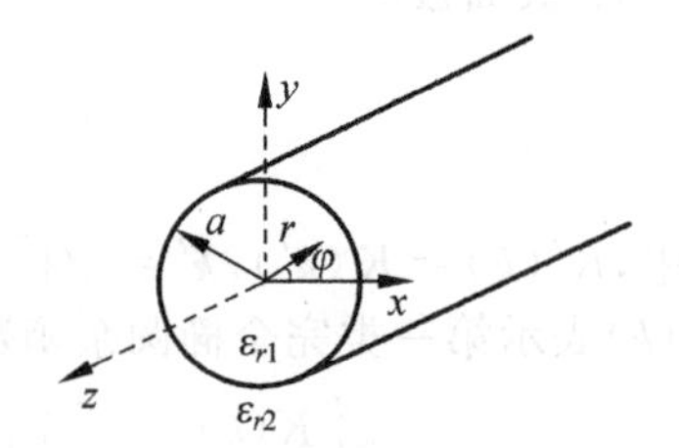

图4.16 圆形介质波导的结构

分析表明，圆形介质波导不存在纯 TE_{mn} 和 TM_{mn} 模，但存在 TE_{0n} 和 TM_{0n} 模，一般情况下为混合 HE_{mn} 模和 EH_{mn} 模(HE_{mn} 模——纵磁波，即TM模的传输功率大于TE模传输功率；EH_{mn} 模——纵电波，即TE模的传输功率大于TM模)，主模为 HE_{11} 模。

1. 圆形介质波导的场分量

圆形介质波导纵向场分量的横向分布函数 $E_z(T)$ 和 $H_z(T)$ 应满足以下标量亥姆霍兹方程

$$\nabla_t^2\begin{Bmatrix}E_Z(T)\\H_Z(T)\end{Bmatrix}+k_c^2\begin{Bmatrix}E_Z(T)\\H_Z(T)\end{Bmatrix}=0 \tag{4-71}$$

式中，$k_{c_i}^2=k_0^2\varepsilon_{r_i}-\beta^2$。$\varepsilon_{r_i}(i=1,2)$为介质内外相对介电常数，1、2 分别代表介质波导内部和外部。一般有 $\varepsilon_{r_1}=\varepsilon_r$，$\varepsilon_{r_2}=1$。应用分离变量法，则有

$$\begin{Bmatrix}E_Z(T)\\H_Z(T)\end{Bmatrix}=\begin{Bmatrix}A\\B\end{Bmatrix}R(\rho)\Phi(\varphi) \tag{4-72}$$

代入式(4- 71)，经分离变量后可得 $R(\rho)$、$\Phi(\varphi)$各自满足的方程及其解，利用边界条件可求得混合模式下内外场的纵向分量，再由麦克斯韦方程求得其他场分量。

下面是 HE_{mn}模在介质波导内外的场分量。

在波导内($\rho\leqslant a$)(取 $\cos m\varphi$ 模)

$$\begin{cases}E_Z=A\dfrac{k_{c_1}^2}{\mathrm{j}w\varepsilon}J_m(k_{c_1}\rho)\sin m\varphi\\[2ex]H_Z=-B\dfrac{k_{c_1}^2}{\mathrm{j}wu_0}J_m(k_{c1}\rho)\cos m\varphi\\[2ex]E_\rho=-\left[A\dfrac{k_{c_1}\beta}{w\varepsilon_0\varepsilon_r}J'_m(k_{c1}\rho)+B\dfrac{m}{\rho}J_m(k_{c1}\rho)\sin m\varphi\right.\\[2ex]E_\varphi=-\left[A\dfrac{m\beta}{\rho w\varepsilon_0\varepsilon_r}J_m(k_{c_1}\rho)+Bk_{c_1}J'_m(k_{c1}\rho)\cos m\varphi\right.\\[2ex]H_\rho=\left[A\dfrac{m}{\rho}J_m(k_{c_1}\rho)+B\dfrac{\beta k_{c_1}}{wu_0}J'_m(k_{c_1}\rho)\cos m\varphi\right.\\[2ex]H_\varphi=-\left[Ak_{c_1}J'_m(k_{c_1}\rho)+B\dfrac{m\beta}{\rho wu_0}J_m(k_{c_1}\rho)\sin m\varphi\right.\end{cases} \tag{4-73}$$

在波导外($\rho>a$)

$$\begin{cases}E_z=C\dfrac{k_{c_2}^2}{\mathrm{j}w\varepsilon_0}H_m^{(2)}(k_{c2}\rho)\sin m\varphi\\[2ex]H_z=-D\dfrac{k_{c_2}^2}{\mathrm{j}wu_0}H_m^{(2)}(k_{c2}\rho)\cos m\varphi\\[2ex]E_p=-\left[C\dfrac{k_{c_2}\beta}{w\varepsilon_0}H_m^{(2)'}(k_{c_2}\rho)+D\dfrac{m}{\rho}H_m^{(2)}(k_{c_2}\rho)\right]\sin m\varphi\\[2ex]E_\varphi=-\left[C\dfrac{m\beta}{\rho w\varepsilon_0}H_m^{(2)}(k_{c_2}\rho)+Dk_{c_2}H_m^{(2)'}(k_{c_2}\rho)\right]\cos m\varphi\\[2ex]H_\rho=\left[C\dfrac{m}{\rho}H_m^{(2)}(k_{c_2}\rho)+D\dfrac{\beta k_{c_2}}{wu_0}H_m^{(2)'}(k_{c_2}\rho)\right]\cos m\varphi\\[2ex]H_\varphi=-\left[Ck_{c_2}H_m^{(2)'}(k_{c_2}\rho)+D\dfrac{m\beta}{\rho wu_0}H_m^{(2)}(k_{c_2}\rho)\right]\sin m\varphi\end{cases} \tag{4-74}$$

式中，$J_m(x)$是 m 阶第一类贝塞尔函数，$H_m^{(2)}(x)$是 m 阶第二类汉克尔函数，而

$$k_{c1}^2=w^2u_0\varepsilon_0\varepsilon_r-\beta^2=\frac{u^2}{a^2},\quad k_{c2}^2=w^2u_0\varepsilon_0-\beta^2=\frac{w^2}{a^2}$$

利用 E_z、H_z和 E_φ、H_φ在 $\rho=a$ 处的连续条件，可得到以下本征方程

$$\begin{cases}\left[\dfrac{X}{u}-\dfrac{Y}{w}\right]\left[\dfrac{\varepsilon_r X}{u}-\dfrac{Y}{w}\right]=m^2\left[\dfrac{1}{u^2}-\dfrac{1}{w^2}\right]\left[\dfrac{\varepsilon_r}{u^2}-\dfrac{1}{w^2}\right] \\ u^2-w^2=k_0^2(\varepsilon_r-1)a^2\end{cases} \tag{4-75}$$

其中

$$X=\frac{J_m{}'(u)}{J_m(u)},\quad Y=\frac{H_m^{(2)\prime}(w)}{H_m^{(2)}(w)}$$

求解上述方程可得相应相移常数 β。对每一个 m 上述方程具有无数个根。用 n 来表示其第 n 个根，则相应的相移常数为 β_{mn}；对应的模式便为 HE_{mn} 模。

2. 圆形介质波导的几个常用模式

(1) $m=0$，对应 TE_{0n} 和 TM_{0n} 模，TE_{0n} 模和 TM_{0n} 模的特征方程，可由式(4-75)简写为

$$\frac{1}{u}\frac{J'_0(u)}{J_0(u)}-\frac{1}{w}\frac{H_0^{(2)\prime}(w)}{H_0^{(2)}(w)}=0 \tag{4-76}$$

或

$$\frac{\varepsilon_r}{u}\frac{J'_0(u)}{J_0(u)}-\frac{1}{w}\frac{H_0^{(2)\prime}(w)}{H_0^{(2)}(w)}=0 \tag{4-77}$$

同金属波导一样，圆形介质波导中的 TE_{0n} 和 TM_{0n} 模也有截止现象。金属波导中以 $\gamma=0$ 作为截止的分界点，而圆形介质波导中的截止以 $w=0$ 作为分界，这是因为当 $w<0$ 时在介质波导外出现了辐射模。要使 $w=0$ 同时满足式(4-75)或式(4-75)，必须有 $J_0(u)=0$，可见圆形介质波导的 TE_{0n} 和 TM_{0n} 模在截止时是简并的，它们的截止频率均为

$$f_{c0n}=\frac{v_{0n}c}{2\pi a\sqrt{\varepsilon_r-1}} \tag{4-78}$$

式中，v_{0n} 是零阶贝塞尔函数 $J_0(x)$ 的第 n 个根。特别地，$n=1$ 时

$$v_{01}=2.405,\quad f_{c01}=\frac{2.405c}{2\pi a\sqrt{\varepsilon_r-1}} \tag{4-79}$$

(2) $m=1$，对应 HE_{1n} 模，可以证明 $m=1$ 时导模的截止频率为

$$f_{c_{1n}}=\frac{v_{1n}c}{2\pi a\sqrt{\varepsilon_r-1}} \tag{4-80}$$

其中，v_{1n} 是一阶贝塞尔函数 $J_1(x)$ 的第 n 个根，$v_{11}=0$、$v_{12}=3.83$、$v_{13}=7.01$、…可见，$f_{c11}=0$，即 HE_{11} 模没有截止频率，该模式是圆形介质波导传输的主模，而第一个高次模为 TE_{01} 或 TM_{01} 模。因此，当工作频率 $f<f_{c01}$ 时，圆形介质波导内将实现单模传输。

HE_{11} 模的优点：

(1) 它不具有截止波长($\lambda_{cHE_{11}}=\infty$)，而其他模只有当波导直径大于 0.626λ 时，才有可能传输。

(2) 在很宽的频带和较大的直径变化范围内，HE_{11} 模的损耗较小。

(3) 它可以直接由矩形波导的主模 TE_{10} 激励，而不需要波形变换。

近年来使用的单模光纤大多也工作在 HE_{11} 模。图 4.17 给出了 HE_{11} 模的电磁场分布图，图 4.18 给出了 HE_{11} 模的色散曲线。

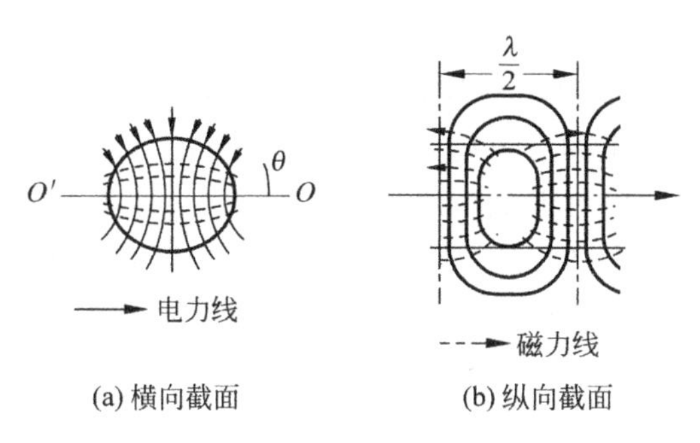

图 4.17 HE_{11}模的电磁场分布图

由图 4.18 可见，对于圆形波导，介电常数越大，则色散越严重。

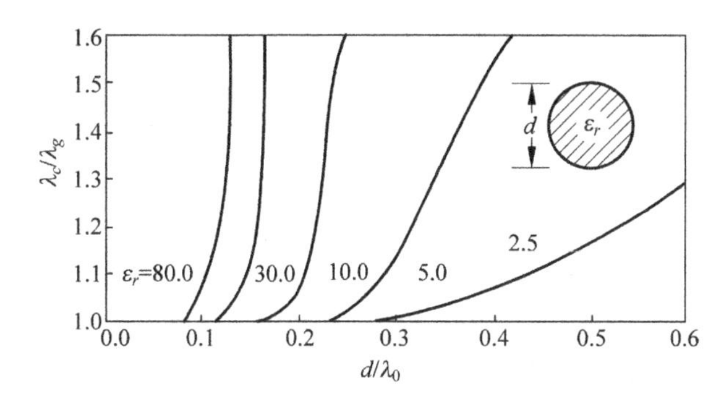

图 4.18 HE_{11}模的色散曲线

近年来，毫米波有源和无源电路广泛利用集成介质波导工艺。集成介质波导具有低损耗和弱加工公差的优点，特别适用于 40～140GHz 频段(在此频段内，金属波导的趋肤损耗大；而高于 100GHz 微带线则存在由于机械加工公差引起的一些问题)。

4.5.2 介质镜像线

利用介质波导的对称性，在对称面上置以金属板即构成介质镜像线。介质镜像线多种多样，常用的是圆形介质镜像线和矩形介质镜像线，如图 4.19 所示。

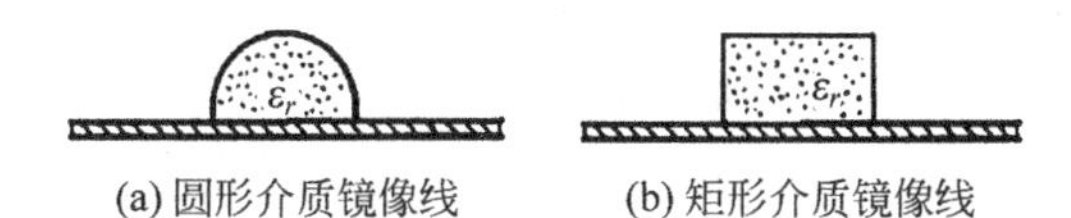

图 4.19 介质镜像线

圆形介质镜像线是由一根半圆形介质杆和一块接地的金属片组成的。由于金属片和 OO' 对称平面吻合，因此在金属片上半个空间内，电磁场分布和圆形介质波导中 OO' 平面的上半空间的情况完全一样。利用介质镜像线来传输电磁波能量，就可以解决介质波导的屏蔽和支架的困难。在毫米波波段内，由于这类传输线比较容易制造，并且具有较低的损耗，因此使它比金属波导更为优越。

矩形介质镜像线很适于做有源或无源毫米波集成电路，其金属接地板可提供介质板的支撑，并提供散热与有源器件的直流偏置。若用高电阻率的半导体作镜像线的介质材料，则可在传输线上直接制作有源电路，如振荡器、混频器、相移器、调制器和检波器等。矩形介质镜像线可支持 E^y_{mn} 和 E^x_{mn} 模（E^y_{mn} 模，横截面上主要场分量是 E_y 和 H_x 的 TEM 波，其极化主要在 y 方向；E^x_{mn} 模，横截面上的主要场分量是 E_x 和 H_y 的 TEM 波，其极化主要在 x 方向，其余场分量都很小；这两种模可近似看成 TEM 模），但由于有接地金属板，将使在介质波导中心处激励最强电场分量的 E^x_{mn} 模短路掉，故镜像线中只存在 E^y_{mn} 模，其基模为 E^y_{11} 模，因此介质波导具有较大的单模工作带宽。

4.5.3 H 形波导

H 形波导由两块平行的金属板中间插入一块介质条带组成，H 形波导的结构如图 4.20 所示。

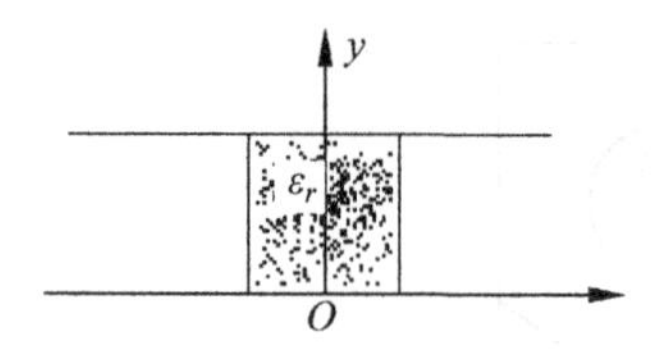

图 4.20 H 形波导的结构

与传统的金属波导相比，H 形波导具有制作工艺简单、损耗小、功率容量大、激励方便等优点。H 形波导的传输模式通常是混合模式，可分为 LSM 和 LSE 两类，并且又分为奇模和偶模。LSE 模的电力线位于空气-介质交界面相平行的平面内，故称之为纵**截面电模（LSE）**，而 LSM 模的磁力线位于空气-介质交界面，故称之为**纵截面磁模（LSM）**。H 形波导中传输的模式取决于介质条带的宽度和金属平板的间距。合理地选择尺寸可使之工作于 LSM 模。此时两金属板上无纵向电流，此模与金属波导的 TE_{0n} 模有类似的特性，并且可以通过与波传播方向相正交的方向开槽来抑制其他模式，而不会对该模式有影响。在 H 形波导中，主模为 LSE_{10e}，其场结构完全类似于矩形金属波导的 TE_{10} 模，但它的截止频率为零，通过选择两金属平板的间距可使边缘场衰减到最小，从而消除因辐射而引起的衰减。

4.6 光纤

光纤又名光导纤维（Optical Fiber），实质上是一种光频（$\lambda_0=0.75\sim1.55\mu m$）工作的介质波导。它是在圆形介质波导的基础上发展起来的导光传输系统。

1960 年，梅曼（T. H. Maiman）发明了红宝石激光器，获得了性质与电磁波相同，且频率和相位都稳定的相干光，使光应用于通信中成为可能。1966 年，华裔物理学家，被誉为“光纤之父”的电机工程专家高锟（1933.11.4—　），在 *PIEE* 杂志上发表论文“光频率的介质纤维表面波导”，提出用玻璃纤维作为光波导用于通信的理论。1970 年，美国康宁玻璃公司三名科研人员马瑞尔（Maurer）、卡普隆（Kapron）、凯克（Keck）用改进型化学相沉积法（MCVD 法）成功研制成传输损耗只有 20dB/km 的低损耗石英光纤。目前，以波长 $\lambda=1.55\mu m$ 工作的单模光纤最小损耗可达 0.154dB/km，已接近石英光纤的理论损耗极限值。

光纤具有频带宽、损耗低、重量轻、直径细、传输容量大、保密性好、不受电磁干扰、材料来源丰富等许多优点，适用于大容量信息传输。目前，用激光器和光纤组成的新型传输系统正在发展成为划时代的信息传输手段，应用领域十分广泛。光通信，即光纤通信的实现是 20 世纪科技领域最卓越的成就之一。图 4.21 为光纤通信系统示意图。系统中最重要的元件就是光纤本身，因为传输性能在决定整个系统性能方面起着主要的作用。

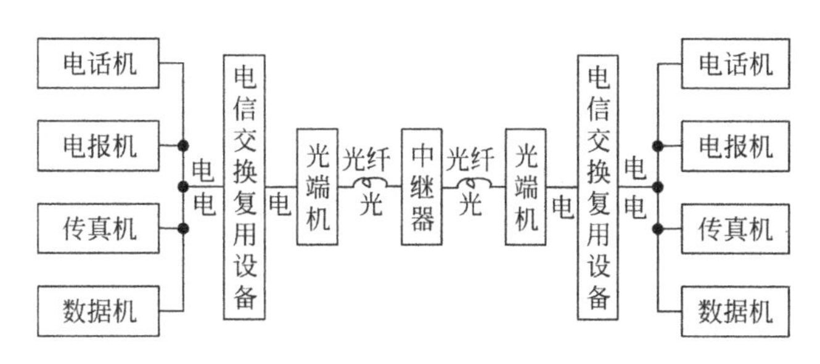

图 4.21 光纤通信系统示意图

1. 光纤的结构及分类

光纤是由折射率为 n_1 的光学玻璃拉成的纤维作芯，表面覆盖一层折射率为 $n_2(n_2<n_1)$ 的玻璃或塑料作为套层所构成，也可以在低折射率 n_2 的玻璃细管内充以折射率为 $n_1(n_2<n_1)$ 的介质。光纤和光缆的结构如图 4.22 所示。包层除使传输的光波免受外界干扰之外，还起着控制纤芯内传输模式的作用。单根光纤由纤芯、包层和保护层构成，多芯光纤则是由多个单根光纤围绕中间加强芯，由外套将其组合在一起所构成。

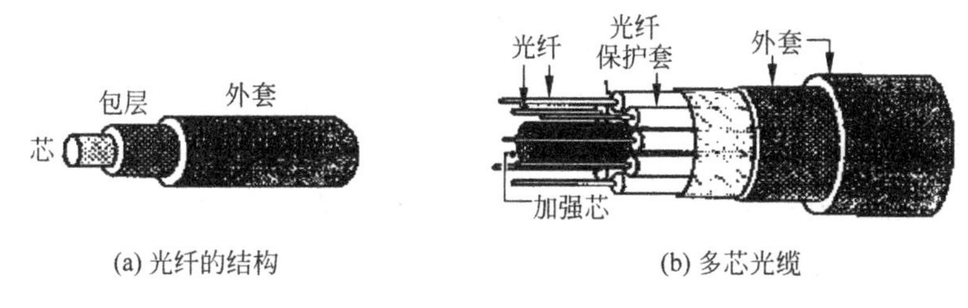

(a) 光纤的结构　　(b) 多芯光缆

图 4.22 光纤和光缆的结构

光纤按用途可分为照明用光纤、图像传输用光纤和通信光纤；按横截面折射率分布情况可分为突变折射率光纤(简称阶跃光纤)、渐变折射率光纤和 W 型光纤；按光纤传输的模式可分为单模光纤和多模光纤。阶跃光纤和渐变型光纤都可以进一步分为单模光纤和多模光纤。其中，石英玻璃光纤损耗最小，最适合长距离、大容量通信。

2. 光纤的传输模式

光纤的传输模式为 TE_{on}、TM_{on} 模及混合模 HE_{mn} 模(纵磁波)和 EH_{mn} 模(纵电波)。纤芯内 TE_{on} 和 TM_{on} 模的场结构与圆形金属波导相应模的场结构类似；EH_{mn} 模(纵电波)，指 TE 模的传输功率大于 TM 模的传输功率；HE_{mn} 模(纵磁波)，指 TM 模的传输功率大于 TE 模的传输功率；光纤的主模为 HE_{11} 模。

只传输一种模式的光纤称为单模光纤。由于是单模传输，避免了模式分散，因而传输频带很宽，容量很大。单模光纤所传输的模式实际上就是圆形介质波导内的主模 HE_{11}，它没有截止频率。根据前面分析，圆形介质波导中第一个高次模为 TM_{01} 模，其截止波长为

$$\lambda_{cTM_{01}} = \frac{1}{v_{01}}\pi D\sqrt{n_1^2 - n_2^2} \tag{4-81}$$

式中，$v_{01}=2.405$ 是零阶贝塞尔函数 $J_0(x)$ 的第 1 个根，n_1 和 n_2 分别为光纤内芯与包层的折射率，D 为光纤的直径。因此，为避免高次模的出现，单模光纤的直径 D 必须满足以下条件

$$D < \frac{2.405\lambda}{\pi\sqrt{n_1^2 - n_2^2}} \tag{4-82}$$

其中，λ 为工作波长。这就是说，单模光纤尺寸的上限和工作波长在同一量级。由于光纤工作波长在 1μm 量级，这给工艺制造带来了困难。为了降低工艺制造的困难，可以减少$(n_1^2 - n_2^2)$的值。

设

$$\frac{n_1^2 - n_2^2}{2n_1^2} \approx \frac{n_1 - n_2}{n_1}$$

令

$$n_1 = 1.5, \quad \frac{n_1 - n_2}{n_1} = 0.001, \quad \lambda = 0.9\mu\text{m}$$

则

$$D \leqslant 10\mu\text{m}$$

由此可见，当 n_1、n_2 相差不大时，光纤的直径可以比波长大一个量级。也就是说，适当选择包层折射率，一方面可简化光纤制造工艺，另外还能保证单模传输，这也是光纤包层抑制高次模的原理所在。

同时传输多种模式的光纤就是多模光纤。多模光纤的优点：

(1) 多模光纤直径大，可达几十微米，易使光功率射入，容易与类似光纤连接在一起。

(2) 对光源的要求较低，可用 LED(发光二极管)作光源来发射光功率，而单模光纤一般则必须用 LD(激光二极管)来激励。虽然 LED 和 LD 的光输出功率小，但 LED 容易制造、廉价，要求电路不太复杂，且比 LD 寿命长。

多模光纤的缺点：存在多模色散，使信号失真，带宽小，单模光纤有更宽的带宽。好在现阶段光纤的接收只考虑光功率和群速，而与相位及偏振关系不大，故相对传输性能较好，因此，容量较大的渐变型多模光纤也可使用。

3. 光纤的基本参数

描述光纤的基本参数除了光纤的直径 D 外，还有光波波长 λ_g、光纤芯与包层的相对折射率差 Δ、折射率分布因子 g 以及数值孔径 NA。

(1) **光波波长** λ_g：同描述电磁波传播一样，光纤传播因子为 $e^{j(\omega t - \beta z)}$，其中 ω 是传导模的工作角频率，β 为光纤的相移常数。对于传导模，应满足

$$n_2 k < |\beta| < n_1 k \tag{4-83}$$

其中，$k = 2\pi/\lambda$(λ 为工作波长)。对应的光波波长为

$$\lambda_g = \frac{2\pi}{\beta} \tag{4-84}$$

(2) **相对折射率差** Δ：光纤芯与包层相对折射率差 Δ 定义为

$$\Delta = \frac{n_1 - n_2}{n_1} \tag{4-85}$$

它反映了包层与光纤芯折射率的接近程度。当 $\Delta \ll 1$ 时，称此光纤为**弱传导光纤**，此时 $\beta \approx n_2 k$，光纤近似工作在线极化状态。

(3) **折射率分布因子** g：光纤的**折射率分布**因子 g 是描述光纤折射率分布的参数。一

般情况下，光纤折射率随径向变化如式(4-86)所示

$$n(r)=\begin{cases}n_1\left[1-2\Delta\left(\dfrac{r}{a}\right)^g\right] & r\leqslant a\\ n_2 & r\geqslant a\end{cases}\tag{4-86}$$

式中，a 为光纤芯半径。对阶跃型光纤而言，$g\to\infty$。对于渐变型光纤，g 为某一常数。当 $g=2$ 时，为抛物型光纤。

(4) 数值孔径 NA：光纤的**数值孔径** NA 是描述光纤收集光能力的一个参数。从几何光学的关系看，并不是所有的入射到光纤端面上的光都能进入光纤内部进行传播，都能从光纤入射端进去从出射端出来，而只有角度小于某一个角度 θ 的光线，才能在光纤内部传播，如图 4.23 所示。我们将这一角度的正弦值定义为光纤数值孔径，即

$$NA=\sin\theta\tag{4-87}$$

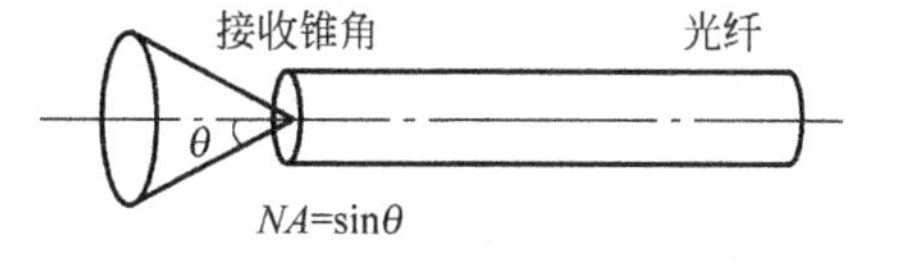

图 4.23 光纤波导的数值孔径 NA

光纤的数值孔径 NA 还可以用相对折射率差 Δ 来描述

$$NA=n_1(2\Delta)^{1/2}\tag{4-88}$$

这说明为了取得较大的数值孔径，相对折射率差 Δ 应取大一些。

4. 光纤的传输特性

描述光纤传输特性的参数主要有光纤的损耗和色散。

(1) 光纤的损耗：引起光纤的损耗的主要原因大致有光纤材料不纯、光纤几何结构不完善及光纤材料的本征损耗等。为此可将光纤损耗大致分为吸收损耗、散射损耗和其他损耗。损耗影响了传输距离。

吸收损耗是指光在光纤中传播时，被光纤材料吸收变成热能的一种损耗，它主要包括：本征吸收、杂质吸收和原子缺陷吸收。散射损耗是指由于光纤结构的不均匀，光波在传播过程中变更传播方向，使本来沿内部传播的一部分光由于散射而跑到光纤外面去了。散射的结果是使光波能量减少。散射损耗有瑞利散射损耗、非线性效应散射损耗和波导效应散射损耗等。其他损耗包括由于光纤的弯曲或连接等引起的信号损耗等。

单模光纤波长与损耗的关系曲线如图 4.24 所示，由图 4.24 可见，在 1.3μm 和 1.55μm 波长附近损耗较低，且带宽较宽。

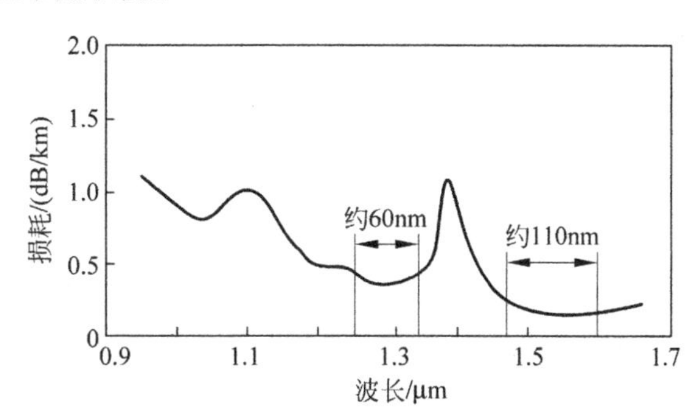

图 4.24 单模光纤波长与损耗的关系曲线

不管是哪种损耗，都可归纳为光在光纤传播过程中引起的功率衰减。一般用衰减常数 α 来表示

$$a=-\frac{P_0(dB_m)-P_1(dB_m)}{L}\quad(\mathrm{dB/km})\tag{4-89}$$

式中，P_0、P_1 分别是入端和出端功率，L 是光纤长度。当功率采用 dB_m 表示时，衰减常数 α 可用下列公式来表示

$$a=-\frac{P_0(dB_m)-P_1(dB_m)}{L}\quad(\mathrm{dB/km})\tag{4-90}$$

(2) 光纤的色散：所谓光纤的色散是指光纤传播的信号波形发生畸变的一种物理现象，表现为使光脉冲宽度展宽。光脉冲变宽后有可能使到达接收端的前后两个脉冲无法分辨，因此脉冲加宽就会限制传送数据的速率，从而限制了通信容量。光纤色散主要有材料色散、波导色散和模间色散三种色散效应。

材料色散就是由于制作光纤的材料随着工作频率 ω 的改变而变化，也即光纤材料的折射率不是常数，而是频率的函数($n=n(\omega)$)，从而引起色散。波导色散是由于波导的结构引起的色散，主要体现在相移常数 β 是频率的函数，在传输过程中，含有一定频谱的调制信号，其各个分量经受不同延迟，必然使信号发生畸变。模间色散是由于光纤中不同模式有不同的群速度，从而在光纤中传输时间不一样，同一波长的输入光脉冲，不同的模式将先后到达输出端，在输出端叠加形成展宽了的脉冲波形。显然，只有多模光纤才会存在模间色散。

通常用时延差来表示色散引起的光脉冲展宽程度。对材料色散引起的时延差 $\Delta\tau_m$ 可表示为

$$\Delta\tau_m=\frac{L}{c}\cdot\frac{\Delta\lambda}{\lambda}\lambda^2\frac{\mathrm{d}^2n}{\mathrm{d}\lambda^2}=-L\frac{\Delta\lambda}{\lambda}D_n\tag{4-91}$$

其中，c 为真空中光速；L 为光纤长度；$\Delta\lambda/\lambda$ 为光源的相对谱线宽度；D_n 称为材料色散系数。

由波导色散引起的时延差 $\Delta\tau_\beta$ 可表示为

$$\Delta\tau_\beta=-L\frac{\lambda}{\omega}\frac{\mathrm{d}\beta}{\mathrm{d}\lambda}\tag{4-92}$$

其中，$\beta^2=n_1^2k_0^2-k_{c_1}^2$ ($k_0=\omega\sqrt{u_0\varepsilon_0}$，$k_{c_1}$ 为截止波数)。

可见，材料色散与波导色散随波长的变化呈相反的变化趋势，所以总会存在着两种色散大小相等符号相反的波长区，也就是总色散为零或很小的区域。1.55μm 零色散单模光纤就是根据这一原理制成的。

4.7 小结

本章研究了微波集成电路广泛应用或有潜在应用的几种微波集成传输线的特性，包括带状线、微带线、耦合微带线、共面波导、介质波导、介质镜像线、H 形波导和光纤。

带状线又称三板线，是一种均匀介质填充的双接地板平面传输线，传输 TEM 模，适用制作高性能无源元件。带状线可以用准静态的分析方法求得单位长分布电容 C 和分布电感 L，进而确定其特性阻抗 Z_0、波导波长 λ_g 等参数。带状线电路的设计是选定基片(已知 ε_r

和 b)，计算导体带 ω 和长度宽度。

微带线是一种可用光刻程序制作的不对称微波集成传输线。微带线中传输模的特性与TEM模相差很小，称为准TEM模，常用分析方法有三种：准静态法、色散模型法和全波分析法。只要求得空气微带线的特性阻抗 Z_0^a 及有效介电常数 ε_e，则介质微带线的特性阻抗就可求得。工程上一般采用近似公式法(分 $t\approx0$ 和 $t\neq0$ 两种情况)、曲线法和查表法三种方法。

耦合微带传输线简称耦合微带线，它由两根平行放置、彼此靠得很近的微带线构成。有不对称和对称两种结构。对于对称耦合微带线，可以将激励分为**奇模激励**和**偶模激励**。与单根微带线一样，耦合微带线为非均匀介质填充，其传输模式为混合模。用准静态法分析就是引入有效介电常数为 ε_e 的均匀介质，代替耦合微带线的混合介质，但由于耦合微带线存在奇模和偶模激励两种状态，所以有效介电常数也分为奇模有效介电常数 ε_{eo} 和耦模有效介电常数 ε_{ee}。可以用曲线法求耦合微带的特性阻抗并进行尺寸设计。共面波导和共面带状线能支持准TEM模的传播，其特性分析的简单方法是用准静态方法，但在高频时其上完全为非TEM模，需应用全波分析法求解。

圆形介质波导主要用作介质天线。圆形介质波导由半径为 a、相对介电常数为 ε_r($\mu_r=1$)的介质圆柱组成，圆形介质波导不存在纯 TE_{mn} 和 TM_{mn} 模，但存在 TE_{0n} 和 TM_{0n} 模，一般情况下为混合 HE_{mn} 模和 EH_{mn} 模，主模为 HE_{11} 模。介质镜像线多种多样，常用的是圆形介质镜像线和矩形介质镜像线。H形波导由两块平行的金属板中间插入一块介质条带组成，与传统的金属波导相比，H形波导具有制作工艺简单、损耗小、功率容量大、激励方便等优点。H形波导的传输模式通常是混合模式，可分为LSM和LSE两类，并且又分为奇模和偶模。

光纤是由折射率为 n_1 的光学玻璃拉成的纤维作芯，表面覆盖一层折射率为 n_2($n_2<n_1$)的玻璃或塑料作为套层所构成，也可以在低折射率 n_2 的玻璃细管内充以折射率为 n_1($n_2<n_1$)的介质。光纤的传输模式为 TE_{on}、TM_{on} 模及混合模 HE_{mn} 模(纵磁波)和 EH_{mn} 模(纵电波)，光纤的主模为 HE_{11} 模。描述光纤的基本参数除了光纤的直径 D 外，还有光波波长 λ_g、光纤芯与包层的相对折射率差 Δ、折射率分布因子 g 以及数值孔径 NA。

习题

4-1 填空题

(1) 微波集成传输线，可分为四大类：________、________、________和________。

(2) 带状线又称________，是一种均匀介质填充的双接地板平面传输线，传输________，适用制作高性能无源元件。

(3) 微带线是一种可用光刻程序制作的不对称微波集成传输线，传输________，常用分析方法有________、________和________。

(4) 耦合微带传输线简称耦合微带线，它由两根平行放置、彼此靠得很近的微带线构成，有________和________对称两种结构。对于对称耦合微带线，可以将激励分为________和________。

(5) 圆形介质波导不存在纯________和________模，但存在________和________模，一

般情况下为混合________模和________模，主模为________模。

(6) H形波导的传输模式通常是混合模式，可分为________和________两类，并且又分为奇模和偶模。

(7) 矩形介质镜像线可支持________和________模，但由于有接地金属板，将使在介质波导中心处激励最强电场分量的________模短路掉，故镜像线中只存在________模，其基模为________模，因此介质波导具有较大的单模工作带宽。

(8) 1966年，华裔物理学家、被誉之为“光纤之父”的电机工程专家________，在*PIEE*杂志上发表论文“________”，首次提出用玻璃纤维作为光波导用于通讯的理论。

(9) 光纤的传输模式为________、________模及混合模________模和________模，光纤的主模为________模。

(10) 描述光纤的基本参数除了光纤的直径D外，还有________、光纤芯与包层的相对折射率差Δ、________以及________。

4-2 一根以聚四氟乙烯($\varepsilon_r=2.1$)为填充介质的带状线，已知$b=5$mm，$t=0$，$w=2$mm，求此带状线的特性阻抗及其不出现高次模式的最高工作频率。

4-3 已知某微带的导带宽度为$w=2$mm，厚度$t=0.01$mm，介质基片厚度$h=0.8$mm，相对介电常数$\varepsilon_r=9.6$，若微带中传输信号频率为6GHz，求：

(1) 此微带的有效介电常数ε_e及特性阻抗Z_0。

(2) 相速度和波导波长。

4-4 已知微带线$w=2.5$mm，厚度$t\to 0$，介质基片厚度$h=0.08$mm，相对介电常数$\varepsilon_r=3.78$，求微带线的有效填充因子q、有效介电常数ε_e及特性阻抗Z_0(设空气微带特性阻抗$Z_0^a=70\Omega$)。

4-5 已知微带线的特性阻抗$Z_0=50\Omega$，介质基片为相对介电常数$\varepsilon_r=9.6$的氧化铝陶瓷，设介质损耗正切$\tan\delta=0.2\times10^{-2}$，工作频率为10GHz，求介质衰减常数$\alpha_d$。

4-6 在介质基片厚度$h=1$mm，相对介电常数$\varepsilon_r=9.6$的陶瓷基片上制作$\lambda_g/4$的50Ω的微带线，试设计其导带宽度和长度(微带中传输信号频率为6GHz，导带厚度$t\approx 0$)。

4-7 已知某耦合微带线，介质为空气时奇偶模特性阻抗为$Z_{0o}=36\Omega$、$Z_{0e}=70\Omega$，实际介质$\varepsilon_r=9$时的奇偶模填充因子为$q_o=0.4$，$q_e=0.6$，工作频率为9.375GHz，试求介质填充耦合微带线的奇偶模特性阻抗、相速度和波导波长。

4-8 阶跃光纤纤芯和包层的折射率分别为$n_1=1.51$，$n_2=1.50$，周围介质为空气。求：

(1) $\lambda=820$nm的单模光纤直径；

(2) 此光纤的NA和入射线的入射角范围。

第5章 微波网络基础

网络是一种抽象化的物理模型，它由物理元件相互连接而成，在其端对间进行物理量的转化，而网络元件则是实际器件的抽象概括。根据所转换物理量的类别，网络可分为电气网络，非电气网络和混合网络。微波网络就是工作在微波波段的电气网络，它们由分布参数电路和集总参数电路组合而成，是实际微波结构中最常见的网络模型。利用网络参数矩阵描述和研究微波结构的理论包括网络分析和网络综合。网络分析就是已知微波网络(微波元件)的结构尺寸，分析网络的参量和工作特性。网络综合就是已知微波元件的技术指数，来确定微波元件的结构尺寸。本章从导波传输系统的等效电压、等效电流出发引入等效传输线，进而导出线性网络的各种矩阵参量，并讨论各种微波网络参数的特性与应用，为进一步分析微波系统打下基础。

5.1 微波网络等效原理

5.1.1 微波结构电特性和微波元件的网络描述法

1. 对微波结构电特性的描述法

对微波结构电特性有三种描述法，即

(1) 场描述：适用于分析各种微波结构，能全面描述其内部和外部特性，但实际对复杂结构的描述是有困难的。

(2) 等效电路描述：能在一定程度上描述微波结构的内部和外部特性，不过仅在一定频率下是准确的，而且并非所有微波结构都适用于等效电路来描述。

(3) 网络参数矩阵描述：具有简练、高度概括的特点，它适用于各种微波结构，特别是复杂的微波结构，但它只是描述外部特性(或端部特性)。

2. 微波元件的网络表示法

(1) 等效条件(进出等效)：微波元件和网络传输主模的功率应相等，可用能量守恒定律分析。

(2) 等效方法：微波各端口的规则波导段等效为一对双导线(分布参数电路)，而将其不连续性等效为集总参数网络。

3. 微波网络与低频网络的异同点

微波网络与低频网络的相同点都是用网络参量来表征网络的外部特性，服从基尔霍夫定律，网络可等效为T形、Γ形、Π形。

微波网络与低频网络的不同点：

(1) 微波网络的参量不是单一的，而且有许多个；微波网络形式与传输的模式有关，若传输单一模式，则等效为一个 N 端口网络；若每个波导中传输 m 个模式，则应等效为 $N\times m$ 端口网络。

(2) 微波网络电压，电流是不确定的，而低频是确定的。

(3) 微波网络参量与所选择的参考面的位置有关。参考面是指均匀区段与不均匀区段的分界线。参考面的选择，原则上是任意的，但必须垂直于各端口波导的轴线，并且远离不均匀区，使其上没有高次模，只有相应的传输模(一般为主模)。

5.1.2 等效电压和等效电流

均匀传输理论是建立在TEM传输线的基础上的，因此电压和电流有明确的物理意义，而且电压和电流只与纵向坐标 z 有关，与横截面无关，而实际的非TEM传输线，如金属波导等，其电磁场 E 与 H 不仅与 z 有关，还与 x、y 有关，这时电压和电流的意义十分不明确，例如在矩形波导中，电压值取决于横截面上两点的选择，而电流还可能有横向分量。因此有必要引入等效电压和电流的概念，从而将均匀传输线理论应用于任意导波系统，这就是等效传输线理论。

为定义任意传输系统某一参考面上的电压和电流，作以下规定：

(1) 电压 $U(z)$ 和电流 $I(z)$ 分别与 E_t 和 H_t 成正比。

(2) 电压 $U(z)$ 和电流 $I(z)$ 共轭乘积的实部应等于平均传输功率。

(3) 电压和电流之比应等于对应的等效特性阻抗值。

对任一导波系统，不管其横截面形状如何(双导线、矩形波导、圆形波导、微带等)，也不管传输哪种波形(TEM波、TE波、TM波等)，其横向电磁场总可以表示为

$$\begin{cases} E_t(x,y,z) = \sum e_k(x,y)U_{k(z)} \\ H_t(x,y,z) = \sum h_k(x,y)I_{k(z)} \end{cases} \tag{5-1}$$

式中，$e_k(x,y)$、$h_k(x,y)$ 是二维实函数，代表了横向场的模式横向分布函数，$U_k(z)$、$I_k(z)$ 都是一维标量函数，它们反映了横向电磁场各模式沿传播方向的变化规律，故称为模式等效电压和模式等效电流。需要指出的是这里定义的等效电压、等效电流是形式上的，它具有不确定性，上面的约束只是为讨论方便，下面给出在上面约束条件下模式分布函数应满足的条件。

由电磁场理论可知，各模式的传输功率可由式(5-2)给出

$$\begin{aligned} P &= \frac{1}{2}R_e\int E_t(x,y,z)\times H_t^*(x,y,z)\cdot \mathrm{d}s \\ &= \frac{1}{2}R_e[U(z)I^*(z)]\int e_t(x,y)\times h_t(x,y)\cdot \mathrm{d}s \end{aligned} \tag{5-2}$$

由规定(2)可知,e_k、h_k应满足:

$$\int e_t(x,y) \times h_t(x,y) \cdot \mathrm{d}s = 1 \tag{5-3}$$

由电磁场理论可知,各模式的波阻抗为

$$Z_w = \frac{E_t}{H_t} = \frac{e_k(x,y)U_K(z)}{h_k(x,y)I_K(z)} = \frac{e_k}{h_k}Z_{ek} \tag{5-4}$$

其中,Z_{ek} 为该模式等效特性阻抗。

综上所述,为唯一地确定等效电压和电流,在选定模式特性阻抗条件下,各模式横向分布函数还应满足

$$\begin{cases} \int e_k \times h_k \cdot \mathrm{d}s = 1 \\ \dfrac{e_k}{h_k} = \dfrac{Z_w}{Z_{ek}} \end{cases} \tag{5-5}$$

【例 5-1】 求出矩形波导 TE_{10} 模的等效电压、等效电流和等效特性阻抗。

【解】 由矩形波导内容可知,矩形波导 TE_{10} 模场分量为

$$\begin{cases} E_y = E_{10}\sin\dfrac{\pi x}{a}\mathrm{e}^{-\mathrm{j}\beta z} = e_{10}(x)U(z) \\ H_x = -\dfrac{E_{10}}{Z_{TE_{10}}}\sin\dfrac{\pi x}{a}\mathrm{e}^{-\mathrm{j}\beta z} = h_{10}(x)I(z) \end{cases} \tag{5-6}$$

其中,TE_{10}的波阻抗

$$Z_{TE_{10}} = \frac{\sqrt{\mu_0/\varepsilon_0}}{1-(\lambda/2a)^2}$$

可见所求的模式等效电压、等效电流可表示为

$$\begin{cases} U(Z) = A_1\mathrm{e}^{-\mathrm{j}\beta z} \\ I(z) = \dfrac{A_1}{Z_e}\mathrm{e}^{-\mathrm{j}\beta z} \end{cases} \tag{5-7}$$

式中,Z_e 为模式特性阻抗,现取 $Z_e = \dfrac{b}{a}Z_{TE_{10}}$,我们来确定 A_l。

由式(5- 6)及式(5-7)可得

$$\begin{cases} e_{10}(x) = \dfrac{E_{10}}{A_1}\sin\dfrac{\pi x}{a} \\ h_{10}(x) = -\dfrac{E_{10}}{A_1}\dfrac{Z_e}{Z_{TE_{10}}}\sin\dfrac{\pi x}{a} \end{cases} \tag{5-8}$$

由式(5-5)可推得

$$\begin{cases} \dfrac{E_{10}^2}{A_1^2}\dfrac{Z_e}{Z_{TE_{10}}}\dfrac{ab}{2} = 1 \\ A_1 = \dfrac{b}{\sqrt{2}}E_{10} \end{cases} \tag{5-9}$$

于是,唯一确定了矩形波导 TE_{10} 模的等效电压和等效电流,即

$$\begin{cases} U(z) = \dfrac{b}{\sqrt{2}}E_{10}\mathrm{e}^{-\mathrm{j}\beta z} \\ I(z) = \dfrac{a}{\sqrt{2}}\dfrac{E_{10}}{Z_{TE_{10}}}\mathrm{e}^{-\mathrm{j}\beta z} \end{cases} \tag{5-10}$$

此时波导任意点处的传输功率为

$$P=\frac{1}{2}Re[U(z)I^*(z)]=\frac{ab}{4}\frac{E_{10}^2}{Z_{\mathrm{TE}_{10}}} \tag{5-11}$$

这与矩形波导传输功率公式相同，这说明此等效电压和等效电流满足5.1.2节中的第(2)条规定。

5.1.3 模式等效传输线

由前面的分析可知，不均匀性的存在使传输系统中出现多模传输，由于每个模式的功率不受其他模式的影响，而且各模式的传播常数也各不相同，因此每一个模式可用一独立的等效传输线来表示。这样可把传输 N 个模式的导波系统等效为 N 个独立的模式等效传输线，每根传输线只传输一个模式，其特性阻抗及传播常数各不相同，如图5.1所示。

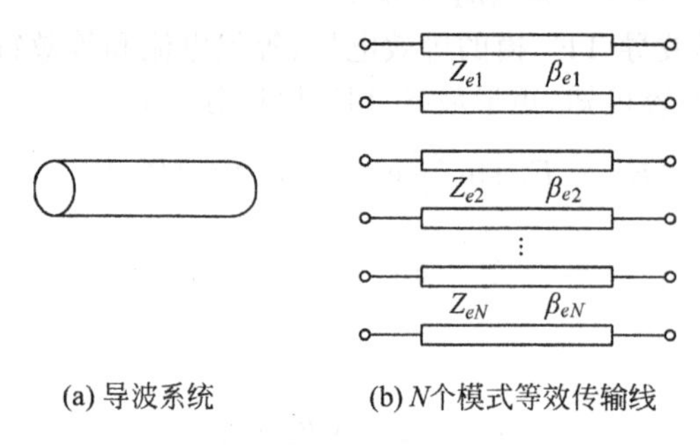

图5.1 多模传输线的等效

另一方面，由不均匀性引起的高次模，通常不能在传输系统中传播，其振幅按指数规律衰减。因此高次模的场只存在于不均匀区域附近，它们是局部场。在离开不均匀处远一些的地方，高次模式的场就衰减到可以忽略的地步，因此在那里只有工作模式的入射波和反射波。通常把参考面选在这些地方，从而将不均匀性问题化为等效网络来处理。图5.2所示是导波系统中插入了一个不均匀体及其等效微波网络。

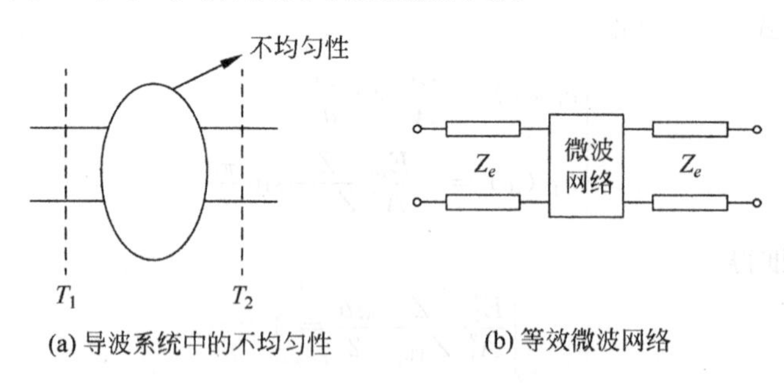

图5.2 导波系统中的不均匀性及其等效微波网络

建立在等效电压、等效电流和等效特性阻抗基础上的传输线称为等效传输线(Equivalence Transmission Line)，而将传输系统中不均匀性引起的传输特性的变化归结为等效微波网络(Equivalence Microwave Network)，这样均匀传输线中的许多分析方法均可用于等效传输线的分析。

5.2 单口网络

当一段规则传输线端接其他微波元件时，则在连接的端面引起不连续，产生反射。若将参考面 T 选在离不连续面较远的地方，则在参考面 T 左侧的传输线上只存在主模的入射波和反射波，可用等效传输线来表示，而把参考面 T 以右部分作为一个微波网络，把传输线作为该网络的输入端面，这样就构成了单口网络(Single Port Network)，如图 5.3 所示。

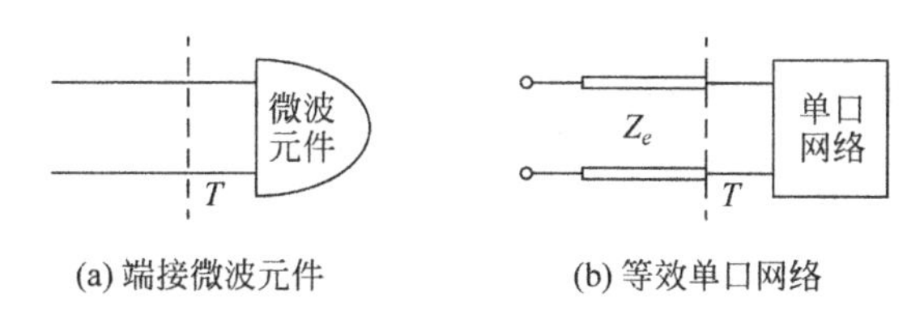

图 5.3 端接微波元件的传输线及其等效网络

1. 单口网络的传输特性

令参考面 T 处的电压反射系数为 Γ_l，由均匀传输线理论可知，等效传输线上任意点的反射系数为

$$\Gamma(z) = |\Gamma_l| \mathrm{e}^{\mathrm{j}(\phi_1 - 2\beta z)}$$

而等效传输线上任意点等效电压、电流分别为

$$\begin{cases} U(z) = A_l[1 + \Gamma(z)] \\ I(z) = \dfrac{A_l}{Z_e}[1 - \Gamma(z)] \end{cases} \tag{5-12}$$

式中，Z_e 为等效传输线的等效特性阻抗。传输线上任意一点输入阻抗为

$$Z_{\text{in}}(z) = Z_e \frac{1 + \Gamma(z)}{1 - \Gamma(z)} \tag{5-13}$$

任意点的传输功率为

$$P(z) = \frac{1}{2} Re[U(z) I^*(z)] = \frac{|A_l|^2}{2|Z_e|}[1 - |\Gamma(z)|^2] \tag{5-14}$$

2. 归一化电压和电流

由于微波网络比较复杂，因此在分析时通常采用归一化阻抗，即将电路中各个阻抗用特性阻抗归一，与此同时，电压和电流也要归一。

一般定义

$$\begin{cases} u = \dfrac{U}{\sqrt{Z_e}} \\ i = I\sqrt{Z_e} \end{cases} \tag{5-15}$$

分别为归一化电压和电流，显然作归一化处理后，电压 u 和电流 i 仍满足

$$P_{\text{in}} = \frac{1}{2} Re[vi^*] = \frac{1}{2} Re[V(z) I^*(z)] \tag{5-16}$$

任意点的归一化输入阻抗为

$$\tilde{z}_{\text{in}} = \frac{Z_{\text{in}}}{Z_e} = \frac{1+\Gamma(z)}{1-\Gamma(z)} \tag{5-17}$$

于是,单口网络可用传输线理论来分析。

5.3 阻抗导纳矩阵和 *ABCD* 矩阵

5.3.1 多端口网络阻抗和导纳矩阵

1. 多端口网络阻抗和导纳矩阵的定义

前面定义了 TEM 和非 TEM 波导的等效电压和等效电流,即可应用电路的阻抗和导纳矩阵,来建立微波网络的各端口的电压和电流的关系,进而描述微波网络的特性。这种描述方法在讨论诸如耦合器和滤波器之类无源元件的设计时十分有用。

图 5.4 所示为任意 N 端口微波网络,图中的各端口可以是任意形式的传输线或单模波导的等效传输线。若网络的某端口是传输多个模的波导,则在该端口为多对等效传输线。

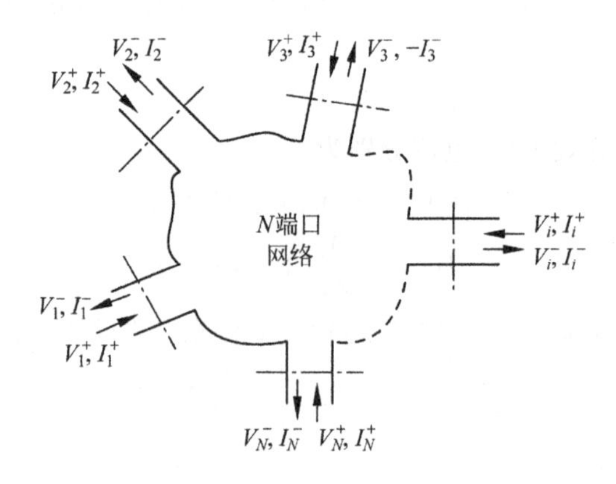

图 5.4 任意 N 端口微波网络

定义第 i 端口参考面 t_i 处的等效入射波电压和电流为 V_i^+,I_i^+,反射波电压和电流为 V_i^-,I_i^-,假设参考面 t_1 处的电压为 V_1,电流为 I_1,t_i 处的电压为 V_i,电流为 I_i。由前面所学知识可知,具有正向和反向行波的任意波导模式定义为等效电压波和电流波为

$$\begin{cases} V(z) = V^+ \mathrm{e}^{-\mathrm{j}\beta z} + V^- \mathrm{e}^{\mathrm{j}\beta z} \\ I(z) = I^+ \mathrm{e}^{-\mathrm{j}\beta z} - I^- \mathrm{e}^{\mathrm{j}\beta z} \end{cases} \quad \text{(始端条件解)} \tag{5-18}$$

令 $z=0$,得到第 i 端的总电压和总电流为

$$\begin{cases} V_i = V_i^+ + V_i^- \\ I_i = I_i^+ - I_i^- \end{cases} \tag{5-19}$$

以 $I_1, I_2, \cdots, I_N$ 为自变量,$V_1, V_2, \cdots, V_N$ 为因变量,对线性网络,N 端口微波网络的阻抗矩阵方程则为

$$\begin{pmatrix} V_1 \\ V_2 \\ \cdots \\ V_N \end{pmatrix} = \begin{pmatrix} Z_{11} & Z_{12} & \cdots & Z_{1N} \\ Z_{21} & Z_{22} & \cdots & Z_{2N} \\ \cdots & \cdots & & \cdots \\ Z_{N1} & Z_{N2} & \cdots & Z_{NN} \end{pmatrix} \begin{pmatrix} I_1 \\ I_2 \\ \cdots \\ I_N \end{pmatrix} \tag{5-20}$$

或者记为

$$[\boldsymbol{V}] = [\boldsymbol{Z}][\boldsymbol{I}] \tag{5-21}$$

同样可以得到导纳矩阵方程为

$$\begin{pmatrix} I_1 \\ I_2 \\ \cdots \\ I_N \end{pmatrix} = \begin{pmatrix} Y_{11} & Y_{12} & \cdots & Y_{1N} \\ Y_{21} & Y_{22} & \cdots & Y_{2N} \\ \cdots & \cdots & & \cdots \\ Y_{N1} & Y_{N2} & \cdots & Y_{NN} \end{pmatrix} \begin{pmatrix} V_1 \\ V_2 \\ \cdots \\ V_N \end{pmatrix} \tag{5-22}$$

或者记为

$$[\boldsymbol{I}] = [\boldsymbol{Y}][\boldsymbol{V}] \tag{5-23}$$

$[\boldsymbol{Z}]$和$[\boldsymbol{Y}]$矩阵互为逆矩阵，即

$$[\boldsymbol{Y}] = [\boldsymbol{Z}]^{-1} \tag{5-24}$$

2. 阻抗参数和导纳参数的物理意义及特性

(1) 阻抗参数的物理意义：阻抗参数 Z_{ij} 为

$$Z_{ij} = \left.\frac{V_i}{I_j}\right|_{I_k=0,k\neq j} \tag{5-25}$$

式(5-25)说明，Z_{ij}是所有其他端口开路时(因此 $I_k=0,k\neq j$)，用电流 I_j激励端口 j，测量端口 i 的开路电压而求得。因此，Z_{ii}是其他所有端口都开路时向端口 i 看去的输入阻抗；Z_{ij}则是其他所有端口都开路时端口 j 和端口 i 之间的转移阻抗。

(2) 导纳参数的物理意义：导纳参数 Y_{ij} 为

$$Y_{ij} = \left.\frac{I_i}{V_j}\right|_{V_k=0,k\neq j} \tag{5-26}$$

可见 Y_{ij}是其他所有端口都短路(因此 $V_k=0$，若 $k\neq j$)，用电压 V_j激励端口 j，测量端口 i 的短路电流来求得。

(3) 阻抗矩阵和导纳矩阵的特性

① 一般情况下，阻抗矩阵元素 Z_{ij} 和导纳矩阵元素 Y_{ij} 为复数，因而对于 N 端口网络，阻抗矩阵和导纳矩阵为 $N\times N$ 方矩阵，存在 N^2个独立变量。

② 假如网络是互易网络(不含任何非互易媒质，如铁氧体或等离子体或有源器件)，则阻抗和导纳矩阵是对称的，因而有 $Z_{ij}=Z_{ji}$，$Y_{ij}=Y_{ji}$。

③ 假如网络是无耗的，则所有 Z_{ij} 或 Y_{ij} 元素都是纯虚数。

④ 对于非 TEM 传输线，因难以定义和测量电压、电流，Z、Y 参数也难以测量，其测量所需参考面的开路和短路条件在微波频率下难以实现。

5.3.2 双端口网络阻抗和导纳矩阵

在各种微波网络中，双端口网络是最基本的，任意具有两个端口的微波元件均可视之为

双端口网络。图 5.5 为线性无源双端口网络(Linear Passive 2-Ports Network),端口上标明了电压和电流。设参考面 T_1 处的电压和电流分别为 V_1 和 I_1,而参考面 T_2 处电压和电流分别为 V_2、I_2,连接 T_1、T_2 端的广义传输线的特性阻抗分别为 Z_{e1} 和 Z_{e2}。

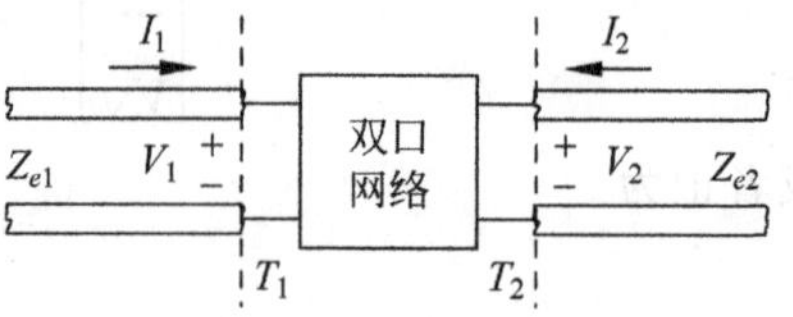

图 5.5 双端口网络

1. **双端口网络的阻抗矩阵**

现取 I_1、I_2 为自变量,V_1、V_2 为因变量,对线性网络有

$$\begin{cases} V_1 = Z_{11}I_1 + Z_{12}I_2 \\ V_2 = Z_{21}I_1 + Z_{22}I_2 \end{cases} \tag{5-27}$$

写成矩阵形式

$$\begin{pmatrix} V_1 \\ V_2 \end{pmatrix} = \begin{pmatrix} Z_{11} & Z_{12} \\ Z_{21} & Z_{22} \end{pmatrix} \begin{pmatrix} I_1 \\ I_2 \end{pmatrix} \tag{5-28}$$

或简写为

$$[\boldsymbol{V}] = [\boldsymbol{Z}][\boldsymbol{I}] \tag{5-29}$$

式中,$[\boldsymbol{V}]$为电压矩阵,$[\boldsymbol{I}]$为电流矩阵,而$[\boldsymbol{Z}]$是阻抗矩阵,其中 Z_{11}、Z_{22} 分别是端口"1"和"2"的自阻抗;Z_{12}、Z_{21} 分别是端口"1"和"2"的互阻抗。各阻抗参量的定义如下:

$Z_{11} = \left.\dfrac{V_1}{I_1}\right|_{I_2=0}$ 为 T_2 面开路时,端口"1"的输入阻抗。

$Z_{12} = \left.\dfrac{V_1}{I_2}\right|_{I_1=0}$ 为 T_1 面开路时,端口"2"至端口"1"的转移阻抗。

$Z_{21} = \left.\dfrac{V_2}{I_1}\right|_{I_2=0}$ 为 T_2 面开路时,端口"1"至端口"2"的转移阻抗。

$Z_{22} = \left.\dfrac{V_2}{I_2}\right|_{I_1=0}$ 为 T_1 面开路时,端口"2"的输入阻抗。

由上述定义可见,$[\boldsymbol{Z}]$矩阵中的各个阻抗参数必须使用开路法测量,故也称为开路阻抗参数,而且由于参考面选择不同,相应的阻抗参数也不同。

对于互易网络有:

$$Z_{12} = Z_{21}$$

对于对称网络有:

$$Z_{11} = Z_{22}$$

若将各端口的电压和电流分别对自身特性阻抗归一化,则有

$$v_1 = \frac{V_1}{\sqrt{Z_{e1}}}, \quad i_1 = I_1\sqrt{Z_{e1}} \tag{5-30}$$

$$v_2 = \frac{V_2}{\sqrt{Z_{e2}}}, \quad i_2 = I_2\sqrt{Z_{e2}} \tag{5-31}$$

代入式(5-28)后,整理可得

$$[v] = [\tilde{z}][i] \tag{5-32}$$

其中,

$$[\tilde{z}]=\begin{bmatrix} Z_{11}/Z_{e1} & Z_{11}/\sqrt{Z_{e1}Z_{e2}} \\ Z_{21}/\sqrt{Z_{e1}Z_{e2}} & Z_{22}/Z_{e2} \end{bmatrix} \tag{5-33}$$

2. 双端口网络的导纳矩阵

在图 5.5 所示双端口网络中，以 V_1、V_2 为自变量，I_1、I_2 为因变量，则可得另一组方程

$$\begin{cases} I_1 = Y_{11}V_1 + Y_{12}V_2 \\ I_2 = Y_{21}V_1 + Y_{22}V_2 \end{cases} \tag{5-34}$$

写成矩阵形式

$$\begin{pmatrix} I_1 \\ I_2 \end{pmatrix} = \begin{pmatrix} Y_{11} & Y_{12} \\ Y_{21} & Y_{22} \end{pmatrix}\begin{pmatrix} V_1 \\ V_2 \end{pmatrix} \tag{5-35}$$

简写为

$$[\boldsymbol{I}] = [\boldsymbol{Y}][\boldsymbol{V}] \tag{5-36}$$

$Y_{11} = \left.\dfrac{I_1}{V_1}\right|_{V_2=0}$ 表示 T_2 面短路时，端口“1”的输入导纳。

$Y_{12} = \left.\dfrac{I_1}{V_2}\right|_{V_1=0}$ 表示 T_1 面短路时，端口“2”至端口“1”的转移导纳。

$Y_{21} = \left.\dfrac{I_2}{V_1}\right|_{V_2=0}$ 表示 T_2 面短路时，端口“1”至端口“2”的转移导纳。

$Y_{22} = \left.\dfrac{I_2}{V_2}\right|_{V_1=0}$ 表示 T_1 面短路时，端口“2”的输入导纳。

由上述定义可知，$[\boldsymbol{Y}]$矩阵中的各参数必须用短路法测得，称这些参数为短路导纳参数。其中，Y_{11}、Y_{22}为端口 1 和端口 2 的自导纳，而 Y_{12}、Y_{21}为端口“1”和端口“2”的互导纳。

对于互易网络有

$$Y_{12}=Y_{21}$$

对于对称网络有

$$Y_{11}=Y_{22}$$

用归一化表示则有

$$[i] = [\bar{y}][v] \tag{5-37}$$

其中

$$i_1 = I_1/\sqrt{Y_{e1}} \quad i_2 = I_2/\sqrt{Y_{e2}} \quad v_1 = V_1\sqrt{Y_{e1}} \quad v_2 = V_2\sqrt{Y_{e2}}$$

而

$$[\bar{y}]=\begin{bmatrix} Y_{11}/Y_{e1} & Y_{12}/\sqrt{Y_{e1}Y_{e2}} \\ Y_{21}/\sqrt{Y_{e1}Y_{e2}} & Y_{22}/Y_{e2} \end{bmatrix} \tag{5-38}$$

对于同一双端口网络阻抗矩阵$[\boldsymbol{Z}]$和导纳矩阵$[\boldsymbol{Y}]$有以下关系

$$\begin{cases} [\boldsymbol{Z}][\boldsymbol{Y}] = [\boldsymbol{E}] \\ [\boldsymbol{Y}] = [\boldsymbol{Z}]^{-1} \end{cases} \tag{5-39}$$

式中，$[\boldsymbol{E}]$为单位矩阵。

5.3.3 *ABCD* 矩阵

1. *ABCD* 矩阵的建立

ABCD 矩阵也称转移矩阵或[***A***]矩阵，是用来描述二端口网络输入端口的总电压和总电流与输出端口的总电压和总电流的关系，它在研究网络级联特性时特别方便。在图 5.5 所示的等效网络中，若用端口“2”的电压 V_2、电流 $-I_2$（也可用 I_2' 表示，$I_2'=-I_2$）作为自变量，而端口“1”的电压 V_1 和电流 I_1 作为因变量，则可得如下线性方程组

$$\begin{cases} V_1 = AV_2 + B(-I_2) \\ I_1 = CV_2 + D(-I_2) \end{cases} \tag{5-40}$$

由于电流 I_2 的正方向如图 5.5 所示，而网络转移矩阵规定的电流参考方向指向网络外部，因此在 I_2 前加负号。这样规定，在实用中更为方便。将式(5-40)写成矩阵形式，则有

$$\begin{bmatrix} V_1 \\ I_1 \end{bmatrix} = \begin{bmatrix} A & B \\ C & D \end{bmatrix} \begin{bmatrix} V_2 \\ -I_2 \end{bmatrix} \tag{5-41}$$

简写为

$$[\psi_1] = [\boldsymbol{A}][\psi_2] \tag{5-42}$$

式中，$[\boldsymbol{A}] = \begin{bmatrix} A & B \\ C & D \end{bmatrix}$ 称为网络的 ***ABCD*** 矩阵，简称[***A***]矩阵。

2. *ABCD* 矩阵元素的物理意义

ABCD 矩阵各参量的物理意义如下：

$A = \left.\dfrac{V_1}{V_2}\right|_{I_2=0}$ 表示 T_2 开路时电压的转移参数。

$B = \left.\dfrac{V_1}{-I_2}\right|_{V_2=0}$ 表示 T_2 短路时转移阻抗。

$C = \left.\dfrac{I_1}{V_2}\right|_{I_2=0}$ 表示 T_2 开路时转移导纳。

$D = \left.\dfrac{I_1}{-I_2}\right|_{V_2=0}$ 表示 T_2 短路时电流的转移参数。

若将网络各端口电压、电流对自身特性阻抗归一化后，得

$$\begin{bmatrix} v_1 \\ i_1 \end{bmatrix} = \begin{bmatrix} a & b \\ c & d \end{bmatrix} \begin{bmatrix} v_2 \\ -i_2 \end{bmatrix} \tag{5-43}$$

其中，$a=A\sqrt{Z_{e2}/Z_{e1}}$，$b=B/\sqrt{Z_{e1}Z_{e2}}$，$c=C\sqrt{Z_{e1}Z_{e2}}$，$d=D\sqrt{Z_{e1}/Z_{e2}}$。

3. *ABCD* 矩阵的特性

(1) 对于互易网络

$$AD - BC = ad - bc = 1 \tag{5-44}$$

(2) 对于对称网络

$$A = D \quad 或 \quad a = d \tag{5-45}$$

(3) 网络的级联：***ABCD*** 矩阵特别实用于分析二端口网络的级联，如图 5.6 所示，有

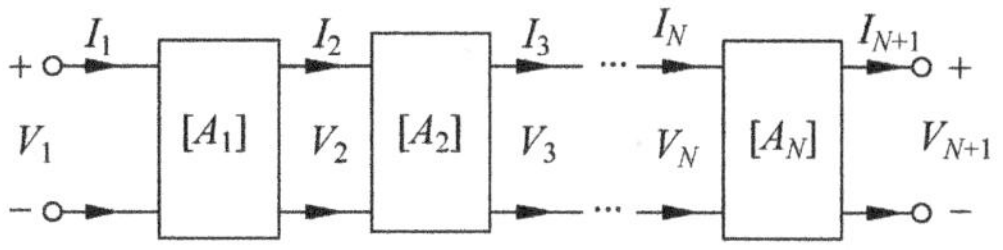

图 5.6　双端口网络的级联

$$\begin{pmatrix} V_1 \\ I_1 \end{pmatrix} = \begin{pmatrix} A_1 & B_1 \\ C_1 & D_1 \end{pmatrix} \begin{pmatrix} V_2 \\ I_2 \end{pmatrix}$$

$$\begin{pmatrix} V_2 \\ I_2 \end{pmatrix} = \begin{pmatrix} A_2 & B_2 \\ C_2 & D_2 \end{pmatrix} \begin{pmatrix} V_3 \\ I_3 \end{pmatrix}$$

$$\cdots$$

$$\begin{pmatrix} V_N \\ I_N \end{pmatrix} = \begin{pmatrix} A_N & B_N \\ C_N & D_N \end{pmatrix} \begin{pmatrix} V_{N+1} \\ I_{N+1} \end{pmatrix}$$

于是得到

$$\begin{pmatrix} V_1 \\ I_1 \end{pmatrix} = \begin{pmatrix} A_1 & B_1 \\ C_1 & D_1 \end{pmatrix} \begin{pmatrix} A_2 & B_2 \\ C_2 & D_2 \end{pmatrix} \cdots \begin{pmatrix} A_N & B_N \\ C_N & D_N \end{pmatrix} \begin{pmatrix} V_{N+1} \\ I_{N+1} \end{pmatrix}$$

$$\begin{pmatrix} V_1 \\ I_1 \end{pmatrix} = \prod_{i=1}^{N} \begin{pmatrix} A_i & B_i \\ C_i & D_i \end{pmatrix} \begin{pmatrix} V_{N+1} \\ I_{N+1} \end{pmatrix} = \begin{pmatrix} A & B \\ C & D \end{pmatrix}_{\text{级联}} \begin{pmatrix} V_{N+1} \\ I_{N+1} \end{pmatrix}$$

因此得到

$$\begin{pmatrix} A & B \\ C & D \end{pmatrix}_{\text{级联}} = \prod_{i=1}^{N} \begin{pmatrix} A_i & B_i \\ C_i & D_i \end{pmatrix} \tag{5-46}$$

即，级联二端口网络总的 ***ABCD*** 矩阵等于各单个二端口网络 ***ABCD*** 矩阵之积。

需要指出的是，矩阵乘法不满足交换律，因此在求矩阵乘积时，矩阵的前后次序必须与级联网络的排列次序完全一致。

(4) 输入阻抗的反射系数

当双端口网络输出端口参考面上接任意负载时，用转移参量求输入端口参考面上的输入阻抗和反射系数也较为方便，如图 5.7 所示。

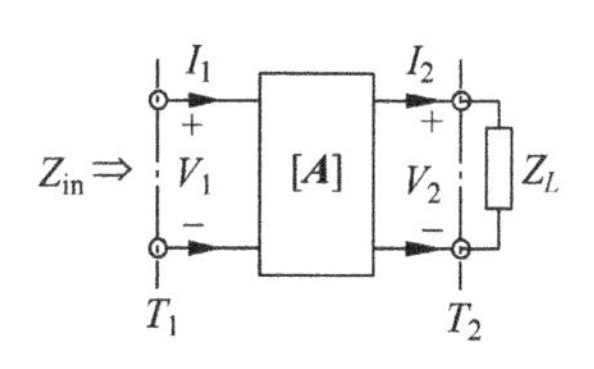

图 5.7　双端口网络终端接负载时的情形

参考面 T_2 处的电压 V_2 和电流 I_2 之间关系为 $Z_L = V_2/I_2$，而参考面 T_1 处的输入阻抗为

$$Z_{\text{in}} = \frac{V_1}{I_1} = \frac{AV_2 + BI_2}{CV_2 + DI_2} = \frac{AZ_L + B}{CZ_L + D} \tag{5-47}$$

而输入反射系数为

$$\Gamma_{\text{in}} = \frac{Z_{\text{in}} - Z_0}{Z_{\text{in}} + Z_0} = \frac{AZ_L + B - CZ_L Z_0 - DZ_0}{AZ_L + B + CZ_0 Z_L + DZ_0} \tag{5-48}$$

4. *ABCD* 矩阵与阻抗导纳矩阵的转换

前述三种网络矩阵各有用处，并且由于阻抗、导纳及 ***ABCD*** 矩阵均是描述网络各端口参考面上的电压、电流之间的关系，因此存在着转换关系。

① 已知 ***ABCD*** 矩阵,则[***Z***]矩阵为

$$[\boldsymbol{Z}] = \frac{1}{C}\begin{bmatrix} A & -BC+AD \\ 1 & D \end{bmatrix} \tag{5-49}$$

② 已知[***Z***]矩阵,则 ***ABCD*** 矩阵为

$$\begin{bmatrix} A & B \\ C & D \end{bmatrix} = \frac{1}{Z_{21}}\begin{bmatrix} Z_{11} & Z_{11}Z_{22}-Z_{12}Z_{21} \\ 1 & Z_{22} \end{bmatrix} \tag{5-50}$$

③ 已知 ***ABCD*** 矩阵,则[***Y***]矩阵为

$$[Y] = \frac{1}{B}\begin{bmatrix} D & BC-AD \\ -1 & A \end{bmatrix} \tag{5-51}$$

④ 已知[***Y***]矩阵,则 ***ABCD*** 矩阵为

$$\begin{bmatrix} A & B \\ C & D \end{bmatrix} = -\frac{1}{Y_{21}}\begin{bmatrix} Y_{22} & 1 \\ Y_{11}Y_{22}-Y_{12}Y_{21} & Y_{11} \end{bmatrix} \tag{5-52}$$

【例 5-2】 求如图 5.8 所示 T 形网络的[***Z***]矩阵、[***Y***]矩阵和 ***ABCD*** 矩阵。

【解】 可采用定义法,也可采用基尔霍夫定律(KVL、KCL)推导。

(1) [***Z***]矩阵

由[***Z***]矩阵的定义:

$$Z_{11} = \frac{V_1}{I_1}\bigg|_{I_2=0} = Z_a + Z_c$$

$$Z_{21} = \frac{V_1}{I_2}\bigg|_{I_1=0} = Z_c = Z_{21}$$

$$Z_{22} = \frac{V_2}{I_2}\bigg|_{I_1=0} = Z_b + Z_c$$

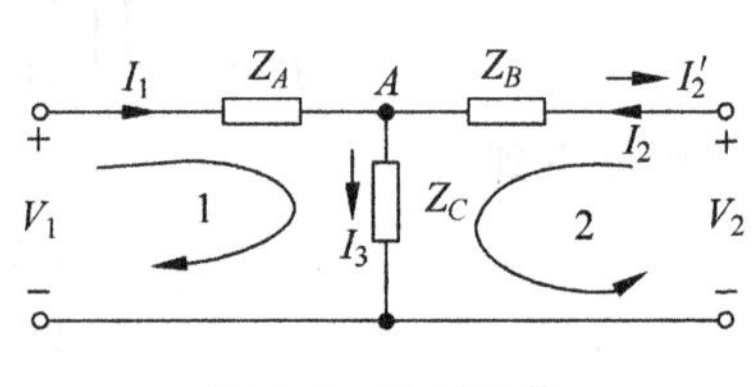

图 5.8 T 形网络

于是

$$[Z] = \begin{bmatrix} Z_a+Z_c & Z_c \\ Z_c & Z_b+Z_c \end{bmatrix}$$

(2) [***Y***]矩阵

$$[Y] = [Z]^{-1} = \frac{1}{Z_AZ_B+(Z_A+Z_B)Z_C}\begin{bmatrix} Z_B+Z_C & -Z_C \\ -Z_C & Z_A+Z_C \end{bmatrix}$$

注:二元阵逆的求法

$$\begin{bmatrix} A & B \\ C & D \end{bmatrix}^{-1} = \frac{1}{\begin{vmatrix} A & B \\ C & D \end{vmatrix}}\begin{bmatrix} D & -B \\ -C & A \end{bmatrix}$$

(3) ***ABCD*** 矩阵

在图 5.8*A* 点,由 KCL

$$I_3 = I_1 + I_2 = I_1 - I'_2$$

在图 5.8 回路 1,由 KVL

$$V_1 = Z_AI_1 + Z_CI_3 = (Z_A+Z_C)I_1 - Z_CI'_2$$

在图 5.8 回路 2,由 KVL

$$V_2 = Z_BI_2 + Z_CI_3 = Z_CI_1 - (Z_B+Z_C)I'_2$$

故

$$\begin{pmatrix} 1 & -(Z_A+Z_C) \\ 0 & Z_C \end{pmatrix}\begin{pmatrix} V_1 \\ I_1 \end{pmatrix} = \begin{pmatrix} 0 & -Z_C \\ 1 & Z_B+Z_C \end{pmatrix}\begin{pmatrix} V_2 \\ I_2' \end{pmatrix}$$

$$\begin{pmatrix} V_1 \\ I_1 \end{pmatrix} = \begin{pmatrix} 1 & -(Z_A+Z_C) \\ 0 & Z_C \end{pmatrix}^{-1}\begin{pmatrix} 0 & -Z_C \\ 1 & Z_B+Z_C \end{pmatrix}\begin{pmatrix} V_2 \\ I_2' \end{pmatrix}$$

则

$$\begin{pmatrix} A & B \\ C & D \end{pmatrix} = \begin{pmatrix} 1 & -(Z_A+Z_C) \\ 0 & Z_C \end{pmatrix}^{-1}\begin{pmatrix} 0 & -Z_C \\ 1 & Z_B+Z_C \end{pmatrix}$$

$$\begin{pmatrix} A & B \\ C & D \end{pmatrix} = \frac{1}{\begin{vmatrix} 1 & -(Z_A+Z_C) \\ 0 & Z_C \end{vmatrix}}\begin{pmatrix} Z_C & Z_A+Z_C \\ 0 & 1 \end{pmatrix}\begin{pmatrix} 0 & -Z_C \\ 1 & Z_B+Z_C \end{pmatrix}$$

$$= \frac{1}{Z_C}\begin{pmatrix} Z_A+Z_C & Z_AZ_B+Z_AZ_C+Z_BZ_C \\ 1 & Z_B+Z_C \end{pmatrix}$$

5.4 微波网络的散射矩阵及传输矩阵

Z 矩阵、***Y*** 矩阵和 ***ABCD*** 矩阵及其所描述的微波网络，都是建立在电压和电流概念基础上的，但微波系统无法实现真正的恒压源和恒流源，所以电压和电流在微波频率下已失去明确的物理意义。同时，Z 参数、Y 参数和 $ABCD$ 参数的测量不是要求端口开路就是要求端口短路，这在微波频率下也是难以实现的。但在信源匹配条件下，总可以对驻波系数、反射系数及功率等进行测量，即在与网络相连的各分支传输系统的端口参考面上入射波和反射波的相对大小和相对相位是可以测量的，而散射矩阵和传输矩阵就是建立在入射波和反射波基础上的网络参数矩阵。

5.4.1 微波网络的散射矩阵

1. 散射的概念及分类

散射指的是由电磁波投射到阻碍其传播的物体上，又从该物体向空间散射出去的现象。如果电磁波不是投射到空间的物体上，而是输入到一个具有波导端口的金属空腔内，那么，在空腔内它仍然要向四面八方散射，不过由于受到金属壁的阻挡，它不能任意散射，而只能由各个波导端口"散射"出去。散射参数所描述的就是这种物理现象。

散射参数有行波散射参数和功率散射参数之分，即普通散射参数和广义散射参数。普通散射参数的物理内涵是以特性阻抗 Z_0 匹配(恒等匹配)为核心，它在测量技术上的外在表现形态是电压驻波比(VSWR)；广义散射参数的物理内涵是以共轭匹配(最大功率匹配)为核心，它在测量技术上的外在表现形态是失配因子 M。本节重点讨论普通散射参数的定义和特性。

2. 普通散射参数的定义及物理意义

1) 归一化入射电压波和出射电压波

普通散射矩阵(Ordinary Scattering Matrix)是用网络各端口的入射电压波和出射电压

波来描述网络特性的波矩阵。如图5.9所示N端口网络,设$V_i(z)$,$I_i(z)$为第i端口参考面z处的电压和电流。

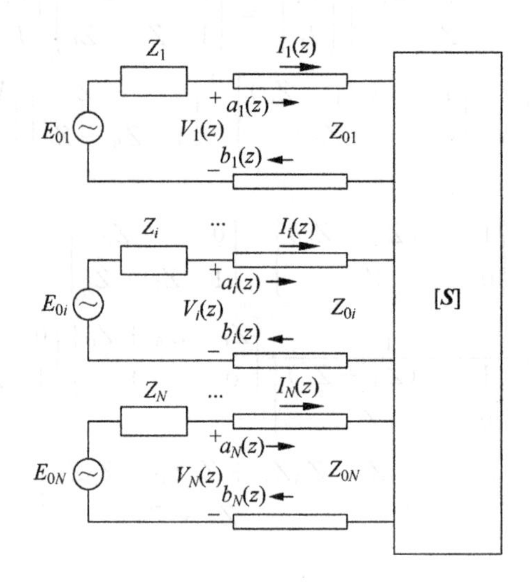

图5.9 与N端口网络相联系的行波

定义a_i为入射波电压V_i^+的归一化值,其有效值的平方等于入射波功率,即

$$a_i = \frac{V_i^+}{\sqrt{Z_{0i}}} \tag{5-53}$$

$$P_{\text{in}} = \frac{1}{2} \mid V_i^+ \mid^2 / Z_{0i} = \frac{1}{2} \mid a_i \mid^2 \tag{5-54}$$

定义b_i为出(反)射波电压V_i^-的归一化值,其有效值的平方等于出射波功率,即

$$b_i = \frac{V_i^-}{\sqrt{Z_{0i}}} \tag{5-55}$$

$$P_r = \frac{1}{2} \mid V_i^- \mid^2 / Z_{0i} = \frac{1}{2} \mid b_i \mid^2 \tag{5-56}$$

因为

$$V_i = V_i^+ + V_i^- \tag{5-57}$$

所以

$$V_i = (a_i + b_i) \sqrt{Z_{0i}} \tag{5-58}$$

又因为

$$Z_{0i} = \frac{V_i^+}{I_i^+} = -\frac{V_i^-}{I_i^-} \quad \Rightarrow \quad \begin{cases} I_i^+ = \dfrac{V_i^+}{Z_{0i}} \\ I_i^- = -\dfrac{V_i^-}{Z_{0i}} \end{cases} \tag{5-59}$$

$$I_i = I_i^+ + I_i^- = \frac{V_i^+}{Z_{0i}} - \frac{V_i^-}{Z_{0i}} \quad \Rightarrow \quad I_i = \frac{V_i^+}{\sqrt{Z_{0i}}\ \sqrt{Z_{0i}}} - \frac{V_i^-}{\sqrt{Z_{0i}}\ \sqrt{Z_{0i}}} \tag{5-60}$$

故

$$I_i = \frac{1}{\sqrt{Z_{0i}}}(a_i - b_i) \tag{5-61}$$

即

$$\begin{cases} V_i(z) = \sqrt{Z_{0i}}(a_i + b_i) \\ I_i(z) = \dfrac{1}{\sqrt{Z_{0i}}}(a_i - b_i) \end{cases} \tag{5-62}$$

由式(5-62)可求得

$$\begin{cases} a_i = \dfrac{1}{2}\left[\dfrac{V_i(z)}{\sqrt{Z_{0i}}} + \sqrt{Z_{0i}} I_i(z)\right] \\ b_i = \dfrac{1}{2}\left[\dfrac{V_i(z)}{\sqrt{Z_{0i}}} - \sqrt{Z_{0i}} I_i(z)\right] \end{cases} \tag{5-63}$$

式(5-62)和式(5-63)是建立散射参数的关键公式。

讨论：

① 第 i 端口 z 处的电压反射系数

$$\Gamma_i(z) = \frac{b_i}{a_i} = \frac{Z_i(z) - Z_{0i}}{Z_i(z) + Z_{0i}} \tag{5-64}$$

② 通过第 i 端口 z 处的功率

$$P_i = \frac{1}{2}Re\{V_i(z)I_i^*(z)\} = \frac{1}{2}\mid a_i\mid^2 - \frac{1}{2}\mid b_i\mid^2 \tag{5-65}$$

式(5-65)表示 z 处的净功率为入射波功率与出射波功率之差。这里的 Z_{0i} 是第 i 端口传输线的特性阻抗，一般为实数；若 Z_{0i} 为复数(例如当传输线的损耗不可忽略时)，则上述关系不成立。

2) 散射参数矩阵的定义

设由 N 个输入/输出口组成的线性微波网络如图 5.10 所示。以各端口的归一化入射波电压 a_i 为自变量，以归一化出(反)射波电压 b_i 为因变量(其中 $i=1,2,\cdots,N$)，建立的矩阵方程为**散射(参数)矩阵**，即

$$\begin{bmatrix} b_1 \\ b_2 \\ \cdots \\ b_N \end{bmatrix} = \begin{bmatrix} S_{11} & S_{12} & \cdots & S_{1N} \\ S_{21} & S_{22} & \cdots & S_{2N} \\ \cdots & \cdots & & \cdots \\ S_{N1} & S_{N2} & \cdots & S_{NN} \end{bmatrix} \begin{bmatrix} a_1 \\ a_2 \\ \cdots \\ a_N \end{bmatrix} \tag{5-66}$$

或者

$$[\boldsymbol{b}] = [\boldsymbol{S}][\boldsymbol{a}] \tag{5-67}$$

3) 散射矩阵元素的物理意义

散射矩阵元素的定义为

$$S_{ij} = \frac{b_i}{a_j}\bigg|_{a_{k=0}, k\neq j} \tag{5-68}$$

式(5-68)说明，S_{ij} 可由在端口 j 用入射电压波 a_j 激励，测量端口 i 的出射波振幅 b_i 来求得，条件是除端口 j 以外的所有其他端口上的入射波为零。这意味着所有其他端口应以其匹配负载端接，以避免反射。

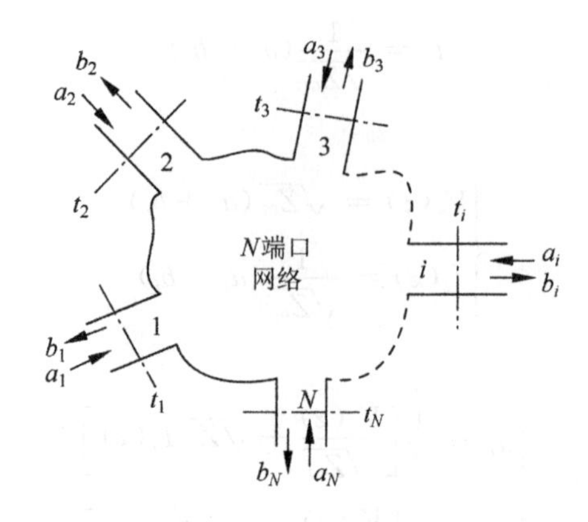

图 5.10 多端口网络

可见散射参数具有明确的物理意义：S_{ii} 表示当所有其他端口接匹配负载时，端口 i 的反射系数；S_{ij} 表示当所有其他端口接匹配负载时，从端口 j 至端口 i 的传输系数。

3. 散射矩阵的特性

1）互易性

若网络互易，则有

$$\boldsymbol{S}_{ij}=\boldsymbol{S}_{ji}\quad i,j=1,2,\cdots,N,\quad i\neq j \tag{5-69}$$

或

$$[\boldsymbol{S}]=[\boldsymbol{S}]^t \tag{5-70}$$

式中$[\boldsymbol{S}]^t$为$[\boldsymbol{S}]$的转置矩阵。

2）对称性

若网络的端口 i 和端口 j 具有面对称性，且网络互易，则有 $S_{ij}=S_{ji}$，$S_{ii}=S_{jj}$。

3）幺正性

若网络无耗，则有

$$[\boldsymbol{S}]^t[\boldsymbol{S}]^*=[\boldsymbol{E}]\quad \text{或}\quad [\boldsymbol{S}]^+[\boldsymbol{S}]=[\boldsymbol{E}] \tag{5-71}$$

其中，$[\boldsymbol{S}]^*$ 为$[\boldsymbol{S}]$的共轭转置矩阵；为单位矩阵；$[\boldsymbol{S}]^+$ 为$[\boldsymbol{S}]$的共轭转置矩阵（也叫哈密顿共轭矩阵）。$[\boldsymbol{E}]$为单位阵，即

$$[\boldsymbol{E}]=\begin{pmatrix}1 & 0 & \cdots & 0\\ 0 & 1 & \cdots & 0\\ \cdots & \cdots & & \cdots\\ 0 & 0 & \cdots & 1\end{pmatrix} \tag{5-72}$$

对无耗互易网络

$$[\boldsymbol{S}][\boldsymbol{S}]^*=[\boldsymbol{E}] \tag{5-73}$$

4）传输线无耗条件下，参考面移动 $\boldsymbol{S}$ 参数幅值的不变性

由于 S 参数表示微波网络的出射波辐射（包括幅值和相位）与入射波振幅的关系，因此必须规定网络各端口的相位参考面。当参考面移动时，散射系数的幅值不改变，只有相位的改变。

如前所示 N 端口网络，设其参考面位于 $z_i=0$ 处（$i=1,2,\cdots,N$），网络的散射矩阵为

$[\boldsymbol{S}]$，参考面向外移至 $z_i=l_i$ 处($i=1,2\cdots N$)，网络的散射矩阵$[\boldsymbol{S}']$。由于参考面移动后，各端口出射波的相位要滞后 θ_i，$\theta_i=\dfrac{2\pi l_i}{\lambda_{gi}}$，而入射波的相位要超前 $\theta_j=\dfrac{2\pi l_j}{\lambda_{gj}}$($j=1,2,\cdots,N$)，因此新的散射参数为 S'_{ij} 为

$$\boldsymbol{S}'_{ij}=\frac{b'_i}{a'_j}=S_{ij}\,\mathrm{e}^{-\mathrm{j}2\pi\left[\left(\frac{l_j}{\lambda_{gj}}\right)+\left(\frac{l_i}{\lambda_{gi}}\right)\right]} \tag{5-74}$$

新的矩阵$[\boldsymbol{S}']$和矩阵$[\boldsymbol{S}]$的关系为

$$[\boldsymbol{S}']=[\boldsymbol{P}][\boldsymbol{S}][\boldsymbol{P}] \tag{5-75}$$

其中，

$$[\boldsymbol{P}]=\begin{bmatrix}\mathrm{e}^{-\mathrm{j}\theta_1} & 0 & \cdots & 0\\ 0 & \mathrm{e}^{-\mathrm{j}\theta_2} & \cdots & 0\\ \cdots & \cdots & \cdots & \cdots\\ 0 & 0 & \cdots & \mathrm{e}^{-\mathrm{j}\theta_N}\end{bmatrix}$$

$\boldsymbol{S}$ 矩阵参数有明确物理意义，但它不便于分析级联网络。

4. 二端口网络 S 矩阵及散射参数的测量

对于二端口网络，其散射矩阵为

$$\begin{bmatrix}b_1\\ b_2\end{bmatrix}=\begin{bmatrix}S_{11} & S_{12}\\ S_{21} & S_{22}\end{bmatrix}\begin{bmatrix}a_1\\ a_2\end{bmatrix} \tag{5-76}$$

式中，a_1 和 b_1 分别为输入端口的入射波和出射波；a_2 和 b_2 分别为输出端口的入射波和出射波。

若输出端口不匹配，设其负载阻抗的反射系数为 Γ_L，因为 $\Gamma_L=a_2/b_2$，则 $a_2=\Gamma_L b_2$，将 a_2 代入式(5-76)，得

$$\begin{cases}b_1=\left(S_{11}+\dfrac{S_{12}S_{21}\Gamma_L}{1-S_{22}\Gamma_L}\right)a_1\\ b_2=\dfrac{S_{21}}{1-S_{22}\Gamma_L}a_1\end{cases} \tag{5-77}$$

由此求得输入端口的反射系数为

$$\Gamma_{\mathrm{in}}=\frac{b_1}{a_1}=S_{11}+\frac{S_{12}S_{21}\Gamma_L}{1-S_{22}\Gamma_L} \tag{5-78}$$

若网络互易，$S_{21}=S_{12}$，则此线性互易二端口网络的散射参数只有三个是独立的，且有关系

$$\Gamma_{\mathrm{in}}=S_{11}+\frac{S_{12}^2\Gamma_L}{1-S_{22}\Gamma_L} \tag{5-79}$$

据此关系，线性互易二端口网络的散射参数可用**三点法**测定：当输出端口短路($\Gamma_L=-1$)，开路($\Gamma_L=1$)和接匹配负载($\Gamma_L=0$)时

$$\begin{cases}\Gamma_{\mathrm{in.sc}}=S_{11}-\dfrac{S_{12}^2}{1+S_{22}}\\ \Gamma_{\mathrm{in.oc}}=S_{11}+\dfrac{S_{12}^2}{1-S_{22}}\\ \Gamma_{\mathrm{in.mat}}=S_{11}\end{cases} \tag{5-80}$$

分别将输出端口短路、开路和接匹配负载，测出$\Gamma_{\text{in. sc}}$、$\Gamma_{\text{in. oc}}$和$\Gamma_{\text{in. mat}}$，便可决定S_{11}、S_{12}和S_{22}。

$$\begin{cases} S_{11}=\Gamma_{\text{in. mat}} \\ S_{12}^2=\dfrac{2(\Gamma_{\text{in. mat}}-\Gamma_{\text{in. sc}})(\Gamma_{\text{in. mat}}-\Gamma_{\text{in. oc}})}{\Gamma_{\text{in. sc}}-\Gamma_{\text{in. oc}}} \\ S_{22}=\dfrac{2\Gamma_{\text{in. mat}}-\Gamma_{\text{in. sc}}-\Gamma_{\text{in. oc}}}{\Gamma_{\text{in. sc}}-\Gamma_{\text{in. oc}}} \end{cases} \tag{5-81}$$

这就是**三点法测量**。为保证精度，实际测量时往往用多点法。对无耗网络而言，在终端接上精密可移短路活塞，在$\lambda_g/2$范围内，每移动一次活塞位置，就可测得一个反射系数，理论上可以证明这组反射系数在复平面上是一个圆，但由于存在测量误差，测得的反射系数不一定在同一圆上。我们可以采用曲线拟合的方法，拟合出Γ_{in}圆，从而求得散射参数。当然为更精确地测量，可用网络分析仪进行测量。

5.4.2 散射参量与其他参量之间的转换

与其他四种参量一样，散射参量用以描述网络端口之间的输入输出关系，因此对同一对端口网络一定存在着相互转换的关系。

1. 散射参量与阻抗参量之间的转换

(1) 已知$[\boldsymbol{Z}]$，推导$[\boldsymbol{S}]$。由$[\boldsymbol{Z}]$定义可知

$$[\boldsymbol{V}]=[\boldsymbol{Z}][\boldsymbol{I}]$$

则

$$V_i=\sum_{j=1}^{N}Z_{ij}I_j,\quad i=1,2,\cdots,N \tag{5-82}$$

将式(5-82)代入$[\boldsymbol{S}]$参数电压、电流方程：

$$\begin{cases} a_i=\dfrac{1}{2}\left[\dfrac{V_i(z)}{\sqrt{Z_{0i}}}+\sqrt{Z_{0i}}I_i(z)\right]=\dfrac{1}{2}\left[\sqrt{Y_{0i}}V_i(z)+\sqrt{Z_{0i}}I_i(z)\right] \\ b_i=\dfrac{1}{2}\left[\dfrac{V_i(z)}{\sqrt{Z_{0i}}}-\sqrt{Z_{0i}}I_i(z)\right]=\dfrac{1}{2}\left[\sqrt{Y_{0i}}V_i(z)-\sqrt{Z_{0i}}I_i(z)\right] \end{cases} \tag{5-83}$$

则

$$\begin{cases} a_i=\dfrac{1}{2}\sqrt{Y_{0i}}\left[\sum\limits_{j=1}^{N}Z_{ij}+Z_{0i}\delta_{ij}\right]I_j \\ b_i=\dfrac{1}{2}\sqrt{Y_{0i}}\left[\sum\limits_{j=1}^{N}Z_{ij}-Z_{0i}\delta_{ij}\right]I_j \end{cases} \tag{5-84}$$

式中，$i=j$时，$\delta_{ij}=1$；当$i\neq j$时，$\delta_{ij}=0$。

引入对角矩阵

$$[\boldsymbol{Z}_0]=\begin{bmatrix} Z_{01} & 0 & \cdots & 0 \\ 0 & Z_{02} & \cdots & 0 \\ \cdots & \cdots & & \cdots \\ 0 & 0 & \cdots & Z_{0N} \end{bmatrix} \tag{5-85}$$

$$[\sqrt{\boldsymbol{Z}_0}]=\begin{pmatrix}\sqrt{Z_{01}} & 0 & \cdots & 0\\ 0 & \sqrt{Z_{02}} & \cdots & 0\\ 0 & 0 & \cdots & \sqrt{Z_{0N}}\end{pmatrix}\tag{5-86}$$

$$[\sqrt{\boldsymbol{Y}_0}]=\begin{pmatrix}\sqrt{Y_{01}} & 0 & \cdots & 0\\ 0 & \sqrt{Y_{02}} & \cdots & 0\\ 0 & 0 & \cdots & \sqrt{Y_{0N}}\end{pmatrix}\tag{5-87}$$

则$[a]$、$[b]$可表示为

$$\begin{cases}[a]=\dfrac{1}{2}[\sqrt{\boldsymbol{Y}_0}]([\boldsymbol{Z}]+[\boldsymbol{Z}_0])[\boldsymbol{I}]\\[2ex] [b]=\dfrac{1}{2}[\sqrt{\boldsymbol{Y}_0}]([\boldsymbol{Z}]-[\boldsymbol{Z}_0])[\boldsymbol{I}]\end{cases}\tag{5-88}$$

由$[a]$可得

$$[\boldsymbol{I}]=2([\boldsymbol{Z}]+[\boldsymbol{Z}_0])^{-1}[\sqrt{\boldsymbol{Z}_0}][a]\tag{5-89}$$

将$[\boldsymbol{I}]$代入$[b]$得

$$[b]=[\sqrt{\boldsymbol{Y}_0}]([\boldsymbol{Z}]-[\boldsymbol{Z}_0])([\boldsymbol{Z}]+[\boldsymbol{Z}_0])^{-1}[\sqrt{\boldsymbol{Z}_0}][a]\tag{5-90}$$

故可由$[\boldsymbol{Z}]$矩阵得到$[\boldsymbol{S}]$矩阵的关系式

$$[\boldsymbol{S}]=[\sqrt{\boldsymbol{Y}_0}]([\boldsymbol{Z}]-[\boldsymbol{Z}_0])([\boldsymbol{Z}]+[\boldsymbol{Z}_0])^{-1}[\sqrt{\boldsymbol{Z}_0}]\tag{5-91}$$

(2) 已知$[\boldsymbol{S}]$，推导$[\boldsymbol{Z}]$。由散射矩阵的定义，可知

$$b_i=\sum_{j=1}^{N}S_{ij}a_j,\quad i=1,2,\cdots,N\tag{5-92}$$

代入

$$\begin{cases}V_i(z)=\sqrt{Z_{0i}}\quad[a_i(z)+b_i(z)]\\[1ex] I_i(z)=\dfrac{1}{\sqrt{Z_{0i}}}\quad[a_i(z)-b_i(z)]\end{cases}$$

经整理，同理可得到$[\boldsymbol{S}]$矩阵和$[\boldsymbol{Z}]$矩阵的关系

$$[\boldsymbol{Z}]=[\sqrt{\boldsymbol{Z}_0}]([\boldsymbol{E}]+[\boldsymbol{S}])([\boldsymbol{E}]-[\boldsymbol{S}])^{-1}[\sqrt{\boldsymbol{Z}_0}]\tag{5-93}$$

式中，$[\boldsymbol{E}]$为单位矩阵，其定义为

$$[\boldsymbol{E}]=\begin{pmatrix}1 & 0 & \cdots & 0\\ 0 & 1 & \cdots & 0\\ \cdots & \cdots & & \cdots\\ 0 & 0 & \cdots & 1\end{pmatrix}\tag{5-94}$$

2. 散射矩阵与导纳矩阵的相互转换

(1) 已知$[\boldsymbol{Y}]$矩阵，推导$[\boldsymbol{S}]$矩阵。用类似方法，可得到

$$[\boldsymbol{S}]=[\sqrt{\boldsymbol{Z}_0}]([\boldsymbol{Y}_0]-[\boldsymbol{Y}])([\boldsymbol{Y}_0]+[\boldsymbol{Y}])^{-1}[\sqrt{\boldsymbol{Y}_0}]\tag{5-95}$$

(2) 已知$[\boldsymbol{S}]$矩阵，推导$[\boldsymbol{Y}]$矩阵。同理可得

$$[\boldsymbol{Y}]=[\sqrt{\boldsymbol{Y}_0}]([\boldsymbol{E}]-[\boldsymbol{S}])([\boldsymbol{E}]+[\boldsymbol{S}])^{-1}[\sqrt{\boldsymbol{Y}_0}]\tag{5-96}$$

3. 散射矩阵与 *ABCD* 矩阵的相互转换

(1) 已知 **ABCD** 矩阵,推导[**S**]矩阵。由[**S**]矩阵电压、电流关系

$$\begin{cases} a_i = \dfrac{1}{2}\left[\dfrac{V_i(z)}{\sqrt{Z_{0i}}} + \sqrt{Z_{0i}}I_i(z)\right] \\ b_i = \dfrac{1}{2}\left[\dfrac{V_i(z)}{\sqrt{Z_{0i}}} - \sqrt{Z_{0i}}I_i(z)\right] \end{cases} \tag{5-97}$$

可推出

$$\begin{cases} V_i(z) = \sqrt{Z_{0i}}\,[a_i + b_i] \\ I_i(z) = \dfrac{1}{\sqrt{Z_{0i}}}[a_i - b_i] \end{cases} \tag{5-98}$$

又因为 **ABCD** 矩阵为二端口网络,且假设网络两边特性阻抗为 Z_0,则

$$\begin{cases} V_1 = \sqrt{Z_0}\,[a_1 + b_1] \\ I_1 = \dfrac{1}{\sqrt{Z_0}}[a_1 - b_1] \end{cases} \tag{5-99}$$

$$\begin{cases} V_2 = \sqrt{Z_0}\,[a_2 + b_2] \\ I_2' = \dfrac{1}{\sqrt{Z_0}}[a_2 - b_2] \end{cases} \tag{5-100}$$

注意 I_2 方向:[**S**]矩阵为 I_2',*ABCD* 矩阵为 I_2,且 $I_2' = -I_2$ 或 $I_2 = -I_2'$。

将式(5-99)和式(5-100)代入 **ABCD** 矩阵

$$\begin{cases} \sqrt{Z_0}(a_1 + b_1) = A\sqrt{Z_0}(a_2 + b_2) - \dfrac{B}{\sqrt{Z_0}}(a_2 - b_2) \\ \dfrac{1}{\sqrt{Z_0}}(a_1 - b_1) = C\sqrt{Z_0}(a_2 + b_2) - \dfrac{D}{\sqrt{Z_0}}(a_2 - b_2) \end{cases} \tag{5-101}$$

整理

$$\begin{cases} b_1 - \left(A + \dfrac{B}{Z_0}\right)b_2 = -a_1 + \left(A - \dfrac{B}{Z_0}\right)a_2 \\ b_1 + (CZ_0 + D)b_2 = a_1 - (CZ_0 - D)a_2 \end{cases} \tag{5-102}$$

将式(5-102)写成矩阵形式

$$\begin{bmatrix} 1 & -\left(A + \dfrac{B}{Z_0}\right) \\ 1 & CZ_0 + D \end{bmatrix}\begin{pmatrix} b_1 \\ b_2 \end{pmatrix} = \begin{bmatrix} -1 & A - \dfrac{B}{Z_0} \\ 1 & -CZ_0 + D \end{bmatrix}\begin{bmatrix} a_1 \\ a_2 \end{bmatrix} \tag{5-103}$$

将式(5-103)左乘第一项的逆阵

$$\begin{bmatrix} b_1 \\ b_2 \end{bmatrix} = \begin{bmatrix} 1 & -\left(A + \dfrac{B}{Z_0}\right) \\ 1 & CZ_0 + D \end{bmatrix}^{-1}\begin{bmatrix} -1 & A - \dfrac{B}{Z_0} \\ 1 & -CZ_0 + D \end{bmatrix}\begin{bmatrix} a_1 \\ a_2 \end{bmatrix} \tag{5-104}$$

则

$$[\boldsymbol{S}] = \begin{bmatrix} 1 & -\left(A + \dfrac{B}{Z_0}\right) \\ 1 & CZ_0 + D \end{bmatrix}^{-1}\begin{bmatrix} -1 & A - \dfrac{B}{Z_0} \\ 1 & -CZ_0 + D \end{bmatrix}$$

$$=\frac{1}{A+\frac{B}{Z_0}+CZ_0+D}\begin{bmatrix}A+\frac{B}{Z_0}-CZ_0-D & 2(AD-BC)\\ 2 & -A+\frac{B}{Z_0}-CZ_0+D\end{bmatrix} \tag{5-105}$$

(2) 已知[$\boldsymbol{S}$]矩阵,推导 ***ABCD*** 矩阵。同理可得

$$\begin{bmatrix}A & B\\ C & D\end{bmatrix}=\begin{bmatrix}\frac{(1+S_{11})(1-S_{22})+S_{12}S_{21}}{2S_{21}} & Z_0\frac{(1+S_{11})(1+S_{22})-S_{12}S_{21}}{2S_{21}}\\ \frac{(1-S_{11})(1-S_{22})-S_{12}S_{21}}{2Z_0S_{21}} & \frac{(1-S_{11})(1+S_{22})-S_{12}S_{21}}{2S_{21}}\end{bmatrix} \tag{5-106}$$

可见,当 $S_{21}=0$,***ABCD*** 矩阵将是不确定的。S_{21} 表示正向传输系数,在微波电路中通常不为零。

5.4.3 传输矩阵

散射矩阵有明确的物理意义,但不便于分析级联二端口网络。解决的办法之一是采用 ***ABCD*** 矩阵运算,然后转换成散射矩阵。分析级联网络的另一个办法是采用一组新定义的散射参数,即传输散射参数,简称传输参数。

1. 传输矩阵的建立

以输入端口的入射波 a_1、出射波 b_1 为因变量. 输出端口的入射波 a_2,出射波 b_2 为自变量定义的系数,称为传输参数(Transfer Scattering Parameter),简称 T 参数。其定义方程为

$$\begin{bmatrix}b_1\\ a_1\end{bmatrix}=\begin{bmatrix}T_{11} & T_{12}\\ T_{21} & T_{22}\end{bmatrix}\begin{bmatrix}a_2\\ b_2\end{bmatrix} \quad 或 \quad \begin{bmatrix}a_1\\ b_1\end{bmatrix}=\begin{bmatrix}T_{11} & T_{12}\\ T_{21} & T_{22}\end{bmatrix}\begin{bmatrix}b_2\\ a_2\end{bmatrix} \tag{5-107}$$

求 T 参数的一个简便方法是由 S 参数出发进行推导。另外,也可以利用传输线方程和基尔霍夫定律直接求得。

T 参数与 S 参数的关系为

$$\begin{bmatrix}T_{11} & T_{12}\\ T_{21} & T_{22}\end{bmatrix}=\begin{bmatrix}(-S_{11}S_{22}+S_{12}S_{21})/S_{21} & S_{11}/S_{21}\\ -S_{22}/S_{21} & 1/S_{21}\end{bmatrix} \tag{5-108}$$

由式(5-108)可看出,当正向传输系数 S_{21} 为零时,T 参数是不确定的。相反的关系为

$$\begin{bmatrix}S_{11} & S_{12}\\ S_{21} & S_{22}\end{bmatrix}=\begin{bmatrix}T_{12}/T_{22} & T_{11}-(T_{12}T_{21}/T_{22})\\ 1/T_{22} & -T_{21}/T_{22}\end{bmatrix} \tag{5-109}$$

为了实现 $\boldsymbol{T}$ 矩阵到 $\boldsymbol{S}$ 矩阵的转换,就要求 T_{22} 不为零,而 T_{22} 是正向传输系数 S_{21} 的倒数,系非零参数。

2. 二端口 T 矩阵的特性

(1) 对于**对称二端口网络**,若从网络的端口 1 和 2 看时,网络是相同的,则必有 $S_{11}=S_{22}$,于是有

$$T_{21}=-T_{12} \tag{5-110}$$

(2) 对于**互易二端口网络**，T 参数满足关系

$$T_{11}T_{22}-T_{12}T_{21}=0 \tag{5-111}$$

它类似于 $ABCD$ 参数的关系式 $AD-BC=1$。

(3) 若有 N 个**二端口网络级联**，则级联网络总的 $\boldsymbol{T}$ 矩阵等于此 N 个二端口的 $\boldsymbol{T}$ 矩阵之乘积，即

$$[\boldsymbol{T}]_{总}=[T_1][T_2]\cdots[T_N] \tag{5-112}$$

或

$$\begin{pmatrix} T_{11} & T_{12} \\ T_{21} & T_{22} \end{pmatrix}_{级联}=\prod_{i=1}^{N}\begin{pmatrix} T_{11i} & T_{12i} \\ T_{21i} & T_{22i} \end{pmatrix} \tag{5-113}$$

一定程度上，$\boldsymbol{T}$ 矩阵表示法要比 $\boldsymbol{ABCD}$ 矩阵表示法更理想，理由是从 $\boldsymbol{S}$ 矩阵变换到 $\boldsymbol{T}$ 矩阵所涉及的运算比 $\boldsymbol{S}$ 矩阵变换到 $\boldsymbol{ABCD}$ 矩阵要简单些，另外，T 参数与 S 参数都是用各端口阻抗归一化的波参量定义的，所以这两种表示法也比较容易互换。

【例 5-3】 求理想变压器的散射矩阵和传输矩阵。

【解】 如图 5.11 所示理想变压器，假设理想变压器 N_1、N_2 分别为初级与次级线圈的匝数。定义 $n=N_1/N_2$，n 称为变比，也称匝比。

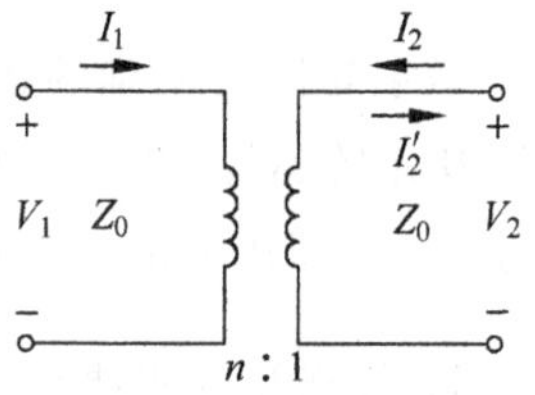

图 5.11 理想变压器

由理想变压器的基本关系

$$\begin{cases} \dfrac{V_1}{V_2}=n \\ \dfrac{I_1}{I_2}=-\dfrac{I_1}{I_2'}=-\dfrac{1}{n} \end{cases} \tag{5-114}$$

因为

$$\begin{cases} V_1=\sqrt{Z_0}(a_1+b_1) \\ V_2=\sqrt{Z_0}(a_2+b_2) \\ I_1=\dfrac{1}{\sqrt{Z_0}}(a_1-b_1) \\ I_2=\dfrac{1}{\sqrt{Z_0}}(a_2-b_2) \end{cases} \tag{5-115}$$

将式(5-115)代入式(5-114)，可得

$$\begin{cases} \dfrac{a_1+b_1}{a_2+b_2}=n \\ \dfrac{a_1-b_1}{a_2-b_2}=-\dfrac{1}{n} \end{cases} \tag{5-116}$$

对式(5-116)整理，可得以下两式

$$\begin{cases} b_1+a_1=na_2+nb_2 \\ -b_1+a_1=-\dfrac{1}{n}a_2+\dfrac{1}{n}b_2 \end{cases} \tag{5-117}$$

$$\begin{cases} b_1-nb_2=-a_1+na_2 \\ b_1+\dfrac{1}{n}b_2=a_1+\dfrac{1}{n}a_2 \end{cases} \tag{5-118}$$

将式(5-117)、式(5-118)写成矩阵形式

$$\begin{bmatrix}1 & -n\\ 1 & \frac{1}{n}\end{bmatrix}\begin{bmatrix}b_1\\ b_2\end{bmatrix}=\begin{bmatrix}-1 & n\\ 1 & \frac{1}{n}\end{bmatrix}\begin{bmatrix}a_1\\ a_2\end{bmatrix} \tag{5-119}$$

$$\begin{bmatrix}1 & 1\\ -1 & 1\end{bmatrix}\begin{bmatrix}b_1\\ a_1\end{bmatrix}=\begin{bmatrix}n & n\\ -\frac{1}{n} & \frac{1}{n}\end{bmatrix}\begin{bmatrix}a_2\\ b_2\end{bmatrix} \tag{5-120}$$

将式(5-119)、式(5-120)分别左乘各式第1项的逆阵并计算,得

$$[\boldsymbol{S}]=\frac{1}{n^2+1}\begin{bmatrix}n^2-1 & 2n\\ 2n & 1-n^2\end{bmatrix} \tag{5-121}$$

$$[\boldsymbol{T}]=\frac{1}{2n}\begin{bmatrix}n^2+1 & n^2-1\\ n^2-1 & n^2+1\end{bmatrix} \tag{5-122}$$

5.5 小结

本章研究的是微波电路的等效电路方法,即微波网络方法。微波网络由分布参数电路和集总参数电路组成,微波网络与低频集总参数网络有区别。为将均匀传输线理论应用于任意导波系统,引入等效电压和电流,这就是等效传输线理论。从等效传输线出发,引出模式传输线理论,为微波网络分析和传输线分析奠定了基础。单端口网络可用传输线理论来分析,它有两个传输特性参数——反射系数和输入阻抗,与传输线理论关联。微波网络的阻抗矩阵、导纳矩阵以及 ***ABCD*** 矩阵都是用端电压和端电流来描述的,其中 ***Z***、***Y*** 矩阵参数有明确的物理意义,***Z*** 矩阵便于分析网络的串联,***Y*** 矩阵便于分析网络的并联;***ABCD*** 矩阵无明确的物理意义,但它便于二端口网络的级联运算,且与二端口网络的外部特性参数直接有关,故应用更广。散射矩阵是用入射波和出射波来描述的,散射矩阵参数有明确的物理意义,且便于测量,又有重要特性(对称性和幺正性),是微波电路分析和设计的有力工具。传输矩阵也是用入射波和出射波来描述的,传输参数多数无明确物理意义,但 ***T*** 矩阵便于分析网络的级联,且与 ***S*** 矩阵表示法容易互换,转换运算更为简便,故在微波网络的分析和计算中应用很广。

习题

5-1 填空题

(1) 利用网络参数矩阵描述和研究微波结构的理论包括________和________。

(2) 对微波结构电特性有三种描述法,即________、________和________。

(3) 为唯一地确定等效电压和电流,在选定模式特性阻抗条件下,各模式横向分布函数还应满足的两个条件是________和________。

(4) 假如网络是互易网络(不含任何非互易媒质,如铁氧体或等离子体或有源器件),则阻抗和导纳矩阵是________,因而有________。假如网络是无耗的,则所有 Z_{ij} 或 Y_{ij} 元素都

是________。

(5) 对于互易网络，**ABCD** 矩阵具有的特性是________；对于对称网络 **ABCD** 矩阵具有的特性是________；级联二端口网络总的 **ABCD** 矩阵等于________。

(6) 散射参数有行波散射参数和功率散射参数之分，即________和________。

(7) 普通散射矩阵是用网络各端口的________和________来描述网络特性的波矩阵。

(8) 入射电压波和出射电压波与端口电压和电流的关系是________、________。

(9) 若网络互易，S 参数满足关系是________；若网络的端口 i 和端口 j 具有面对称性，且网络互易，S 参数满足关系是________；若网络无耗，S 参数满足关系是________；传输线无耗条件下，参考面移动 S 参数幅值具有________。

(10) 对于对称二端口网络，T 参数满足关系是________；对于互易二端口网络，T 参数满足关系是________。

5-2 试求图 5.12 所示网络的 **ABCD** 矩阵，并确定不引起附加反射的条件。

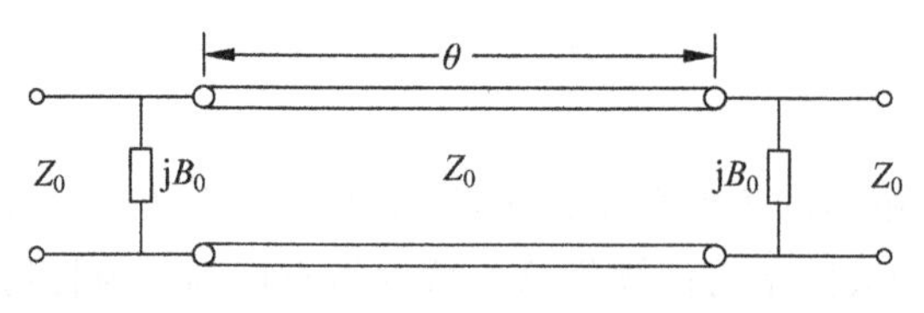

图 5.12 题 5-2 图

5-3 有一同轴波导转换接头，如图 5.13 所示，已知其散射矩阵$[\boldsymbol{S}]=\begin{pmatrix} S_{11} & S_{12} \\ S_{21} & S_{22} \end{pmatrix}$，求

(1) 端口 2 匹配时，端口 1 的驻波系数；

(2) 当端口 2 接负载产生的反射系数为 Γ_2 时，端口 1 的反射系数；

(3) 端口 1 匹配时，端口 2 的驻波系数。

5-4 测得某二端口网络的 $\boldsymbol{S}$ 矩阵为$[\boldsymbol{S}]=\begin{pmatrix} 0.1\angle 0^\circ & 0.8\angle 90^\circ \\ 0.8\angle 90^\circ & 0.2\angle 0^\circ \end{pmatrix}$，问此二端口网络是否互易和无耗？若在端口②短路，求端口①处的**反射损耗**。

5-5 试求图 5.14 所示终端接匹配负载时的输入阻抗，并求出输入端匹配的条件。

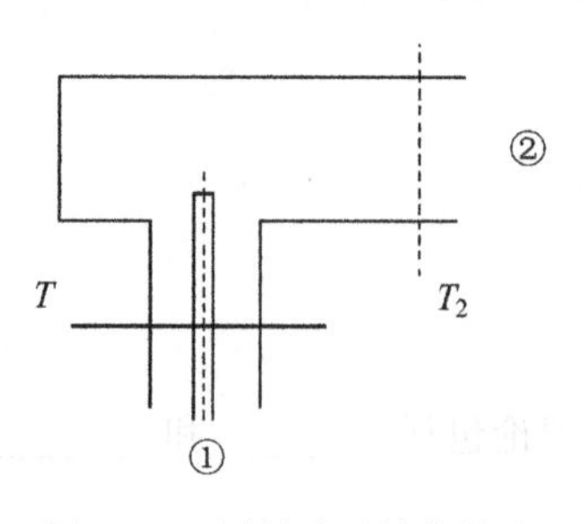

图 5.13 同轴波导转换接头

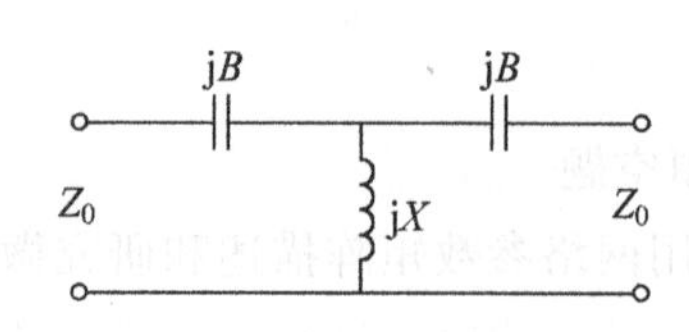

图 5.14 题 5-5 图

5-6 设某系统如图 5.15 所示，双端口网络为无耗互易对称网络，在终端参考面 T_2 处接匹配负载，测得距参考面 T_1 距离 $l_1=0.125\lambda_g$ 处为电压波节点，驻波系数为 1.5，试求该双端口网络的散射矩阵。

5-7　试求如图 5.16 所示二端口网络的归一化转移矩阵及[$\boldsymbol{S}$]矩阵。

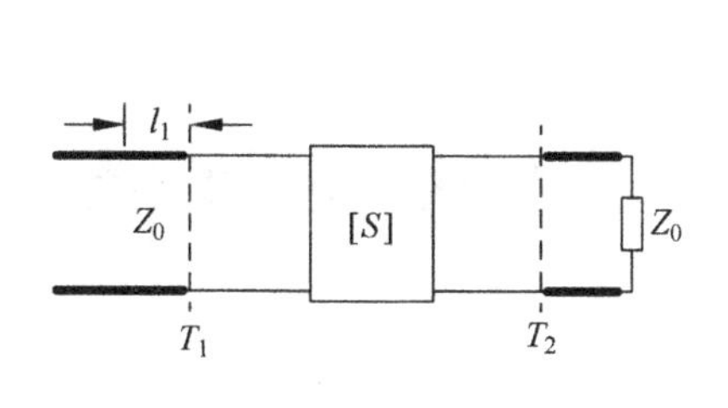

图 5.15　题 5-6 图

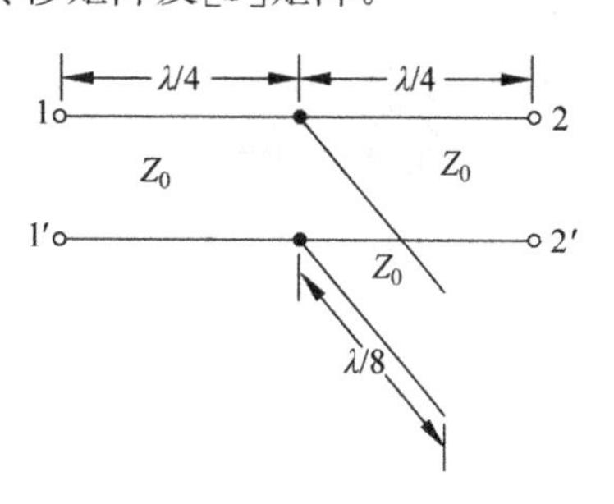

图 5.16　题 5-7 图

5-8　设双端口网络[$\boldsymbol{S}$]已知，终端接有负载 Z_L，如图 5.17 所示，求输入端反射系数。

5-9　已知三端口网络在已知参考面 T_1，T_2，T_3 所确定的散射矩阵为[$\boldsymbol{S}$]，现将参考面 T_1 向内移 $\lambda_{g1}/2$ 至 T_1'，参考面 T_2 向外移 $\lambda_{g2}/2$ 至 T_2'，参考面 T_3 不变(设为 T_3')，如图 5.18 所示，求参考面 T_1'，T_2'，T_3'所确定网络的散射矩阵[$\boldsymbol{S}'$]。其中$[\boldsymbol{S}]=\begin{bmatrix} S_{11} & S_{12} & S_{13} \\ S_{21} & S_{22} & S_{23} \\ S_{31} & S_{32} & S_{33} \end{bmatrix}$。

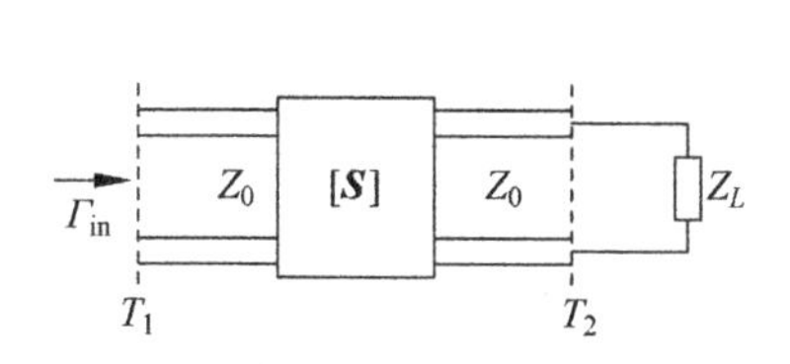

图 5.17　题 5-8 图

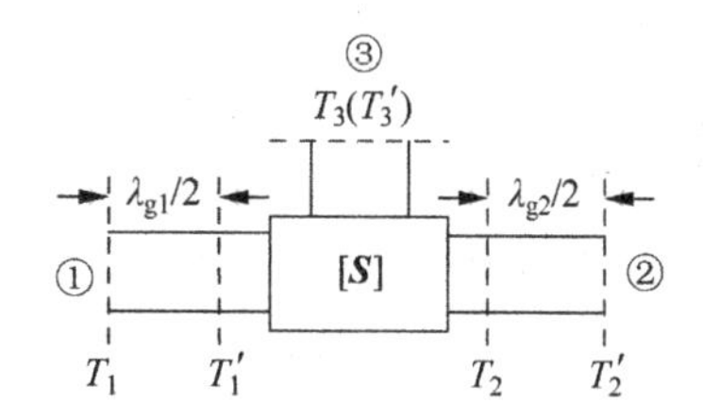

图 5.18　题 5-9 图

第6章 微波元器件

低频电路中的基本元件是电阻、电容、电感，属于集中参数元件。当频率到了微波波段，这些元件受到寄生参数的影响不能再忽略，甚至会完全地改变其集中参数的性质。因此，到了微波波段，必须使用与集中参数不同的微波元件。任何一个微波系统都是由许多作用不同的微波无源元件和有源电路组成的。微波元器件由导行系统组成，是微波系统的基本单元，主要完成对微波信号的传输、放大、分配、衰减、相移、隔离、滤波、检波、储存等功能。微波元器件按导行系统结构分为波导型、同轴线型、微带线型。波导型元器件结构牢固、功率容量大、损耗小，但工作频带窄、制造成本大、难实现集成化。同轴线型元器件工作频带宽、尺寸较小，但功率容量较低、损耗较大、加工较困难、难实现集成化。微带线型元器件体积小、重量轻、可集成化，但功率容量低，损耗较大，不便调节。微波元器件按传输模数量可分为单模元件和多模元件。若按端口可分为一端口元件、二端口元件、三端口元件、四端口元件等。微波元器件按变换性质可分为线性互易元器件、线性非互易元器件、非线性元器件。线性互易元器件只对微波信号进行线性变换，而不改变频率特性，并满足互易定理，它主要包括各种微波连接匹配元件、功率分配元件、微波滤波器件及微波谐振器件等。线性非互易元器件主要是指铁氧体器件，它的散射矩阵不对称，但仍工作在线性区域；主要包括隔离器、环行器等。非线性元器件能引起频率的改变，从而实现放大、调制、变频等，主要包括微波电子管、微波晶体管、微波固态谐振器、微波场效应管及微波电真空器件等。微波元器件种类繁多，而且随着技术的进步不断出现新元器件，因此不能一一列举，本章从工程应用的角度出发，重点介绍具有代表性的几组微波无源元器件，主要有连接匹配元件、功率分配元器件、微波谐振元件、微波铁氧体器件等。

6.1 连接匹配元件

微波连接匹配元件包括终端负载元件、微波连接元件以及阻抗匹配元器件三大类。终端负载元件是连接在传输系统终端实现终端短路、匹配或标准失配等功能的元件；微波连接元件用以将作用不同的两个微波系统按一定要求连接起来，主要包括波导接头、衰减器、相移器及转换接头等；阻抗匹配元器件是用于调整传输系统与终端之间阻抗匹配的器件，主要包括螺钉调配器、多阶梯阻抗变换器及渐变型变换器等。

6.1.1 终端负载元件

终端负载元件是典型的一端口互易元件,主要包括短路负载、匹配负载和失配负载。

1. 短路负载

1) 作用及构成

短路负载(Terminal Load Devices),又称短路器,其作用是将电磁波能量全部反射回去。其构成是将波导或同轴线的终端短路(用金属导体全部封闭起来),即构成波导或同轴线短路负载。在实际微波系统中往往需要改变终端短路面的位置,短路负载都做成可调的,称为可调短路活塞。

对短路活塞的主要要求是:①保证接触处的损耗小,其反射系数的模应接近1;②当活塞移动时,接触损耗的变化要小;③大功率运用时,活塞与波导壁(或同轴线内外导体壁)间不应发生打火现象。

可调短路器可用作调配器、标准可变电抗,广泛用于微波测量中。

2) 主要参数

(1) 短路器的输入阻抗。

$$Z_{\text{in}} = \text{j}Z_0\tan\theta = \text{j}Z_0\tan 2\pi l/\lambda_g = \text{j}Z_0\tan\beta l \tag{6-1}$$

式中,Z_0 为波导或同轴线的特性阻抗;$\theta=2\pi l/\lambda_g$;l 为短路面与参考面之间的长度;λ_g 为波导长度。

(2) 短路器输入端反射系数为

$$S_{11} = \frac{Z_{\text{in}}-Z_0}{Z_{\text{in}}+Z_0} = \frac{\text{j}Z_0\tan\theta - Z_0}{\text{j}Z_0\tan\theta + Z_0} = -\frac{1-\text{j}\tan\theta}{1+\text{j}\tan\theta} = -\text{e}^{-\text{j}2\theta} \tag{6-2}$$

这表明,短路器输入端反射系数的模应等于1,而相角是可变的。

短路活塞可分为接触式短路活塞和扼流式短路活塞两种,前者已不太常用。

3) 扼流式短路活塞

应用于同轴线和波导的扼流式短路活塞如图6.1(a)、(b)所示,它们的有效短路面不在活塞和系统内壁直接接触处,而向波源方向移动 $\lambda_g/2$ 的距离。

这种结构是由两段不同等效特性阻抗的 $\lambda_g/4$ 变换段构成,其工作原理可用如图6.1(c)所示的等效电路来表示,其中 cd 段相当于 $\lambda_g/4$ 终端短路的传输线,bc 段相当于 $\lambda_g/4$ 终端开路的传输线,两段传输线之间串有电阻 R_k,它是接触电阻,由等效电路不难证明 ab 面上的输入阻抗为:$Z_{ab}=0$,即 ab 面上等效为短路,于是当活塞移动时,实现了短路面的移动。扼流短路活塞的优点是损耗小,而且驻波比可以大于100,但这种活塞频带较窄,一般只有10%~15%的带宽。如图6.1(d)所示的是同轴S形扼流短路活塞,它具有宽的频带,活塞与同轴线完全分开,特别适用于需要加直流偏置的有源同轴器件中。

2. 匹配负载

匹配负载(Matched Load)是一种几乎能全部吸收输入功率的单端口元件。各种匹配负载如图6.2所示。

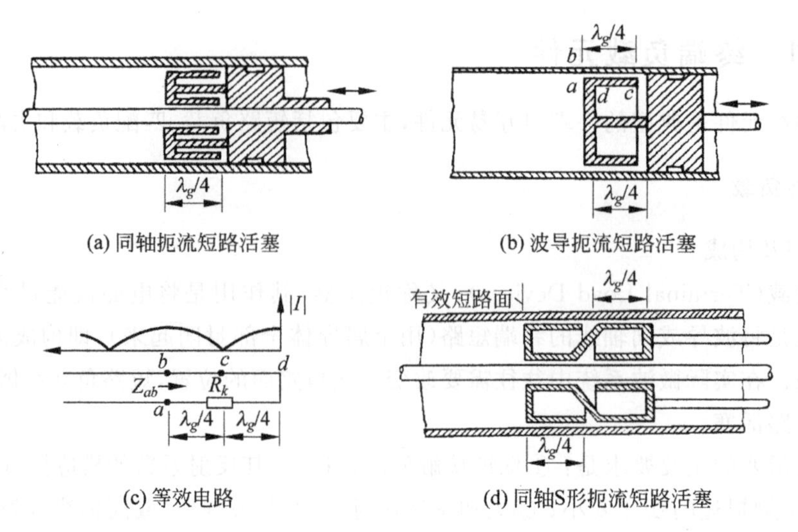

(a) 同轴扼流短路活塞　(b) 波导扼流短路活塞

(c) 等效电路　(d) 同轴S形扼流短路活塞

图 6.1　扼流式短路活塞及其等效电路

对波导来说，一般在一段终端短路的波导内放置一块或几块劈形吸收片，用以实现小功率匹配负载，吸收片通常由介质片(如陶瓷、玻璃、胶木片等)涂以金属碎末或炭木制成。当吸收片平行地放置在波导中电场最强处，在电场作用下，吸收片强烈吸收微波能量，使其反射变小。劈尖的长度越长，吸收效果越好，匹配性能越好，劈尖长度一般取 $\lambda_g/2$ 的整数倍，如图 6.2(a)所示；当功率较大时，可以在短路波导内放置楔形吸收体，或在波导外侧加装散热片以利于散热，如图 6.2(b)、(c)所示；当功率很大时，还可采用水负载，如图 6.2(d)所示，由流动的水将热量带走。同轴线匹配负载是由在同轴线内外导体间放置的圆锥形或阶梯形吸收体而构成的，如图 6.2(e)、(f)所示。微带匹配负载一般用半圆形的电阻作为吸收体，如图 6.2(g)所示，这种负载不仅频带宽，而且功率容量大。

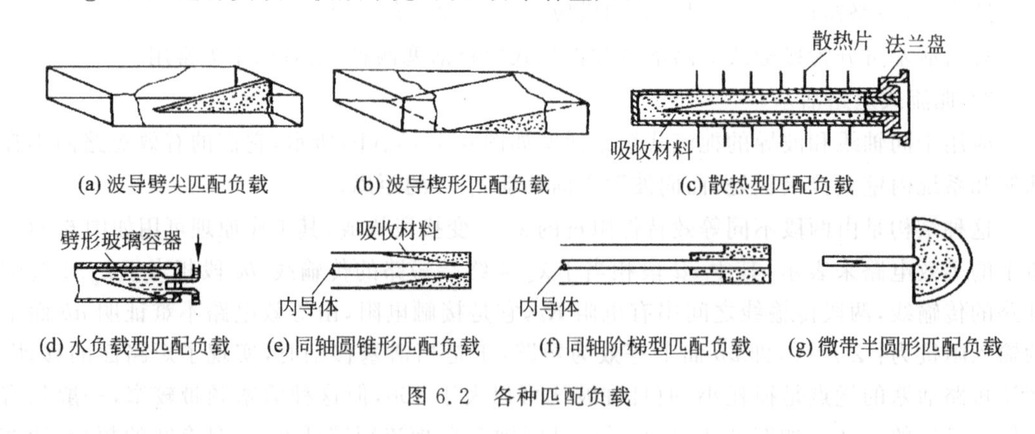

(a) 波导劈尖匹配负载　(b) 波导楔形匹配负载　(c) 散热型匹配负载

(d) 水负载型匹配负载　(e) 同轴圆锥形匹配负载　(f) 同轴阶梯型匹配负载　(g) 微带半圆形匹配负载

图 6.2　各种匹配负载

3. 失配负载

失配负载既吸收一部分微波功率又反射一部分微波功率，而且一般制成一定大小驻波的标准失配负载，主要用于微波测量。失配负载和匹配负载的制作相似，只是尺寸略微改变了一下，使之和原传输系统失配。比如波导失配负载，就是将匹配负载的波导窄边 b 制作成

与标准波导窄边 b_0 不一样，使之有一定的反射。设驻波比为 ρ，则有

$$\rho=\frac{b_0}{b}\left(\text{或}\ \rho=\frac{b}{b_0}\right) \tag{6-3}$$

例如，3cm 的波段标准波导 BJ-100 的窄边为 10.16mm，若要求驻波比为 1.1 和 1.2，则失配负载的窄边分别为 9.236mm 和 8.407mm，以此可构成不同的失配负载。

6.1.2 微波连接元件

微波连接元件(Connection Component)用于将作用不同的两个微波系统按一定要求连接起来，是典型的二端口互易元件，主要包括：波导接头、衰减器、相移器、转换接头。

1. 波导接头

波导管一般采用法兰盘连接，可分为平法兰接头和扼流法兰接头，分别如图 6.3(a)、(b)所示。两个平接头连接时用螺栓和螺帽旋紧，或用弓形夹夹紧。平法兰接头的特点是：加工方便，体积小，频带宽，其驻波比可以做到 1.002 以下，但要求接触表面光洁度较高，因气密性较差，要求安装准确。

扼流法兰接头由一个刻有扼流槽的法兰和一个平法兰对接而成，扼流法兰接头的特点是：功率容量大，接触表面光洁度要求不高，但工作频带较窄，驻波比的典型值是 1.02。因此平接头常用于低功率、宽频带场合，而扼流接头一般用于高功率、窄频带场合，常用于雷达的天线馈电设备中。

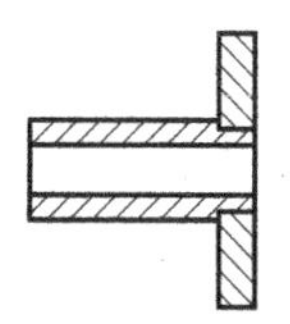
(a) 平法兰接头

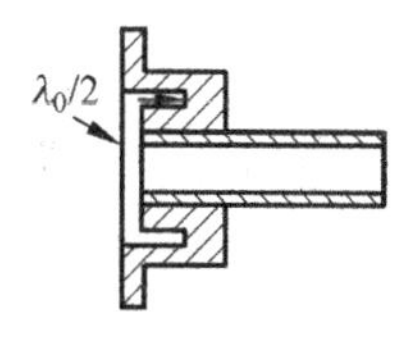

(b) 扼流法兰接头

图 6.3 波导法兰接头

波导连接头除了法兰接头之外，还有各种扭转和弯曲元件(图 6.4)以满足不同的需要。当需要改变电磁波的极化方向而不改变其传输方向时，用波导扭转元件；当需要改变电磁波的方向时，可用波导弯曲。波导弯曲可分为 E 面弯曲(E-plane Bend)和 H 面弯曲(H-plane Bend)。为了使反射最小，扭转长度应为 $(2n+1)\lambda_g/4$，E 面波导弯曲的曲率半径应满足 $R\geqslant 1.5b$，H 面弯曲的曲率半径应满足 $R\geqslant 1.5a$。

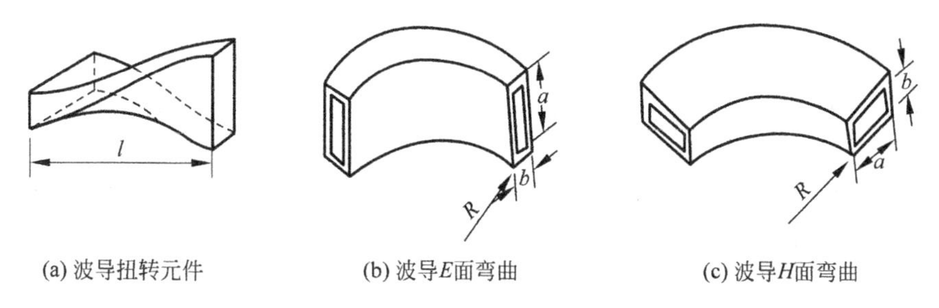

(a) 波导扭转元件 (b) 波导E面弯曲 (c) 波导H面弯曲

图 6.4 波导扭转与弯曲元件

2. 衰减元件和相移元件

衰减元件和相移元件(Attenuators and Phase Shifters)用来改变导行系统中电磁波的幅度和相位。对于理想的衰减器，其散射矩阵应为

$$S_{\alpha}=\begin{pmatrix}0 & e^{-\alpha l}\\ e^{-\alpha l} & 0\end{pmatrix}\tag{6-4}$$

式中，α 为衰减常数；l 为衰减器长度。

衰减器种类很多，使用最多的是吸收式衰减器，它是在一段矩形波导中平行于电场方向放置吸收片而构成，有固定式和可变式两种，分别如图 6.5(a)、(b)所示。

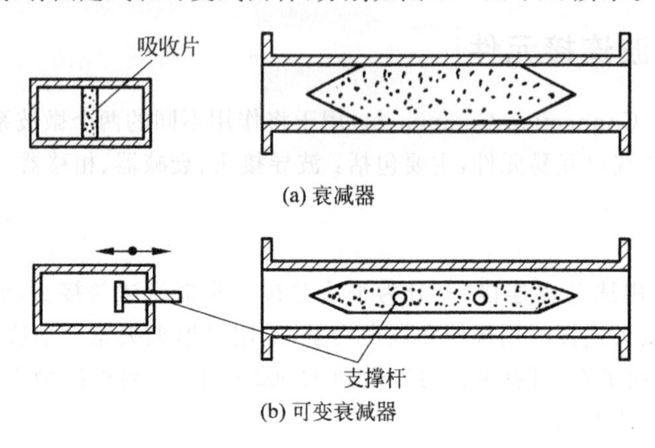

图 6.5 吸收式衰减器

衰减片一般是由胶木板表面涂覆石墨或在玻璃上蒸发很薄的电阻膜做成。为了消除反射，衰减片两端通常作尖劈形。由矩形波导 TE_{10} 模的电场分布可知，波导宽边中心位置电场最强，逐渐向两边减小到零。因此，当吸收片沿波导横向移动时，就可改变其衰减量。

理想相移器应该是一个具有单位振幅，相移量可变的二端口网络，其散射矩阵应为

$$S_{\theta}=\begin{pmatrix}0 & e^{-j\theta}\\ e^{-j\theta} & 0\end{pmatrix}\tag{6-5}$$

将衰减器的吸收片换成介电常数 $\varepsilon_r>1$ 的无耗介质片时，就构成了移相器，这是因为电磁波通过一段长波为 l 的无耗传输系统后相位变化为

$$\theta=\beta l=\frac{2\pi l}{\lambda_g}\tag{6-6}$$

式中，θ 为相移量，λ_g 为波导波长。

改变导行系统的等效长度，可改变相移。而 $\beta=\frac{w}{v_p}$，$v_p=\frac{c}{\sqrt{\varepsilon_r}}$，改变 β，可改变 θ，而相移常数 β 与 $\sqrt{\varepsilon_r}$ 成正比。在波导中改变介质片位置，会改变波导波长，从而实现相位的改变，为此可在矩形波导宽边中心加一个或多个螺钉，构成螺钉相移器。

3. 转换接头

微波从一种传输系统过渡到另一种传输系统时，需要用转换器。如同轴波导激励器和方圆波导转换器等传输系统中都有转换器，转换器有两种设计形式：

(1) 要保证形状转换时阻抗的匹配，以保证信号有效传送；同时保证工作模式的转换。如同轴——波导转换。

(2) 极化转换器。由于在雷达通信和电子干扰中经常用到圆极化波，而微波传输系统

往往是线极化的，为此需要进行极化转换，这就需要极化转换器。

极化转换器原理：由电磁场理论可知，一个圆极化波可以分解为在空间互相垂直、相位相差 90°而幅度相等的两个线极化波；另一方面，一个线极化波也可以分解为在空间互相垂直、大小相等、相位相同的两个线极化波，只要设法将其中一个分量产生附加 90°相移，再合成起来便是一个圆极化波了。

常用的线-圆极化转换器有两种：多螺钉极化转换器和介质极化转换器(图 6.6)。这两种结构都是慢波结构，其相速要比空心圆波导小。如果变换器输入端输入的是线极化波，其 TE_{11}模的电场与慢波结构所在平面成 45°角，这个线极化分量将分解为垂直和平行于慢波结构所在平面的两个分量 E_u和 E_v，它们在空间互相垂直，且都是主模 TE_{11}，只要螺钉数足够多或介质板足够长，就可以使平行分量产生附加 90°的相位滞后。于是，在极化转换器的输出端两个分量合成的结果便是一个圆极化波。至于是左极化还是右极化，要根据极化转换器输入端的线极化方向与慢波平面之间的夹角确定。

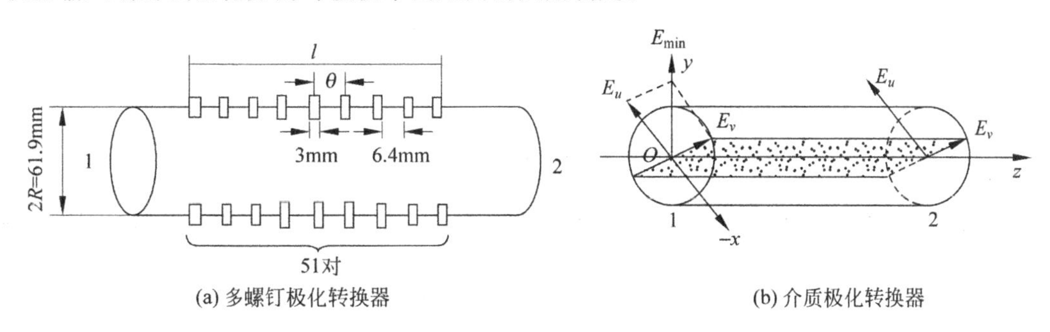

(a) 多螺钉极化转换器 (b) 介质极化转换器

图 6.6 极化转换器

6.1.3 阻抗匹配元件

阻抗匹配元件(Impedance Matching Devices)的种类繁多，它的作用是消除反射，提高传输效率，改善系统稳定性。常用的有膜片、销钉、螺钉调配器、阶梯阻抗变换器和渐变型阻抗变换器等。

1. 膜片

波导中的膜片(Iris)是垂直于波导管轴放置的薄金属片。它分为感性膜片、容性膜片和谐振窗，有对称和不对称之分，一般在调匹配时多用不对称膜片，而当负载要求对称输出时，则需用对称膜片。在波导中放入膜片后必然引起波的反射，反射的大小和相位随膜片的尺寸及放置的位置不同而变化。利用膜片进行匹配的原理便是利用膜片产生的反射波来抵消由于负载不匹配所产生的反射波。波导中的模片如图 6.7 所示。

膜片的分析方法与其厚度有关。当膜片比较厚，与波导波长相比不能忽略时，应将膜片当作波导来分析；通常膜片很薄，如忽略其损耗，则等效为一并联电纳。图 6.7(a)、图 6.7(b)所示薄膜片，使波导中 TE_{10}模的磁场在膜片处集中而得以加强，呈电感性，称之为**电感性膜片**。薄对称电感膜片相对电纳的近似公式为

$$b=\frac{B}{Y_0}\approx-\frac{\lambda_g}{a}\cot^2\left(\frac{\pi d}{2a}\right) \tag{6-7}$$

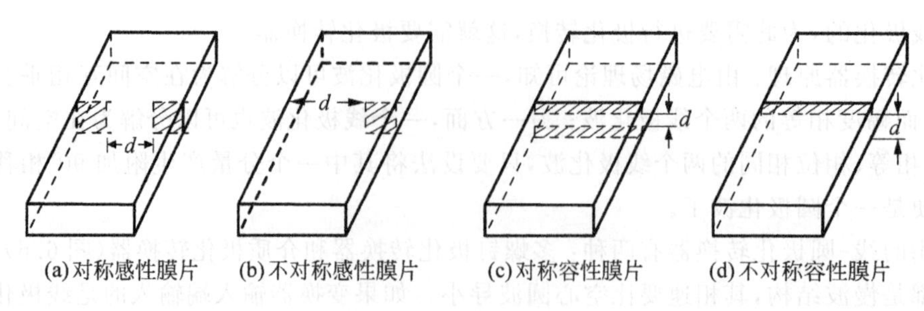

图 6.7 波导中的膜片

图 6.7(c)、图 6.7(d)所示薄膜片，使波导中 TE_{10} 模的电场在膜片处集中而得以加强，呈电容性，称之为**电容性膜片**，其相对电纳的近似公式为

$$b=\frac{B}{Y_0}\approx\frac{4b}{\lambda_g}\ln\left(\csc\frac{\pi d}{2b}\right)=-\frac{4b}{\lambda_g}\ln\left(\sin\frac{\pi d}{2b}\right) \tag{6-8}$$

将感性膜片和容性膜片组合在一起便得到**谐振窗**，如图 6.8 所示。

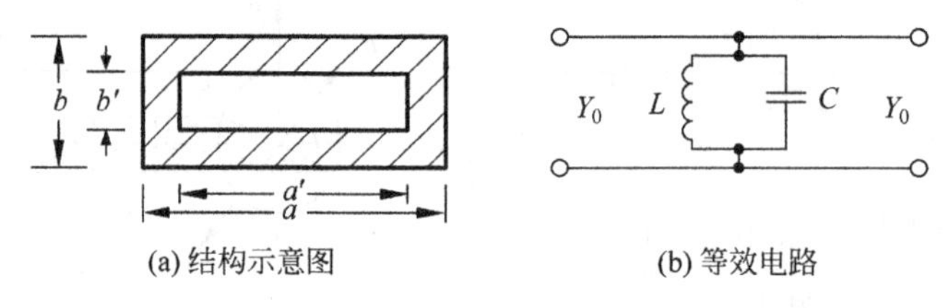

图 6.8 谐振窗的结构示意图和等效电路

谐振窗对某一特定频率产生谐振，电磁波可以无反射地通过，其等效电路相当于并联谐振回路。这种谐振窗常用于大功率波导系统中作充气的密封窗，与可用于微波电子器件中作为真空部分和非真空部分的隔窗。窗孔的形状可做成圆形、椭圆形、哑铃形等。谐振窗的常用材料是玻璃、聚四氟乙烯、陶瓷片等。

2. 销钉

销钉(Post)是垂直对穿波导宽边的金属圆棒，如图 6.9 所示，它在波导中起电感作用，可用作匹配元件和谐振元件，常用于构成波导滤波器。销钉的相对电纳与棒的粗细有关，棒越细，电感量越大，相对电纳小；同样粗细的棒，棒的根数越多，相对电纳越大。置于 $a/2$ 处的单销钉相对电纳的近似式为

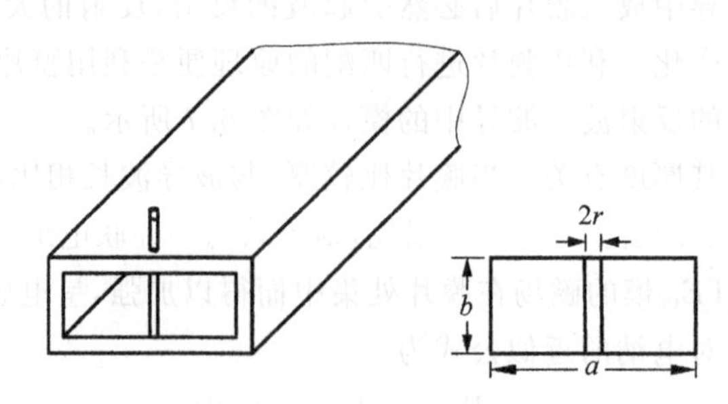

图 6.9 波导中的销钉

$$b=\frac{B}{Y_0}\approx-\frac{2\lambda_g}{a}\left\{\ln\left(\frac{2a}{\pi r}\right)-2\right\}^{-1} \tag{6-9}$$

式中，r 为销钉的半径。

3. 螺钉调配器

螺钉是低功率微波装置中普遍采用的调谐和匹配元件，它是在波导宽边中央插入可调螺钉作为调配元件，如图 6.10 所示。

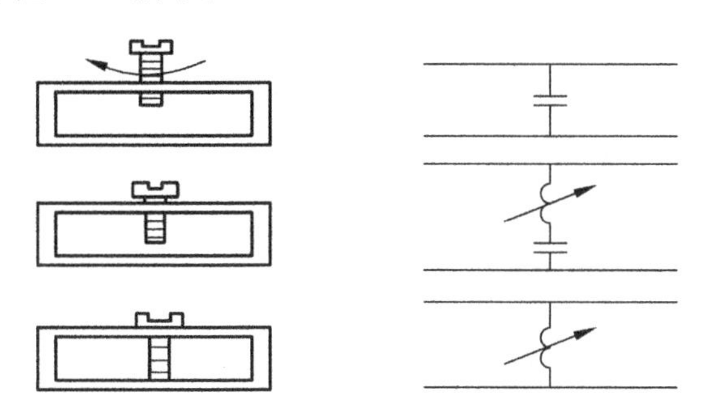

图 6.10 波导中的螺钉及其等效电路

螺钉深度的不同等效为不同的电抗元件，使用时为了避免波导短路击穿，螺钉都设计成容性，即螺钉旋入波导中的深度应小于 $3b/4$（b 为波导窄边尺寸）。由第 2 章的支节调配原理可知：多个相距一定距离的螺钉可构成螺钉阻抗调配器，不同的是，这里支节用容性螺钉来代替。螺钉调配器调整较为方便，膜片、销钉在波导中位置固定后不易再调整。

螺钉调配器可分为单螺钉、双螺钉、三螺钉和四螺钉四种，其作用原理与支节调配器相似，所不同的是螺钉只当电容用。单螺钉调配器通过调整螺钉的纵向位置和深度来实现匹配，如图 6.11(a)所示；双螺钉调配器是在矩形波导中相距 $\lambda_g/8$、$\lambda_g/4$ 或 $3\lambda_g/8$ 等距离的两个螺钉构成的，如图 6.11(b)所示。双螺钉调配器有匹配盲区，故有时采用三螺钉调配器，其工作原理在此不再赘述。由于螺钉调配器的螺钉间距与工作波长直接相关，因此螺钉调配器是窄频带的。

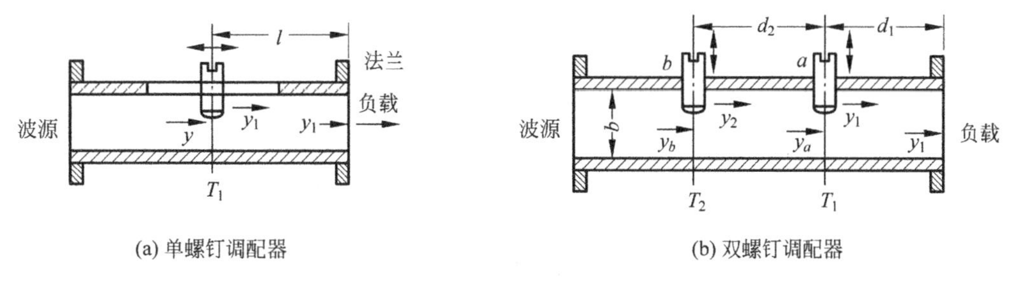

图 6.11 螺钉调配器

4. 多阶梯阻抗变换器

我们已经知道，用 $\lambda/4$ 阻抗变换器可实现阻抗匹配；但严格来说，只有在特定频率上才满足匹配条件，即 $\lambda/4$ 阻抗变换器的工作频带是很窄的。

要使变换器在较宽的工作频带内仍可实现匹配，必须用多阶梯阻抗变换器，图6.12所示分别为波导、同轴线、微带的多阶梯阻抗变换器。它们都可等效为如图6.13所示的电路。分别为 $T_0, T_1, T_2, \cdots, T_N$ 共 $(N+1)$ 个，如果参考面上局部电压反射系数对称选取，即取

$$\begin{cases} \Gamma_0 = \Gamma_N \\ \Gamma_1 = \Gamma_{N-1} \\ \Gamma_2 = \Gamma_{N-2} \\ \cdots \end{cases} \tag{6-10}$$

则输入参考面 T_0 上总电压反射系数 Γ 为

$$\begin{aligned} \Gamma &= \Gamma_0 + \Gamma_1 e^{-j2\theta} + \Gamma_2 e^{-j4\theta} + \cdots + \Gamma_{N-1} e^{-j2(N-1)\theta} + \Gamma_N e^{-j2N\theta} \\ &= (\Gamma_0 + \Gamma_N e^{-j2N\theta}) + (\Gamma_1 e^{-j2\theta} + \Gamma_{N-1} e^{-j2(N-1)\theta}) + \cdots \\ &= e^{-jN\theta}[\Gamma_0(e^{jN\theta} + e^{-jN\theta}) + \Gamma_1(e^{-j(N-2)\theta} + e^{j(N-2)\theta}) + \cdots] \\ &= 2e^{-jN\theta}[\Gamma_0 \cos N\theta + \Gamma_1 \cos(N-2)\theta + \cdots] \end{aligned} \tag{6-11}$$

于是反射系数模值为

$$|\Gamma| = |\Gamma_0 \cos N\theta + \Gamma_1 \cos(N-2)\theta + \cdots| \tag{6-12}$$

当 Γ_0, Γ_1 等值给定时，上式右端为余弦函数 $\cos\theta$ 的多项式，满足 $|\Gamma|=0$ 的 $\cos\theta$ 有很多解，亦即有许多 λ_g 使 $|\Gamma|=0$。这就是说，在许多工作频率上都能实现阻抗匹配，从而拓宽了频带。显然，阶梯级数越多，频带越宽。

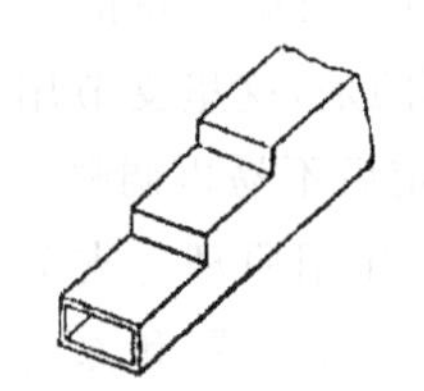

(a) 波导多阶梯阻抗变换器

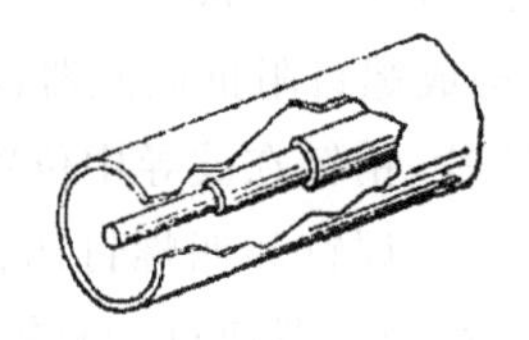

(b) 同轴线多阶梯阻抗变换器

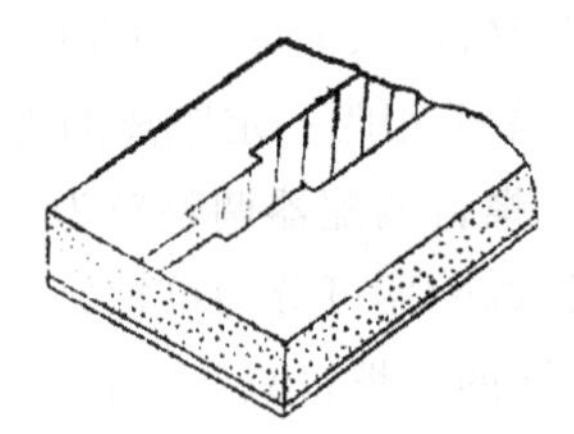

(c) 微带多阶梯阻抗变换器

图6.12 各种多阶梯阻抗变换器

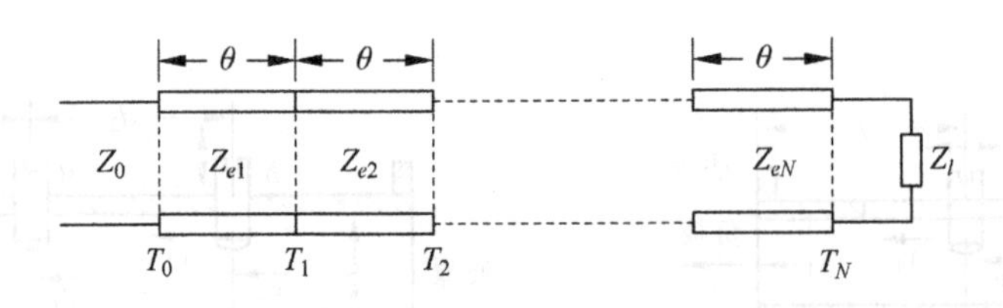

图6.13 多阶梯阻抗变换器的等效电路

5. 渐变型阻抗变换器

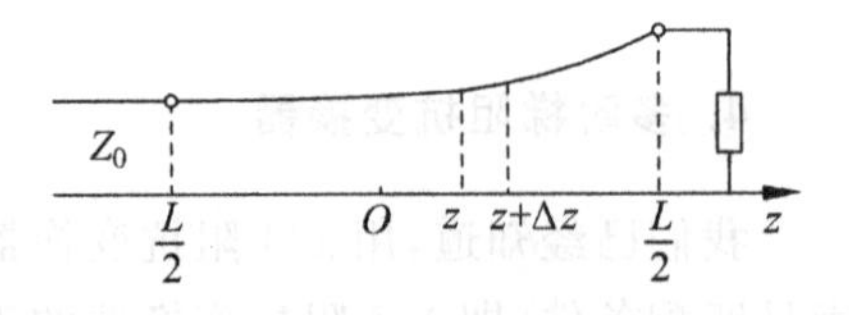

图6.14 渐变型阻抗变换器

由前面分析可知，只要增加阶梯的级数就可以增加工作带宽，但增加了阶梯级数，变换器的总长度也要增加，尺寸会过大，结构设计就更加困难，因此产生了渐变线代替多阶梯。设渐变线总长度为 L，特性阻抗为 $Z(z)$，并建立如图6.14所示坐标，渐变线上任意微

分段 $z \to z+\Delta z$，对应的输入阻抗为 $Z_{in}(z) \to Z_{in}(z)+\Delta Z_{in}(z)$，由传输线理论得

$$Z_{in}(z) = Z(z)\frac{[Z_{in}(z)+\Delta Z_{in}(z)]+jZ(z)\tan(\beta\Delta z)}{Z(z)+j[Z_{in}(z)+\Delta Z_{in}(z)]\tan(\beta\Delta z)} \tag{6-13}$$

式中，β 为渐变线的相移常数。当 $\beta\Delta z \to 0$ 时，$\tan\beta\Delta z \approx \beta\Delta z$，代入式(6-13)可得

$$Z_{in}(z) = [Z_{in}(z)+\Delta Z_{in}(z)+jZ(z)\beta\Delta z]\left[1-j\frac{z_{in}(z)+\Delta z_{in}(z)}{z(z)}\beta\Delta z\right] \tag{6-14}$$

忽略高阶无穷小量，并整理可得

$$\frac{dZ_{in}(z)}{dz} = j\beta\left[\frac{Z_{in}^2(z)}{Z(z)} - Z(z)\right] \tag{6-15}$$

若令电压反射系数为 $\Gamma(z)$，则

$$\Gamma(z) = \frac{Z_{in}(z)-Z(z)}{Z_{in}+Z(z)} \tag{6-16}$$

代入式(6-15)并经整理可得关于 $\Gamma(z)$ 的非线性方程

$$\frac{d\Gamma(z)}{dz} - j2\beta\Gamma(z) + \frac{1}{2}[1-\Gamma^2(z)]\frac{d\ln Z(z)}{dz} = 0 \tag{6-17}$$

当渐变线变化较缓时，近似认为 $1-\Gamma^2(z)\approx 1$，则可得关于 $\Gamma(z)$ 的线性方程

$$\frac{d\Gamma(z)}{dz} - 2j\beta\Gamma(z) + \frac{d\ln Z(z)}{2dz} = 0 \tag{6-18}$$

其通解为

$$\Gamma(z) = e^{j2\beta z}\frac{1}{2}\int\frac{d\ln Z(z)}{dz}e^{-j2\beta z}dz \tag{6-19}$$

故渐变线输入端反射系数为

$$\Gamma_{in}e^{j\beta L} = \frac{1}{2}\int_{-\frac{L}{2}}^{\frac{L}{2}}\frac{d\ln Z(z)}{dz}e^{-j2\beta z}dz \tag{6-20}$$

这样，当渐变线特性阻抗 $Z(z)$ 给定后，由式(6-20)就可求得渐变线输入端电压反射系数。通常渐变线特性阻抗随距离变化的规律有：指数型、三角函数型及切比雪夫型，下面就来介绍指数型渐变线的特性，其特性阻抗满足

$$Z(z) = Z_0\exp\left[\left(\frac{z}{L}+\frac{1}{2}\right)\ln\frac{Z_1}{Z_0}\right] \tag{6-21}$$

可见当 $z=-\frac{L}{2}$ 时，$Z(z)=Z_0$，而当 $z=\frac{L}{2}$ 时，$Z(z)=Z_l$，于是有

$$\frac{d\ln Z(z)}{dz} = \frac{1}{L}\ln\frac{Z_1}{Z_0} \tag{6-22}$$

输入端反射系数为

$$\Gamma_{in}e^{j\beta L} = \frac{1}{2L}\ln\frac{Z_1}{Z_0}\int_{-\frac{L}{2}}^{\frac{L}{2}}e^{-j2\beta z}dz = \frac{1}{2}\frac{\sin\beta L}{\beta L}\ln\frac{Z_1}{Z_0} \tag{6-23}$$

两边取模得

$$|\Gamma_{in}| = \frac{1}{2}\left|\frac{\sin\beta L}{\beta L}\right|\ln\frac{Z_1}{Z_0} \tag{6-24}$$

图 6.15 给出了 $|\Gamma_{in}|$ 与 βL 的关系曲线。

由图 6.15 可见，当渐变线长度一定时，$|\Gamma_{in}|$ 随频率的变化而变。λ 越小，βL 越大，$|\Gamma_{in}|$ 越小；极限情况下 $\lambda\to 0$，则 $|\Gamma_{in}|\to 0$，这说明指数渐变线阻抗变换器工作频带无上限，而频

带下限取决于$|\Gamma_{in}|$的容许值。

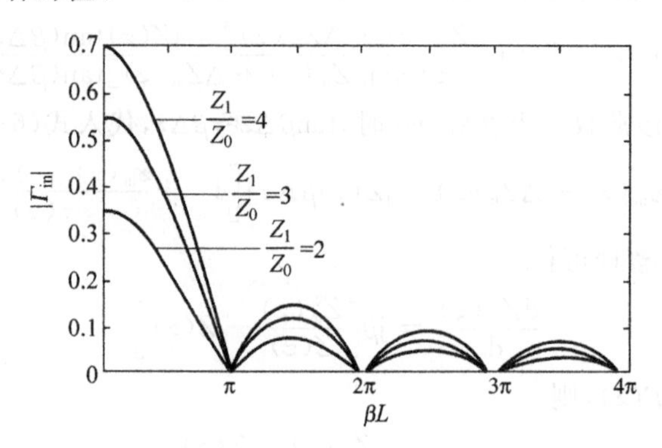

图 6.15 $|\Gamma_{in}|$与 βL 的关系曲线

6.2 功率分配元器件

在微波系统中，往往需将一路微波功率按比例分成几路，这就是功率分配问题。实现这一功能的元件称为功率分配元器件，主要包括定向耦合器、功率分配器以及各种微波分支器件。这些元器件一般都是线性多端口互易网络，因此可用微波网络理论进行分析。

6.2.1 定向耦合器

1. 定向耦合器的结构及分类

定向耦合器可作为功率分配元件，还可作为其他元件，如反射计、固定衰减器等。

定向耦合器(Directional Coupler)是一种具有定向传输特性的四端口元件，由主传输线(主线)和副传输线(副线)组成，主副线之间通过耦合机构(如缝隙、孔、耦合线段等)，把主线功率的一部分(或全部)耦合到副线中去，而且要求功率在副线中只传向某一输出端口，另一端口无输出。按照习惯，规定端口"①"为输入端口，其他三个端口为输出端口或隔离口，相应的 **S** 矩阵用$[S_{02}]$，$[S_{03}]$，$[S_{04}]$表示，如图 6.16 所示。

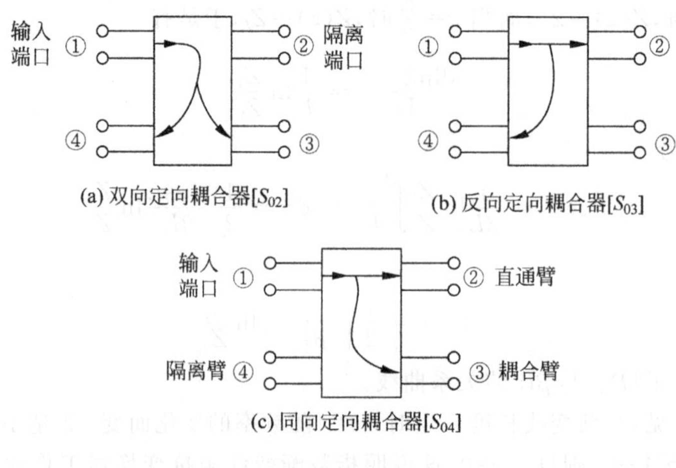

(a) 双向定向耦合器$[S_{02}]$ (b) 反向定向耦合器$[S_{03}]$

(c) 同向定向耦合器$[S_{04}]$

图 6.16 定向耦合器

定向耦合器按传输线类型可分为波导型、同轴线和微带线型定向耦合器；按耦合机构可分为单孔、双孔、多孔、缝隙定向耦合器；按传输方向可分为正向、反向定向耦合器；按结构可分为波导双孔型、双分支型、平行耦合微带线型定向耦合器。

理想定向耦合器的散射参数为

$$[\boldsymbol{S}] = \begin{pmatrix} 0 & S_{12} & S_{13} & S_{14} \\ S_{12} & 0 & S_{23} & S_{24} \\ S_{13} & S_{23} & 0 & S_{34} \\ S_{14} & S_{24} & S_{34} & 0 \end{pmatrix} \tag{6-25}$$

其中，对$[S_{02}]$型双向定向耦合器，$S_{12}=S_{34}=0$；对$[S_{03}]$型反向定向耦合器，$S_{13}=S_{24}=0$；对$[S_{04}]$型同向定向耦合器，$S_{14}=S_{23}=0$。

2. 定向耦合器的性能指标

假设定向耦合器为$[S_{04}]$结构——即端口“①”为输入端，端口“②”为直通输出端，端口“③”为耦合输出端，端口“④”为隔离端(图 6.17)，并设其散射矩阵为

$$[\boldsymbol{S}] = \begin{pmatrix} S_{11} & S_{12} & S_{13} & S_{14} \\ S_{21} & S_{22} & S_{23} & S_{24} \\ S_{31} & S_{32} & S_{33} & S_{34} \\ S_{41} & S_{42} & S_{43} & S_{44} \end{pmatrix} \tag{6-26}$$

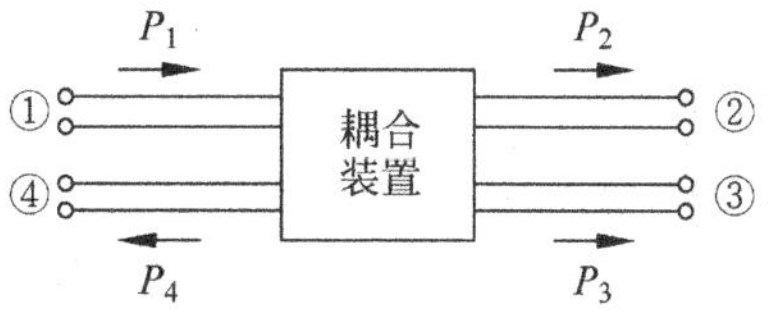

图 6.17　定向耦合器的原理图

描述定向耦合器的性能指标有：耦合度、定向度、隔离度、输入驻波比和工作带宽。

1) 耦合度

输入端“①”的输入功率 P_1 与耦合端“③”的输出功率 P_3 之比定义为耦合度，记作 C。

$$C = 10\lg\frac{P_1}{P_3} = 10\lg\frac{1}{|S_{13}|^2} = -20\lg|S_{13}| \quad (\text{dB}) \tag{6-27}$$

2) 定向度(定向性、方向性)

耦合端“③”的输出功率 P_3 与隔离端“④”的输出功率 P_4 之比定义为定向度，记作 D。

$$D = 10\lg\frac{P_3}{P_4} = 20\lg\left|\frac{S_{13}}{S_{14}}\right| = I - C \quad (\text{dB}) \tag{6-28}$$

一个理想定向耦合器的方向性应为无穷大，实际为定值。

3) 隔离度

输入端“①”的输入功率 P_1 和隔离端“④”的输出功率 P_4 之比定义为隔离度，记作 I。

$$I = 10\lg\frac{P_1}{P_4} = 20\lg\frac{1}{|S_{14}|} \quad (\text{dB}) \tag{6-29}$$

一个理想定向耦合器其隔离度为无穷大，实际并非如此。

I 与 D 和 C 的关系为

$$I = D + C \tag{6-30}$$

4) 输入驻波比

端口“②、③、④”都接匹配负载时的输入端口“①”的驻波比定义为输入驻波比，记作 ρ。

$$\rho = \frac{1+|S_{11}|}{1-|S_{11}|} \tag{6-31}$$

5）工作带宽

工作带宽是指定向耦合器的上述 C、I、D、ρ 等参数均满足要求时的工作频率范围。

3. 波导双孔定向耦合器

波导双孔定向耦合器是最简单的波导定向耦合器，主、副波导通过其公共窄壁上两个相距 $d=(2n+1)\lambda_{g0}/4$ 的小孔实现耦合。其中，λ_{g0} 是中心频率所对应的波导波长，n 为正整数，一般取 $n=0$。耦合孔一般是圆形，也可以是其他形状。波导双孔定向耦合器如图 6.18 所示。

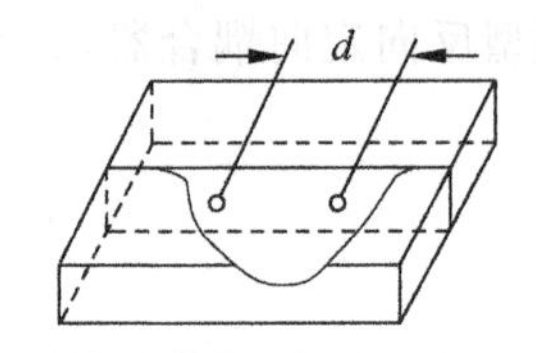

(a) 波导双孔定向耦合器的结构

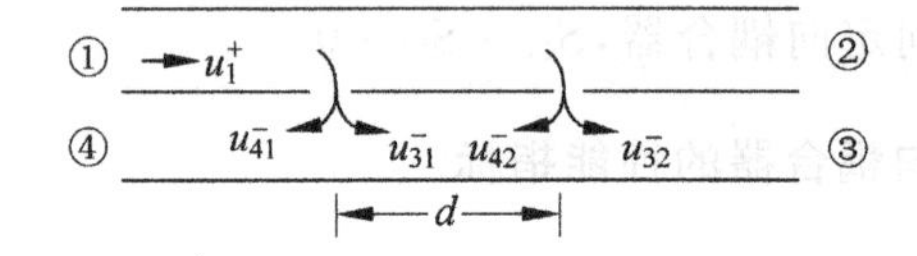

(b) 波导双孔定向耦合器的等效电路

图 6.18 波导双孔定向耦合器

根据耦合器的耦合机理，波导双孔定向耦合器的等效电路原理图如图 6.18(b)所示。设端口"①"入射 TE_{10} 波（$u_1^+=1$），第一个小孔耦合到副波导中的归一化出射波为 $u_{41}^-=q$ 和 $u_{31}^-=q$，q 为小孔耦合系数。假设小孔很小，到达第二个小孔的电磁波能量不变，只是引起相位差（βd），第二个小孔处耦合到副波导处的归一化出射波分别为 $u_{42}^-=q\mathrm{e}^{-\mathrm{j}\beta d}$ 和 $u_{32}^-=q\mathrm{e}^{-\mathrm{j}\beta d}$，在副波导输出端口"③"合成的归一化出射波为

$$u_3^- = u_{31}^-\mathrm{e}^{-\mathrm{j}\beta d} + u_{32}^- = 2q\mathrm{e}^{-\mathrm{j}\beta d} \tag{6-32}$$

副波导输出端口"④"合成的归一化出射波为

$$u_4^- = u_{41}^- + u_{42}^-\mathrm{e}^{-\mathrm{j}\beta d} = q(1+\mathrm{e}^{-\mathrm{j}2\beta d}) = 2q\cos\beta d\,\mathrm{e}^{-\mathrm{j}\beta d} \tag{6-33}$$

由此可得波导双孔定向耦合器的耦合度为

$$C = 20\lg\left|\frac{u_1^+}{u_3^-}\right| = -20\lg|u_3^-| = -20\lg|2q| \quad (\mathrm{dB}) \tag{6-34}$$

小圆孔耦合的耦合系数为

$$q = \frac{1}{ab\beta}\left(\frac{\pi}{a}\right)^2\frac{4}{3}r^3 \tag{6-35}$$

式中，a、b 分别为矩形波导的宽边和窄边尺寸；r 为小孔的半径；β 是 TE_{10} 模的相移常数。而波导双孔定向耦合器的定向度为

$$D = 20\lg\left|\frac{u_3^-}{u_4^-}\right| = 20\lg\frac{2|q|}{2|q\cos\beta d|} = 20\lg|\sec\beta d| \tag{6-36}$$

当工作在中心频率时，$\beta d=\pi/2$，此时 $D\to\infty$；当偏离中心频率时，$\sec\beta d$ 具有一定的数值，此时 D 不再为无穷大。实际上双孔耦合器即使在中心频率上，其定向性也不是无穷大，而只能在 30dB 左右。由式(6-36)可见，这种定向耦合器是窄带的。

波导双孔定向耦合器是依靠波的相互干涉而实现主波导的定向输出，在耦合口上同相叠加，在隔离口上反相抵消。为了增加定向耦合器的耦合度，拓宽工作频带，可采用多孔定向耦合器。

4. 双分支定向耦合器

双分支定向耦合器由主线、副线和两条分支线组成，其中分支线的长度和间距均为中心波长的 1/4，如图 6.19 所示。设主线入口线“①”的特性阻抗为 $Z_1=Z_0$，主线出口线“②”的特性阻抗为 $Z_2=Z_0k$（k 为阻抗变换比），副线隔离端“④”的特性阻抗为 $Z_4=Z_0$，副线耦合端“③”的特性阻抗为 $Z_3=Z_0k$，平行连接线的特性阻抗为 Z_{0p}，两个分支线特性阻抗分别为 Z_{t1} 和 Z_{t2}。

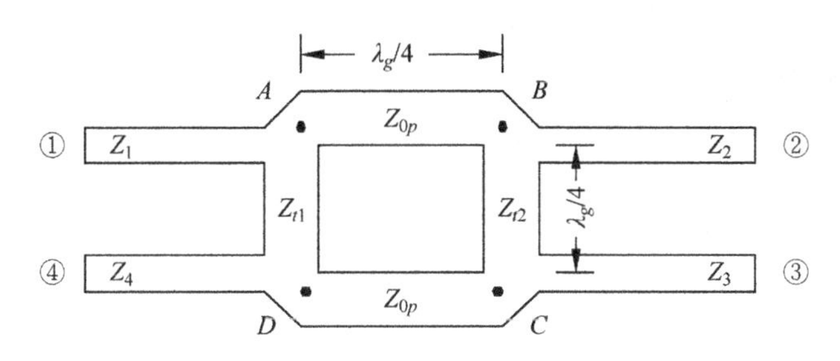

图 6.19　双分支定向耦合器

假设输入电压信号从端口“①”经 A 点输入，则到达 D 点的信号有两路，一路是由分支线直达，其波行程为 $\lambda_g/4$，另一路由 $A\to B\to C\to D$，波行程为 $3\lambda_{g/}4$；故两条路径到达的波行程差为 $\lambda_g/2$，相应的相位差为 π，即相位相反。因此若选择合适的特性阻抗，使到达的两路信号的振幅相等，则端口“④”处的两路信号相互抵消，从而实现隔离。

同样由 $A\to C$ 的两路信号为同相信号，故在端口“③”有耦合输出信号，即端口“③”为耦合端。耦合端输出信号的大小同样取决于各线的特性阻抗。

对于微带双分支定向耦合器，设耦合端“③”的反射波电压为 $|U_{3r}|$，则该耦合器的耦合度为

$$C = 10\lg\frac{k}{|U_{3r}|^2}\ (\text{dB}) \tag{6-37}$$

各线的特性阻抗与 $|U_{3r}|$ 的关系式为

$$\begin{cases} Z_{0p} = Z_0\sqrt{k-|U_{3r}|^2} \\ Z_{t1} = \dfrac{Z_{0p}}{|U_{3r}|} \\ Z_{t2} = \dfrac{Z_{0p}k}{|U_{3r}|} \end{cases} \tag{6-38}$$

可见，只要给出要求的耦合度 C 及阻抗变换比 k，即可由式(6-35)算得 $|U_{3r}|$，再由式(6-36)算得各线特性阻抗，从而可设计出相应的定向耦合器。对于耦合度为 3dB、阻抗变换比 $k=1$ 的特殊定向耦合器，称为 3dB 定向耦合器，它通常用在平衡混频电路中。此时

$$\begin{cases} Z_{0p} = \sqrt{2}Z_0 \\ Z_{t_1} = Z_{t_2} = Z_0 \\ |U_{3r}| = \dfrac{1}{\sqrt{2}} \end{cases} \tag{6-39}$$

此时散射矩阵为

$$[S]=-\frac{1}{\sqrt{2}}\begin{bmatrix}0 & j & 1 & 0\\ j & 0 & 0 & 1\\ 1 & 0 & 0 & j\\ 0 & 1 & j & 0\end{bmatrix} \tag{6-40}$$

分支线定向耦合器的带宽受 $\lambda_g/4$ 的限制，一般可做到 10%～20%，若要求频带更宽，可采用多节分支耦合器。

5. 平行耦合微带定向耦合器

平行耦合微带定向耦合器是一种反向定向耦合器，其耦合输出端与主输入端在同一侧面，如图 6.20 所示，端口“①”为输入口，端口“②”为直通口，端口“③”为耦合口，端口“④”为隔离口。为了分析平行耦合微带定向耦合器的工作原理，设平行耦合微带线的奇、偶模特性阻抗分别为 Z_{0o} 和 Z_{0e}，令

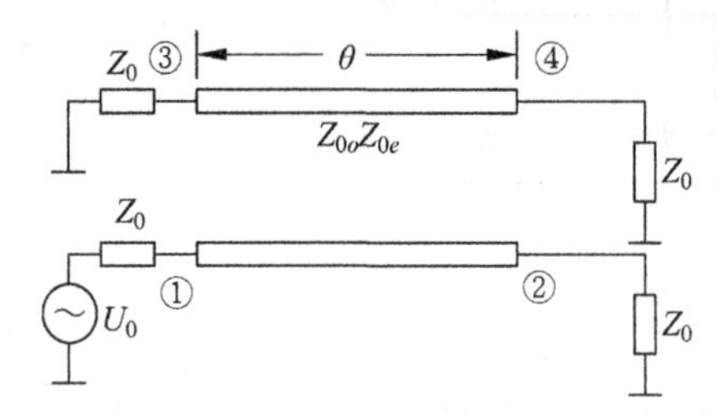

图 6.20 平行耦合微带定向耦合器

$$\begin{cases} Z_0=\sqrt{Z_{0o}Z_{0e}} \\ K=\dfrac{Z_{0e}-Z_{0o}}{Z_{0e}+Z_{0o}} \end{cases} \tag{6-41}$$

其中，Z_0 为匹配负载阻抗；K 为电压耦合系数。设各端口均接阻抗为 Z_0 的负载，如图 6.20 所示，根据奇偶模分析，则可等效为图 6.21。端口“①”处输入阻抗为

$$Z_{in}=\frac{U_1}{I_1}=\frac{U_{1e}+U_{1o}}{I_{1e}+I_{1o}} \tag{6-42}$$

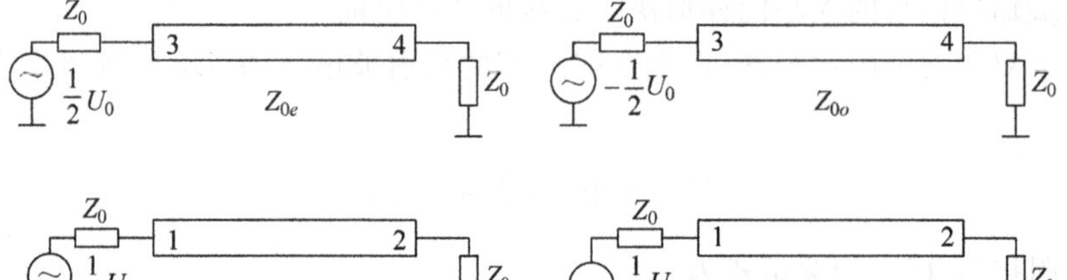

图 6.21 平行耦合微带定向耦合器奇偶模等效电路

下面来证明端口“①”是匹配的。

由图 6.21 知，端口“①”处的奇偶模输入阻抗为

$$\begin{cases} Z_{in}^{o}=Z_{0o}\dfrac{Z_0+jZ_{0o}\tan\theta}{Z_0+jZ_0\tan\theta} \\ Z_{in}^{e}=Z_{0e}\dfrac{Z_0+jZ_{0e}\tan\theta}{Z_{0e}+jZ_0\tan\theta} \end{cases} \tag{6-43}$$

将式(6-41)代入式(6-43)得

$$\begin{cases} Z_{in}^{o}=Z_{0o}\dfrac{\sqrt{Z_{0e}}+j\sqrt{Z_{0o}}\tan\theta}{\sqrt{Z_{0o}}+j\sqrt{Z_{0e}}\tan\theta} \\ Z_{in}^{e}=Z_{0e}\dfrac{\sqrt{Z_{0o}}+j\sqrt{Z_{0e}}\tan\theta}{\sqrt{Z_{0e}}+j\sqrt{Z_{0o}}\tan\theta} \end{cases} \tag{6-44}$$

可见，$Z_{in}^{o}Z_{in}^{e}=Z_{0e}Z_{0o}=Z_0^2$。

由奇偶模等效电路得端口“①”的奇偶模电压和电流分别为

$$\begin{cases}U_{1o}=\dfrac{Z_{in}^{o}}{Z_{in}^{o}+Z_0}\dfrac{1}{2}U_0\\[2ex]U_{1e}=\dfrac{Z_{in}^{e}}{Z_{in}^{e}+Z_0}\dfrac{1}{2}U_0\end{cases}\tag{6-45}$$

$$\begin{cases}I_{1o}=\dfrac{1}{Z_{in}^{o}+Z_0}\dfrac{1}{2}U_0\\[2ex]I_{1e}=\dfrac{1}{Z_{in}^{e}+Z_0}\dfrac{1}{2}U_0\end{cases}\tag{6-46}$$

代入式(6-42)并利用式(6-44)则有

$$Z_{in}=\frac{Z_{in}^{e}(Z_{in}^{o}+Z_0)+Z_{in}^{o}(Z_{in}^{e}+Z_0)}{Z_{in}^{o}+Z_{in}^{e}+2Z_0}=Z_0\tag{6-47}$$

可见端口“①”是匹配的，所以加上的电压 U_0，即为入射波电压，由对称性可知其余端口也是匹配的。

由分压公式可得端口“③”的合成电压为

$$U_3=U_{3e}+U_{3o}=U_{1e}-U_{1o}=\frac{2\mathrm{j}(Z_{0e}-Z_{0o})\tan\theta}{2Z_0+\mathrm{j}(Z_{0e}+Z_{0o})\tan\theta}\cdot\frac{1}{2}U_0\tag{6-48}$$

将式(6-41)代入，于是有耦合端口“③”输出电压与端口“①”输入电压之比为

$$\frac{U_3}{U_0}=\frac{\mathrm{j}K\tan\theta}{\sqrt{1-K^2}+\mathrm{j}\tan\theta}\tag{6-49}$$

端口“④”和端口“②”处的合成电压分别为

$$\begin{cases}U_4=U_{4e}+U_{4o}=U_{2e}-U_{2o}=0\\[2ex]U_2=U_{2e}+U_{2o}\dfrac{\sqrt{1-K^2}}{\sqrt{1-K^2}\cos\theta+\mathrm{j}\sin\theta}U_0\end{cases}\tag{6-50}$$

可见，端口“③”有耦合输出而端口“④”为隔离端，当工作在中心频率上，$\theta=\pi/2$，此时

$$\begin{cases}U_3=K\cdot U_0\\U_2=-\mathrm{j}\sqrt{1-K^2}\cdot U_0\end{cases}\tag{6-51}$$

可见端口“②”“③”电压相差 90°，相应的耦合度为

$$C=20\lg\left|\frac{U_3}{U_0}\right|=20\lg K\ (\mathrm{dB})\tag{6-52}$$

于是给定耦合度 C 及引出线的特性阻抗 Z_0 后，由式(6-52)求得耦合系数 K，从而可确定 Z_{0o}和 Z_{0e}。

$$\begin{cases}Z_{0o}=Z_0\sqrt{\dfrac{1+K}{1-K}}\\[2ex]Z_{0e}=Z_0\sqrt{\dfrac{1-K}{1+K}}\end{cases}\tag{6-53}$$

然后由此确定平行耦合线的尺寸。值得指出的是：在上述分析中假定了耦合线奇偶模相速相同，因而电长度相同，但实际上，微带线的奇偶模相速是不相等的，所以按上述方法设计出的定向耦合器性能会变差。为改善性能，一般可取介质覆盖、耦合段加齿形或其他补偿

措施，图 6.22 给出了两种补偿结构。

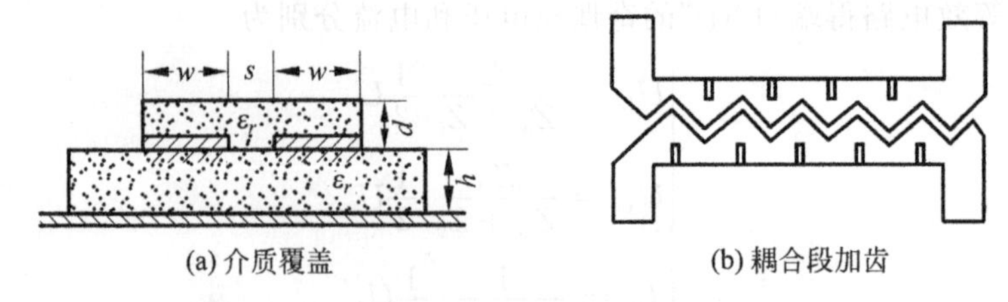

(a) 介质覆盖　　(b) 耦合段加齿

图 6.22　平行耦合微带定向耦合器的补偿结构

6.2.2　功率分配器

将一路微波功率按一定比例分成 n 路输出的功率元件称为功率分配器(Power Divider)。按输出功率比例不同，可分为等功率分配器和不等功率分配器。在结构上，大功率往往采用同轴线而中小功率常采用微带线。下面介绍两路微带功率分配器以及微带环形电桥的工作原理。

1. 两路微带功率分配器

两路微带功率分配器的平面结构如图 6.23 所示，其中输入端口特性阻抗为 Z_0，分成的两段微带线电长度为 $\lambda_g/4$，特性阻抗分别是 Z_{02} 和 Z_{03}，终端分别接有电阻 R_2 和 R_3。

功率分配器的基本要求：①端口"①"无反射；②端口"②、③"输出电压相等且同相；③端口"②、③"输出功率比值为任意指定值，设为 $\frac{1}{k^2}$。

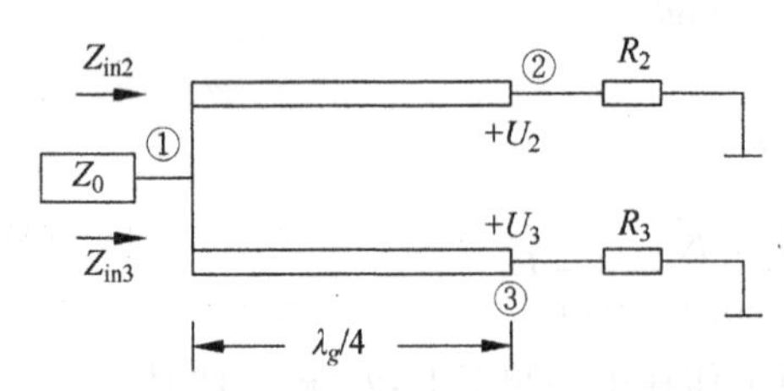

图 6.23　两路微带功率分配器的平面结构

根据以上三条有

$$\begin{cases}\dfrac{1}{Z_{in2}}+\dfrac{1}{Z_{in3}}=\dfrac{1}{Z_0}\\ \left(\dfrac{1}{2}\times\dfrac{U_2^2}{R_2}\right)\Big/\left(\dfrac{1}{2}\times\dfrac{U_3^2}{R_3}\right)=\dfrac{1}{k^2}\\ U_2=U_3\end{cases}\tag{6-54}$$

由传输线理论有

$$\begin{cases}Z_{in2}=\dfrac{Z_{02}^2}{R_2}\\ Z_{in3}=\dfrac{Z_{03}^2}{R_3}\end{cases}\tag{6-55}$$

这样共有 R_2、R_3、Z_{02}、Z_{03} 4 个参数而只有 3 个约束条件，故可任意指定其中的一个参数，现设 $R_2=kZ_0$，于是由上两式可得其他参数

$$\begin{cases}Z_{02}=Z_0\sqrt{k(1+k^2)}\\ Z_{03}=Z_0\sqrt{(1+k^2)/k^3}\\ R_3=\dfrac{Z_0}{k}\end{cases}\tag{6-56}$$

实际的功率分配器终端负载往往是特性阻抗为 Z_0 的传输线，而不是纯电阻，此时可用

$\lambda_g/4$ 阻抗变换器将其变为所需电阻；另一方面，U_2、U_3 等幅同相，在“②、③”端跨接电阻 R_j，既不影响功率分配器性能，又可增加隔离度，于是实际功率分配器平面结构如图 6.24 所示，其中 Z_{04}、Z_{05} 及 R_j 由以下公式确定

$$\begin{cases} Z_{04} = \sqrt{R_2 Z_0} = Z_0\sqrt{k} \\ Z_{05} = \sqrt{R_3 Z_0} = \dfrac{Z_0}{\sqrt{k}} \\ R_j = Z_0\dfrac{1+k^2}{k} \end{cases} \tag{6-57}$$

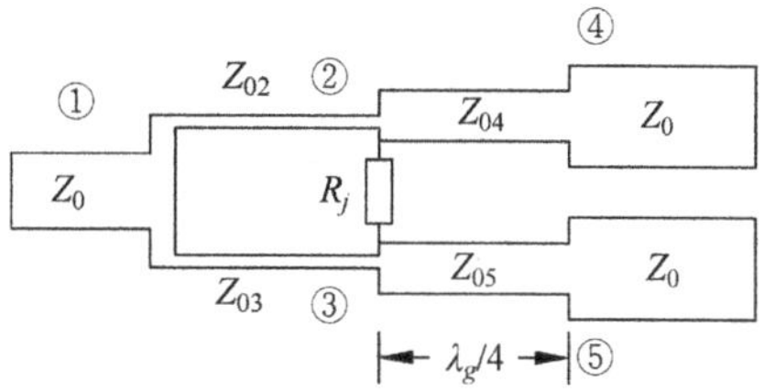

图 6.24 实际功率分配器平面结构

2. 微带环形电桥

微带环形电桥(Microstrip Hybrid Coupler)是在波导环形电桥基础上发展起来的一种功率分配元件，其结构如图 6.25 所示，它由全长为 $3\lambda_g/2$ 的环及与它相连的四个分支组成，分支与环并联。其中端口“①”为输入端，该端口无反射，端口“②、④”等幅同相输出，而端口“③”为隔离端，无输出。其工作原理可用类似定向耦合器的波程叠加方法进行分析。在这里不进行详细分析，仅给出其特性参数应满足的条件。

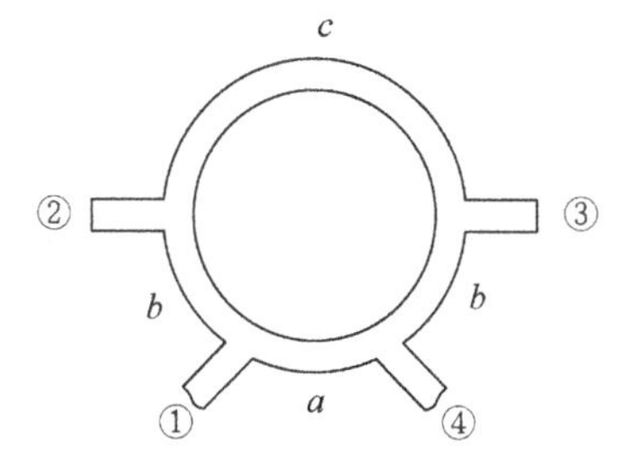

图 6.25 微带环形电桥结构

设环路各段归一化特性导纳分别为 a、b、c，而 4 个分支的归一化特性导纳为 1。则满足上述端口输入输出条件下，各环路段的归一化特性导纳为

$$a = b = c = \frac{1}{\sqrt{2}} \tag{6-58}$$

而对应的散射矩阵为

$$[\boldsymbol{S}] = \frac{1}{\sqrt{2}}\begin{pmatrix} 0 & -j & 0 & -j \\ j & 0 & j & 0 \\ 0 & j & 0 & -j \\ -j & 0 & -j & 0 \end{pmatrix} \tag{6-59}$$

6.2.3 波导分支器

将微波能量从主波导中分路接出的元件称为波导分支器(Waveguild Brancher)，它是微波功率分配器件的一种，常用的波导分支器有 E 面 T 形分支(简称 E-T 分支或 E-T 接头)、H 面 T 形分支(简称 H-T 分支或 H-T 接头)、波导魔 T 和多工器等。

1. E-T 接头

E 面 T 形分支器是在主波导宽边面上的分支，其轴线平行于主波导的 TE_{10} 模的电场方向，简称 E-T 接头。其结构及等效电路如图 6.26 所示，由等效电路可见，E-T 接头相当于分支波导与主波导串联。

E-T 接头具有以下特性。

(1) 当信号从端口“①”输入时，则在端口“②、③”都有输出。

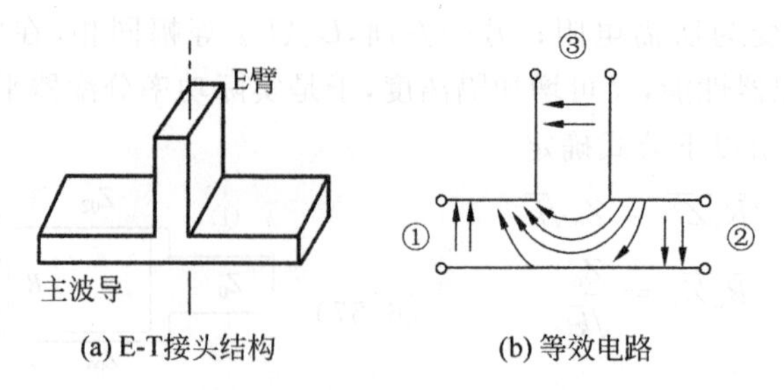

(a) E-T接头结构　(b) 等效电路

图 6.26　E-T 接头结构及等效电路

(2) 当信号从端口“②”输入时，则在端口“①、③”都有输出。

(3) 当微波信号从端口“③”输入时，端口“①、②”有输出且等幅反相。

(4) 当微波信号从端口“①、②”同相输入时，端口“③”将无输出。

(5) 当信号从端口“①、②”反相输入时时，则在端口“③”合成输出最大。

因此，E-T 接头使用时多由端口“③”输入，假定端口“③”匹配($S_{33}=0$)，由此可得 E-T 接头的[$\boldsymbol{S}$]参数为

$$[\boldsymbol{S}]=\begin{bmatrix}\frac{1}{2} & \frac{1}{2} & \frac{1}{\sqrt{2}}\\ \frac{1}{2} & \frac{1}{2} & -\frac{1}{\sqrt{2}}\\ \frac{1}{\sqrt{2}} & -\frac{1}{\sqrt{2}} & 0\end{bmatrix} \tag{6-60}$$

2. H-T 接头

H-T 接头是在主波导窄边面上的分支，其轴线平行于主波导 TE_{10} 模的磁场方向，其结构及等效电路如图 6.27 所示，可见 H-T 接头相当于并联于主波导的分支线。

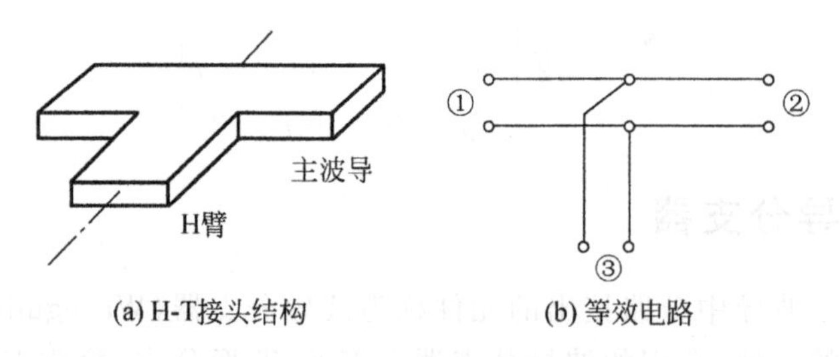

(a) H-T接头结构　(b) 等效电路

图 6.27　H-T 接头结构及等效电路

H-T 接头具有以下特性：

(1) 当信号从端口“①”输入时，则在端口“②、③”都有输出。

(2) 当信号从端口“②”输入时，则在端口“①、③”都有输出。

(3) 当微波信号从端口“③”输入时，端口“①、②”有输出且等幅同相。

(4) 当微波信号从端口“①、②”同相输入时，端口“③”合成输出最大。

(5) 当信号从端口“①、②”反相输入时时，端口“③”将无输出。

H-T 接头的散射矩阵为

$$[\boldsymbol{S}]=\begin{pmatrix}\frac{1}{2} & \frac{1}{2} & \frac{1}{\sqrt{2}}\\ \frac{1}{2} & \frac{1}{2} & \frac{1}{\sqrt{2}}\\ \frac{1}{\sqrt{2}} & \frac{1}{\sqrt{2}} & 0\end{pmatrix} \tag{6-61}$$

3. 波导魔 T

将 E-T 和 H-T 接头组合在一起，就构成双 T；在双 T 四个支臂接头处内安置匹配装置，则构成匹配双 T，也称为波导魔 T(Waveguide Magic T)，如图 6.28 所示。四个支臂接头匹配措施有：①螺钉匹配；②销钉匹配；③销钉和膜片匹配；④用顶面带有圆主体的圆锥体调配。端口“③”称为魔 T 的 H 臂或和臂，而端口“④”称为魔 T 的 E 臂或差臂。

波导魔 T 有以下特征。

(1) 四个端口完全匹配，E 臂和 H 臂相互隔离，两侧臂亦相互隔离。

(2) 进入一侧臂的信号，将由 E 臂(又称差臂)和 H 臂(又称和臂)等分输出，而不进入另一侧臂。

(3) 进入 E 臂的信号，将由两侧臂等幅反相输出，而不进入 H 臂；进入 H 臂的信号，将由两侧臂等幅同相输出，而不进入 E 臂。

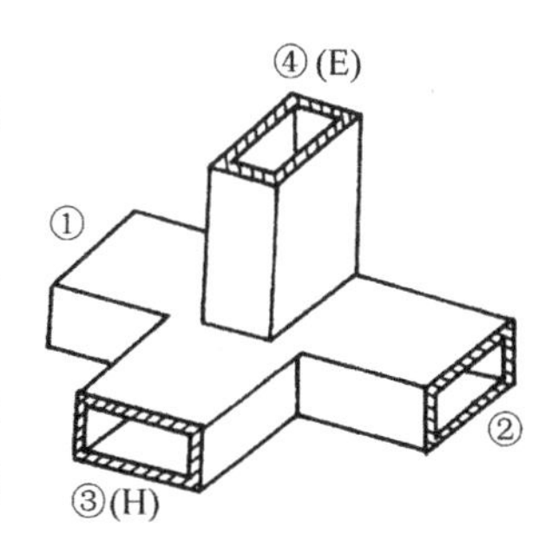

图 6.28 波导魔 T 的结构

(4) 两侧臂同时加入信号，E 臂输出的信号等于两输入信号相量差的 $1/\sqrt{2}$ 倍；H 臂输出的信号则等于两输入信号相量和的 $1/\sqrt{2}$ 倍。

根据以上分析，魔 T 各散射参数有以下关系

$$\begin{cases}S_{11}=S_{22}\\ S_{13}=S_{23}\\ S_{14}=-S_{24}\\ S_{33}=S_{44}=0\\ S_{34}=0\end{cases} \tag{6-62}$$

网络是无耗的，则有

$$[\boldsymbol{S}]+[\boldsymbol{S}]=[\boldsymbol{I}] \tag{6-63}$$

波导魔 T 的上述特性可用[$\boldsymbol{S}$]矩阵表示为

$$[\boldsymbol{S}]=\frac{1}{\sqrt{2}}\begin{pmatrix}0 & 0 & 1 & 1\\ 0 & 0 & 1 & -1\\ 1 & 1 & 0 & 0\\ 1 & -1 & 0 & 0\end{pmatrix} \tag{6-64}$$

总之，魔 T 具有对口隔离，邻口 3dB 耦合及完全匹配的关系，因此它在微波领域获得了广泛应用，尤其用在雷达收发开关、混频器及移相器等场合。魔 T 可用来组成的器件为：①微波阻抗电桥、天线双工器、功率分配器；②和差器、相移器；③平衡混频器、平衡相位检

波器、鉴频器、调制器等。

4. 多工器

多工器(Multiplexer)是无线系统中将一路宽带信号分成几路窄带信号或将几路窄带信号合成一路信号的部件,有时也叫合路器。它是用于射频前端的重要微波部件。图 6.29 所示是卫星转发器的组成框图,其中需要两个多工器,分别用于信号的分路及合路。

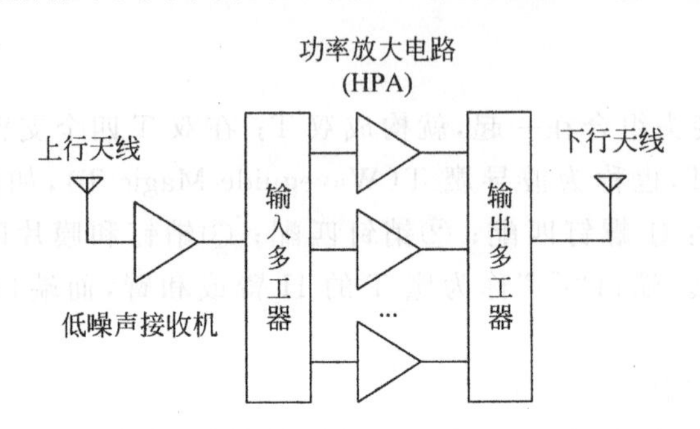

图 6.29 卫星转发器的组成框图

两通道的多工器通常称为双工器(Diplexer/Duplexer),它一方面将从功率放大电路(HPA)来的功率微波信号送到天线上去发射,另一方面将天线上感应到的高频信号送到低噪声放大电路(LNA),如图 6.30 所示。

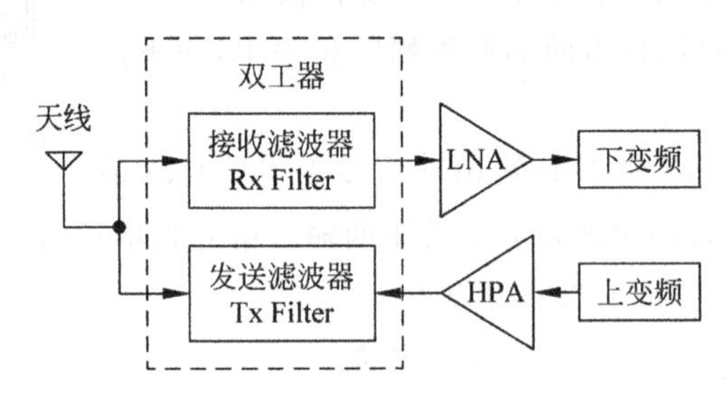

图 6.30 双工器在射频前端的位置与作用

实际上,不能只设计两个滤波器,因为还涉及端口的阻抗特性,因此在工程中,常用两个 90°桥接(Hybrid)(也称为定向耦合器)将发射端与接收端隔离,如图 6.31 所示。

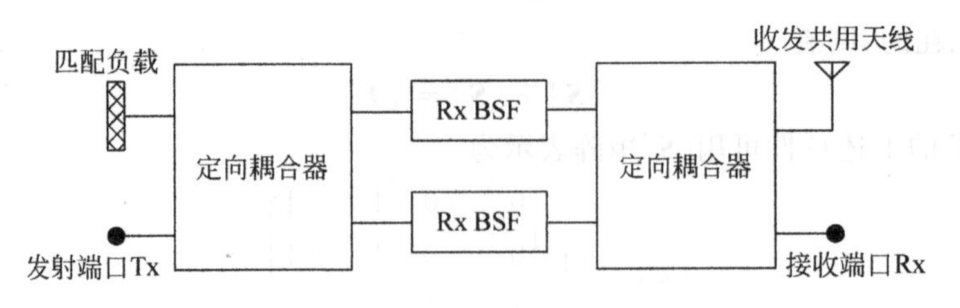

图 6.31 一款常见的双工器组成框图

可见,双工器的设计可以归结为滤波器的设计和桥结的设计。

【例 6-1】 如图 6.32 所示 E-T 接头,其臂 2 接短路活塞,问短路活塞与对称中心平面的距离 L 为多少时,臂 3 的负载得到最大功率或得不到功率?

【解】 设 E-T 的特性阻抗为 Z_0，由 E-T 特性，信号由①输入，②、③有输出。

(1) 要使③端口输出最大，侧②端口在中心平面的输出信号被全反射，即等效输入阻抗为 0，此时

$$Z_{in} = jZ_0 \tan \frac{2\pi l}{\lambda_g} = 0$$

即

$$\frac{2\pi l}{\lambda_g} = n\pi \quad n = 1,2,3,\cdots$$

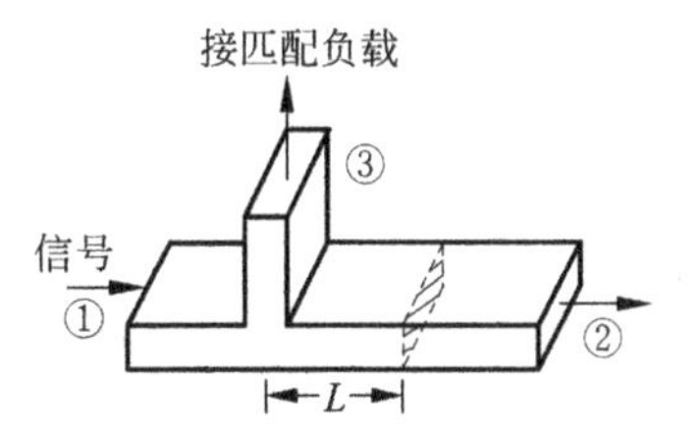

图 6.32 接短路活塞的 E-T 接头

故

$$l = \frac{n\lambda_g}{2}$$

(2) 要使 3 端口输入无功率，则 2 端口在中心平面的输出信号无反射，即等效输入阻抗为无穷大(相当于开路)，此时

$$Z_{in} = jZ_0 \tan \frac{2\pi l}{\lambda_g} = \infty$$

即

$$\frac{2\pi l}{\lambda_g} = \frac{2n+1}{2}\pi \quad n = 1,2,3,\cdots$$

故

$$l = \frac{2n+1}{4}\lambda_g$$

6.3 微波谐振器

6.3.1 微波谐振器的构成

微波谐振器(Microwave Resonators)是由任意形状的电壁和磁壁所限定的体积，其内产生微波电磁振荡的器件，它具有储能和选频特性。微波谐振器的作用和工作类似于电路理论中集总元件谐振器，在微波电路和系统中，广泛用作滤波器、振荡器、频率计、调谐放大器等。

大约在 300Hz 以下，谐振器用集总电容器和电感器做成。高于 300Hz 时，这种 LC 回路的欧姆损耗、介质损耗、辐射损耗都增大，致使回路的 Q 值降低。此时回路的 L 和 C 要求很小，难以实现，可采用传输线技术用一段纵向两端封闭的传输线或波导来实现高 Q 微波谐振电路。

在低频电路中，谐振回路是一种基本元件，它是由电感和电容串联或并联而成，在振荡器中作为振荡回路，用以控制振荡器的频率；在放大器中用作谐振回路；在带通或带阻滤波器中作为选频元件等。在微波频率上，也有上述功能的器件，这就是微波谐振器件，它的结构是根据微波频率的特点从 LC 回路演变而成的。

低频电路中的 LC 回路是由平行板电容 C 和电感 L 并联构成，如图 6.33(a)所示。它

的谐振频率为

$$f_0 = \frac{1}{2\pi\sqrt{LC}} \tag{6-65}$$

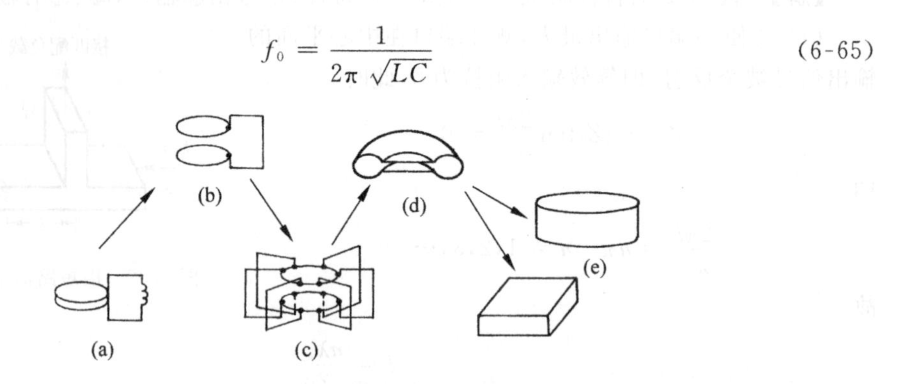

图 6.33 微波谐振器的演化过程

当要求谐振频率越来越高时,必须减小 L 和 C。减小电容就要增大平行板距离,而减小电感就要减少电感线圈的匝数,直到仅有一匝,如图 6.33(b)所示;如果频率进一步提高,可以将多个单匝线圈并联以减小电感 L,如图 6.33(c)所示;进一步增加线圈数目,以致相连成片,形成一个封闭的中间凹进去的导体空腔,如图 6.33(d)所示,这就成了重入式空腔谐振器;继续把构成电容的两极拉开,则谐振频率进一步提高,这样就形成了一个圆盒子和方盒子,如图 6.33(e)所示,这也是微波空腔谐振器的常用形式。虽然它们与最初的谐振电路在形式上已完全不同,但两者的作用完全一样,只是适用于不同频率而已。对于谐振腔而言,已经无法分出哪里是电感、哪里是电容,腔体内充满电磁场,因此只能用场的方法进行分析。

微波谐振器的种类很多,按结构形式可分为传输线型谐振器和非传输线型谐振器两类。**传输线型谐振器**是一段由两端短路或开路的微波导行系统构成的,如金属空腔谐振器、同轴线谐振器、微带谐振器和介质谐振器等,如图 6.34 所示,在实际应用中大部分采用此类谐振器。**非传输线型谐振器**或称复杂形状谐振器,不是由简单的转输线或波导段构成,而是一些形状特殊的谐振器。这种谐振器通常在坐标的一个或两个方向上存在不均匀性,如环型谐振器、混合同轴线型谐振器等。

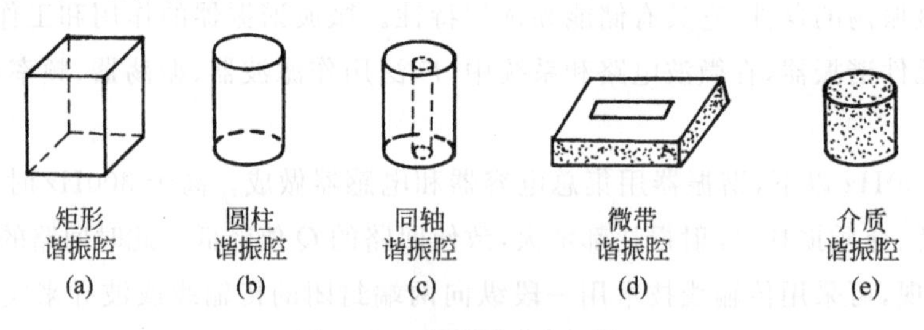

图 6.34 各种微波谐振器

微波谐振器与低频 LC 回路的不同点是微波谐振器的多谐性,即微波谐振器中可以存在无穷多不同谐振模式的自由振荡,不同的谐振模式具有不同的谐振频率。相同点是振荡实质与低频 LC 回路相同。微波谐振器中的单模电场和磁场为正弦场,时间相位差 90°,电场最大时,磁场为零;磁场最大时,电场为零,两者最大储能相等。由于谐振器内无能量损耗,谐振器表面亦无能量流出。能量只在电场和磁场之间不断交换,形成振荡。

6.3.2 微波谐振器的基本参量

表示低频 LC 回路的基本参量是 L、C、R（或 G）。用来描述微波谐振器的基本参数则是谐振波长 λ_0(或谐振频率 f_0)、品质因数 Q_0 和损耗电导 G。

1. 谐振波长

谐振波长(Resonant Wavelength)λ_0 微波谐振器最主要的参数。它表征微波谐振器的振荡规律,即表示微波谐振器内振荡存在的条件。

由导行系统的分析可知

$$k^2 = k_u^2 + k_v^2 + k_z^2 = k_c^2 + \beta^2 \tag{6-66}$$

在导行系统下,沿 z 向无边界限制,波沿 z 向传播。此种情况下的相位常数 β 值是连续的,即波沿 z 向不具有谐振特性。对于谐振器情况,z 向也有边界限制,对于金属空腔谐振器,可以看作一段金属波导两端短路,因此腔中的波不仅在横向呈驻波分布,而且沿纵向也呈驻波分布,所以为了满足金属波导两端短路的边界条件,腔体的长度 l 和波导波长 λ_g 应满足

$$l = p\frac{\lambda_g}{2} \quad p = 1,2,\cdots \tag{6-67}$$

式中,l 是谐振器的长度；λ_g 为波导波长。

而

$$\beta = \frac{2\pi}{\lambda_g} = \frac{p\pi}{l} \tag{6-68}$$

则

$$\lambda_0 = \frac{2\pi}{k} = \frac{2\pi}{\sqrt{k_c^2 + \beta^2}} = \frac{1}{\sqrt{\left(\frac{1}{\lambda_c}\right)^2 + \left(\frac{p}{2l}\right)^2}} = \frac{1}{\sqrt{\left(\frac{1}{\lambda_c}\right)^2 + \left(\frac{1}{\lambda_g}\right)^2}} \tag{6-69}$$

式中,λ_c为波导截止波长。

可见,谐振波长与谐振器形状尺寸和工作模式有关。而

$$f_0 = \frac{v}{\lambda_0} \tag{6-70}$$

式中,v 为媒质中波速(真空中为光速)。

故谐振频率为

$$f_0 = \frac{v}{2\pi}\sqrt{\left(\frac{p\pi}{l}\right)^2 + \left(\frac{2\pi}{\lambda_c}\right)^2} \tag{6-71}$$

式中,v 为媒质中波速；λ_c为对应模式的截止波长。

可见谐振频率由振荡模式、腔体尺寸以及腔中填充介质(μ,ε)所确定,而且在谐振器尺寸一定的情况下,与振荡模式相对应有无穷多个谐振频率。

2. 品质因数

品质因数(Quality Factor)Q_0 表征微波谐振系统的频率选择性,表示谐振器的储能与损耗之间的关系。其定义为

$$Q_0 = 2\pi \frac{W}{W_T} = w_0 \frac{W}{P_L} \tag{6-72}$$

式中,W 为谐振器中的储能;W_T 为一个周期内谐振器损耗的能量;P_L 为谐振器的损耗功率。而谐振器的储能为

$$W = W_e + W_m = \frac{1}{2}\int_V \mu \mid H \mid^2 \mathrm{d}V = \frac{1}{2}\int_V \varepsilon \mid E \mid^2 \mathrm{d}V \tag{6-73}$$

谐振器的平均损耗主要由导体损耗引起,设导体表面电阻为 R_S,则有

$$P_L = \frac{1}{2}\oint_S \mid J_S \mid^2 R_S \mathrm{d}S = \frac{1}{2}R_S \int_S \mid H_t \mid^2 \mathrm{d}S \tag{6-74}$$

式中,H_t为导体内壁切向磁场,而 $\boldsymbol{J}_S = \boldsymbol{n}\times\boldsymbol{H}_t$,$\boldsymbol{n}$ 为法向矢量。于是有

$$Q_0 = \frac{w_0 \mu}{R_S} \frac{\int_V \mid H \mid^2 \mathrm{d}V}{\int_S \mid H_t \mid^2 \mathrm{d}S} = \frac{2}{\delta} \frac{\int_V \mid H \mid^2 \mathrm{d}V}{\int_S \mid H_t \mid^2 \mathrm{d}S} \tag{6-75}$$

式中,δ 为导体内壁趋肤深度

$$\delta = \frac{2R_S}{w_0 \mu} = \sqrt{\frac{2}{w_0 \mu \sigma}} \tag{6-76}$$

因此只要求得谐振器内场分布,即可求得品质因数 Q_0。

为粗略估计谐振器内的 Q_0 值,近似认为$|H| = |H_t|$,这样式(6-75)可近似为

$$Q \approx \frac{2}{\delta}\frac{V}{S} \tag{6-77}$$

式中,S、V 分别表示谐振器的内表面积和体积。

可见:

① $Q_0 \propto \frac{V}{S}$,应选择谐振器形状使其$\frac{V}{S}$大。

② 因谐振器线尺寸与工作波长成正比即 $V \propto \lambda_0^3$,$S \propto \lambda_0^2$,故有 $Q_0 \propto \frac{\lambda_0}{\delta}$,由于 δ 仅为几微米,对厘米波段的谐振器,其 Q_0 值将在 $10^4 \sim 10^5$ 量级。

需要指出的是,由上面求得的品质因数 Q_0 是未考虑外接激励与耦合的情况,因此称之为无载品质因数或固有品质因数。

3. 损耗电导

损耗电导(Loss Conductance)G_0 是表征谐振器功率损耗特性的参量,又名等效电导。在工程上,常把单模工作的谐振器在不太宽的频带内等效为 LC 振荡回路,用损耗电导 G_0 或等效电阻 R_0($R_0 = 1/G_0$)来表示谐振器的功率损耗。可采用如图 6.35 所示微波谐振器的并联等效电路。

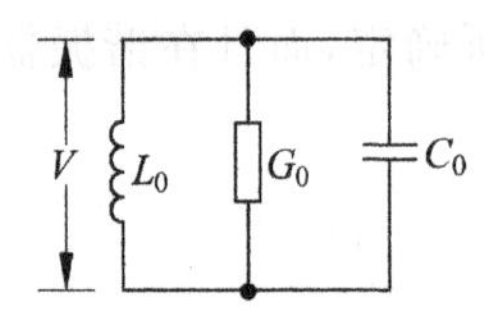

图 6.35 微波谐振器的并联等效电路

设电路两端的电压为

$$V = V_m \sin(\omega t + \phi) \tag{6-78}$$

则谐振器中的**损耗功率**为

$$P_L = \frac{G_0 V_m^2}{2} \tag{6-79}$$

式中,V_m 是等效电路两端的电压幅值。

$$V_m = -\int_a^b E_m \cdot \mathrm{d}l \tag{6-80}$$

若谐振器上某等效参考面的边界上取两点 a、b,并已知谐振器内场分布,则损耗电导 G_0 可表示为

$$G_0 = R_S \frac{\oint_S |H_t|^2 \mathrm{d}S}{\left(\int_a^b E \cdot \mathrm{d}l\right)^2} \tag{6-81}$$

可见损耗电导 G_0 具有多值性,与所选择的点 a 和 b 有关。

实际计算中,一个有耗谐振器可以当成无耗谐振器来处理,但其谐振频率 w_0 需用复数有效谐振频率代替,即

$$w_0 \leftarrow w_0\left(1 + \frac{\mathrm{j}}{2Q}\right) \tag{6-82}$$

以上讨论的三个基本参量的计算公式都是针对一定的振荡模式而言的,振荡模式不同,所得参量的数值不同。因此上述公式只能对少数规则形状的谐振器才是可行的。对复杂的谐振器,只能用等效电路的概念,通过测量来确定 λ_0、Q_0 和 G_0。

6.3.3 矩形波导谐振腔

金属波导谐振腔是由两端短路的金属波导段做成;常用的是矩形波导谐振腔和圆形波导谐振腔。对于这类微波谐振器,可用驻波法求其场型,进而分析其特性。

1. 矩形波导谐振腔的结构和谐振模式

矩形波导谐振腔(Rectangular Waveguild Cavity)由一段长为 l、两端短路的矩形波导组成,电场和磁场能量被储存腔体内。功率损耗由腔体的金属壁与腔内填充的介质引起。谐振腔可用小孔、探针或环与外电路耦合,如图 6.36 所示。

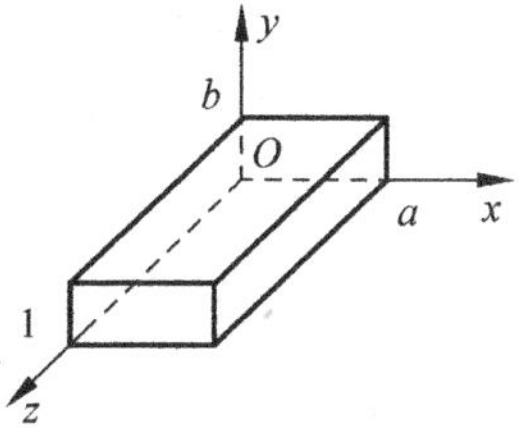

图 6.36 矩形波导谐振腔及其坐标

与矩形波导类似,它也存在两类振荡模式,即 TE 和 TM 模式。谐振时,腔体的长度必须是波导半波长的整数倍,因此,矩形波导谐振腔可存在无穷多 TE_{mnp} 模式和 TM_{mnp} 模式,下标 m、n、p 分别表示场量沿 x 轴(x 由 0 到 a)、y 轴(y 由 0 到 b)、z 轴(z 由 0 到 l)分布的半驻波数。对于 TE_{mnp} 模,m 和 n 不能同时为零,$p \neq 0$;对于 TM_{mnp} 模,m 和 n 不能为零,$p \neq 0$。

2. 谐振波长

矩形波导谐振腔的波数为

$$K_{cmnp} = \sqrt{\left(\frac{m\pi}{a}\right)^2 + \left(\frac{n\pi}{b}\right)^2 + \left(\frac{p\pi}{l}\right)^2} \tag{6-83}$$

则 TE_{mnp} 模式和 TM_{mnp} 模式的谐振波长为

$$\lambda_{mnp}=\frac{2\pi}{k_{cmnp}}=\frac{2\pi}{\sqrt{\left(\frac{m\pi}{a}\right)^2+\left(\frac{n\pi}{b}\right)^2+\left(\frac{p\pi}{l}\right)^2}}=\frac{2}{\sqrt{\left(\frac{m}{a}\right)^2+\left(\frac{n}{b}\right)^2+\left(\frac{p}{l}\right)^2}} \tag{6-84}$$

谐振频率 f_{mnp} 为

$$f_{mnp}=\frac{c}{\lambda_{mnp}\sqrt{u_r\varepsilon_r}} \tag{6-85}$$

式中，u_r 为相对磁导率；ε_r 为相对介电常数。

谐振频率最低或谐振波长最长的模式为微波谐振器的主模。矩形腔的主模是 TE_{101} 模。其谐振波长为

$$\lambda_{0TE_{101}}=\frac{2al}{\sqrt{a^2+l^2}} \tag{6-86}$$

对于 TE_{10p} 模，其场分量表达式为

$$\begin{cases}E_y=E_0\sin\frac{\pi x}{a}\sin\frac{p\pi z}{l}\\ H_X=-\frac{jE_0}{Z_{TE}}\sin\frac{\pi x}{a}\cos\frac{p\pi z}{l}\\ H_z=\frac{j\pi E_0}{k\eta a}\cos\frac{\pi x}{a}\sin\frac{p\pi z}{l}\\ H_y=E_x=E_z=0\end{cases} \tag{6-87}$$

式中，$\eta=\sqrt{u/\varepsilon}$，可见各分量与 y 无关，电场只有 E_y 分量，磁场只有 H_x 和 H_z，沿 x，z 方向均为驻波分布。

3. 品质因数 Q_0

(1) 腔壁为非理想导体但介质无耗时 TE_{10p} 模的 Q 值

TE_{10P} 模的电场储能为

$$W_e=\frac{\varepsilon}{2}\int_V E_yE_y^*\,dv=\frac{\varepsilon abl}{8}E_0^2 \tag{6-88}$$

腔体内壁的功率损耗为

$$\begin{aligned}P_c&=\frac{R_S}{2}\int_{腔壁}|H_{tan}^2|\,ds\\&=\frac{R_S}{2}\left\{2\int_{y=0}^{b}\int_{x=0}^{a}|H_x(z=0)|^2dxdy+2\int_{z=0}^{l}\int_{y=0}^{b}|H_z(x=0)|^2dydz\right.\\&\left.\quad+2\int_{z=0}^{l}\int_{x=0}^{a}[|H_x(y=0)|^2+|H_z(y=0)|^2]dxdz\right\}\end{aligned} \tag{6-89}$$

将式(6-87)代入计算得

$$P_c=\frac{R_S\lambda^2E_0^2}{8\eta}\left(\frac{p^2ab}{l^2}+\frac{bl}{a^2}+\frac{p^2a}{2l}+\frac{l}{2a}\right) \tag{6-90}$$

故

$$Q_c=\frac{2w_0W_e}{p_c}=\frac{(kal)^3b\eta}{2\pi^2R_S}\times\frac{1}{2b(p^2a^3+l^3)+al(p^2a^2+l^2)} \tag{6-91}$$

式中，导体表面电阻 $R_S=\sqrt{\dfrac{w_0\mu}{2\sigma}}$，与材料有关。

（2）腔壁为理想导体但介质有耗的 Q 值

假设有耗介质的复介电常数 $\varepsilon=\varepsilon'-\mathrm{j}\varepsilon''$，介质损耗正切为 $\tan\delta$。

若介质有损耗，则 TE_{10P} 模矩形腔内有耗介质的耗散功率为

$$P_d=\frac{1}{2}\int_V \vec{J}\cdot\vec{E}\,\mathrm{d}v=\frac{w\varepsilon''}{2}\int_V|\vec{E}|^2\mathrm{d}v=\frac{ablw\varepsilon''|E_0|^2}{8} \tag{6-92}$$

则有耗介质填充但腔壁为理想导体的谐振腔的 Q 值为

$$Q_d=\frac{2w_0W_e}{p_d}=\frac{\varepsilon'}{\varepsilon''}=\frac{1}{\tan\delta} \tag{6-93}$$

（3）非理想导体介质有耗的矩形腔的 Q 值

非理想导体介质有耗的矩形腔的 Q 值为

$$Q=\left(\frac{1}{Q_c}+\frac{1}{Q_d}\right)^{-1} \tag{6-94}$$

注意：常用材料参数

空气	$\tan\delta\approx 0$	$\varepsilon_r=1$
聚四氟乙烯	$\tan\delta=4\times10^{-4}$	$\varepsilon_r=2.1$
聚乙烯	$\tan\delta=5\times10^{-4}$	$\varepsilon_r=2.26$

【例 6-2】 用BJ-48铜波导做成的矩形谐振腔，$a=4.755\mathrm{cm}$，$b=2.215\mathrm{cm}$，腔内填充聚乙烯（$\varepsilon_r=2.25$，$\tan\delta=0.0004$），其谐振频率 $f_0=5\mathrm{GHz}$，试求 TE_{101}、TE_{102} 模式的腔长 l 与 Q 值。

【解】 矩形谐振腔的波数为

$$k_{mnp}=\frac{2\pi}{\lambda_0}=\frac{2\pi}{c/(f_0\sqrt{\varepsilon_r})}=\frac{2\pi f_0\sqrt{\varepsilon_r}}{c}$$

$$=\frac{2\times3.14\times5\times10^9\times\sqrt{2.25}}{3\times10^8}=157\mathrm{m}^{-1}$$

由矩形腔波数公式 $k_{mnp}=\sqrt{\left(\dfrac{m\pi}{a}\right)^2+\left(\dfrac{n\pi}{b}\right)^2+\left(\dfrac{p\pi}{l}\right)^2}$ 得

$$l=\frac{p}{\sqrt{\left(\dfrac{k_{mnp}}{\pi}\right)^2-\left(\dfrac{m}{a}\right)^2-\left(\dfrac{n}{b}\right)^2}}$$

对于 TE_{101} 模式

$$l=\frac{1}{\sqrt{\left(\dfrac{k_{mnp}}{\pi}\right)^2-\left(\dfrac{1}{a}\right)^2}}=\frac{1}{\sqrt{\left(\dfrac{157}{3.14}\right)^2-\left(\dfrac{1}{4.755\times10^{-2}}\right)^2}}$$

$$=0.022(\mathrm{m})=2.2\mathrm{cm}$$

对于 TE_{102} 模式

$$l=\frac{2}{\sqrt{\left(\dfrac{k_{mnp}}{\pi}\right)^2-\left(\dfrac{1}{a}\right)^2}}=\frac{2}{\sqrt{\left(\dfrac{157}{3.14}\right)^2-\left(\dfrac{1}{4.755\times10^{-2}}\right)^2}}$$

$$=0.044(\mathrm{m})=4.4\mathrm{cm}$$

铜的导电率 $\sigma=5.813\times10^7\mathrm{S/m}$，则表面电阻为

$$R_S = \sqrt{\frac{w\mu_0}{2\sigma}} = \sqrt{\frac{2\times 3.14\times 5\times 10^9\times 4\times 3.14\times 10^{-7}}{2\times 5.813\times 10^7}}\Omega$$
$$= 1.84\times 10^{-2}\Omega$$

而

$$\eta = \frac{\eta_0}{\sqrt{\varepsilon_r}} = \frac{377}{\sqrt{2.25}}\Omega = 251.3\Omega$$

对于 TE_{101} 模式

$$Q_{cTE_{101}} = \frac{(kal)^3 b\eta}{2\pi^2 R_S}\times\frac{1}{2b(a^3+l^3)+al(a^2+l^2)}$$
$$= \frac{(157\times 4.755\times 10^{-2}\times 2.2\times 10^{-2})^3\times 2.215\times 10^{-2}\times 251.3}{2\times 3.14^2\times 1.84\times 10^{-2}}$$
$$\times\frac{1}{2\times 2.215\times 10^{-2}\times[(4.755\times 10^{-2})^3+(2.2\times 10^{-2})^3]+4.755\times 10^{-2}\times 2.2\times 10^{-2}\times[(4.755\times 10^{-2})^2+(2.2\times 10^{-2})^2]}$$
$$= 8348$$

对于 TE_{102} 模式

$$Q_{cTE_{102}} = \frac{(kal)^3 b\eta}{2\pi^2 R_S}\times\frac{1}{2b(2^2a^3+l^3)+al(2^2a^2+l^2)}$$
$$= \frac{(157\times 4.755\times 10^{-2}\times 4.4\times 10^{-2})^3\times 2.215\times 10^{-2}\times 251.3}{2\times 3.14^2\times 1.84\times 10^{-2}}$$
$$\times\frac{1}{2\times 2.215\times 10^{-2}\times[4\times(4.755\times 10^{-2})^3+(4.4\times 10^{-2})^3]+4.755\times 10^{-2}\times 4.4\times 10^{-2}\times[4\times(4.755\times 10^{-2})^2+(4.4\times 10^{-2})^2]}$$
$$= 11812$$

介质损耗的 Q 值，对 TE_{101} 和 TE_{102} 模式都一样，即

$$Q_d = \frac{1}{\tan\delta} = \frac{1}{0.0004} = 2500$$

对于 TE_{101} 模式

$$Q_{TE_{101}} = \left(\frac{1}{Q_{cTE_{101}}}+\frac{1}{Q_d}\right)^{-1} = \left(\frac{1}{8348}+\frac{1}{2500}\right)^{-1} = 1924$$

对于 TE_{102} 模式

$$Q_{TE_{102}} = \left(\frac{1}{Q_{cTE_{102}}}+\frac{1}{Q_d}\right)^{-1} = \left(\frac{1}{11812}+\frac{1}{2500}\right)^{-1} = 2063$$

6.3.4 圆形波导谐振腔

1. 圆形波导谐振腔的结构和谐振模式

圆形波导谐振腔(Circular Waveguide Cavity)简称圆柱形腔(Cylindrical Cavity)，是一段长度为 l，两端短路的圆波导构成，如图 6.37 所示。

实用的圆柱形腔常作微波频率计或波长计，其顶端做成可调短路活塞，通过调节长度可对不同频率调谐，谐振腔通过小孔与外电路耦合。

与圆形波导类似，圆柱形腔也存在 TE 和 TM 两类振荡模式。谐振时，腔体的长度必须是波导半波长的整数倍，即

$$l = p\cdot\frac{\lambda_g}{2}\quad p = 0,1,2,\cdots \tag{6-95}$$

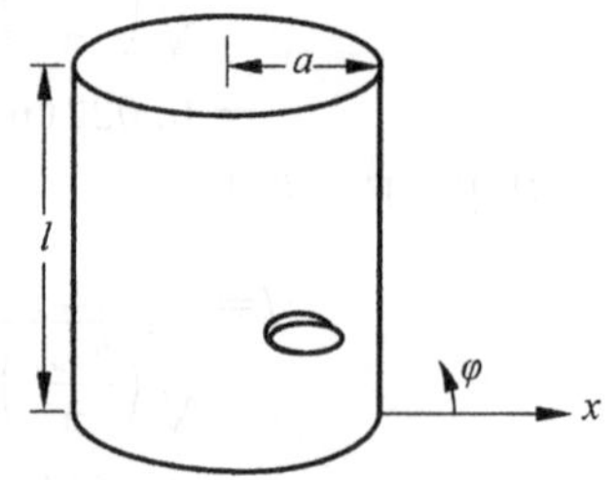

图 6.37 圆形波导谐振腔

圆柱形腔可能有无穷多 TE_{mnp} 模式和 TM_{mnp} 模式。m 表示场沿圆周分布的整驻波数；n 表示场沿半径分布的最大值个数(半驻波数)(对 TM_{mnp} 模 $n\neq 0$)；p 表示场沿轴向分布的

半驻波数。

2. 谐振波长

对于 TE_{mnp} 模，

$$k_c=\frac{v_{mn}}{a},\quad \lambda_c=\frac{2\pi a}{v_{mn}}$$

对于 TM_{mnp} 模，

$$k_c=\frac{u_{mn}}{a},\quad \lambda_c=\frac{2\pi a}{u_{mn}}$$

μ_{mn} 和 v_{mn} 分别是第一类 m 阶贝塞尔函数及其导函数的第 n 个根。而

$$k_2=k_{cmn}^2+\beta^2=k_{cmn}^2+\left(\frac{2\pi}{\lambda_g}\right)^2=k_{cmn}^2+\left(\frac{p\pi}{l}\right)^2 \tag{6-96}$$

$$\lambda_0=\frac{2\pi}{k}=\frac{2\pi}{\sqrt{k_{cmn}^2+\left(\frac{p\pi}{l}\right)^2}}=\frac{1}{\sqrt{\left(\frac{1}{\lambda_{cmn}}\right)^2+\left(\frac{1}{\lambda_g}\right)^2}} \tag{6-97}$$

即对于 TE_{mnp} 模

$$\lambda_0=\frac{2\pi}{\sqrt{\left(\frac{v_{mn}}{a}\right)^2+\left(\frac{p\pi}{l}\right)^2}} \tag{6-98}$$

对于 TM_{mnp} 模

$$\lambda_0=\frac{2\pi}{\sqrt{\left(\frac{u_{mn}}{a}\right)^2+\left(\frac{p\pi}{l}\right)^2}} \tag{6-99}$$

3. 品质因数

(1) 非理想腔壁但介质无耗的圆柱形腔的 Q 值。对于 TE_{mnp} 模

$$Q_c=\frac{k^2a^3}{\delta}\cdot\frac{(v_{mn})^2-m^2}{(v_{mn})^4+2p^2\pi^2\ (v_{mn})^2\cdot\frac{a^3}{l^3}+\left(\frac{p\pi ma}{l}\right)\cdot\frac{l-2a}{l}} \tag{6-100}$$

对于 TM_{mnp} 模

$$Q_c=\frac{al}{\delta}\cdot\frac{1}{l+sa} \tag{6-101}$$

其中，$s=\begin{cases}1 & p=0\\ 2 & p\neq 0\end{cases}$；$R_S=\sqrt{\frac{wu}{2\sigma}}$；$\delta$ 为趋肤深度，$\delta=\frac{2R_S}{wu}=\sqrt{\frac{2}{wu\sigma}}$。

注意：银——$\delta=0.0641/\sqrt{f}\,(\text{m})$，$\sigma=6.17\times10^7\,\text{S/m}$，$R_S=2.52\times10^{-7}\sqrt{f}\,(\Omega)$；

黄铜——$\delta=0.127/\sqrt{f}\,(\text{m})$，$\sigma=1.57\times10^7\,\text{S/m}$，$R_S=5.01\times10^{-7}\sqrt{f}\,(\Omega)$。

(2) 腔壁为理想导体但介质有耗的 Q 值。假设有耗介质的复介电常数 $\varepsilon=\varepsilon'-j\varepsilon''$，介质损耗正切为 $\tan\delta$。则有耗介质填充但腔壁为理想导体的谐振腔的 Q 值为

$$Q_d=\frac{2w_0W_e}{p_d}=\frac{\varepsilon'}{\varepsilon''}=\frac{1}{\tan\delta} \tag{6-102}$$

(3) 非理想导体介质有耗的矩形腔的 Q 值为

$$Q=\left(\frac{1}{Q_c}+\frac{1}{Q_d}\right)^{-1} \tag{6-103}$$

4. 三个常用模式圆柱形腔

与圆波导的模式相对应，圆柱形腔中，较实用的是 TE_{111}，TM_{010} 和 TE_{011} 3 个模式。

(1) TE_{111} 模式。当 $l>2.1a$ 时，TE_{111} 模式是圆柱形腔的主模，其谐振波长为

$$\lambda_0=\frac{1}{\sqrt{\left(\frac{1}{\lambda_c}\right)^2+\left(\frac{1}{\lambda_g}\right)^2}}=\frac{1}{\sqrt{\left(\frac{1}{3.41a}\right)^2+\left(\frac{1}{2l}\right)^2}} \tag{6-104}$$

TE_{111} 模谐振波长(频率)与长度 l 有关，可采用短路活塞调节长度进行调谐；单模工作频带较宽。此模式容易出现极化简并现象，致使应用受到一定限制，且加工时对椭圆度要求高。常可用作中等精度的波长计。

(2) TM_{010} 模式。当 $l<2.1a$ 时，TM_{010} 模圆柱形腔的主模，其谐振波长为

$$\lambda_0=2.61a \tag{6-105}$$

TM_{010} 模的圆柱形腔谐振波长(频率)与腔长无关，不能采用短路活塞形式进行调谐，其调谐方法通常采用中心轴向加调谐杆，即沿腔体的轴线插入一圆柱形导体，调节插入深度，即可改变腔的谐振频率。在同样情况下，这种腔的体积最小，场结构简单稳定，调谐范围(频宽比)达 2∶1 以上；但其 Q_0 值较低，一般用作要求不高的波长计或用作微波电路中的振荡回路等。

(3) TE_{011} 模。TE_{011} 模谐振波长为

$$\lambda_0=\frac{1}{\sqrt{\left(\frac{1}{\lambda_c}\right)^2+\left(\frac{1}{\lambda_g}\right)^2}}=\frac{1}{\left(\frac{1}{1.64a}\right)^2+\left(\frac{1}{2l}\right)^2} \tag{6-106}$$

可见，谐振波长(频率)与腔长有关，可用短路活塞调谐。

TE_{011} 模场结构较稳定，无极化简并现象，随频率升高，损耗反而减少，而 Q_0 值升高，便于用非接触式活塞进行调谐。由于它不是腔中的最低次模，在要求工作于同样 f 的情况下，腔的体积大，因而干扰模增多，工作频带窄。利用 TE_{011} 模可制作高精度的波长计、频率计、稳频腔、回波箱等。

6.3.5 传输线谐振器

1. 传输线谐振器的结构和 Q_0 值

传输线谐振器是利用不同长度和端接(通常为开路或短路)的 TEM(或准 TEM)传输线段构成的，包括同轴线谐振器、带状线谐振器、微带线谐振器等。

传输线谐振器的结构形式包括：短路 $\lambda/2$ 线型谐振器(终端短路、总长度为 $\lambda_g/2$ 的整数倍)；开路 $\lambda/2$ 线型谐振器(终端开路、总长度为 $\lambda_g/2$ 的整数倍)；短路 $\lambda_g/4$ 线型谐振器(终端短路、总长度为 $\lambda_g/4$ 的奇数倍)。

短路 $\lambda/2$ 线型谐振器和低频中的串联 RLC 谐振电路相似，短路 $\lambda/4$ 线型谐振器、开路 $\lambda/2$ 线型谐振器和低频中的并联 RLC 谐振电路相似。

上述三种谐振器的 Q_0 值均为

$$Q_0 = \frac{\beta}{2\alpha} \tag{6-107}$$

式中，β 为传播常数；α 为谐振器的衰减常数(包括导体衰减常数、介质衰减常数，辐射损耗一般忽略不计)。

2. 微带谐振器

微带谐振器(Microstrip Resonators)的结构形式很多，主要有传输线型谐振器(如微带线节谐振器)和非传输线型谐振器(如圆形、环行、椭圆形谐振器)，这几种微带谐振器分别如图 6.38(a)～图 6.38(d)所示。

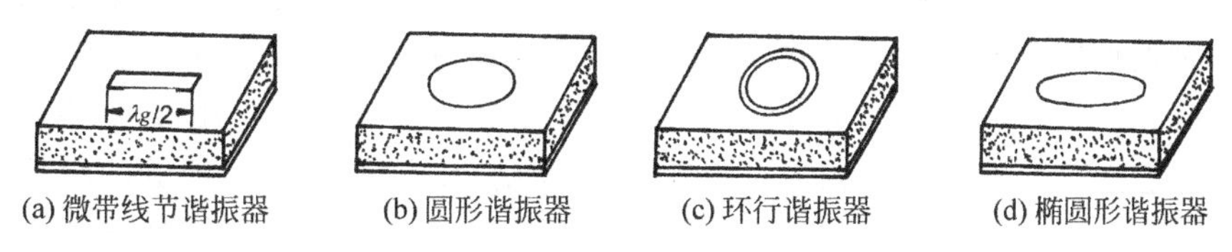

(a) 微带线节谐振器　(b) 圆形谐振器　(c) 环行谐振器　(d) 椭圆形谐振器

图 6.38 各种微带谐振器

对微带线节型谐振器，假设微带线工作在准 TEM 模式，对于终端开路的一段长为 l 的微带线，由传输线理论，其输入阻抗为

$$Z_{\text{in}} = -\text{j}Z_0 \cot\beta l \tag{6-108}$$

式中，$\beta=\frac{2\pi}{\lambda_g}$；$\lambda_g$ 为微带线的带内波长。

根据并联谐振条件 $Y_{\text{in}}=0$，于是有

$$l = \frac{p\lambda_{g0}}{2} \quad 或 \quad \lambda_{g0} = \frac{2l}{p} \quad p = 1,2,\cdots \tag{6-109}$$

式中，λ_{g0} 为带内谐振波长。

根据串联谐振条件 $Z_{\text{in}}=0$，于是有

$$l = \frac{(2p-1)\lambda_{g0}}{4} \quad 或 \quad \lambda_{g0} = \frac{4l}{2p-1} \tag{6-110}$$

由此可见，长度为$\frac{\lambda_{g0}}{2}$整数倍的两端开路的微带线构成了$\frac{\lambda_{g0}}{2}$微带谐振器；长度为$\frac{\lambda_{g0}}{4}$奇数倍的一端开路一端短路的微带线构成了$\frac{\lambda_{g0}}{4}$微带谐振器。由于实际上微带谐振器短路比开路难实现，所以一般采用终端开路型微带谐振器。但终端导带断开处的微带线不是理想的开路，因而计算的谐振长度要比实际的长度要长，一般有

$$l_1 + 2\Delta l = p\frac{\lambda_{g0}}{2} \tag{6-111}$$

式中，l_1 为实际导带长度；Δl 为缩短长度。

微带谐振器的损耗主要有导体损耗、介质损耗和辐射损耗，其总的品质因数 Q_0 为

$$Q_0 = \left(\frac{1}{Q_c} + \frac{1}{Q_d} + \frac{1}{Q_r}\right)^{-1} \tag{6-112}$$

式中，Q_c，Q_d，Q_r 分别是导体损耗、介质损耗和辐射损耗引起的品质因数，Q_c 和 Q_d 可按式(6-113)计算。

$$\begin{cases} Q_c = \dfrac{27.3}{\alpha_c \lambda_g} \\ Q_d = \dfrac{\varepsilon_e}{\varepsilon_r} \dfrac{1}{q\tan\delta} \end{cases} \tag{6-113}$$

式中，α_c为微带线的导体衰减常数(dB/m)；ε_e，q 分别为微带线的有效介电常数和填充因子。通常 $Q_r \gg Q_d \gg Q_c$，因此微带线谐振器的品质因数主要取决于导体损耗。

6.3.6 谐振器的耦合和激励

前面介绍的都是孤立谐振器的特性，实际的微波谐振器总是通过一个或几个端口和外电路连接，把谐振器和外电路相连的部分称作激励装置或耦合装置。对波导型谐振器的激励方法与第3章中波导的激励和耦合相似，有电激励(探针激励)、磁激励(环激励)和电流激励(孔或缝的激励)3种，而微带线谐振器通常用平行耦合微带线来实现激励和耦合，如图6.39所示。

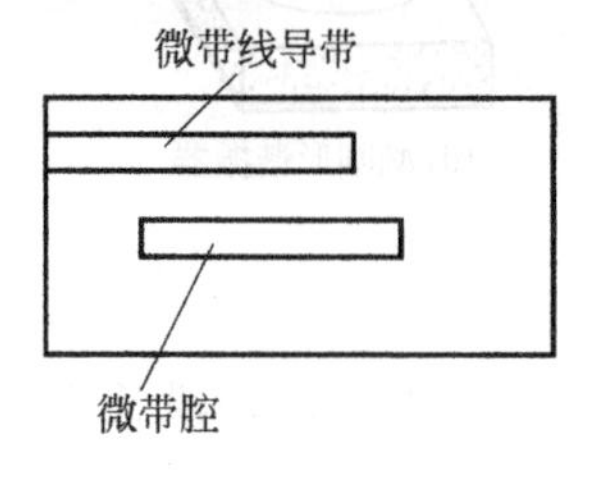

图6.39 微带谐振器的耦合

耦合分为四种：

(1) 直接耦合。常用于微带滤波器中，耦合机构仅起变换作用，可用一个变换器代替。

(2) 探针耦合。常用于谐振器与同轴线之间的耦合。

(3) 环耦合。常用于谐振器与同轴线之间的耦合。

(4) 孔耦合。常用于谐振器与波导之间的耦合。不管是哪种激励和耦合，对谐振器来说，外接部分要吸收部分功率，因此品质因数有所下降，此时称之为有载品质因数记作 Q_l，由品质因数的定义得

$$Q_L = \frac{w_0 W}{P'_L} = \frac{w_0 W}{P_L + P_e} = \left(\frac{1}{Q_0} + \frac{1}{Q_e}\right)^{-1} \tag{6-114}$$

式中，$P'_L = P_L + P_e$，P_e 为外部电路损耗的功率；Q_e 称为有载品质因数。一般用耦合系数 k 来表征外接电路和谐振器相互影响的程度，即

$$k = \frac{Q_0}{Q_e} \tag{6-115}$$

于是

$$Q_L = \frac{Q_0}{1+k} \tag{6-116}$$

这说明 k 越大，耦合越紧，有载品质因数越小；反之，k 越小，耦合越松，有载品质因数 Q_L越接近无载品质因数 Q_0。

根据耦合系数的大小，有3种耦合状态：

(1) $k<1$，称谐振器与馈线为欠耦合或松耦合。

(2) $k=1$，称谐振器与馈线为临界耦合。

(3) $k>1$，称谐振器与馈线为过耦合或紧耦合。

临界耦合状态下，谐振器在谐振时与馈线实现匹配，谐振器和馈线之间获得最大功率传输。

6.4 微波铁氧体器件

6.4.1 非互易器件

前面介绍的各种微波元件都是线性、互易的，但在许多情况下，却需要具有非互易性的器件。例如，在微波系统中，负载的变化对微波信号源的频率和功率输出会产生不良影响，使振荡器性能不稳定。

为了解决这样的问题，最好在负载和信号源之间接入一个具有不可逆传输特性的器件，如图 6.40 所示，即微波从振荡器到负载是通行的，反过来从负载到振荡器是禁止通行的。这样当负载不匹配时，从负载反射回来的信号不能到达信号源，从而保证了信号源的稳定，这种器件具有单向通行、反向隔离的功能，因此称为单向器或隔离器。另一类非互易器件是环行器，它具有单向循环流通功能。

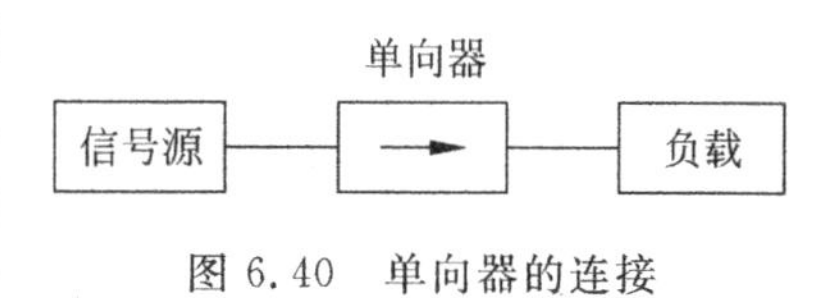

图 6.40 单向器的连接

在非互易器件中，非互易材料是必不可少的，微波技术中应用很广泛的非互易材料是铁氧体(Ferrite)。铁氧体是一种黑褐色的陶瓷，最初由于其中含有铁的氧化物而得名。实际上随着材料研究的进步，后来发展的某些铁氧体并不一定含有铁元素。目前常用的有镍-锌、镍-镁、锰-镁铁氧体和钇铁石榴石(YIG)等，微波铁氧体的电阻率很高，比铁的电阻率大 $10^{12}\sim10^{16}$ 倍，当微波频率的电磁波通过铁氧体时，导电损耗是很小的。铁氧体的相对介电常数为 10～20。更重要的是，它是一种非线性各向异性磁性物质，它的磁导率随外加磁场而变，即具有非线性；再加上恒定磁场以后，它在各方向上对微波磁场的磁导率是不同的，就是说其具有各向异性。由于这种各向异性，当电磁波从不同的方向通过磁化铁氧体时，便呈现一种非互易性。利用这种效应，便可以做成各种非互易微波铁氧体器件，最常用的有隔离器和环行器。

6.4.2 隔离器

隔离器(Isolator)也叫反向器，电磁波正向通过它时几乎无衰减，反向通过时衰减很大。常用的隔离器有谐振式和场移式两种。

1. 谐振式隔离器

由于铁氧体具有各向异性，因此在恒定磁场 H_i 作用下，与 H_i 方向成左、右螺旋关系的左、右圆极化旋转磁场具有不同的磁导率(分别设为 μ_- 和 μ_+)。设在含铁氧体材料的微波传输线上的某一点，沿 $+z$ 方向传输左旋磁场，沿 $-z$ 方向传输右旋磁场，两者传输相同距离，但对应的磁导率不同，故左右旋磁场相速不同，所产生相移也就不同，这就是铁氧体相移不可逆性。另一方面，铁氧体具有铁磁谐振效应和圆极化磁场的谐振吸收效应。

所谓铁氧体的铁磁谐振效应，是指当磁场的工作频率 ω 等于铁氧体的谐振角频率 ω_0 时，铁氧体对微波能量的吸收达到最大值。而对圆极化磁场来说，左、右旋极化磁场具有不同的磁导率,从而两者也有不同的吸收特性。对反向传输的右旋极化磁场,磁导率为 μ_+,它具有铁磁谐振效应,而对正向传输的左极化磁场,磁导率为 μ_-,它不存在铁磁谐振特性,这就是圆极化磁场的谐振效应。铁氧体谐振式隔离器正是利用了铁氧体的这一特性制成的。铁氧体谐振式隔离器就是在波导的某个恰当位置上放置铁氧体片而制成的,在这个位置上,往一个方向传输的是右旋磁场;另一方向上传输的是左旋磁场。图 6.41 所示的矩形波导在 $x=x_1$ 处放置了铁氧体,下面来确定铁氧体片放置的位置。

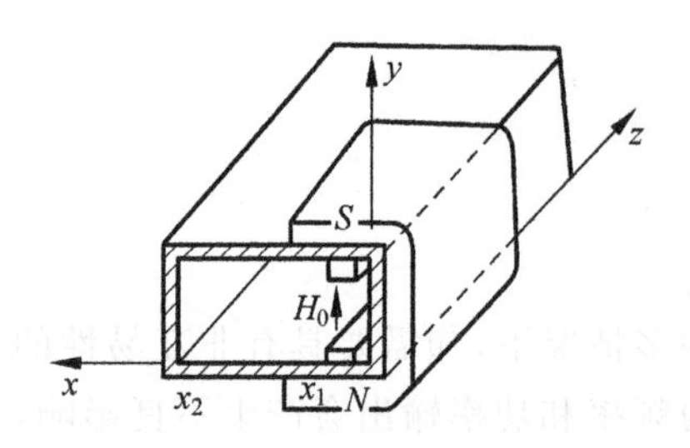

图 6.41 谐振式隔离器的铁氧体位置

对于矩形波导 TE_{10} 模而言,其磁场只有 x 分量和 z 分量,它们的表达式为

$$\begin{cases} H_x = -\dfrac{\beta a}{\pi} H_0 \sin \dfrac{\pi}{a} x \\ H_z = H_0 \cos \dfrac{\pi}{a} x \end{cases} \tag{6-117}$$

可见两者存在 $\pi/2$ 的相差。在矩形波导宽边中心处,磁场只有 H_x 分量,即磁场矢量是线极化的,且幅度随时间周期性变化,但其方向总是 x 方向;在其他位置上,若 $|H_x| \neq |H_z|$,则合成磁场矢量是椭圆极化的,并以宽边中心为对称轴,波导两边为极化性质相反的两个磁场;当在某个位置 x_1 上有 $|H_x| = |H_z|$ 时,合成磁场是圆极化的,即

$$\frac{\beta a}{\pi} \sin \frac{\pi}{a} x_1 = \cos \frac{\pi}{a} x_1 \tag{6-118}$$

于是有

$$\tan \frac{\pi x_1}{a} = \frac{\pi}{\beta a} = \frac{\lambda_g}{2a} \tag{6-119}$$

解得

$$x_1 = \frac{a}{\pi} \arctan \frac{\lambda_g}{2a} \tag{6-120}$$

进一步分析表明,对 TE_{10} 模来说,在 $x=x_1$ 处沿 $+z$ 方向传输的圆极化磁场不与恒定磁场方向成右手螺旋关系,即为左旋磁场,而沿 $-z$ 方向传输的圆极化磁场则是右旋磁场。可见,应在波导 $x=x_1$ 处放置铁氧体片,并加上如图 6.41 所示的恒定磁场,使 H_i 与传输波的工作频率 ω 满足

$$\omega = \omega_0 = \gamma H_i \tag{6-121}$$

式中,ω_0 为铁氧体片的铁磁谐振频率;$\gamma = 2.8 \times 10^3 / 4\pi \mathrm{Hz \cdot m/A}$,为电子旋磁比。这时,沿 $+z$ 方向传输的波几乎无衰减通过,而沿 $-z$ 方向传输的波因满足圆极化谐振条件而被强烈吸收,从而构成了谐振式隔离器。

应该指出的是,若在波导的对称位置 $x=x_2=a-x_1$ 处放置铁氧体,则沿 $+z$ 方向传输的波因满足圆极化谐振条件而被强烈吸收,$-z$ 方向传输的波则几乎无衰减地通过。也就是单向传输的方向与前述情形正好相反。另外,由于波导部分填充铁氧体,主模 TE_{10} 的场会有所变化,因此实际铁氧体的位置与计算结果略有差异。

2. 场移式隔离器

场移式隔离器(Field Displacement Isolator)是根据铁氧体对两个方向传输的波形产生的场移作用不同而制成的。它在铁氧体片侧面加上衰减片，由于两个方向传输所产生场的偏离不同，使沿正向($-z$ 方向)传输波的电场偏向无衰减片的一侧，而沿反向($+z$ 方向)传输波的电场偏向衰减片的一侧，从而实现了正向衰减很小而反向衰减很大的隔离功能，如图 6.42 所示。

由于场移式隔离器具有体积小，重量轻，结构简单且有较宽的工作频带等特点，因此在小功率场合得到了较为广泛的应用。

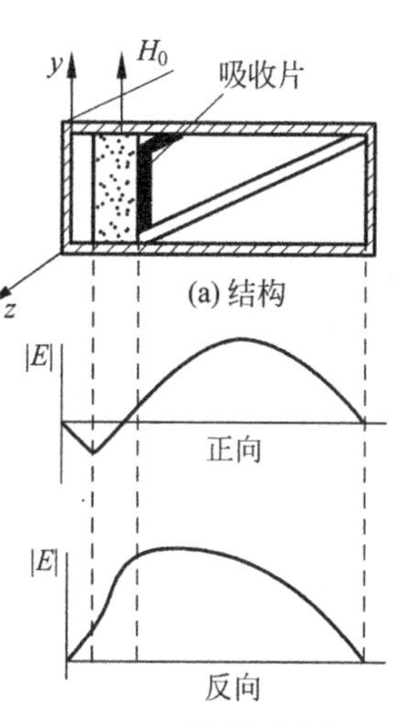

图 6.42 场移式隔离器

3. 隔离器的性能指标

隔离器是双端口网络，理想铁氧体隔离器的散射矩阵为

$$[\boldsymbol{S}] = \begin{bmatrix} 0 & 0 \\ 1 & 0 \end{bmatrix} \tag{6-122}$$

可见，[$\boldsymbol{S}$]矩阵不满足幺正性，即隔离器是个有耗元件，又由于隔离器是一种非互易元件，故[$\boldsymbol{S}$]不具有互易性。

实际隔离器一般用以下性能参量来描述：

(1) 正向衰减量 a_+。

$$a_+ = 10\lg \frac{P_{01}}{P_1} = 10\lg \frac{1}{|S_{21}|^2}\text{dB} \tag{6-123}$$

式中，P_{01} 为正向传输输入功率；P_1 为正向传输输出功率，理想情况下 $|S_{21}|=1, a_+=0$；一般希望 a_+ 越小越好。

(2) 反向衰减量 a_-。

$$a_- = 10\lg \frac{P_{02}}{P_2} = 10\lg \frac{1}{|S_{12}|^2}\ \text{dB} \tag{6-124}$$

式中，P_{02} 为反向传输输入功率；P_2 为反向传输输出功率；理想情况下 $a_- \to \infty$。

(3) 隔离比 R。将反向衰减量与正向衰减量之比定义为隔离器的隔离比，即

$$R = \frac{a_-}{a_+} \tag{6-125}$$

(4) 输入驻波比 ρ。在各端口都匹配的情况下，将输入端口的驻波系数称为输入驻波比，记作 ρ，此时

$$\rho = \frac{1+|S_{11}|}{1-|S_{11}|} \tag{6-126}$$

对于具体的隔离器，希望 ρ 值接近于 1。

6.4.3 铁氧体环行器

环行器(Circulator)是一种具有非互易特性的分支传输系统，常用的铁氧体环行器是 Y 形结环行器，如图 6.43(a)所示，它是由三个互成 120°的角对称分布的分支线构成。

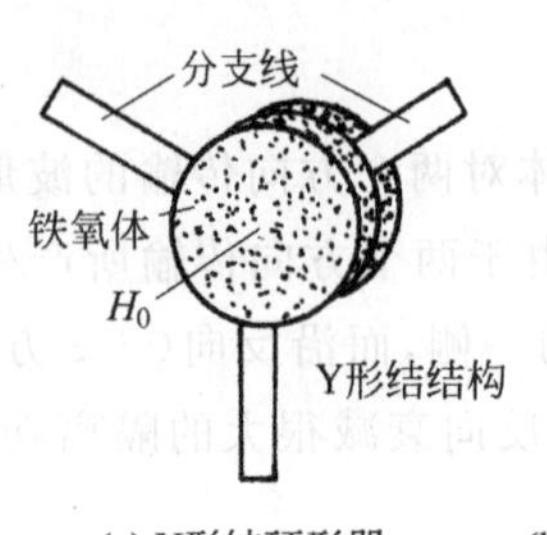

(a) Y形结环形器

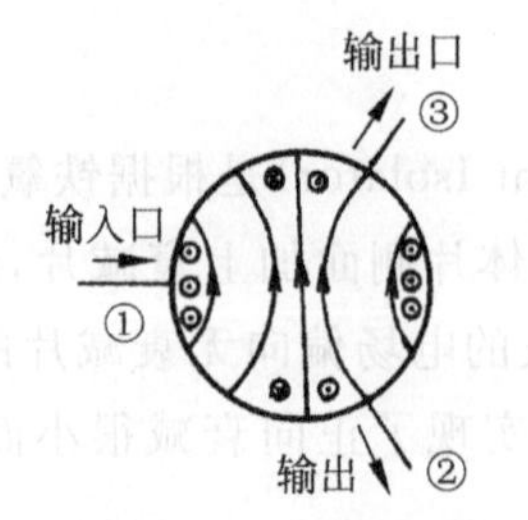

(b) 信号从输入端口①输入时的场分布

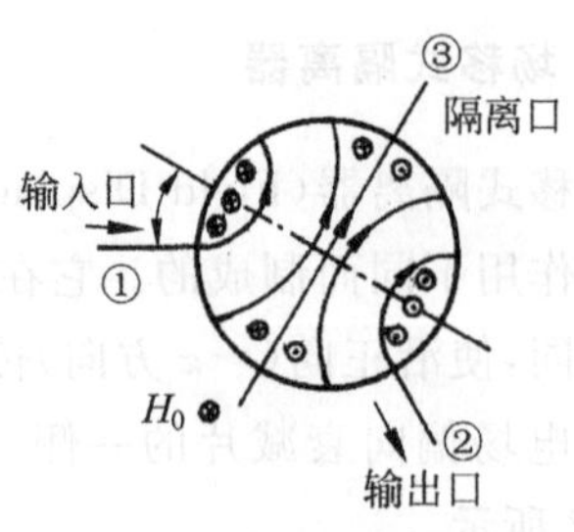

(b) 外加磁场H_0时的场分布

图 6.43 环行器及其场分布

当外加磁场为零时，铁氧体没有被磁化，因此各个方向上的磁性是相同的。当信号从分支线“①”输入时，就会在铁氧体结上激发如图 6.43(b)所示的磁场，由于分支“②、③”条件相同，信号是等分输出的，当外加合适的磁场时，铁氧体磁化，由于各向异性的作用，在铁氧体结上激发如图 6.43(c)所示的电磁场，这比不加磁场时旋转了一个角度 θ。当设计成 $\theta=30°$时，分支“②”处有信号输出，而分支“③”处电场为零，没有信号输出。同样由分支“②”输入时，分支“③”有输出，而分支“①”无输出；由分支“③”输入时，分支“①”有输出而分支“②”无输出。可见，它构成了“①”→“②”→“③”→“①”的单向环行流通，而反向是不通的，故称为环行器。

Y 形结环行器是对称非互易三端口网络，其散射矩阵为

$$[\boldsymbol{S}]=\begin{bmatrix} S_{11} & S_{12} & S_{13} \\ S_{21} & S_{22} & S_{23} \\ S_{31} & S_{32} & S_{33} \end{bmatrix} \tag{6-127}$$

一个理想的环行器必须具备以下的条件：

(1) 输入端口完全匹配，无反射。

(2) 输入端口到输出端口全通，无损耗。

(3) 输入端口与隔离器间无传输。

于是环行器的散射参数应满足

$$\begin{cases} S_{11}=S_{22}=S_{33}=0 \\ |S_{21}|=|S_{32}|=|S_{13}|=1 \\ S_{31}=S_{12}=S_{23}=0 \end{cases} \tag{6-128}$$

写成矩阵形式

$$[\boldsymbol{S}]=\begin{bmatrix} 0 & 0 & \mathrm{e}^{\mathrm{j}\theta} \\ \mathrm{e}^{\mathrm{j}\theta} & 0 & 0 \\ 0 & \mathrm{e}^{\mathrm{j}\theta} & 0 \end{bmatrix} \tag{6-129}$$

式中，θ 为附加相移。

利用环行器可以制成前面讨论的单向器，只要在 Y 形结环行器的端口“③”接上匹配吸收负载，端口“①”作为输入，端口“②”作为输出，如图 6.44(a)所示。这样，信号从端口“①”输入时，端口“②”有输出，当从端口的反射信号经环行器到达端口“③”被吸收，这样“①”→“②”是导通的，而“②”→“①”是不通的，它实现了正向传输导通、反向传输隔离的单向器的

功能。

利用两个 Y 形结环行器还可以构成四端口的双 Y 结环行器，如图 6.44(b)所示，单向环行规律是“①”→“②”→“③”→“④”。如同隔离器一样，描述环行器的性能指标有：正向衰减量、反向衰减量、对臂隔离度和工作频带等。

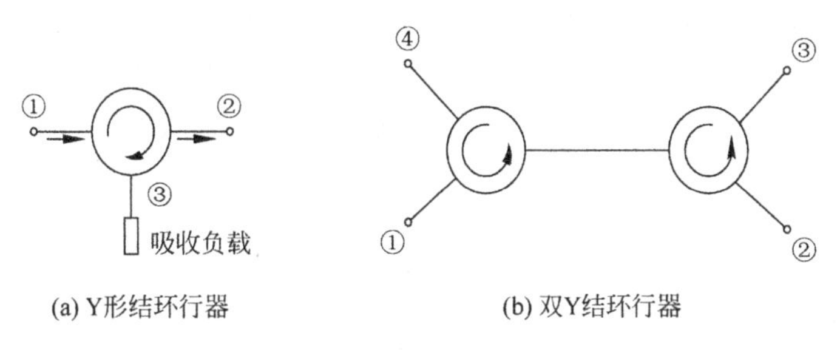

(a) Y形结环行器　　(b) 双Y结环行器

图 6.44　环行器的应用

6.5 小结

本章研究常用微波元器件，微波元器件是微波系统的基本单元，主要完成对微波信号的传输、放大、分配、衰减、相移、隔离、滤波、检波、存储等功能。微波元器件种类繁多，本章从工程应用的角度出发，重点介绍几组微波无源元器件，主要有连接匹配元件、功率分配元器件、微波谐振器、微波铁氧体器件等。

微波连接匹配元件包括终端负载元件、微波连接元件以及阻抗匹配元器件三大类。终端负载元件是连接在传输系统终端实现终端短路、匹配或标准失配等功能的元件；微波连接元件用以将作用不同的两个微波系统按一定要求连接起来，主要包括波导接头、衰减器、相移器及转换接头等；阻抗匹配元件的作用是消除反射，提高传输效率，改善系统稳定性，常用的有膜片、销钉、螺钉调配器、阶梯阻抗变换器和渐变型阻抗变换器等。

功率分配元器件将一路微波功率按比例分成几路，主要包括：定向耦合器、功率分配器以及各种微波分支器件。定向耦合器是一种具有定向传输特性的四端口元件，由主传输线(主线)和副传输线(副线)组成，主副线之间通过耦合机构(如缝隙、孔、耦合线段等)，把主线功率的一部分(或全部)耦合到副线中去，而且要求功率在副线中只传向某一输出端口，另一端口无输出。描述定向耦合器的性能指标有：耦合度、隔离度、定向度、输入驻波比和工作带宽。定向耦合器的具体结构形式很多，如波导双孔定向耦合器，双分支定向耦合器，平行耦合微带定向耦合器等。功率分配器按输出功率比例不同，可分为等功率分配器和不等功率分配器，介绍了两路微带功率分配器及微带环形电桥。将微波能量从主波导中分路接出的元件称为波导分支器，它是微波功率分配器的一种，常用的波导分支器有 E 面 T 形分支(简称 E-T 分支或 E-T 接头)、H 面 T 形分支(简称 H-T 分支或 H-T 接头)、波导魔 T 和多工器等。

微波谐振器是由任意形状的电壁和磁壁所限定的体积，其内产生微波电磁振荡的器件，它具有储能和选频特性。微波谐振器的作用和工作类似于电路理论中集总元件谐振器，在微波电路和系统中，广泛用作滤波器、振荡器、频率计、调谐放大器等。微波谐振器的种类很多，按结构形式可分为传输线型谐振器和非传输线型谐振器两类。传输线型谐振器是一段由两端短路或开路的微波导行系统构成的，如金属空腔谐振器、同轴线谐振器、微带谐振器和介质谐振器等，实际应用中大部分采用此类谐振器。非传输线形谐振器或称复杂形状谐振器，不是由简单的转输线或波导段构成，而是一些形状特殊的谐振器。这种谐振器通常在坐标的一个或两个方向上存在不均匀性，如环形谐振器、混合同轴线形谐振器等。微波谐振器的基本参数则是谐振波长 λ_0（或谐振频率 f_0）、品质因数 Q_0 和损耗电导 G。金属波导谐振腔是由两端短路的金属波导段做成，常用的是矩形波导谐振腔和圆形波导谐振腔。

微波技术中应用很广泛的非互易材料是铁氧体，它是一种黑褐色的陶瓷（非金属铁磁性材料），加偏置的微波铁氧体的磁导率为张量，具有明显的相移、衰减和共振吸收等非互易性，可以做成各种非互易元器件，常用的有隔离器和环行器。隔离器也叫反向器，是利用非互易的共振吸收和非互易的场移效应构成的，电磁波正向通过它时几乎无衰减，反向通过时衰减很大。常用于微波源和负载之间作单向器，消除或减弱负载反射波对微波源的影响，常用的隔离器有谐振式和场移式两种。环行器是一种具有非互易特性的分支传输系统，常用的铁氧体环行器是 Y 形结环行器，它是由三个互成 120°的角对称分布的分支线构成，是利用偏置铁氧体产生的两个频率不同的振荡模式，在耦合端口相叠加，而在隔离端口相抵消来获得环形特性的，广泛用作开关、隔离器和分路器等。

习题

6-1 填空题

（1）微波元器件由导行系统做成，是微波系统的基本单元，主要完成对微波信号的传输、放大、分配、衰减、相移、隔离、滤波、检波、存储等功能。微波元器件按导行系统结构分为________、________、________。

（2）短路活塞可分为________短路活塞和________短路活塞两种，前者已不太常用。

（3）波导中的膜片是垂直于波导管轴放置的薄金属片。它分为________、________和________，有对称和不对称之分，一般在调匹配时多用不对称膜片，而当负载要求对称输出时，则需用对称膜片。

（4）定向耦合器可作为功率分配元件，还可作为其他元件，如作________、________等。

（5）将________和________接头组合在一起，就构成双 T；在双 T 四个支臂接头处内安置匹配装置，则构成匹配双 T，也称为波导魔 T。

（6）表示低频 LC 回路的基本参量是 L、C、R（或 G）。用来描述微波谐振器的基本参数则是________、________和________。

（7）谐振频率最低或谐振波长最长的模式为微波谐振器的主模。矩形腔的主模是________，其谐振波长为________。

（8）当 $l>2.1a$ 时，圆柱形腔的主模是________；当 $l<2.1a$ 时，圆柱形腔的主模是________，其谐振波长 λ_0 为________。

（9）在非互易器件中，非互易材料是必不可少的，微波技术中应用很广泛的非互易材料是________，它是一种黑褐色的陶瓷，最初由于其中含有铁的氧化物而得名。

（10）隔离器也叫________，电磁波正向通过它时几乎无衰减，反向通过时衰减很大。常用的隔离器有________和________两种。

6-2 有一矩形波导终端接匹配负载，在负载处插入一可调螺钉后，如图 6.45 所示。测得驻波比为 1.94，第一个电场波节点离负载距离为 $0.1\lambda_g$，求此时负载处的反射系数及螺钉的归一化电纳值。

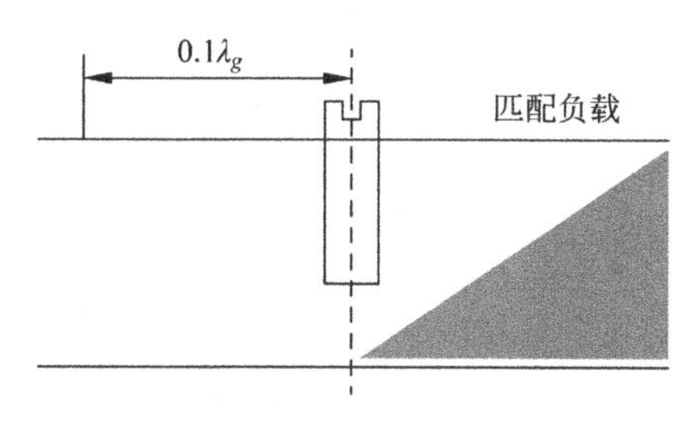

图 6.45 题 6-2 图

6-3 有一驻波比为 1.75 的标准失配负载，标准波导尺寸为 $a\times b_0=2\times1(\mathrm{cm}^2)$，当不考虑阶梯不连续性电容时，求失配波导的窄边尺寸 b_1。

6-4 已知波导宽边 $a=72.14\mathrm{mm}$，工作波长 $\lambda=10$，若用归一化电纳为 -0.6 的电感膜片进行匹配，求膜片处尺寸 d。

6-5 有一个三端口元件，测得$[\boldsymbol{S}]$矩阵为

$$[\boldsymbol{S}]=\begin{pmatrix}0 & 0.995 & 0.1\\ 0.995 & 0 & 0\\ 0.1 & 0 & 0\end{pmatrix}$$

问：(1)此元件有哪些性质？(2)它是一个什么样的微波元件？

6-6 设矩形波导宽边 $a=2.5\mathrm{cm}$，工作频率 $f=10\mathrm{GHz}$，用 $\lambda_g/4$ 阻抗变换器匹配一段空气波导和一段 $\varepsilon_r=2.56$ 的波导，如图 6.46 所示，求匹配介质的相对介电常数 ε_r' 及变换器长度 l。

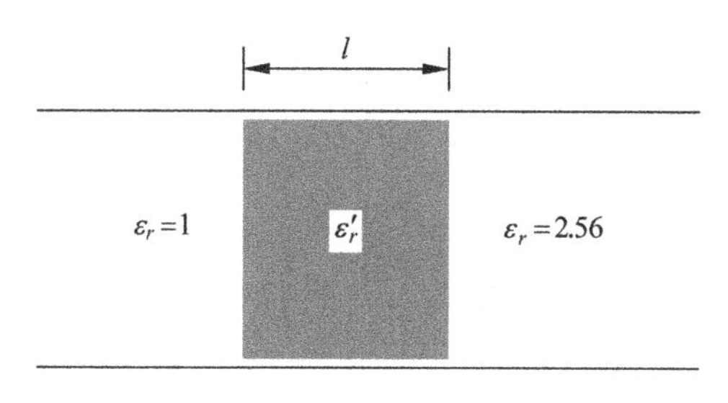

图 6.46 题 6-6 图

6-7 已知渐变线的特性阻抗的变化规律为

$$\bar{Z}(z)=\frac{Z(z)}{Z_0}=\exp\left[\frac{z}{l}\ln\bar{Z}_1\right]$$

式中，l 为线长；Z_l是归一化负载阻抗，试求输入端电压反射系数的频率特性。

6-8 设某定向耦合器的耦合度为 33dB，定向度为 24dB，端口 1 的入射功率为 25W，计算直通端口“②”和耦合端口“③”的输出功率。

6-9 已知某平行耦合微带定向耦合器的耦合系数 K 为 15dB，外接微带的特性阻抗为 50Ω，求耦合微带线的奇偶模特性阻抗。

6-10　试证明如图 6.47 所示微带环形电桥的各端口均接匹配负载 Z_0 时，各段的归一化特性导纳为 $a=b=c=\frac{1}{\sqrt{2}}$。

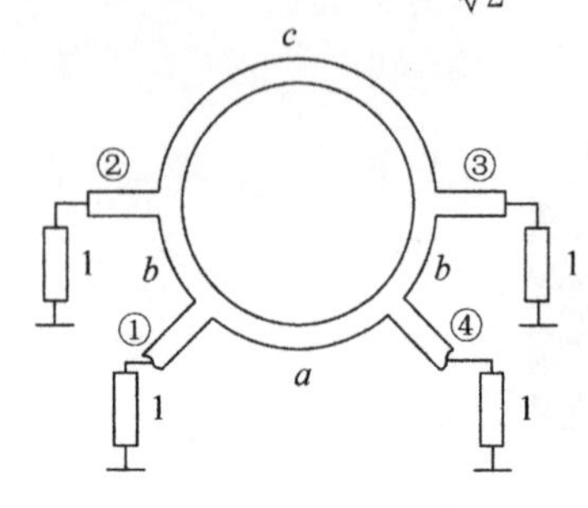

图 6.47　题 6-10 图

6-11　写出下列各种理想元件的[**S**]矩阵：

(1) 理想衰减器；

(2) 理想相移器；

(3) 魔 T；

(4) 理想隔离器。

6-12　试证明线性对称的无耗三端口网络如果反向完全隔离，则一定是理想 Y 结环形器。

6-13　设矩形谐振腔的尺寸为 $a=5\text{cm}, b=3\text{cm}, l=6\text{cm}$，试求 TE_{101} 模式的谐振波长 λ 和无载品质因数 Q_0 的值。

6-14　有一个半径为 5cm，长度分别为 10cm 和 12cm 的两个谐振腔，分别求其最低谐振模式的谐振频率及 Q 值(假设腔内介质为空气，墙壁材料为黄铜)。

6-15　设圆柱谐振腔中 TE_{010} 模式的谐振波长为 10cm，求此圆柱谐振腔的直径。

6-16　立方体谐振腔的谐振频率为 12GHz，采用 TE_{101} 模作为谢振模，求谐振腔的边长。

6-17　有一铜制 $\lambda/2$ 同轴线谐振器，内外导体半径分别为 1mm 和 4mm，谐振频率为 5GHz，试计算空气填充和聚四氟乙烯填充同轴线谐振器的 Q 值。

6-18　如图 6.48 所示为一铁氧体场移式隔离器，试确定其中 TE_{10} 模的传输方向是入纸面，还是出纸面。

6-19　试说明如图 6.49 所示双 Y 结环行器的工作原理。

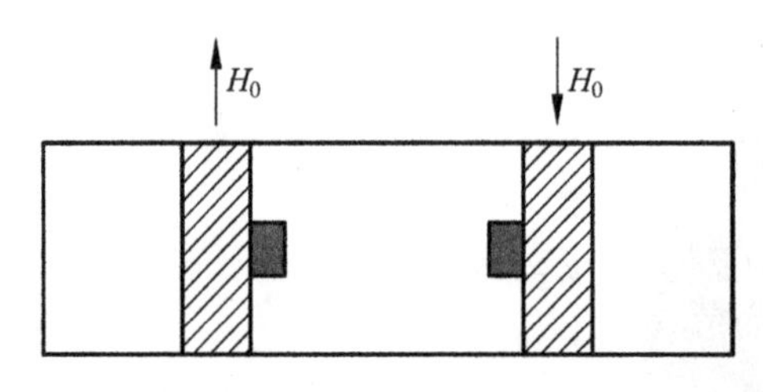

图 6.48　题 6-18 图

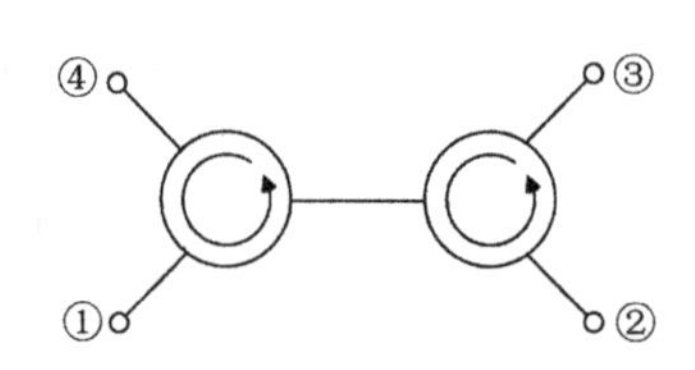

图 6.49　题 6-19 图

第7章 天线基本理论

通信的目的是传递信息，根据传递信息的途径不同，可将通信系统大致分为两大类：一类是在通信网络中通过各种传输线来传递信息，称为有线通信，如有线电话、计算机局域网等有线通信系统；另一类是依靠电磁辐射通过无线电波来传递信息，称为无线通信，如电视、广播、雷达、导航、卫星等无线通信系统。无线电波的发射与接收，要依靠天线来完成，天线作为无线通信系统中必不可少的器件，在无线通信中起着非常重要的作用。

7.1 天线的功能及分类

1. 天线的功能

把从导线上传下来的电信号转化为无线电波发射到空间，或者收集空间的无线电波转化为电信号的设备，称为天线。

天线作为无线通信系统传输的重要部件，其作用不容忽视。天线的基本任务是将发射机所产生的已调制的高频电流能量（或导波能量）经馈线传输到发射天线，通过天线将其转换为某种极化的电磁波能量，并向所需方向辐射出去。到达接收点后，接收天线将来自空间特定方向的某种极化的电磁波能量又转换为已调制的高频电流能量，经馈线输送至接收机输入端。

天线作为无线电通信系统中一个必不可少的重要设备，它的选择与设计是否合理，对整个无线通信系统的性能有很大的影响，若天线设计不当，就可能导致整个通信系统不能正常工作。无线通信系统工作原理框图如图7.1所示。

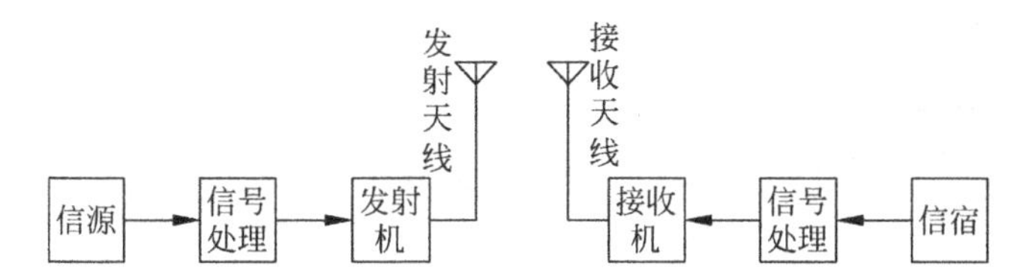

图7.1 无线通信系统工作原理框图

天线基本功能总结：

(1) 天线最大限度将导波能量转变为电磁波能量，这就要求天线与馈线系统尽量满足阻抗匹配。

(2) 天线的发射或接收应具有一定方向性，天线的发射和接收应按照要求的方向进行。

(3) 天线应能发射或接收系统所规定极化的电磁波。

(4) 天线为开放系统，才能最大限度地辐射或者接收电磁波。

(5) 天线应具有一定的工作频带宽度，在此频道范围内，天线工作性能稳定，满足设计指标要求。

天线是能够辐射和接收电磁波的器件，如何设计满足指标要求的天线系统，不仅考虑天线本身，还要考虑与之相连的馈线系统，使之与接收机、发射机满足最佳匹配，天线系统才能够最大限度地辐射或接收电磁波。

2. 天线的分类

天线在不同通信系统中的应用使得天线种类多样，天线的分类：

(1) 按用途分为：通信天线、广播电视天线、雷达天线和导航天线等。

(2) 按性能不同分为：窄带、宽带、全向和定向、移动和固定天线等。

(3) 按工作波长分为：长波天线、中波天线、短波天线、超短波天线和微波天线等。

(4) 按发展时间不同分为：传统天线、现代天线；现代天线如自适应天线和智能天线。

(5) 按辐射元分为：线天线和面天线；线天线是由半径远小于波长的金属导线构成，主要用于长波、中波和短波波段；面天线是由尺寸大于波长的金属或介质面构成的，主要用于微波波段，超短波波段则两者兼用。

通信技术的飞速发展对天线提出了许多新的要求，天线的功能也不断有新的突破。除了完成高频能量的转换外，还要求天线系统对传递的信息进行一定的加工和处理，如信号处理天线、相控阵天线、单脉冲天线、自适应天线和智能天线等。

3. 天线的视距传播特性

视距传播是指发射天线和接收天线处于相互能看见的视线距离内的传播方式。地面通信、卫星通信以及雷达等都可以采用这种传播方式。它主要用于超短波和微波波段的电波传播。

设发射天线高度为 h_t、接收天线高度为 h_r，由于地球曲率的影响，当两天线 A、B 间的距离 $d<l$ 时，两天线互相“看得见”，当 $d>l$ 时，两天线互相“看不见”，距离 $d=d_1+d_2$ 为发、收天线高度分别为 h_t 和 h_r 时的视线极限距离，简称视距，如图 7.2 所示。

AB 与地球表面相切，r 为地球半径，由图可得到以下关系式为

$$d = d_1 + d_2 \approx \sqrt{2r}\,(\sqrt{h_t} + \sqrt{h_r}) \qquad (7\text{-}1)$$

将地球半径 $r=6.370\times10^6$ m 代入式(7-1)，即有

$$d = 3.57 \times (\sqrt{h_t} + \sqrt{h_r}) \times 10^3 \qquad (7\text{-}2)$$

式中，h_t 和 h_r 的单位均为 m。

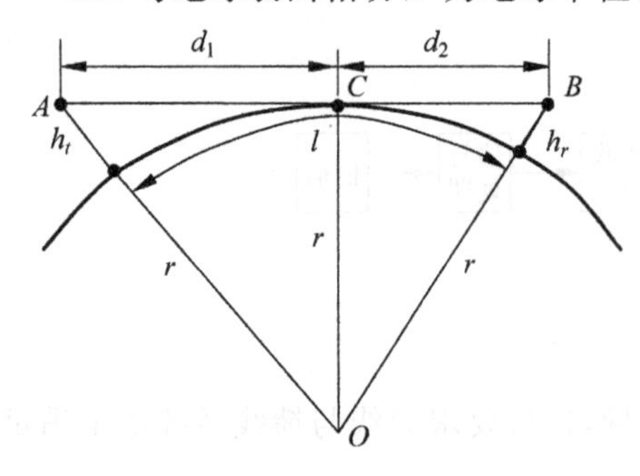

图 7.2 天线视距传播示意图

视距传播时，电波是在地球周围的大气中传播的，大气对电波产生折射与衰减。由于大气层是非均匀媒质，其压力、温度与湿度都随高度而变

化，大气层的介电常数是高度的函数。在标准大气压下，大气层的介电常数随高度增加而减小，并逐渐趋近于1，因此大气层的折射率随高度的增加而减小。若将大气层分成许多薄片层，每一薄层是均匀的，各薄层的折射率 n 随高度的增加而减小。这样当电波在大气层中依次通过每个薄层界面时，射线都将产生偏折，因而电波射线形成一条向下弯曲的弧线，如图7.3所示。

在光学上，$d<l$ 的区域称为照明区，$d>l$ 的区域称为阴影区。当考虑大气的不均匀性对电波传播轨迹的影响时，视距公式应修正为

$$d=\sqrt{2r_e}\left(\sqrt{h_t}+\sqrt{h_r}\right)=4.12\times\left(\sqrt{h_t}+\sqrt{h_r}\right)\times10^3 \tag{7-3}$$

式中，r_e 为等效地球半径，其值为8500km。

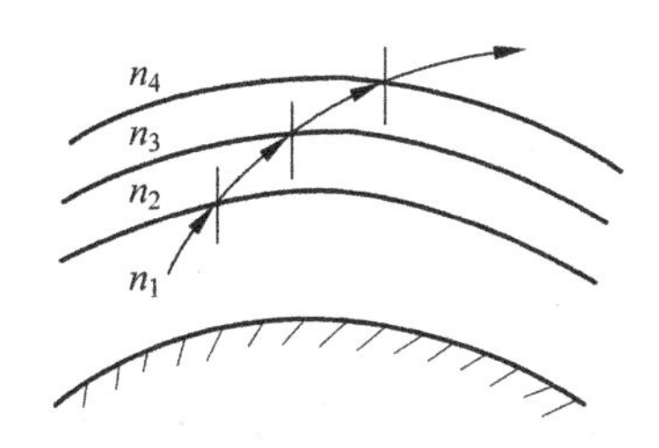

图7.3 电磁波不同介质的折射图

由于电波频率远低于光学频率，故不能完全按上述几何光学的观点划分区域。通常把 $d<0.8l$ 的区域称为照明区，将 $d>1.2l$ 的区域称为阴影区，而把 $0.8l<d<1.2l$ 的区域称为半照明半阴影区。

4. 电波自由空间传播损耗计算

大气对电波的衰减主要来源：一是云、雾、雨等小水滴对电波的热吸收及水分子、氧分子对电波的谐振吸收。热吸收与小水滴的浓度有关，谐振吸收与工作波长有关。二是云、雾、雨等小水滴对电波的散射，散射衰减与小水滴半径的六次方成正比，与波长的四次方成反比。当工作波长短于5cm时，就应该考虑大气层对电波的衰减，尤其当工作波长短于3cm时，大气层对电波的衰减将趋于严重。就云、雾、雨、雪对微波传播的影响来说，降雨引起的衰减最为严重。对10000MHz以上的频率，由降雨引起的电波衰减在大多数情况下是可观的。因此在地面和卫星通信线路的设计中都要考虑由降雨引起的衰减。

自由空间传播损耗(Free Space Propagation Loss)的定义是：当发射天线与接收天线的方向系数都为1时，发射天线的辐射功率 P_Σ 与接收天线的最佳接收功率 P_l 的比值，记为 L_0，即

$$L_0=\frac{P_\Sigma}{P_l} \tag{7-4}$$

或者

$$[L_0]=10\lg\frac{P_\Sigma}{P_l}\ (\text{dB}) \tag{7-5}$$

则 $D=1$ 的无方向性发射天线产生的功率密度(假设收发天线的距离为 d)为

$$S_{av}=\frac{P_\Sigma}{4\pi d^2} \tag{7-6}$$

则 $D=1$ 的无方向性接收天线的有效接收面积为

$$A_e=\frac{\lambda^2}{4\pi} \tag{7-7}$$

所以该接收天线的接收功率为

$$P_l=S_{av}A_e=\left(\frac{\lambda}{4\pi d}\right)^2P_\Sigma \tag{7-8}$$

于是自由空间传播损耗为

$$[L_0]=10\lg\frac{P_\Sigma}{P_l}=20\lg\frac{4\pi d}{\lambda}\ (\mathrm{dB}) \tag{7-9}$$

或者采用下式计算

$$\begin{aligned}[L_0]&=32.45+20\lg f+20\lg d\\&=121.98+20\lg d-20\lg\lambda\ (\mathrm{dB})\end{aligned} \tag{7-10}$$

虽然自由空间是一种理想介质，是不会吸收能量的，但是随着传播距离的增大导致发射天线的辐射功率分布在更大的球面上，因此自由空间传播损耗是一种扩散式的能量自然损耗，是不可避免的。

7.2 天线基本振子的辐射

天线基本振子作为最小的辐射源，是构成天线的基础。基本振子是构成线天线和面天线的基本单元。下面分析电基本振子和磁基本振子的辐射机理。

7.2.1 电基本振子

由传输线理论可知，当导线载有交变电流时，就可以形成电磁波的辐射，辐射的能力与导线的长短和形状有关. 当导线的长度增大到可与波长相比拟时，导线上的电流就大大增加，因而就能形成较强的辐射。通常将上述能产生显著辐射的直导线称为振子。任意线天线均可看成是由一系列电基本振子(Electric Short Dipole)构成的。

1. 电基本振子的辐射场

电基本振子又称电流元，它是指一段理想的高频电流直导线，其长度 l 远小于波长 λ，其半径 a 远小于 l，电流 I 振幅均匀分布、相位相同的直线电流元。用这样的电流元可以构成实际的更复杂的天线，因而电基本振子的辐射特性是研究更复杂天线辐射特性的基础。电基本振子示意图如图 7.4 所示。

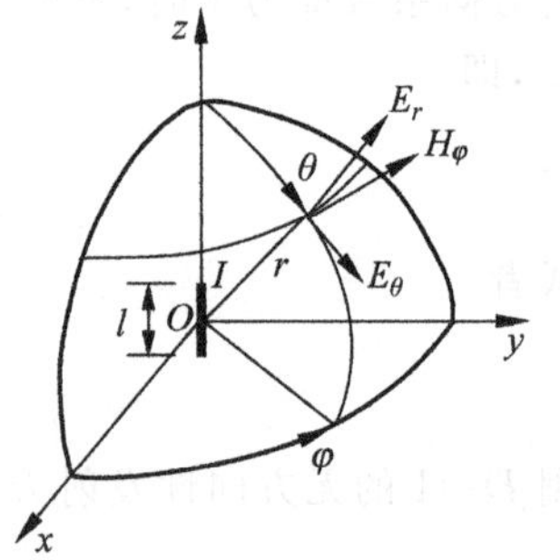

图 7.4 电基本振子示意图

在电磁场理论中，已给出了在球坐标原点 O 沿 z 轴放置的电基本振子在周围空间产生的场强的表达式为

$$\begin{cases}E_r=\dfrac{Il}{4\pi}\cdot\dfrac{2}{\omega\varepsilon_0}\cos\theta\left(\dfrac{-\mathrm{j}}{r^3}+\dfrac{k}{r^2}\right)\mathrm{e}^{\mathrm{j}kr}\\[2ex]E_\theta=\dfrac{Il}{4\pi}\cdot\dfrac{1}{\omega\varepsilon_0}\sin\theta\left(\dfrac{-\mathrm{j}}{r^3}+\dfrac{k}{r^2}+\dfrac{\mathrm{j}k^2}{r}\right)\mathrm{e}^{\mathrm{j}kr}\\[2ex]E_\varphi=H_r=H_\theta=0\\[2ex]H_\varphi=\dfrac{Il}{4\pi}\sin\theta\left(\dfrac{1}{r^2}+\dfrac{\mathrm{j}k}{r}\right)\mathrm{e}^{\mathrm{j}kr}\end{cases} \tag{7-11}$$

由式(7-11)得到

$$\begin{cases}E=E_r\mathrm{e}_r+E_\theta\mathrm{e}_\theta\\H=H_\varphi\mathrm{e}_\varphi\end{cases} \tag{7-12}$$

其中，E 为电场强度，单位为 V/m；H 为磁场强度，单位为 A/m。

$$\begin{cases} k^2 = \omega^2 \varepsilon_0 \mu_0 \\ \omega = 2\pi f = 2\pi c/\lambda \\ \varepsilon_0 = \dfrac{1}{36\pi} \times 10^{-9}\,(\mathrm{F/m}) \\ \mu_0 = 4\pi \times 10^{-7}\,(\mathrm{H/m}) \end{cases} \tag{7-13}$$

电基本振子的场强矢量由 E_r、E_θ、H_φ 组成，每个分量都与距离有关系。根据距离的远近，分析电基本振子的电磁场特性。

1) 近区场

在靠近电基本振子的区域（$kr \ll 1$ 即 $r \ll \lambda/2\pi$），由于 r 很小，可得

$$\frac{1}{kr} \ll \frac{1}{(kr)^2} \ll \frac{1}{(kr)^3} \tag{7-14}$$

令 $\mathrm{e}^{-\mathrm{j}kr} \approx 1$，电基本振子的近区场表达式为

$$\begin{cases} E_r = -\mathrm{j}\dfrac{Il}{4\pi r^3} \cdot \dfrac{2}{\omega\varepsilon_0}\cos\theta \\ E_\theta = -\mathrm{j}\dfrac{Il}{4\pi r^3} \cdot \dfrac{1}{\omega\varepsilon_0}\sin\theta \\ E_\varphi = H_r = H_\theta = 0 \\ H_\varphi = \dfrac{Il}{4\pi r^2}\sin\theta \end{cases} \tag{7-15}$$

由式(7-15)可知：

(1) 在近区场，电场 E_r 和 E_θ 与静电场问题中的电偶极子的电场相似，磁场 H_φ 和恒定电流场中的电流元的磁场相似，近区场称为准静态场。

(2) 电场与磁场相位相差 90°，说明玻印廷矢量为虚数，电磁能量在场源和场之间来回振荡，没有能量向外辐射，近区场又称为感应场。

$$S_{av} = \frac{1}{2} Re[E \times H^*] = 0 \tag{7-16}$$

注意：近区场可以用来计算天线的输入电抗。

2) 远区场

实际应用中，距离一般是相当远的（$kr \gg 1$，即 $r \gg \lambda/2\pi$），可得

$$\frac{1}{kr} \gg \frac{1}{(kr)^2} \gg \frac{1}{(kr)^3} \tag{7-17}$$

则电基本振子的远区场表示式为

$$\begin{cases} E_\theta = \mathrm{j}\dfrac{60\pi Il}{\lambda r}\sin\theta \mathrm{e}^{-\mathrm{j}kr} \\ H_\varphi = \mathrm{j}\dfrac{Il}{2\lambda r}\sin\theta \mathrm{e}^{-\mathrm{j}kr} \\ E_\varphi = E_r = 0 \\ H_r = H_\theta = 0 \end{cases} \tag{7-18}$$

由式(7-18)可知：

(1) 在远区，电基本振子的场只有 E_θ 和 H_φ 两个分量，它们在空间上相互垂直，在时间

上同相位,所以其玻印廷矢量是实数

$$S_{av}=\frac{1}{2}Re[E\times H^{*}]=\frac{15\pi I^{2}l^{2}}{\lambda^{2}r^{2}}\sin^{2}\theta \tag{7-19}$$

且指向 r 方向。说明电基本振子的远区场是一个沿着径向向外传播的横电磁波,所以远区场又称辐射场。

(2) 由介质为空气,则波阻抗是一常数,即等于媒质的本征阻抗,因而远区场具有与平面波相同的特性。

$$\eta=\frac{E_{\theta}}{H_{\varphi}}=\sqrt{\frac{\mu_{0}}{\varepsilon_{0}}}=120\pi\approx377\Omega \tag{7-20}$$

(3) 辐射场的强度与距离成反比,随着距离的增大,辐射场的强度减小,表明电基本振子远区辐射场为球面波场。

(4) 电场、磁场正比于 $\sin\theta$,说明在不同的方向上,辐射场的强度是不同的,远区辐射场具有方向性。当 $\theta=90°$ 的平面内,场强达到最大值;当 $\theta=0°$ 和 $\theta=180°$ 的平面内,场强为零。

2. 电基本振子的辐射功率及辐射电阻

电基本振子的辐射具有方向性,电基本振子的辐射功率为

$$\begin{aligned}P_{\Sigma}&=\oiint_{s}S_{av}\mathrm{d}s=\oiint_{s}\frac{1}{2}Re[E\times H^{*}]\mathrm{d}s\\&=\int_{0}^{2\pi}\mathrm{d}\varphi\int_{0}^{\pi}\frac{15\pi I^{2}l^{2}}{\lambda^{2}}\sin^{3}\theta\mathrm{d}\theta=40\pi^{2}I^{2}\left(\frac{l}{\lambda}\right)^{2}(\mathrm{W})\end{aligned} \tag{7-21}$$

因此,辐射功率取决于电偶极子的电长度,若几何长度不变,频率越高或波长越短,则辐射功率越大。因为已经假定空间媒质不消耗功率且在空间内无其他场源,所以辐射功率与距离 r 无关。

既然辐射出去的能量不再返回波源,为方便起见,将天线辐射的功率看成被一个等效电阻所吸收的功率,这个等效电阻就称为辐射电阻 P_{Σ}。由于

$$P_{\Sigma}=\frac{1}{2}I^{2}R_{\Sigma} \tag{7-22}$$

得到辐射电阻为

$$R_{\Sigma}=80\pi^{2}\left(\frac{1}{\lambda}\right)^{2}(\Omega) \tag{7-23}$$

7.2.2 磁基本振子

磁基本振子(Magnetic Short Dipole)又称磁流元、磁偶极子。环的半径和圆周长远小于波长。在稳态电磁场中,静止的电荷产生电场,恒定的电流产生磁场。假定流过小环的电流是均匀的,也是构成天线的基本单元。小电流环的辐射场与磁偶极子的辐射场相同。利用电磁场的对偶原理来分析磁基本振子的辐射场。

1. 磁基本振子的辐射场

磁基本振子是一个半径为 b 的细线小环，且小环的周长满足条件：$2\pi b \ll \lambda$，磁基本振子示意图如图 7.5 所示。

假设小环上有电流 $i(t)=I\cos(\omega t)$，由电磁场理论，其磁偶极矩矢量为

$$p_m = a_z I \pi b^2 \tag{7-24}$$

如果引入这种假想的磁荷和磁流的概念，将一部分原来由电荷和电流产生的电磁场用能够产生同样电磁场的磁荷和磁流来取代，即将"电源"换成等效"磁源"。根据电与磁的对偶性原理，将有

$$\begin{cases} E \rightarrow \eta^2 H \\ H \rightarrow -E \\ p = Il/\mathrm{j}\omega \rightarrow p_m \end{cases} \tag{7-25}$$

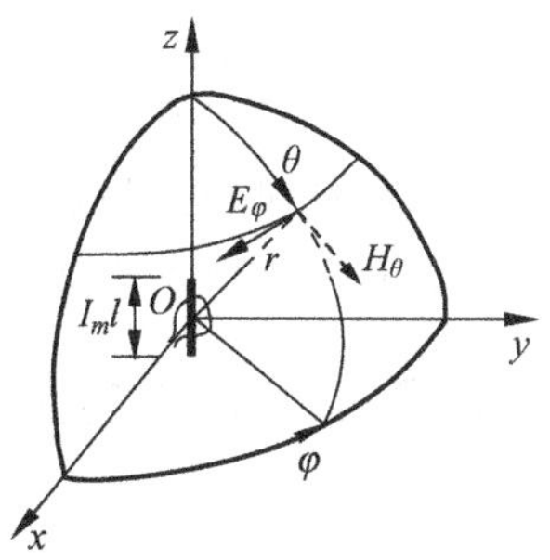

图 7.5 磁基本振子示意图

可以得到磁基本振子的场为

$$\begin{cases} E_\varphi = -\mathrm{j}\dfrac{\omega\mu_0 p_m}{4\pi}\sin\theta\left(\dfrac{\mathrm{j}k}{r}+\dfrac{1}{r^2}\right)\mathrm{e}^{-\mathrm{j}kr} \\ H_r = \mathrm{j}\dfrac{p_m}{2\pi}\cos\theta\left(\dfrac{k}{r^2}-\dfrac{\mathrm{j}}{r^3}\right)\mathrm{e}^{-\mathrm{j}kr} \\ E_\varphi = \mathrm{j}\dfrac{p_m}{2\pi}\sin\theta\left(\dfrac{\mathrm{j}k}{r}+\dfrac{k}{r^2}-\dfrac{\mathrm{j}}{r^3}\right)\mathrm{e}^{-\mathrm{j}kr} \\ E_r = E_\theta = H_\varphi = 0 \end{cases} \tag{7-26}$$

则与电基本振子做相同的近似得磁基本振子的远区场为

$$\begin{cases} E_\varphi = \dfrac{120\pi^2 Is}{\lambda^2 r}\sin\theta\mathrm{e}^{-\mathrm{j}kr} \\ H_\theta = -\dfrac{\pi Is}{\lambda^2 r}\sin\theta\mathrm{e}^{-\mathrm{j}kr} \\ E_\theta = E_r = 0 \\ H_r = H_\varphi = 0 \end{cases} \tag{7-27}$$

2. 磁基本振子的辐射功率及辐射电阻

事实上，对于一个很小的环来说，如果环的周长远小于 $\lambda/4$，则该天线的辐射场方向性与环的实际形状无关，即环可以是矩形、三角形或其他形状。

磁基本振子的辐射功率为

$$P_\Sigma = \oiint_s S_{av}\,\mathrm{d}s = \oiint_s \frac{1}{2}Re[E\times H^*]\mathrm{d}s = 160\pi^4 I^2\left(\frac{s}{\lambda^2}\right)^2 \tag{7-28}$$

其辐射电阻为

$$P_\Sigma = 320\pi^4\left(\frac{s}{\lambda^2}\right)^2 \tag{7-29}$$

由此可见，同样电长度的导线，绕制成磁偶极子，在电流振幅相同的情况下，远区的辐射

功率比电偶极子的要小几个数量级。

7.3 天线的电参数

天线的电参数(Basic Antenna Parameters)是指描述天线工作特性的参数,又称天线的电指标。它们是定量衡量天线性能的尺度。天线的电参数主要是针对发射状态规定的,用来衡量天线能量转换和定向辐射的能力。天线的电参数主要有方向图、方向函数、主瓣宽度、旁瓣电平、方向系数、极化特性、频带宽度和输入阻抗等。

7.3.1 天线方向图特征参量

由电基本振子分析可知,天线辐射出去的电磁波是非均匀的球面波,任何一个天线的辐射场都具有方向性。天线的方向性是指天线向一定方向辐射电磁波的能力。对于接收天线而言,方向性表示天线对不同方向传来的电磁波所具有的接收能力。

1. 天线方向图

天线方向性的特性曲线通常用天线方向图(Field Pattern)来表示。方向图可用来说明天线在空间各个方向上所具有的发射或接收电磁波的能力。

天线方向图是指在离天线一定距离处,辐射场的相对场强(归一化模值)随方向变化的曲线图。通常采用通过天线最大辐射方向上的两个相互垂直的平面方向图来表示。场矢量示意图如图 7.6 所示。

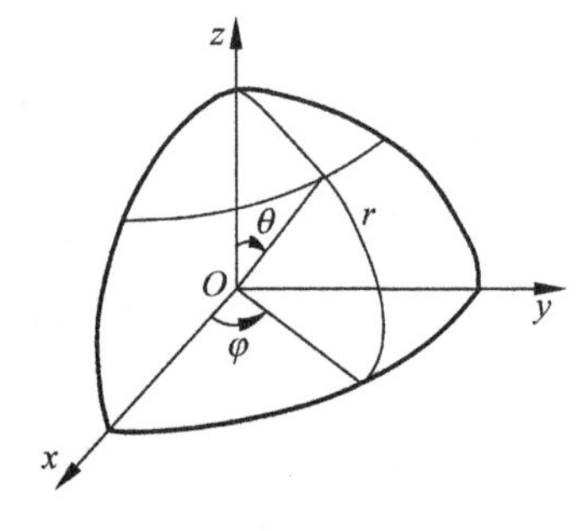

图 7.6 场矢量示意图

在自由空间中,两个最重要的平面方向图是 E 面和 H 面方向图,天线方向图的两个平面分别按照子午平面和赤道平面定义:

① E 面即电场强度矢量所在并包含最大辐射方向的平面。对于 z 轴放置的电基本振子,子午平面是 E 平面。其变化用角度 θ 表示,变化范围(0、π)。

② H 面即磁场强度矢量所在并包含最大辐射方向的平面。对于 z 轴放置的电基本振子,赤道平面是 H 平面。其变化用角度 φ 表示,变化范围(0、2π)。

天线方向图可用极坐标绘制,角度表示方向,矢径表示场强大小。这种图形直观性强,但零点和最小值不易分清。方向图也可用直角坐标绘制,横坐标表示方向角,纵坐标表示辐射幅值这种图形表示清晰,便于观察。

2. 方向图的参量

实际天线的方向图一般比较复杂。为了对各种天线的方向性进行比较,规定了一些参量。

1) 主瓣宽度

主瓣宽度是衡量天线的最大辐射区域的尖锐程度的物理量。通常它取方向图主瓣两个半功率点之间的宽度(方向函数为最大辐射方向函数的 $1/\sqrt{2}$ 倍的两点之间的宽度或者场强为最大辐射方向场强的 $1/\sqrt{2}$ 倍的两点之间的宽度)，称为半功率波瓣宽度；用 $2\theta_{0.5E}$ 和 $2\theta_{0.5H}$ 分别表示 E 面和 H 面的半功率波瓣宽度。

有时也将头两个零点之间的角宽作为主瓣宽度，称为零功率波瓣宽度。用 $2\theta_{0E}$ 和 $2\theta_{0H}$ 分别表示 E 面和 H 面的零功率波瓣宽度。

2) 旁瓣电平(或者副瓣电平)

旁瓣电平是指离主瓣最近且电平最高的第一旁瓣电平，一般以分贝表示。

$$SLL = 10\lg\frac{P_{\max 2}}{P_{\max 1}} = 20\lg\frac{E_{\max 2}}{E_{\max 1}} \tag{7-30}$$

式中，$P_{\max 1}$ 和 $P_{\max 2}$ 表示主瓣和第一旁瓣的最大功率值；$E_{\max 1}$ 和 $E_{\max 2}$ 表示主瓣和第一旁瓣的最大辐射场强值。

方向图的旁瓣区是不需要辐射的区域，所以其电平应尽可能地低，对于天线方向图：离主瓣愈远的旁瓣电平愈低。第一旁瓣电平的高低，在某种意义上反映了天线方向性的好坏。在天线的实际应用中，旁瓣的位置也很重要。

3) 前后比

前后比是指在方向图中主瓣与后瓣最大电平之比，一般以分贝表示。

$$BLL = 10\lg\frac{P_{\max_1}}{P'_{\max}} = 20\lg\frac{E_{\max_1}}{E'_{\max}} \tag{7-31}$$

式中，$P_{\max_1}$ 和 $P'_{\max}$ 表示主瓣和后瓣的最大功率值；$E_{\max_1}$ 和 $E'_{\max}$ 表示主瓣和后瓣的最大辐射场强值。天线方向图波瓣示意图如图 7.7 所示。

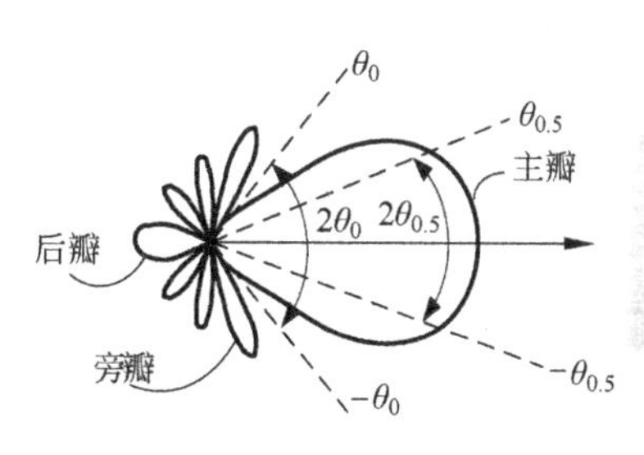

图 7.7 天线方向图波瓣示意图

【例 7-1】 画出沿 z 轴放置的电基本振子的 E 面和 H 面方向图。

【解】 (1) E 面方向图：

在给定 r 处，E_θ 与 φ 无关。

E_θ 的归一化场强值为

$$E_\theta = |\sin\theta|$$

即方向函数为

$$f(\theta) = |\sin\theta|$$

这是电基本振子的 E 面方向图函数，其 E 面方向图如图 7.8 所示。

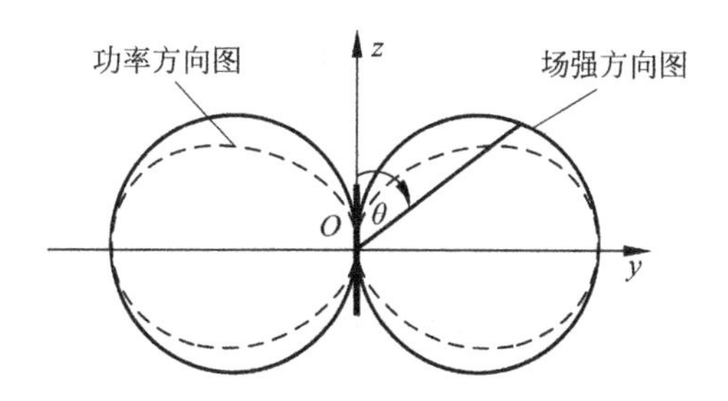

图 7.8 电基本振子的 E 面方向图

(2) H 面方向图：在给定 r 处，对于 $\theta=\pi/2$，H_φ 的归一化场强值为

$$H_\varphi = |\sin\theta|$$

即 $f(\varphi)=|\sin\theta|=1$ 方向函数的计算值与 φ 无关，因而 H 面方向图为一个圆，其圆心位于沿 z 方向的振子轴上，且半径为 1，如图 7.9 所示。

(3) 电基本振子空间方向图：由 E 面和 H 面结合组成，形状如同一个面包圈，如图 7.10 所示。

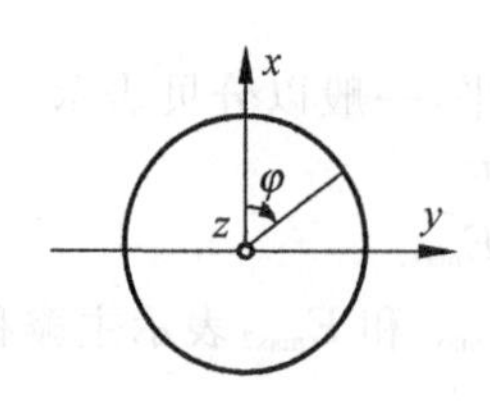

图 7.9 电基本振子的 H 面方向图

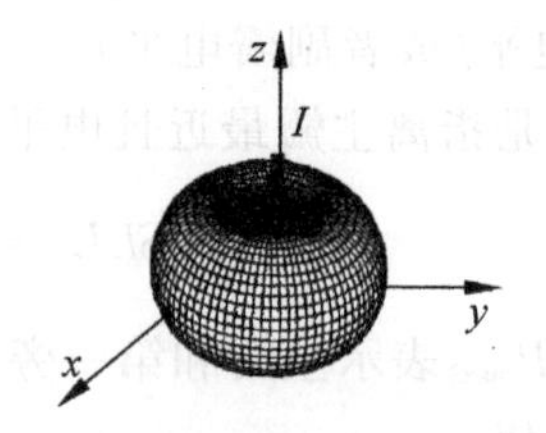

图 7.10 电基本振子的空间方向图

通常的天线方向图都比较复杂，如某天线的 E 面方向图，场量 E_θ 的归一化模值随 φ 变化的曲线，E 面方向图极坐标如图 7.11 所示。

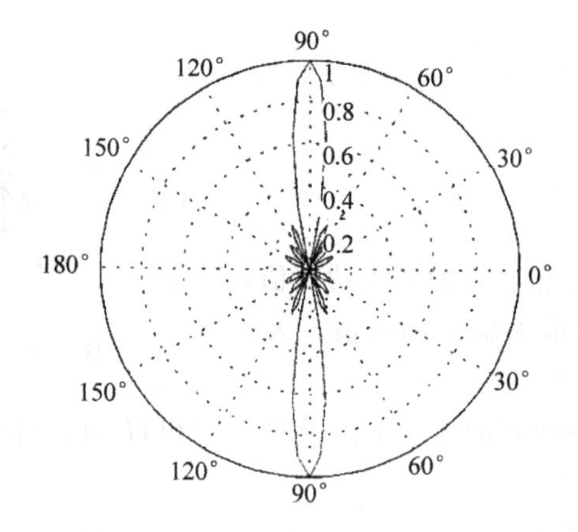

图 7.11 极坐标表示的 E 面方向图

3. 方向函数

天线的方向性是指在相同距离的条件下天线辐射场的相对值和空间方向(子午角θ，方位角φ)的关系，通常用方向函数 $f(\theta,\varphi)$表示。

根据

$$E(\theta,\varphi)=\frac{60I}{r}f(\theta,\varphi) \tag{7-32}$$

则有

$$f(\theta,\varphi)=\frac{E(\theta,\varphi)}{60I/r} \tag{7-33}$$

将电基本振子的辐射场表达式代入上式，可得电基本振子的方向函数为

$$f(\theta,\varphi)=f(\theta)=\frac{\pi l}{\lambda}\sin\theta \tag{7-34}$$

为了便于比较不同天线的方向性，常采用归一化方向函数，用 $F(\theta,\varphi)$表示。

$$F(\theta,\varphi)=\frac{f(\theta,\varphi)}{f_{\max}(\theta,\varphi)}=\frac{E(\theta,\varphi)}{E_{\max}} \tag{7-35}$$

电基本振子的归一化方向函数为

$$F(\theta,\varphi)=f(\theta,\varphi)=|\sin\theta| \tag{7-36}$$

为了方便天线的比较，定义理想点源为无方向性天线，天线辐射出去的电磁波是均匀的球面波，它在相同距离处，不同方向上产生的辐射场强大小是相等的，其归一化方向函数为

$$|F(\theta,\varphi)|=1 \tag{7-37}$$

4. 方向系数

方向图参数虽能从一定程度上描述方向图的状态，但它们仅能反映方向图中特定方向的辐射强弱程度，未能反映辐射在全空间的分布状态，因而不能单独表现天线的定向辐射能力。为了更精确比较不同天线之间的方向性，引入电参数方向系数，用来定量表示天线定向辐射能力。

方向系数(Directivity Coefficient)定义为：在离天线同一距离处，在相同辐射功率条件下，天线在最大辐射方向上的辐射功率流密度 S_{max}(或场强 $|E_{max}$ 的平方)与理想无方向性天线的辐射功率流密度 S_0(或场强 $|E_0$ 的平方)之比，记为 D，即有

$$D=\frac{S_{max}}{S_0}=\frac{|E_{max}|^2}{|E_0|^2} \tag{7-38}$$

设实际天线的辐射功率为 P_Σ，它在最大辐射方向上 r 处产生的辐射功率流密度和场强分别为 S_{max} 和 E_{max}；又设有一个理想的无方向性天线，其辐射功率为 P_Σ 不变，它在相同的距离上产生的辐射功率流密度和场强分别为 S_0 和 E_0，其表达式分别为

$$S_0=\frac{P_\Sigma}{4\pi r^2}=\frac{|E_0|^2}{240\pi} \tag{7-39}$$

和

$$|E_0|^2=\frac{60P_\Sigma}{r^2} \tag{7-40}$$

由方向系数的定义得

$$D=\frac{r^2|E_{max}|^2}{60P_\Sigma} \tag{7-41}$$

在最大辐射方向上有

$$E_{max}=\frac{\sqrt{60P_\Sigma D}}{r} \tag{7-42}$$

对于不同的天线在同一距离和相同辐射功率条件下，可得下列关系式

$$\frac{E_{max1}}{E_{max2}}=\frac{\sqrt{D_1}}{\sqrt{D_2}} \tag{7-43}$$

设天线方向函数为 $f(\theta,\varphi)$，则它在任意方向的场强与功率流密度分别为

$$|E(\theta,\varphi)|=|E_{max}|\cdot|f(\theta,\varphi)| \tag{7-44}$$

$$S(\theta,\varphi)=\frac{1}{2}Re[E_\theta H_\varphi^*]=\frac{|E_{max}|^2}{240\pi} \tag{7-45}$$

将式(7-39)代入式(7-45)，则功率流密度的表达式为

$$S(\theta,\varphi)=\frac{|E_{max}|^2}{240\pi}\cdot|f(\theta,\varphi)|^2 \tag{7-46}$$

在半径为 r 的球面上对功率流密度进行面积分，就得到辐射功率为

$$P_{\Sigma}=\oiint_{s} S(\theta,\varphi)\mathrm{d}s=\frac{|E_{\max}|^{2}r^{2}}{240\pi}\int_{0}^{2\pi}\int_{0}^{\pi}|f(\theta,\varphi)|^{2}\sin\theta\mathrm{d}\theta\mathrm{d}\varphi \tag{7-47}$$

将式(7-47)代入式(7-38)，即得天线方向系数的一般表达式为

$$D=\frac{4\pi}{\int_{0}^{2\pi}\int_{0}^{\pi}|f(\theta,\varphi)|^{2}\sin\theta\mathrm{d}\theta\mathrm{d}\varphi} \tag{7-48}$$

要使得天线的方向系数大，不仅要求主瓣窄，而且要求全空间的旁瓣电平小。理想无方向性天线的方向系数为1。

如果不特别说明，方向系数 D 指最大辐射方向的方向系数。计算天线在其他方向上的方向系数 $D(\theta,\varphi)$，则可以很容易得出与天线最大辐射方向的方向系数 $D_{\max}$ 关系为

$$D(\theta,\varphi)=\frac{S(\theta,\varphi)}{S_0}=D_{\max}f^{2}(\theta,\varphi) \tag{7-49}$$

【例 7-2】 求出沿 z 轴放置的电基本振子的方向系数。

【解】 已知电基本振子的归一化方向函数为

$$F(\theta,\varphi)=f(\theta,\varphi)=|\sin\theta|$$

将其代入方向系数的表达式得

$$D=\frac{4\pi}{\int_{0}^{2\pi}\int_{0}^{\pi}\sin^{3}\theta\mathrm{d}\theta\mathrm{d}\varphi}=1.5$$

若以分贝表示，则$[D]=10\lg1.5=1.76\mathrm{dB}$。由此可知，电基本振子的方向系数是很低的。

【例 7-3】 计算电基本振子的半功率波瓣宽度和零功率波瓣宽度。

【解】

(1) 电基本振子的半功率波瓣宽度

$$|F(\theta,\varphi)|=|\sin\theta|=\frac{1}{\sqrt{2}}$$

则有

$$\theta=45^{\circ}\quad 和\quad \theta=-45^{\circ}$$

可得

$$2\theta_{0.5E}=90^{\circ}$$

(2) 电基本振子的零功率波瓣宽度

$$|F(\theta,\varphi)|=|\sin\theta|=0$$

则有

$$\theta=0^{\circ}\quad 和\quad \theta=180^{\circ}$$

可得

$$2\theta_{0.5E}=180^{\circ}$$

7.3.2 天线辐射能力描述参量

1. 天线效率

天线效率(Efficiency)定义为：天线辐射功率与输入功率之比，记为 η_A，即

$$\eta_A = \frac{P_\Sigma}{P_i} = \frac{P_\Sigma}{P_\Sigma + P_l} \tag{7-50}$$

式中，P_i 为输入功率；P_l 为损耗功率。

常用天线的辐射电阻 R_Σ 来度量天线辐射功率的能力。天线的辐射电阻是一个虚拟的量，定义如下：设有一电阻 R_Σ，当通过它的电流等于天线上的最大电流时，其损耗的功率就等于其辐射功率。显然，辐射电阻的高低是衡量天线辐射能力的一个重要指标，即辐射电阻越大，天线的辐射能力越强。

由上述定义得辐射电阻与辐射功率的关系为

$$P_\Sigma = \frac{1}{2} I_m^2 R_\Sigma \tag{7-51}$$

即辐射电阻为

$$R_\Sigma = \frac{P_\Sigma}{I_m^2} \tag{7-52}$$

同理，损耗电阻为

$$R_l = \frac{P_l}{I_m^2} \tag{7-53}$$

将式(7-52)和式(7-53)代入式(7-50)得天线效率为

$$\eta_A = \frac{R_\Sigma}{R_i} = \frac{R_\Sigma}{R_\Sigma + R_l} \tag{7-54}$$

因此，要提高天线效率，应尽可能提高 R_Σ，降低 R_l。

通常使用于微波频段的天线效率很高，几乎接近于1。前面所定义的天线效率是满足天线工作于匹配状态时的计算公式，当天线系统不满足匹配状态时会引起反射，则天线效率应调整为

$$\eta_\Sigma = (1 - |\Gamma|)\eta_A \tag{7-55}$$

2. 增益系数

方向系数是衡量天线定向辐射特性的参数，它只决定于方向图；天线效率表示了天线在能量上的转换效果；而增益系数则决定了天线的定向受益程度。

增益系数(Gain)的定义：在离天线同一距离处，在相同输入功率条件下，天线在最大辐射方向上的辐射功率流密度 $S_{\max}$(或场强 $|E_{\max}|$ 的平方)与理想无方向性天线的辐射功率流密度 S_0(或场强 $|E_0|$ 的平方)之比，记为 G，即

$$G = \frac{S_{\max}}{S_0} = \frac{|E_{\max}|^2}{|E_0|^2} \tag{7-56}$$

考虑天线的效率，则有

$$G = \frac{S_{\max}}{S_0}\bigg|_{P_i = P_{io}} = \eta_A \frac{S_{\max}}{S_0}\bigg|_{P_\Sigma = P_{\Sigma o}} \tag{7-57}$$

一般说来，天线的主瓣波束宽度越窄，天线增益 G 越高。当旁瓣电平及前后比正常的情况下，可用下式近似

$$G = \eta_A \cdot D \tag{7-58}$$

天线增益系数是综合衡量天线能量转换和方向特性的参数，它是方向系数与天线效率的乘积，天线方向系数和效率愈高，则增益系数愈高。如果不特殊说明，增益系数 G 均指最大辐射方向的增益系数。下面研究增益系数的物理意义。

将方向系数公式(7-41)和效率公式(7-50)代入式(7-58),得

$$G=\frac{r^2\mid E_{max}\mid^2}{60P_i} \tag{7-59}$$

由式(7-59)可得实际天线在最大辐射方向上的场强为

$$\mid E_{max}\mid=\frac{\sqrt{60GP_\Sigma}}{r}=\frac{\sqrt{60\eta_A DP_i}}{r} \tag{7-60}$$

根据 $P_\Sigma=\eta_A P_i$,可得

$$\mid E_{max}\mid=\frac{\sqrt{60DP_\Sigma}}{r} \tag{7-61}$$

则天线在任意方向的辐射场强的计算为

$$E(\theta,\varphi)=\frac{\sqrt{60GP_i}}{r}\mid F(\theta,\varphi)\mid=\frac{\sqrt{60DP_\Sigma}}{r}\mid F(\theta,\varphi)\mid \tag{7-62}$$

假设天线为理想的无方向性天线,即 $D=1,\eta_A=1,G=1$,则它在空间各方向上的场强为

$$\mid E_{max}\mid=\frac{\sqrt{60P_i}}{r} \tag{7-63}$$

可见,天线的增益系数描述了天线与理想的无方向性天线相比在最大辐射方向上将输入功率放大的倍数。

天线的增益系数的计算:给待测天线和已知增益系数的天线输入相同的功率值,测量其各自的辐射功率,可得到待测天线的增益系数。增益系数计算如下

$$G=\frac{P_\Sigma}{P'_\Sigma}G' \tag{7-64}$$

式中,G 和 P_Σ 为待测天线的增益系数和辐射功率;G' 和 P'_Σ 为已知天线的增益系数和辐射功率。

使用高增益天线可以在输入功率不变的条件下,增大有效辐射功率。由发射机输出功率通常是有限的,所以在设计中常常期望得到较高的增益,频率越高的天线得到增益越高。

【例 7-4】 已知天线在 E 平面上的方向函数为 $f(\theta)=\sin^2\theta+0.3$,天线的输入功率为 $P_i=12\text{mW}$,测得天线的辐射功率为 $P_\Sigma=9\text{mW}$,方向系数为 36。计算:(1)天线的增益系数;(2)在 $r=2\text{km}$ 处,$\theta=30°$方向上的辐射场强值。

【解】

(1) 天线的增益系数为

$$G=\eta_A\cdot D=\frac{P_\Sigma}{P_i}\cdot D=\frac{9}{12}\times 36=27$$

(2) 在 $r=2\text{km}$ 处,在最大辐射方向的辐射场强值为

$$\mid E_{max}\mid=\frac{\sqrt{60DP_\Sigma}}{r}=\frac{\sqrt{60\times 36\times 9\times 10^{-3}}}{2\times 10^3}=2.20(\text{mV/m})$$

则在 $r=2\text{km}$ 处,$\theta=30°$方向上的辐射场强值为

$$E(\theta,\varphi)=\frac{\sqrt{60GP_i}}{r}\mid F(\theta,\varphi)\mid=\frac{\sqrt{60DP_\Sigma}}{r}\left|\frac{f(\theta,\varphi)_{\theta=30°}}{f(\theta,\varphi)_{\theta=90°}}\right|$$

$$=2.20\times\left|\frac{\sin^2 30°+0.3}{\sin^2 90°+0.3}\right|=0.93(\text{mV/m})$$

3. 有效长度

一般而言，天线上的电流分布是不均匀的，天线上的各部位辐射能力不一样，为了衡量天线的实际辐射能力，常采用有效长度。

有效长度(Effective Length)的定义：在保持实际天线最大辐射方向上的场强值不变的条件下，假设天线上的电流分布为均匀分布时天线的等效长度。它是把天线在最大辐射方向上的场强和电流联系起来。通常把归于输入电流 I_{in} 的有效长度记为 l_{ein}，把归于波腹电流 I_m 的有效长度记为 l_{em}。显然，有效长度愈长，表明天线的辐射能力愈强，如图 7.12 所示。

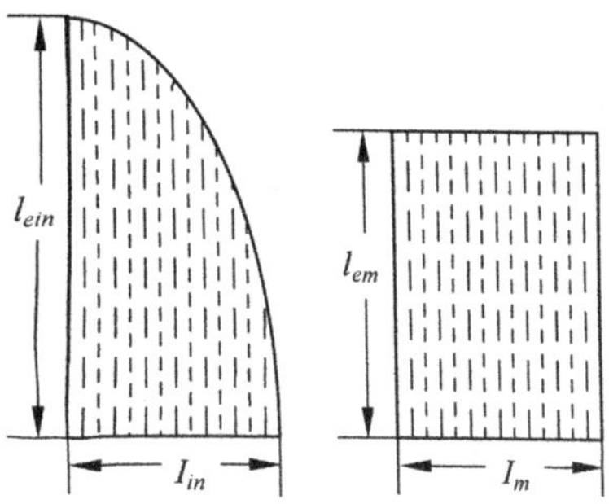

$$E_{max}=\int_0^l dE=\int_0^l \frac{60\pi}{\lambda r}I(z)dz=\frac{60\pi}{\lambda r}\int_0^l I(z)dz \tag{7-65}$$

图 7.12 天线有效长度示意图

若以该天线的输入端电流 I_{in} 为归算电流，则电流以 I_{in} 为均匀分布、长度为 l_{ein} 时，天线在最大辐射方向上的电场类似于电基本振子的辐射电场，即

$$E_{max}=\frac{60\pi I_{in}l_{ein}}{\lambda r} \tag{7-66}$$

根据式(7-65)和式(7-66)，可得

$$I_{in}l_{ein}=\int_0^l I(z)dz \tag{7-67}$$

一般情况下，归于输入电流 l_{in} 的有效长度与归于波腹电流 I_m 的有效长度不相等。后面统一用输入电流和有效长度。

引入有效长度，利用电基本振子最大场强的计算，可得到线天线辐射场强的一般表达式为

$$E(\theta,\varphi)=|(E_{max})|\cdot|f(\theta,\varphi)|=\frac{60\pi Il_e}{\lambda r}|f(\theta,\varphi)| \tag{7-68}$$

辐射电阻与方向系数的关系为

$$D=\frac{120f_{max}^2}{R_\Sigma} \tag{7-69}$$

将式(7-68)代入式(7-69)整理可得

$$D=\frac{30k^2l_e^2}{R_\Sigma} \tag{7-70}$$

在天线的设计过程中，采用一些专门的措施可以加大天线的有效长度，用来提高天线的辐射能力。

4. 输入阻抗

天线的输入阻抗(Input Resistance)的定义：天线和馈线的连接端，即馈电点两端感应的信号电压与信号电流之比。输入阻抗有电阻分量和电抗分量。输入阻抗的电抗分量会减少从天线进入馈线的有效信号功率。因此，必须使电抗分量尽可能为零，使天线的输入阻抗为纯电阻。

输入阻抗与天线的结构和工作波长有关，细对称振子输入电阻的简单近似计算公式见表 7.1。

表 7.1 细对称振子输入电阻的简单近似计算公式

细对称阵子长度	细对称阵子输入电阻/Ω
$l\in\left(0,\frac{\lambda}{8}\right)$	$R_{in}=20\pi^2\left(\frac{2l}{\lambda}\right)^2$
$l\in\left(\frac{\lambda}{8},\frac{\lambda}{4}\right)$	$R_{in}=24.7\left(\frac{2\pi l}{\lambda}\right)^{2.4}$
$l\in\left(\frac{\lambda}{4},0.319\lambda\right)$	$R_{in}=11.14\left(\frac{2\pi l}{\lambda}\right)^{4.17}$

如基本半波振子，即由中间对称馈电的半波长导线，其输入电阻为 73.1Ω。

要使天线辐射效率高，就必须使天线与馈线良好地匹配，也就是天线的输入阻抗等于传输线的特性阻抗，才能使天线获得最大功率。要是天线满足匹配，输入阻抗的计算就很有必要，关键是计算纯电阻，电抗部分抵消掉即可。设天线输入端的反射系数为 Γ（或散射参数为 S_{11}），则天线的电压驻波比为

$$\rho=\frac{1+|\Gamma|}{1-|\Gamma|}=\frac{1+|S_{11}|}{1-|S_{11}|} \tag{7-71}$$

根据输入阻抗与反射系数的关系，输入阻抗为

$$Z_{in}=Z_0\frac{1+\Gamma}{1-\Gamma} \tag{7-72}$$

当反射系数 $\Gamma=0$ 时，$\rho=1$，此时 $Z_{in}=Z_0$，天线与馈线匹配，这意味着输入端功率均被送到天线上，即天线得到最大功率。

7.3.3 天线极化特性

天线极化特性(Polarization)是指天线在最大辐射方向上电场矢量的方向随时间变化的规律。天线辐射电磁场都是有一定的辐射极化的。

天线在空间某一固定位置上，电场矢量的末端随时间变化所描绘的图形，如果图形是直线，就称为线极化，如图 7.13 所示。线极化又可分为水平极化和垂直极化，在实际工程中，以地面为参考，电场矢量与地面相垂直称为垂直极化，电场矢量与地面相平行称为水平极化。

如果图形是圆就称为圆极化，圆极化和椭圆极化都可分为左旋和右旋，天线右旋圆极化示意图如图 7.14 所示。

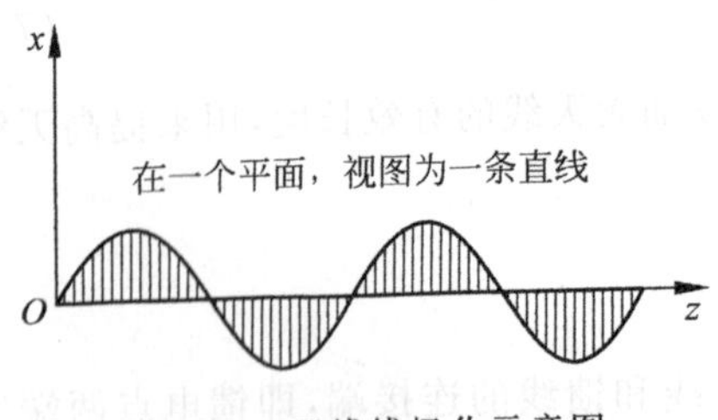

图 7.13 天线线极化示意图

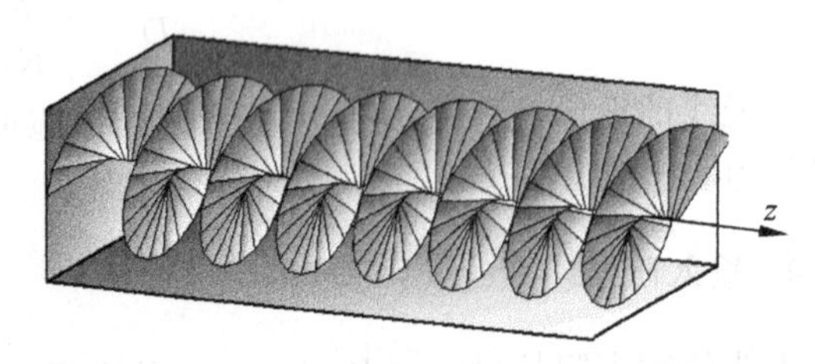

图 7.14 天线右旋圆极化示意图

按天线所辐射的电场的极化形式可将天线分为线极化天线、圆极化天线和椭圆极化天线。其实，线极化和圆极化都是椭圆极化的特殊情况。不论圆极化，还是椭圆极化，都是由

两个相互垂直的线极化波合成的。当两个正交线极化波的振幅相等，相位相差 $\pi/2$ 时，则合成为圆极化波；当振幅不相等或者相位不是 $\pi/2$ 时，合成为椭圆极化波。

天线极化方式和来波极化方式一致时，可接收最大功率。线极化天线接收圆极化波，功率损失可达50%；圆极化天线只能接收和它旋向相同的圆极化电磁波。在电视信号的传播中，利用圆极化波入射到一个对称目标上时，其反射波是反旋向的这一性质，克服由反射所引起的重影。在通信和雷达中，通常是采用线极化天线，但如果通信的一方是剧烈运动着，发射和接收都应采用圆极化天线；如果雷达是为了干扰和侦察对方目标，也要使用圆极化天线。在人造卫星、宇宙飞船和弹道导弹等空间遥测技术中，由于信号通过电离层后会产生法拉第旋转效应，因此其发射和接收电磁波也采用圆极化天线完成。

7.3.4　天线的工作频带宽度

天线的所有电参数都和工作频率有关。根据天线设备系统的工作场合不同，影响天线频带宽度的主要电参数也不同。当工作频率变化时，天线的有关电参数变化的程度在所允许的范围内，此时对应的频率范围称为频带宽度(Bandwidth)。通常取较窄的一个频带作为整个天线的带宽。

根据频带宽度的不同，可以把天线分为窄频带天线、宽频带天线和超宽频带天线。

天线带宽的表示方法：若天线的最高工作频率为 f_1，最低工作频率为 f_2，中心频率 f_0。

(1) 相对带宽：利用 $(f_1-f_2)/f_0$ 来表示其频带宽度。对于窄频带天线常用相对带宽。只有百分之几的称为窄频带天线，如引向天线；

(2) 绝对带宽：利用 f_1/f_2 来表示其频带宽度。对于超宽频带天线常用绝对带宽。相对带宽达百分之几十的称为宽频带天线，如螺旋天线；绝对带宽可达到几倍频程的称为超宽频带天线，如对数周期天线。

7.4　接收天线理论

前面所学习的天线电参数对发、收天线都适用。收、发天线具有互易性，但接收天线的能量转化过程和发射天线不同，所以接收天线具有自己特有的电参数。

7.4.1　互易定理

接收天线的主要功能是将接收空间电磁波转化为高频导波能量。天线导体在空间电场的作用下产生感应电动势，并在导体表面激励起感应电流，在天线的输入端产生电压，在接收机回路中产生电流。接收天线是一个把空间电磁波能量转换成高频电流能量的转换装置，其工作过程就是发射天线的逆过程。天线接收电波示意图如图7.15所示。

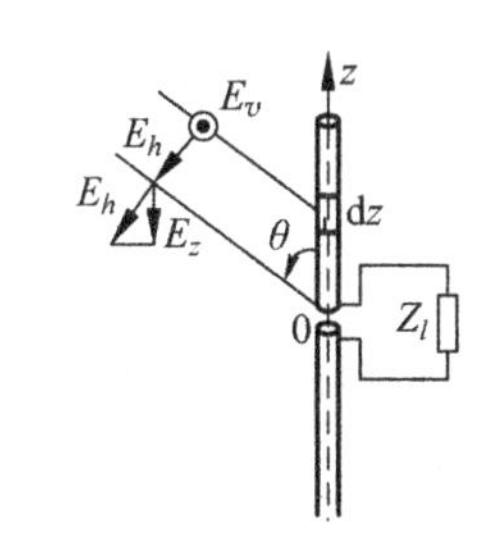

图7.15　天线接收电波示意图

接收天线总是位于发射天线的远区辐射场中，因此可以认为到达接收天线处的无线电波是均匀平面波。由于天线无论作为发射还是作为接收，应该满足的边界条件都是一样的，因此天线在接收状态下的电流分布也应该和发射时的相同。这就意味着任意类型的天线用作接收天线时，它的极化、方向性、有效长度和阻抗特性等均与它用作发射天线时的相同。这种同一天线收发参数相同的性质被称为天线的收发互易性，它可以用电磁场理论中的互易定理予以证明。

7.4.2 接收天线特有电参量

1. 有效接收面积

有效接收面积是衡量一个天线接收无线电波能力的重要指标。有效接收面积(Effective Aperture)的定义为：当天线以最大接收方向对准来波方向进行接收时，接收天线传送到匹配负载的平均功率为 $P_{l\max}$，并假定此功率是由一块与来波方向相垂直的面积所截获，则这个面积就称为接收天线的有效接收面积，记为 A_e，即

$$A_e = \frac{P_{l\max}}{S_{av}} \tag{7-73}$$

式中，S_{av} 为入射波的功率流密度。

由于 $P_{l\max}=A_e S_{av}$，因此接收天线在最佳状态下所接收到的功率可以看成是被具有面积为 A_e 的平面所截获的垂直入射波功率密度的总和。

在匹配的条件下，接收天线等效电路如图 7.16 所示。

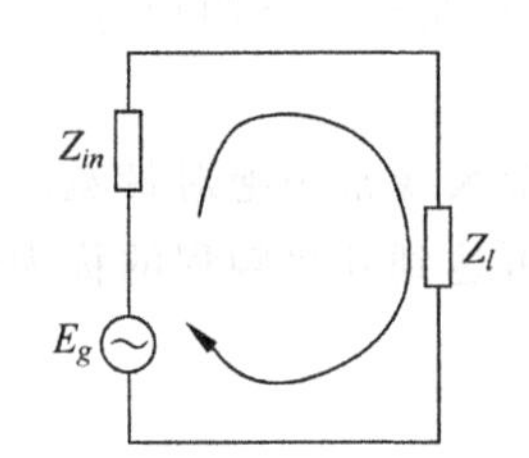

图 7.16 接收天线等效电路

如果来波的场强振幅为 E_i，则有

$$S_{av} = \frac{E_i^2}{2\eta} \tag{7-74}$$

根据

$$P_{l\max} = \frac{E_g^2}{8R_i} \tag{7-75}$$

当天线以最大接收方向对准来波时，此时接收天线上的总感应电动势为

$$E_g = E_i l_e \tag{7-76}$$

式中，l_e 为天线的有效长度。

将上述各式代入到式(7-73)，并引入天线效率 η_A，则有

$$A_e = \frac{30\pi l_e^2}{R_i} = \eta_A \frac{30\pi l_e^2}{R_\Sigma} \tag{7-77}$$

$$R_\Sigma = \frac{30\pi l_e^2}{\lambda^2}\int_0^{2\pi}\int_0^{\pi} |f(\theta,\varphi)|^2 \sin\theta \mathrm{d}\theta \mathrm{d}\varphi \tag{7-78}$$

将式(7-78)代入式(7-77)，则接收天线的有效接收面积为

$$A_e = \eta_A \frac{\lambda^2}{\int_0^{2\pi}\int_0^{\pi} |f(\theta,\varphi)|^2 \sin\theta \mathrm{d}\theta \mathrm{d}\varphi} \tag{7-79}$$

将方向系数计算公式代入，可得

$$A_e = \eta_A D \frac{\lambda^2}{4\pi} \tag{7-80}$$

如果考虑天线的效率，则有效接收面积也可表示为

$$A_e = G\frac{\lambda^2}{4\pi} \tag{7-81}$$

如果假定天线为理想天线，天线的效率为1，则有效接收面积为

$$A_e = D\frac{\lambda^2}{4\pi} \tag{7-82}$$

如果已知天线的方向系数，就可知道天线的有效接收面积。

例如，电基本振子的方向系数为$D=1.5$，其有效接收面积为$A_e=0.12\lambda^2$；半波对称振子的方向系数为$D=1.64$，其有效接收面积为$A_e=0.131\lambda^2$。

【例7-5】 知某卫星天线$f=10\text{GHz}$，天线的输入功率为$P_i=1\text{W}$，发射天线增益$G_t=30\text{dB}$，接收天线$G_r=30\text{dB}$，$r=36941\text{km}$，试计算地面接收天线的接收功率P_r。

【解】

(1) 计算接收天线的有效面积

$$A_e = G_r\frac{\lambda^2}{4\pi} = 1000\times\frac{(3\times10^{-2})^2}{4\pi} = 0.0717\text{m}^2$$

(2) 地面接收天线的接收功率为

$$\begin{aligned}P_r &= P_r A_e = P_i G_t A_e/r^2\\ &= \frac{1\times1000\times0.0717}{(36941\times10^3)^2}\\ &= 5.25\times10^{-14}(\text{W})\end{aligned}$$

2. 等效噪声温度

天线除了能够接收无线电波之外，还能够接收来自空间各种物体的噪声信号。对于一般通信系统，由于通信距离比较近，接收信号的功率与噪声功率相比较大，很少考虑噪声的影响；但在卫星等远距离通信中，接收信号功率较小，所以噪声的影响比较明显，为了防止有用信号被噪声淹没，所以一定要考虑接收天线的性能。

根据产生噪声源的来源，将噪声分为两大类：内部噪声和外部噪声。

外部噪声指设备器件以外的噪声源产生的噪声，包含有各种成分，例如地面上有其他电台信号以及各种电气设备工作时的工业辐射，它们主要分布在长、中、短波波段；空间中有大气雷电放电以及来自宇宙空间的各种辐射，它们主要分布在微波及稍低于微波的波段。外部噪声通过天线进入接收机，又称天线噪声。

内部噪声是指设备器件本身产生的噪音，例如介质材料，半导体器件电阻类器件等。接收天线的等效噪声温度是反映天线接收微弱信号性能的重要电参数。

天线接收的噪声功率的大小可以用天线的等效噪声温度T_A来表示。接收天线把从周围空间接收到的噪声功率送到接收机的过程类似于噪声电阻把噪声功率输送给与其相连的电阻网络。因此接收天线等效为一个温度为T_A的电阻，天线向与其匹配的接收机输送的噪声功率P_n就等于该电阻所输送的最大噪声功率，即

$$T_A = \frac{P_n}{K_b\Delta f} \tag{7-83}$$

式中，$K_b=1.38\times10^{-23}(\text{J/K})$，为波耳兹曼常数；$\Delta f$为频率带宽(Hz)；$T_A$是表示接收天线向共轭匹配负载输送噪声功率大小的参数，它并不是天线本身的物理温度。

当接收天线距发射天线非常远时，接收机所接收的信号电平已非常微弱，这时天线输送给接收机的信号功率 P_s 与噪声功率 P_n 的比值更能实际地反映出接收天线的质量。由于在最佳接收状态下，天线接收到的信号功率为

$$P_s = A_e S_{av} = \frac{\lambda^2 G}{4\pi} S_{av} \tag{7-84}$$

因此接收天线输出端的信噪比为

$$\frac{P_s}{P_n} = \frac{\lambda^2}{4\pi} \frac{S_{av}}{K_b \Delta f} \frac{G}{T_A} \tag{7-85}$$

即接收天线输出端的信噪比正比于 G/T_A，增大增益系数或减小等效噪声温度均可以提高信噪比，进而提高检测微弱信号的能力，改善接收质量。

噪声源分布在接收天线周围的全空间，它考虑了以接收天线的方向函数为加权的噪声分布之和。

$$T_A = \frac{\int_0^{2\pi}\int_0^{\pi} T(\theta,\varphi) \mid f(\theta,\varphi) \mid^2 \sin\theta \mathrm{d}\theta \mathrm{d}\varphi}{\int_0^{2\pi}\int_0^{\pi} \mid f(\theta,\varphi) \mid^2 \sin\theta \mathrm{d}\theta \mathrm{d}\varphi} \tag{7-86}$$

式中，$T(\theta,\varphi)$ 为噪声源的空间分布函数；$f(\theta,\varphi)$ 为接收天线的方向函数。

由上式可知，T_A 取决于天线周围空间的噪声源的强度和分布，也与天线的方向性有关。T_A 愈高，天线送至接收机的噪声功率愈大，反之则愈小。

为了减小进入接收机的干扰信号或者天线的噪声温度，天线的最大接收方向应指向信号源，避开强噪声源，并应尽量降低旁瓣和后瓣电平。

7.4.3 接收天线的方向性

收、发天线满足互易定理。对发射天线的分析，同样适合于接收天线。但对于接收天线，必须使信噪比达到一定的数值，才能保证正常接收信号。因此，对接收天线的方向性具有以下要求：

(1) 天线主瓣宽度尽可能窄。通常为了具有较好的接收性能，都希望天线主瓣宽度越窄越好。但在实际应用中，为了使得接收天线接收到最佳信号，要根据实际需要选择天线主瓣宽度。

(2) 旁瓣电平尽可能低。为了更好地接收信号，防止接收旁瓣方向的干扰信号，希望旁瓣要越低越好。

(3) 天线方向图中最好能有一个或多个可控制的零点。在接收过程中，希望将零点对准干扰方向，并且当干扰方向变化时，零点方向也随之改变，从而保证接收天线有效接收信号，并大大降低干扰。

7.5 小结

本章全面介绍了天线的功能和分类、天线辐射电磁波的辐射机理及构成天线的基本辐射单元。从麦克斯韦方程出发，推导电基本振子产生的场，分析近区场和远区场的能量分布特点，近区场为感应场，远区场为辐射场；利用对偶原理，分析磁基本振子的场分布特点，比

较了电基本振子和磁基本振子的电流分布以及场的辐射特性；接着介绍了天线电参数的定义和计算方法；根据收发天线的互易性，发、收天线机理相同，描述参量也相同，针对接收天线增加了有效接收面积及等效噪声温度的计算及接收天线对方向性有一些特殊要求。

习题

7-1　填空题

(1) 天线的基本功能是最大限度将________转变为________。

(2) 电基本振子的近区场为________，远区场________。

(3) 能定量表示天线定向辐射能力的参量为________，能综合衡量天线能量转换和方向特性的参量为________。

(4) 区别于发射天线，接收天线的两个主要电参量为________和________。

(5) 按天线所辐射的电场的极化形式可将天线分为________、________和________。

(6) 天线具有________传播特性。

(7) 指在离天线一定距离处，辐射场的相对场强(归一化模值)随方向变化的曲线图称为________。

(8) 衡量天线的最大辐射区域的尖锐程度的物理量是________，通常表示为________和________。

(9) 接收天线和发射天线满足________定理。

(10) 假设天线上的电流分布为均匀分布时天线的等效长度称为________。

7-2　从接收角度，对天线的方向性有哪些要求？

7-3　已知天线在 E 面上的方向函数为 $f(\theta)=\sin^2\theta+0.414$，天线的辐射功率为 $P_\Sigma=1\text{mW}$，$D=100$，计算在 $\theta=45°$ 方向上，$r=1\text{km}$ 远处的场强值。

7-4　某天线的增益系数为 20dB，工作波长 $\lambda=1\text{m}$，试求其有效接收面积 A_e。

7-5　某一天线的方向系数 $D_1=10$，天线效率 $\eta_{A1}=0.5$。另一天线的方向系数 $D_2=10$，天线效率 $\eta_{A2}=0.8$。若将两副天线先后置于同一位置且主瓣最大方向指向同一点 A。

(1) 若两者辐射功率相等，求它们在点 A 产生的辐射场之比。

(2) 若两者在点 A 产生的辐射场相等，求所需的辐射功率比及输入功率比。

7-6　已知某天线 E 面归一化方向函数为：$F(\theta)=\cos\left(\frac{\pi}{4}\cos\theta-\frac{\pi}{4}\right)$，画出其 E 面方向图，并计算其半功率波瓣宽度 $2\theta_{0.5}$。

7-7　已知其卫星天线，$f=20\text{GHz}$，$P_i=2\text{W}$，发射天线增益 $G_t=30\text{dB}$，接收天线增益 $G_r=40\text{dB}$，$r=36900\text{km}$。计算地面接收天线的接收功率。

7-8　已知电基本振子沿 z 轴放置，推导它在球坐标系下的辐射场表达式。

7-9　已知对称振子 $2l=2\text{m}$，求此天线在工作波长为 10m 和 5m 时的有效长度。

7-10　已知天线在 E 面上的方向函数为 $f(\theta)=\sin^2\theta+0.4$，画出其 E 面方向图，并计算其半功率波瓣宽度 $2\theta_{0.5}$。

第8章 线天线

线天线是指其横向尺寸远小于波长的细金属导线构成的天线。线天线种类很多，包括对称阵子天线、阵列天线、引向天线、移动基站天线、行波天线和螺旋天线等。为了提高线天线的方向性，通常将天线单元振子排列构成天线阵。本章重点分析对称振子天线和阵列天线的特性，方向图乘积定理主要适用于相同阵元构成的天线阵。

8.1 对称振子天线

对称振子天线工作频率从短波波段到微波波段，广泛应用于雷达、通信、电视广播等无线电技术设备中。对称振子天线既可以作为独立的天线用，也可以作为天线阵的基本单元组成阵列天线，还可以作为反射面天线的馈源。对称振子结构示意图如图8.1所示。

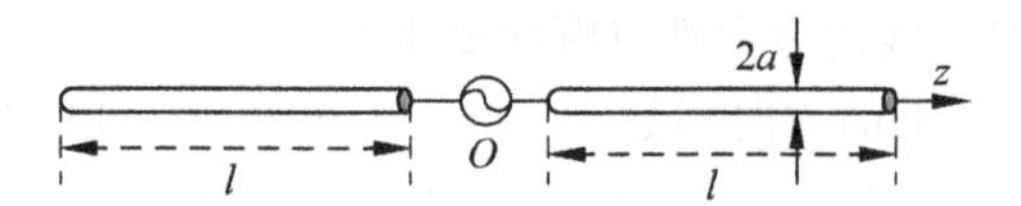

图8.1　对称振子结构示意图

对称振子天线馈电时，在对称振子两臂产生高频电流，此电流将产生辐射场。由于对称振子的长度和波长可相比拟，所以对称振子上电流幅度和相位不能看成处处相等，所以对称振子的辐射场显然不同于电基本振子。但可以将对称振子分成无数小段，每一段都可以看成电基本振子，则对称振子的辐射场就是由无数个电基本振子辐射场构成的。

8.1.1 对称振子的电流分布

对于中心点馈电的对称振子天线，其结构可看作是一段开路传输线张开180°而形成。根据微波传输线基本知识，终端开路的平行传输线，其上电流呈驻波分布。在两根相互平行的导线上，电流方向相反，由于两线间距远远小于波长，它们激发的电磁场在两线外的周围空间相互抵消，辐射很弱。如果两线末端逐渐张开，辐射将逐渐增强。当两线完全张开，张开的量比上电流方向，辐射明显增强。对称振子后面末张开的部分就作为天线的馈电传输线。对称振子天线形成示意图如图8.2所示。

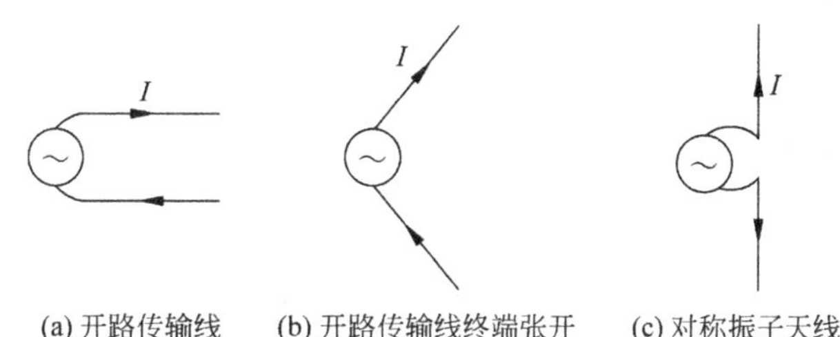

图 8.2　对称振子天线形成示意图

当振子半径远小于波长时，对称振子的电流分布近似为正弦分布，电流分布可近似写为

$$I(z)=I_m\sin\beta(l-|z|)=\begin{cases}I_m\sin\beta(l-z) & z\geqslant 0\\ I_m\sin\beta(l+z) & z<0\end{cases} \tag{8-1}$$

式中，β 为相移常数，$\beta=k=\dfrac{2\pi}{\lambda}$。

对称振子天线的电压和电流分布示意图如图 8.3 所示。

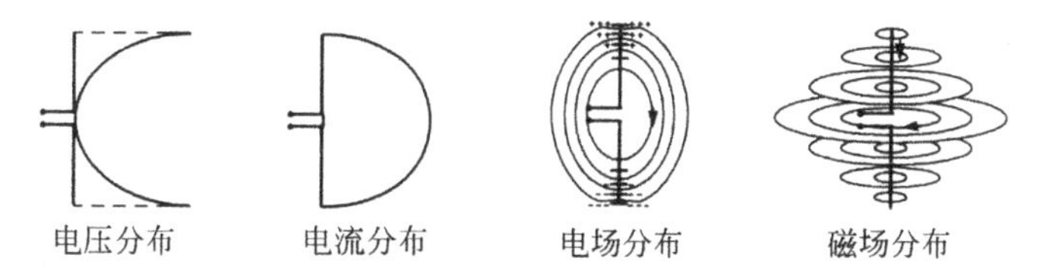

图 8.3　对称振子天线的电压和电流分布示意图

8.1.2　对称振子的辐射场及方向函数

对称振子与电基本振子的主要区别：对称振子的长度并非远小于波长振子上各点到远场点的距离不能认为是相等的，振子上各点电流也不相等。先将对称振子划分为许多微分段，将每一个微分段看成电基本振子，然后再积分求解对称振子的辐射场。建立直角坐标系进行辐射特性分析，如图 8.4 所示。

1. 天线元辐射场

将对称振子分为许多小段，每个小段可看成一个天线元，每小段长度定义为 dz，距坐标原点 z 处的天线元辐射场计算

$$\mathrm{d}E_\theta=\mathrm{j}\,\frac{60\pi l}{\lambda r'}\sin\theta\mathrm{e}^{-\mathrm{j}\beta r'}I(z)\mathrm{d}z \tag{8-2}$$

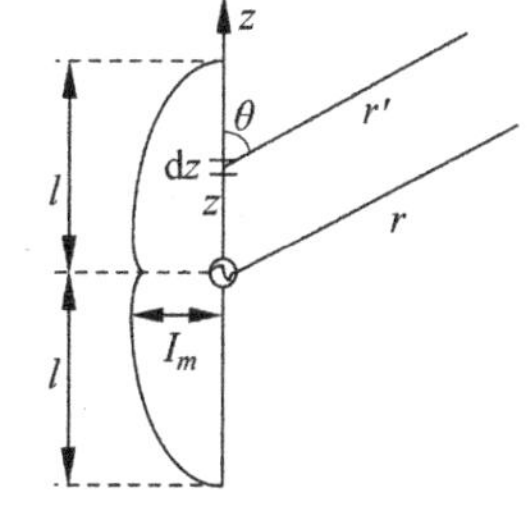

图 8.4　对称振子天线的辐射

2. 远场点近似

相位项

$$r'=r-z\cos\theta \tag{8-3a}$$

则

$$\mathrm{e}^{-\mathrm{j}\beta r'}=\mathrm{e}^{-\mathrm{j}\beta r}\cdot\mathrm{e}^{-\mathrm{j}\beta z\cos\theta} \tag{8-3b}$$

幅度项

$$r' \approx r \tag{8-3c}$$

3. 对称振子的辐射场

对称振子的辐射场为天线元辐射场的总和，表达式为

$$E_\theta = \int_{-l}^{l} \mathrm{d}E_\theta = \mathrm{j}\,\frac{60\pi \mathrm{e}^{-\mathrm{j}\beta r}}{\lambda r}\sin\theta \int_{-l}^{l} I(z)\,\mathrm{e}^{-\mathrm{j}\beta r'\cos\theta}\,\mathrm{d}z \tag{8-4}$$

代入电流分布公式(8-1)，并对上下两个臂求积分和，则表达式可写为

$$\begin{aligned}
E_\theta &= \mathrm{j}\,\frac{60\pi \mathrm{e}^{-\mathrm{j}\beta r}}{\lambda r}\sin\theta I_m\left\{\int_{-l}^{0}\sin\beta(l+z)\,\mathrm{e}^{-\mathrm{j}\beta r\cos\theta}\,\mathrm{d}z + \int_{0}^{l}\sin\beta(l-z)\,\mathrm{e}^{-\mathrm{j}\beta r\cos\theta}\,\mathrm{d}z\right\}\\
&= \mathrm{j}\,\frac{60\pi \mathrm{e}^{-\mathrm{j}\beta r}}{\lambda r}\sin\theta I_m 2\int_{-l}^{0}\sin\beta(l-z)\cos(\beta z\cos\theta)\,\mathrm{d}z\\
&= \mathrm{j}\,\frac{60_m \mathrm{e}^{-\mathrm{j}\beta r}}{r}\,\frac{\cos(\beta l\cos\theta)-\cos(\beta l)}{\sin\theta}\\
&= E_m\,\frac{\mathrm{e}^{-\mathrm{j}\beta r}}{r} f(\theta)
\end{aligned} \tag{8-5}$$

4. 方向函数

由式(8-5)推导可知，与馈元相距 r 处辐射场为

$$|E_\theta| = \frac{60 I_m}{r}\,|f(\theta)| \tag{8-6}$$

则对称振子的 E 面方向图函数为

$$|f(\theta)| = \left|\frac{\cos(\beta l\cos\theta)-\cos(\beta l)}{\sin\theta}\right| \tag{8-7}$$

其中，$|f(\theta)|$ 描述了远区场的归一化辐射场强值随角度 θ 的变化情况。

最大辐射方向上 $\theta=90°$ 时，方向图函数可得最大值为

$$f_{\max} = 1-\cos(\beta l) \tag{8-8}$$

则归一化方向图函数为

$$|F(\theta)| = \left|\frac{f(\theta)}{f_{\max}}\right| = \left|\frac{\cos(\beta l\cos\theta)-\cos(\beta l)}{f_{\max}\sin\theta}\right| \tag{8-9}$$

对于半波振子：$2l=0.5\lambda$ 可得

$$\beta l = \frac{2\pi}{\lambda}\frac{\lambda}{4} = \frac{\pi}{2}$$

则

$$f_{\max} = 1-\cos(\beta l) = 1$$

所以

$$f(\theta) = F(\theta)$$

可得

$$F(\theta) = \frac{\cos\left(\dfrac{\pi}{2}\cos\theta\right)}{\sin\theta} \tag{8-10}$$

方向图函数仅是 θ 的函数，与空间角度 φ 无关，即在垂直对称振子的 H 面内是无方向的，H 面方向图为圆，这一点与电基本振子相同。对于对称振子的 E 面方向函数不仅与角

度θ有关，还与振子长度l有关。对于不同长度的对称振子，绘制其二维极坐标方向图。当$2l=0.5\lambda$和$2l=\lambda$，绘制其E面方向图如图8.5(a)所示。

长度小于等于一个波长的对称振子E面方向图，随着长度增加波瓣变窄，方向性增强，最强方向为$\theta=90^\circ$方向上，无旁瓣。H面方向图均为一个圆。当$2l=1.5\lambda$和$2l=2\lambda$时，绘制E面方向图如图8.5(b)所示。长度大于一个波长的对称振子方向图，E面方向图开始出现旁瓣，随着振子长度增加，旁瓣变大，主瓣变小。H面方向图由一个圆渐渐变为零辐射。

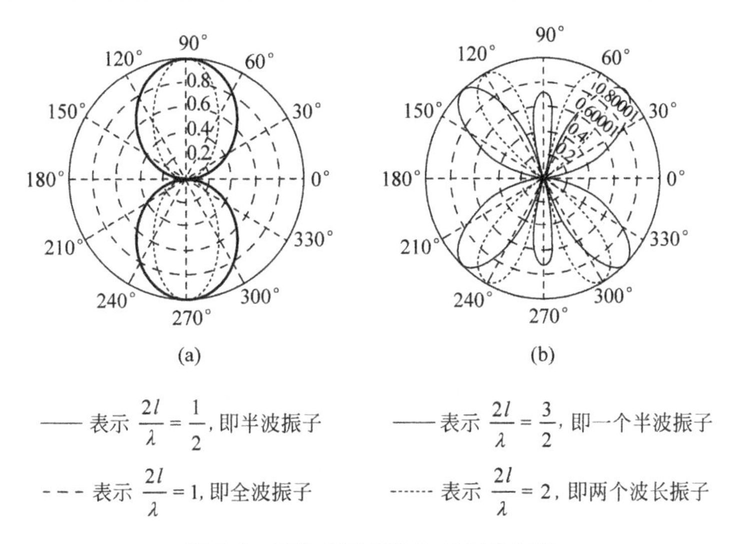

图8.5　对称振子天线的E面方向图

对称振子天线全长大于一个波长时，由于方向图出现旁瓣，其方向性降低，所以一般不用。全长等于一个波长的对称振子天线称为全波振子，其天线方向性最强，但其馈电点处的电流为零，其输入阻抗为无穷大，难以匹配。通常使用的全长等于半个波长的对称振子即半波振子天线。

8.1.3　对称振子的电参数

根据天线的方向性函数就可以确定主瓣宽度、方向系数和辐射电阻等特性参量。

1. 主瓣宽度

在二维方向图中，功率为最大值的一半(场强为主瓣最大值的0.707倍)时所对应的两个角度之间的夹角称为半功率波瓣宽度，用$2\theta_{0.5}$表示。

【例8-1】 求解半波对称振子天线的E面方向图半功率波瓣宽度。

【解】 半波对称振子天线的E面方向图函数

$$|f(\theta)|=\left|\frac{\cos(\beta l\cos\theta)-\cos(\beta l)}{\sin\theta}\right|$$

由于$2l=\lambda/2$，则$\beta l=\frac{2\pi}{\lambda}\frac{\lambda}{4}=\frac{\pi}{2}$，计算半功率波瓣宽度为

$$|F(\theta)|=\left|\frac{\cos\left(\frac{\pi}{2}\cos\theta\right)}{\sin\theta}\right|=\frac{1}{\sqrt{2}}$$

计算可得：$\theta=51°$，由最大辐射方向 $\theta_m=90°$，则半功率波瓣宽度为

$$2\theta_{0.5E}=2(\theta_m-\theta)=2\times(90°-51°)=78°$$

2. 有效长度

将实际天线上的电流分布的面积等效为宽度 I_{in}、长度为 l_e 的矩形面积，则在最大辐射方向上，长度为 l_e 的振子天线与实际天线的场强相等。可得长度为 l_e、等幅电流分布 $I=I_{in}$ 的对称振子在最大辐射方向上的电场强度为

$$|E_{\max}|=|E_\theta|_{\theta=\frac{\pi}{2}}=\frac{60I_{in}l_e}{\lambda r} \tag{8-11}$$

对称振子最大辐射方向上，其最大场强值的计算如下

$$|E_{\max}|=|E_\theta|_{\theta=\frac{\pi}{2}}\frac{60I_m}{\lambda r}[1-\cos(\beta l)] \tag{8-12}$$

令 $|E_{E\max}|=|E_{\max}|$，并代入 $I_{in}=I_m\sin(\beta l)$ 对称振子有效长度

$$l_e=\frac{\lambda}{\pi}\cdot\frac{1-\cos(\beta l)}{\sin(\beta l)}=\frac{\lambda}{\pi}\cdot\tan\left(\frac{\beta l}{2}\right) \tag{8-13}$$

计算半波对称振子天线有效长度为

$$2l=\lambda/2$$

则有

$$\frac{\beta l}{2}=\frac{1}{2}\frac{2\pi}{\lambda}\frac{\lambda}{4}=\frac{\pi}{4}$$

可得

$$l_e=\frac{\lambda}{\pi}$$

3. 线天线辐射场 *E* 场量计算统一表达式

$$\begin{aligned}E(\theta,\varphi)&=e_\theta E_m f(\theta,\varphi)=e_\theta E_{em}f(\theta,\varphi)\\&=e_\theta\mathrm{j}\frac{I_{in}l_e}{2\lambda r}\eta_0\mathrm{e}^{-\mathrm{j}kr}f(\theta,\varphi)\\&=e_\theta\mathrm{j}\frac{30kI_{in}l_e}{r}\mathrm{e}^{-\mathrm{j}kr}f(\theta,\varphi)\end{aligned} \tag{8-14}$$

同理可得，辐射场 H 场量计算为

$$H(\theta,\varphi)=e_\varphi\frac{E_\theta}{\eta_0} \tag{8-15}$$

4. 方向系数

$$D=\frac{4\pi}{\int_0^{2\pi}\int_0^{\pi}|f(\theta,\varphi)|^2\sin\theta\mathrm{d}\theta\mathrm{d}\varphi} \tag{8-16}$$

计算半波对称振子天线的方向系数为

$$D=\frac{4\pi}{\int_0^{2\pi}\int_0^{\pi}|f(\theta,\varphi)|^2\sin\theta\mathrm{d}\theta\mathrm{d}\varphi}=1.64$$

5. 辐射功率和辐射电阻

辐射功率表达式为

$$P_{\Sigma}=\frac{r^2\ |E_{\max}|^2}{240\pi}\int_0^{2\pi}\int_0^{\pi}|f(\theta)|^2\sin\theta\mathrm{d}\theta\mathrm{d}\varphi$$
$$=\frac{r^2}{240\pi}\frac{60^2 I_m^2}{r^2}\int_0^{2\pi}\int_0^{\pi}|f(\theta)|^2\sin\theta\mathrm{d}\theta\mathrm{d}\varphi$$
$$=\frac{15I_m^2}{\pi}\int_0^{2\pi}\int_0^{\pi}|f(\theta)|^2\sin\theta\mathrm{d}\theta\mathrm{d}\varphi \tag{8-17}$$

辐射电阻表达式为

$$R_{\Sigma}=\frac{30}{\pi}\int_0^{2\pi}\int_0^{\pi}|f(\theta)|^2\sin\theta\mathrm{d}\theta\mathrm{d}\varphi=60\int_0^{\pi}|f(\theta)|^2\sin\theta\mathrm{d}\theta \tag{8-18}$$

将式(8-7)代入式(8-18)可得

$$R_{\Sigma}=60\int_0^{\pi}\left|\frac{\cos(\beta l\cos\theta)-\cos(\beta l)}{\sin\theta}\right|^2\sin\theta\mathrm{d}\theta$$
$$=60\int_0^{\pi}\frac{[\cos(\beta l\cos\theta)-\cos(\beta l)]^2}{\sin\theta}\mathrm{d}\theta \tag{8-19}$$

由式(8-19)可知,对称振子辐射电阻与臂长 l 及波长 λ 有关,其变化关系如图 8.6 所示。

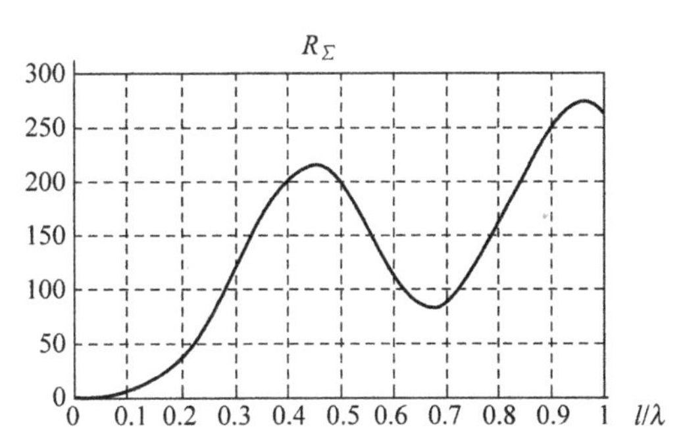

图 8.6 对称振子辐射电阻与 l/λ 的关系曲线

半波振子的辐射电阻为

$$R_{\Sigma}=\frac{30}{\pi}\int_0^{2\pi}\int_0^{\pi}|f(\theta)|^2\sin\theta\mathrm{d}\theta\mathrm{d}\varphi=73.1\Omega$$

6. 对称振子的输入阻抗

对称振子的特性阻抗可等效为

$$\overline{Z}_0=\frac{1}{l}\int_{\delta}^{l}Z_0(z)\mathrm{d}z=120\left(\ln\frac{2l}{a}-1\right) \tag{8-20}$$

对称振子是一种辐射器,相当于具有损耗的传输线。对称振子的输入阻抗可看成高损耗开路线的输入阻抗。长度为 l 的有耗线的输入阻抗为

$$Z_{\mathrm{in}}=\overline{Z}_0\frac{\sinh 2\alpha l-\frac{\alpha}{\beta}\sin 2\beta l}{\cosh 2\alpha l-\cos 2\beta l}-\mathrm{j}\overline{Z}_0\frac{\frac{\alpha}{\beta}\sinh 2\alpha l+\sin 2\beta l}{\cosh 2\alpha l-\cos 2\beta l} \tag{8-21}$$

式中，Z_0 为有耗线的特性阻抗；α 和 β 为对称振子的等效衰减常数和相移常数。

由图 8.7 可知输入阻抗特性：

(1) 当对称振子的平均特性阻抗值较低时，输入阻抗 R_{in} 和 X_{in} 随 l/λ 的变化较为平缓，对称振子的阻抗带宽较宽，故通常选特性阻抗值较低的导线作振子臂即采用加粗振子直径的办法。

(2) 当 $l/\lambda \approx 0.25$ 时，$X_{in}=0$，输入阻抗 R_{in} 和 X_{in} 随 l/λ 的变化较小，对称振子处于串联谐振状态，对称振子的输入阻抗都为纯电阻。故半波振子容易与馈线匹配，所以经常使用半波振子来构成天线。

(3) 当 $X_{in}=0$ 时，对称振子的长度称为谐振长度。但实际对称振子的几何长度一般不等于 $\lambda/2$ 的整数倍，比如半波振子的谐振长度为 $0.45 \sim 0.49\lambda$，将这种现象称为波长缩短效应。缩短的长度与振子直径有关，振子直径越大，振子长度缩短越明显。

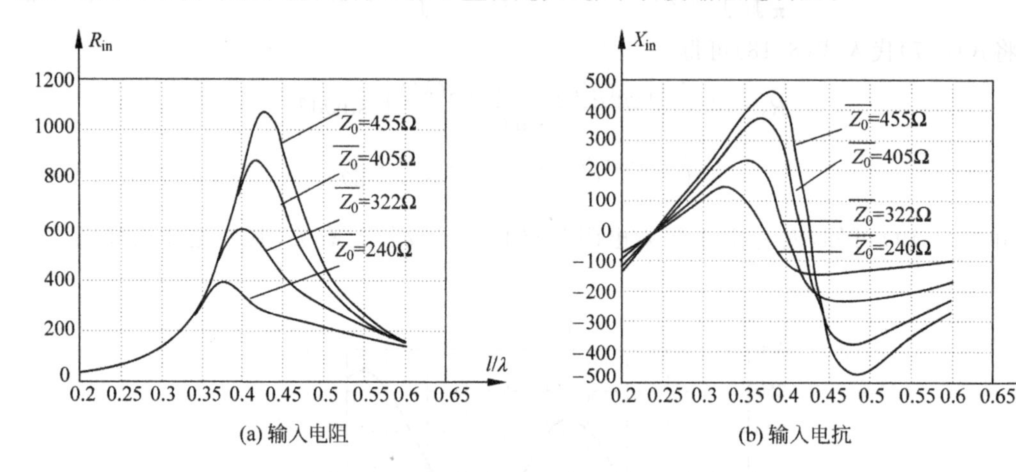

图 8.7 对称振子输入阻抗与 l/λ 的关系曲线

振子比较短时，式(8-21)可简化为

$$Z_{in} = \frac{R_\Sigma}{\sin^2 \beta l} - j\overline{Z}_0 \cos\beta l \tag{8-22}$$

8.2 阵列天线

8.2.1 二元阵列天线

单个天线的方向性是有限的，为了加强天线的方向性，将若干辐射单元按某种方式排列所构成的系统称为天线阵。排列方式可以是直线阵、平面阵和立体阵。实际应用的天线阵多用相似元组成。所谓相似元，是指各阵元的类型、尺寸相同，架设方位相同。天线阵的辐射场是各单元天线辐射场的矢量和。只要调整好各单元天线辐射场之间的相位差，就可以得到所需要的、更强的方向性天线。

1. 二元阵的辐射特性

设天线阵是由间距为 d 并沿 x 轴排列的两个相同的天线元所组成，如图 8.8 所示。

假设天线元由振幅相等的电流所激励，但天线元 2 的电流相位超前天线元 1 的角度为 ζ，它们的远区电场是沿 θ 方向的，于是有

$$E_{\theta 1} = E_m f(\theta,\varphi) \frac{e^{-j\beta r_1}}{r_1} \tag{8-23}$$

$$E_{\theta 2} = E_m f(\theta,\varphi) \frac{e^{-j\beta r_2}}{r_2} \tag{8-24}$$

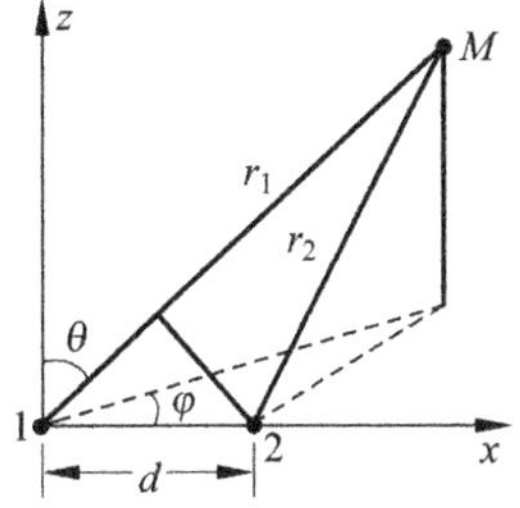

图 8.8 二元阵的辐射特性

式中，$|f(\theta,\varphi)|$ 是各天线元本身的方向图函数；E_m 是电场强度振幅。

将上面两式相加得二元阵的辐射场为

$$E_\theta = E_{\theta 1} + E_{\theta 2} = E_m f(\theta,\varphi)\left[\frac{e^{-j\beta r_1}}{r_1} + \frac{e^{-j\beta r_2}}{r_2} e^{j\zeta}\right] \tag{8-25}$$

由于观察点通常距离天线相当远，故可认为自天线元 1 和 2 至点 M 的两射线平行，所以 r_2 与 r_1 的关系可写成

$$r_2 = r_1 - d\sin\theta\cos\varphi \tag{8-26}$$

同时考虑到

$$\frac{1}{r_1} \approx \frac{1}{r_2} \tag{8-27}$$

将式(8-26)和式(8-27)代入式(8-25)得

$$\begin{aligned} E_\theta &= E_m f(\theta,\varphi) \frac{e^{-j\beta r_1}}{r_1}\left[1 + e^{j\beta d\sin\theta\cos\varphi} e^{j\zeta}\right] \\ &= \frac{2E_m}{r_1} f(\theta,\varphi)\cos\frac{\psi}{2} e^{-j\beta r_1} e^{-j\frac{\psi}{2}} \end{aligned} \tag{8-28}$$

式中

$$\psi = \beta d\sin\theta\cos\varphi + \zeta \tag{8-29}$$

所以，二元阵辐射场的电场强度模值为

$$|E_\theta| = \frac{2E_m}{r_1} |f(\theta,\varphi)| \left|\cos\frac{\psi}{2}\right| \tag{8-30}$$

式中，$|f(\theta,\varphi)|$ 称为元因子；$\left|\cos\frac{\psi}{2}\right|$ 称为阵因子。

元因子表示组成天线阵的单个辐射元的方向图函数，其值仅取决于天线元本身的类型和尺寸。它体现了天线元的方向性对天线阵方向性的影响。

阵因子表示各向同性元所组成的天线阵的方向性，其值取决于天线阵的排列方式及其天线元上激励电流的相对振幅和相位。与天线元本身的类型和尺寸无关。

方向图乘积定理：在各天线元为相似元的条件下，天线阵的方向图函数是元因子与阵因子之积。

注意：方向图乘积定理仅适合于相同辐射元构成的阵列天线。

2. 半波振子构成的二元阵

辐射场强度模值为

$$|E_\theta| = \frac{2E_m}{r_1}\left|\frac{\cos\left(\frac{\pi}{2}\cos\theta\right)}{\sin\theta}\right|\left|\cos\frac{\psi}{2}\right| \tag{8-31}$$

令 $\varphi=0$，$\psi=\beta d\sin\theta\cos\varphi+\zeta=\beta d\sin\theta+\zeta$，即得二元阵的 E 面方向图函数为

$$|f_E(\theta)| = \left|\frac{\cos\left(\frac{\pi}{2}\cos\theta\right)}{\sin\theta}\right|\left|\cos\frac{1}{2}(\beta d\sin\theta+\zeta)\right| \tag{8-32}$$

令 $\theta=\pi/2$，$\psi=\beta d\sin\theta\cos\varphi+\zeta=\beta d\sin\varphi+\zeta$，得到二元阵的 H 面方向图函数为

$$|f_H(\varphi)| = \left|\cos\frac{1}{2}(\beta d\cos\varphi+\zeta)\right| \tag{8-33}$$

根据二元阵的排列间隔和相位关系，可计算设计的二元阵天线的 E 面和 H 面方向图。

【例 8-2】 平行于 z 轴放置且沿 x 方向排列的两个半波振子，在 $d=\lambda/4$、$\zeta=-\pi/2$ 时，求解其 H 面和 E 面方向图。

【解】 将 $d=\lambda/4$、$\zeta=-\pi/2$ 代入式(8-33)，得到 H 面方向图函数为

$$|f_H(\varphi)| = \left|\cos\frac{\pi}{4}(\cos\varphi-1)\right| = \left|\cos\frac{\pi}{4}(\cos\varphi-1)\right| \tag{8-34}$$

利用方向图乘积定理画出天线阵的 H 面方向图如图 8.9 所示。

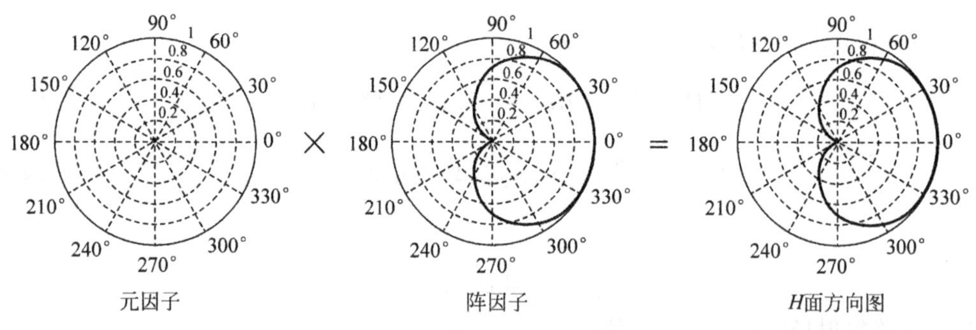

图 8.9 天线阵的 H 面方向图

将 $d=\lambda/4$、$\zeta=-\pi/2$ 代入式(8-32)，得到 E 面方向图函数为

$$|f_E(\theta)| = \left|\frac{\cos\left(\frac{\pi}{2}\cos\theta\right)}{\sin\theta}\right|\left|\cos\frac{\pi}{4}(\sin\theta-1)\right| \tag{8-35}$$

利用方向图乘积定理画出天线阵的 E 面方向图如图 8.10 所示。

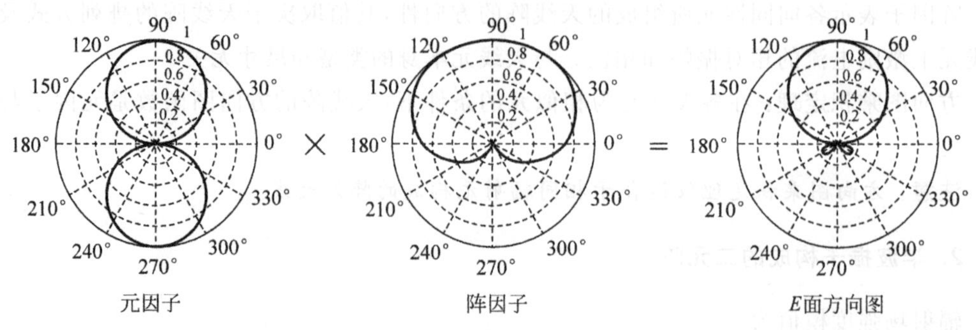

图 8.10 天线阵的 E 面方向图

由方向图可知，单个振子的零值方向在$\theta=0°$和$180°$处，阵因子的零值在$\theta=270°$处，所以天线阵方向图共有三个零值方向，即$\theta=0°$、$180°$和$270°$，阵方向图包含了一个主瓣和两个旁瓣。

3. 边射式和端射式直线阵

(1) 边射式直线阵。边射式直线阵是指最大辐射方向在垂直于天线阵轴(即$\varphi_m=\pm\pi/2$)方向的天线阵。

【例 8-3】 平行于z轴放置且沿x方向排列的两个半波振子天线，在，$d=\lambda/2,\zeta=0$时，求解其H面方向图。

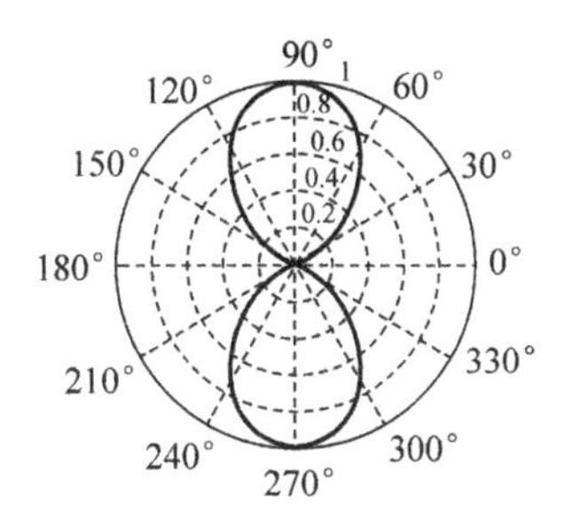

图 8.11 天线阵的H面方向图 1

【解】 由题意知，$d=\lambda/2,\zeta=0$，将其代入式(8-33)，得到二元阵的H面方向图函数为

$$|f_H(\varphi)|=\left|\cos\left(\frac{\pi}{2}\cos\varphi\right)\right| \tag{8-36}$$

天线阵的H面方向图 1 如图 8.11 所示。

在垂直于天线阵轴(即$\varphi_m=\pm\pi/2$)方向，两个振子的电场正好同相相加，而在$\varphi=0$和$\varphi=\pi$方向上，由天线元的间距所引入的波程差为$\lambda/2$，相应的相位差为$180°$，致使两个振子的电场相互抵消，因而在$\varphi=0$和$\varphi=\pi$方向上辐射场为零。

(2) 端射式直线阵。端射式直线阵是指最大辐射方向在天线阵轴($\varphi_m=0$或$\varphi_m=\pi$)方向的天线阵。

【例 8-4】 画出两个沿x方向排列间距为$\lambda/2$且平行于z轴放置的振子天线在等幅反相激励时的H面方向图。

【解】 由题意知，$d=\lambda/2,\zeta=\pi$，将其代入式(8-33)，得到二元阵的H面方向图函数为

$$|f_H(\varphi)|=\left|\cos\frac{\pi}{2}(\cos\varphi+1)\right|=\left|\sin\left(\frac{\pi}{2}\cos\varphi\right)\right| \tag{8-37}$$

天线阵的H面方向图 2 如图 8.12 所示。

在垂直于天线阵轴(即$\varphi_m=\pm\pi/2$)方向，两个振子的电流反相，且不存在波程差，故电场反相抵消；而在天线阵轴(即$\varphi_m=0$或$\varphi_m=\pi$)方向上，由天线元的间距所引入的波程差所产生的相位差正好被电流相位差所补偿，因而在$\varphi=0$和$\varphi=\pi$方向上两个振子的电场正好就同相相加了。

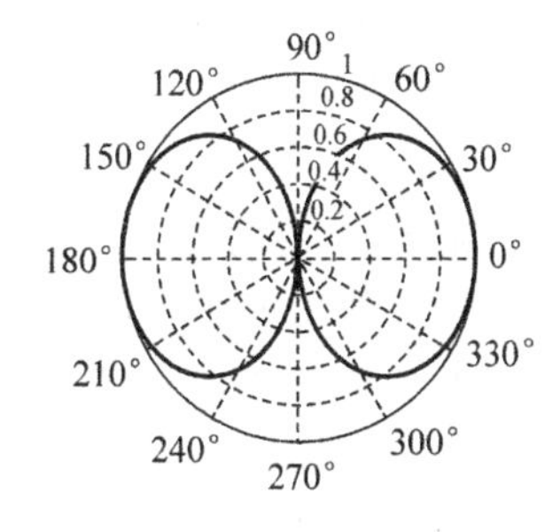

图 8.12 天线阵的H面方向图 2

由前面可知，直线阵相邻元电流相位差ζ的变化，引起方向图最大辐射方向的相应变化。如果ζ随时间按一定规律重复变化，最大辐射方向连同整个方向图就能在一定空域内往返运动，即实现方向图扫描。这种通过改变相邻元电流相位差实现方向图扫描的天线阵，称为相控阵。

8.2.2 N元均匀直线阵

为了更进一步加强阵列天线的方向性，可以增加阵元数目来实现，最简单的多元阵就是均匀直线阵。所谓均匀直线阵，就是所有单元天线结构相同，并且等间距、等幅激励而相位沿阵轴线呈依次等量递增或递减的直线阵。N个天线元沿y轴排列成一行，且相邻阵元之间的距离相等都为d，根据方向图乘积定理，均匀直线阵的方向函数等于单元天线的方向函数与直线阵阵因子的乘积。在实际应用中，不仅要让单元天线的最大辐射方向尽量与阵因子一致，而且单元天线多采用弱方向性天线，所以均匀直线阵的方向性调控主要通过阵因子来实现，因此下面主要讨论阵因子。阵列天线如图8.13所示。

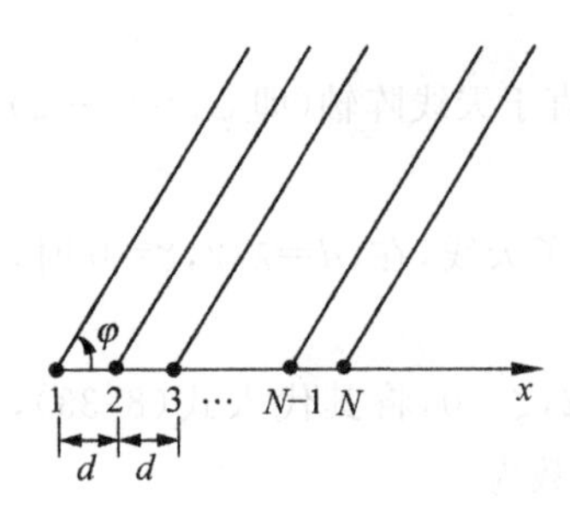

图8.13 阵列天线

类似二元阵的分析，可得N元均匀直线阵的辐射场为

$$E_\theta = E_m \frac{F(\theta,\varphi)}{r} \mathrm{e}^{-\mathrm{j}kr} \sum_{i=0}^{N-1} \mathrm{e}^{\mathrm{j}\cdot i(\beta d\sin\theta\cos\varphi+\zeta)} \tag{8-38}$$

在式(8-38)中令$\theta=\pi/2$，得到H平面方向图函数即阵因子方向函数为

$$f(\psi) = 1 + \mathrm{e}^{\mathrm{j}\psi} + \mathrm{e}^{\mathrm{j}2\psi} + \cdots + \mathrm{e}^{\mathrm{j}(N-1)\psi} \tag{8-39}$$

其中

$$\psi = \beta d\cos\varphi + \zeta$$

式(8-39)右边的多项式是一个等比级数，其和为

$$f(\psi) = \frac{1-\mathrm{e}^{\mathrm{j}N\psi}}{1-\mathrm{e}^{\mathrm{j}\psi}} = \frac{\sin(N\psi/2)}{\sin(\psi/2)} \tag{8-40}$$

阵因子最大值在$\psi=0$处，则有

$$f_{\max}(0) = \lim_{\psi=0} \frac{\sin(N\psi/2)}{\sin(\psi/2)} = N \tag{8-41}$$

可得归一化阵因子为

$$|F(\psi)| = \left|\frac{\sin(N\psi/2)}{N\sin(\psi/2)}\right| \tag{8-42}$$

由计算公式可看出，$F(\psi)$是周期为2π的周期性函数，不同N值的阵因子方向图的主瓣宽度和旁瓣电平都不同。

总结：

① 随着N值的增加，主瓣变窄；N值增加，旁瓣峰值减小。

② 最大值出现在0和$\pm 2\pi$处。

③ N元阵在$(0,2\pi)$之间有$N-1$个零点，将$(0,2\pi)N$等分。

④ 旁瓣宽度为$2\pi/N$，靠近主瓣的旁瓣电平较高，主瓣宽度要加倍。

⑤ $F(\psi)$是周期为2π，关于$\psi=0$对称。

三阵元等间距均匀直线阵阵因子方向图如图8.14所示。

1. 可见区与非可见区

从数学上可知，阵因子$F(\psi)$是在$-\infty<\psi<\infty$范围内的周期函数，φ的变化范围为

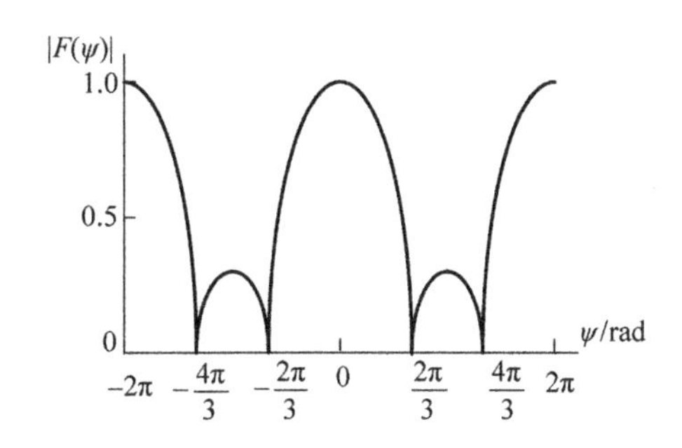

图 8.14 三阵元等间距均匀直线阵阵因子方向图

$0 \leqslant \varphi \leqslant \pi$，这就是可见区，相当于$-1 \leqslant \cos(\varphi) \leqslant 1$，对应$\psi$的范围

$$-\beta d + \zeta \leqslant \psi \leqslant \beta d + \zeta \tag{8-43}$$

只有此范围内为可见区，范围之外为非可见区。可见区ψ的长度为$2kd$，说明阵因子是以ψ为变量的周期函数，周期为2π。假定正好一个周期出现在可见区，则$2\pi = 2kd = 2(2\pi/\lambda)d$，可得$d/\lambda = 1/2$。因此，当间距等于半波长时，恰好出现阵因子的一个周期。如果间距小于半波长，可见区小于一个周期。如果间距大于半波长，可见区超出一个周期。对于一个波长间距，有两个周期出现在可见区，即有两个主瓣，其中一个就是栅瓣，栅瓣有害，必须选择合适的间距d，是在可见区内不出现栅瓣。$N=5$，间距$d=\lambda/2$，$\zeta=\pi/6$时的归一化阵因子$F(\psi)$随ψ的变化曲线，如图 8.15 所示。

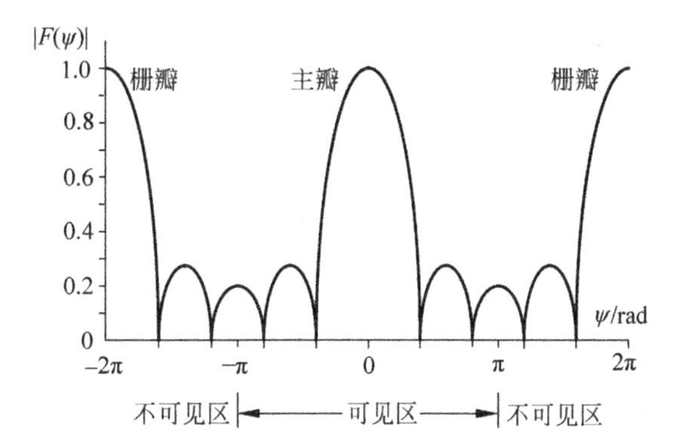

图 8.15 均匀直线阵的归一化阵因子方向图可见区与非可见区示意图

由阵因子表达式可知，当$F(\psi)$出现最大值时，可得出

$$\psi = 2n\pi \quad n = 0, \pm 1, \pm 2, \pm 3, \cdots \tag{8-44}$$

只有$n=0$对应主瓣，其他为栅瓣。

主瓣最大值发生在$\psi=0$或$\beta d\cos\varphi_m + \zeta = 0$时，则有

$$\cos\varphi_m = -\frac{\zeta}{\beta d} \tag{8-45}$$

则$\zeta = -kd\cos\varphi_m$，代入式(8-42)可得

$$|F(\varphi)| = \left|\frac{\sin\left[\frac{N\beta d}{2}(\cos\varphi - \cos\varphi_m)\right]}{N\sin\left[\frac{\beta d}{2}(\cos\varphi - \cos\varphi_m)\right]}\right| \tag{8-46}$$

根据波束最大值φ_m不同，均匀直线阵可分为边射阵、端射阵和扫描相控阵。

2. 边射式直线阵

边射式直线阵最大辐射方向在垂直于阵轴方向上，各元到观察点没有波程差，各元电流不需要有相位差。即 $\zeta=0,\cos\varphi_m=0$，则归一化阵因子为

$$|F(\varphi)|=\left|\frac{\sin\left[\frac{N\beta d}{2}\cos\varphi\right]}{N\sin\left[\frac{\beta d}{2}\cos\varphi\right]}\right| \tag{8-47}$$

最大辐射方向为 $\varphi_m=(2m+1)\pi/2$，即 $\varphi_m=\pm\pi/2$ 时，天线阵有最大辐射。天线阵的最大辐射方向正好在天线阵的两边，称为边射式天线阵，如图 8.16 所示。

当 $d=\lambda/2$ 时，最大辐射方向 $\varphi_m=\pi/2$，即在阵轴的两边出现最大值，而阵轴方向辐射场为零。若单元数增加，方向图主瓣变窄，旁瓣数目增加。阵因子方向图是关于阵轴旋转对称。当单元间距增加到 $d=\lambda$ 时，不仅在阵轴两边，而且阵轴方向均出现最大值，即出现了栅瓣。

3. 端射式直线阵

最大辐射方向在阵轴方向上，阵列的各元电流沿阵轴方向依次滞后 βd。即 $\zeta=-\beta d$ 时，阵列最大辐射方向为 $\varphi_m=0$，则归一化阵因子为

$$|F(\varphi)|=\left|\frac{\sin\left[\frac{N\beta d}{2}(\cos\varphi-1)\right]}{N\sin\left[\frac{\beta d}{2}(\cos\varphi-1)\right]}\right| \tag{8-48}$$

端射式天线阵的归一化阵因子方向图如图 8.17 所示。

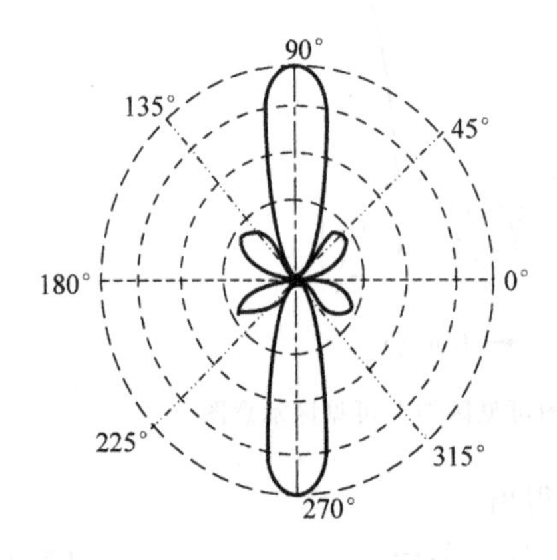

图 8.16 边射式天线阵的归一化阵因子方向图

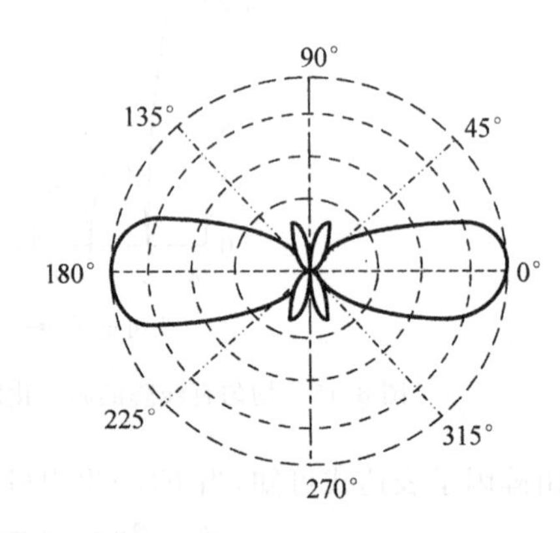

图 8.17 端射式天线阵的归一化阵因子方向图

当间距 $d=\lambda/4$ 时，端射阵的方向图只有一个指向阵轴的主瓣，当间距 $d=\lambda/2$ 时，其最大方向还在阵轴，但出现了栅瓣。为了抑制栅瓣的出现，端射阵的间距应满足 $d<\lambda<2$。端射阵的阵因子方向图是关于阵轴旋转对称。若单元数增加，方向图主瓣变窄，旁瓣数目增加。

4. 相控阵

在一些特殊应用场合，要求天线波束能在空间有规律地移动，称其为波束扫描。天线阵阵因子最大辐射方向 $\cos\varphi_m=-\frac{\zeta}{kd}$，归一化阵因子方向图函数为

$$|F(\varphi)|=\left|\frac{\sin\left[\frac{N\beta d}{2}(\cos\varphi-\cos\varphi_m)\right]}{N\sin\left[\frac{\beta d}{2}(\cos\varphi-\cos\varphi_m)\right]}\right| \tag{8-49}$$

可知阵列天线的阵因子最大辐射方向 φ_m 与单元间隔 d，相邻单元之间相位差 ζ 和工作频率有关。保持间隔 d 不变，改变激励电流相位差 ζ，则阵列天线的主瓣方向随之改变，若连续改变激励电流相位差 ζ，阵列天线的主瓣方向连续改变，实现波束在空间的扫描，因为波束扫描是通过改变馈电相位差实现的，称为扫描相控阵。

5. 三种阵列特性分析

1）栅瓣及其抑制条件

由前面的讨论可知，栅瓣的出现不但会造成测角多值性，导致目标定位、测向判断错误，而且会使辐射能量分散，系统增益下降，必须予以抑制。

已知阵因子归一化函数

$$F(\psi)=\frac{\sin(N\psi/2)}{N\sin(\psi/2)}$$

其中

$$N\psi=2n\pi \quad n=0,\pm1,\pm2,\cdots$$

时，$F(\psi)=0$。当

$$\psi=2n\pi \quad n=0,\pm1,\pm2,\cdots$$

时，$F(\psi)=1$，因此，阵因子方向图为多瓣状。$n=0$ 对应主瓣，其他为不希望出现的栅瓣。

$F(\psi)$的第二最大值出现的位置为

$$\psi=\beta d(\cos\varphi-\cos\varphi_m)=\pm 2\pi \tag{8-50}$$

由抑制栅瓣的条件：

$$|\psi|_{\max}<2\pi$$

可得

$$d<\frac{\lambda}{|\cos\varphi-\cos\varphi_m|_{\max}} \tag{8-51}$$

由

$$\psi=|\cos\varphi-\cos\varphi_m|_{\max}=1+|\cos\varphi_m|$$

可得

$$d<\frac{\lambda}{1+|\cos\varphi_m|} \tag{8-52}$$

边射阵：$\varphi_m=\pi/2$，抑制栅瓣的条件为 $d<\lambda$；

端射阵：$\varphi_m=0$，抑制栅瓣的条件为 $d<\lambda/2$；

相控阵：φ_m 为最大扫描角，抑制栅瓣的条件为根据 $d<\frac{\lambda}{1+|\cos\varphi_m|}$求解。

如在正侧向两边$\pm30°$范围内扫描，$\varphi_m=90°-30°=60°$，抑制栅瓣的条件为 $d<2\lambda/3$。

2）零辐射方向

阵方向图的零点发生在

$$|F(\psi)|=0 \quad 或 \quad \frac{N\psi}{2}=\pm n\pi \quad n=\pm1,\pm2,\pm3,\cdots \tag{8-53}$$

处。边射阵与端射阵相应的以 φ 表示的零点方位是不同的。

则零辐射方向在

$$\cos\varphi_{0n} = \cos\varphi_m + \frac{n\lambda}{Nd} \tag{8-54}$$

边射阵

$$\varphi_m = \pi/2,\quad \cos\varphi_{0n} = \frac{n\lambda}{Nd} \tag{8-55}$$

端射阵

$$\varphi_m = 0,\quad \cos\varphi_{0n} = 1 + \frac{n\lambda}{Nd} \tag{8-56}$$

相控阵：φ_m 不同，对应的零点方向不同，根据 $\cos\varphi_{0n}=\cos\varphi_m+\frac{n\lambda}{Nd}$ 求解。

3）主瓣零功率波瓣宽度和半功率波瓣宽度

均匀直线阵的最大值发生在 $\psi=0$ 或 $\beta d\cos\theta_m+\zeta=0$ 时，得出

$$\cos\theta_m = -\frac{\zeta}{\beta d} \tag{8-57}$$

主瓣零功率波瓣宽度示意图如图 8.18 所示。

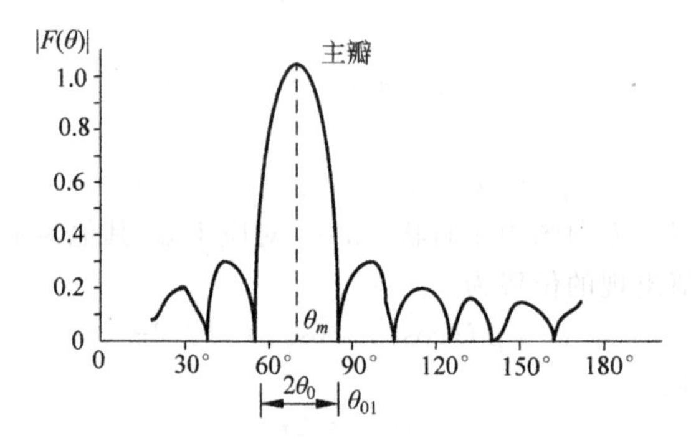

图 8.18 主瓣零功率波瓣宽度示意图

（1）边射阵（$\theta_m=\pm\pi/2,\zeta=0$）。设第一个零点发生在 θ_{01} 处，$\psi_{01}=\beta d\cos\theta_{01}+\zeta=\frac{2\pi}{N}$，则头两个零点之间的主瓣宽度为

$$2\theta_0 = 2(\theta_{01} - \theta_m) \tag{8-58}$$

则

$$\cos\theta_{01} = \cos(\theta_m + \theta_0) = \frac{\psi_{01}}{\beta d} \tag{8-59}$$

可得

$$\sin\theta_0 = \frac{2\pi}{N\beta d} \tag{8-60}$$

所以

$$2\theta_0 = 2\cdot\arcsin\left(\frac{\lambda}{Nd}\right) \tag{8-61}$$

假定阵列天线长度 $L=Nd\gg\lambda$ 时，主瓣宽度为

$$2\theta_0 \approx \frac{2\lambda}{Nd} = \frac{2\lambda}{L} \tag{8-62}$$

表示了很长的均匀边射阵的主瓣宽度近似等于以波长量度的阵长度的倒数的两倍。

同理，可得边射阵半功率波瓣宽度

$$2\theta_{0.5} \approx 0.886\frac{\lambda}{Nd} = 0.886\frac{\lambda}{L} \tag{8-63}$$

(2) 端射阵($\theta_m=0,\zeta=-\beta d$)。设第一个零点发生在 θ_{01} 及 $\psi_{01}=\beta d\cos(\theta_{01}-1)=-\frac{2\pi}{N}$ 处，则

$$\cos\theta_{01} = \frac{\psi_{01}}{\beta d}+1 = -\frac{2\pi}{N\beta d}+1 = 1-\frac{\lambda}{Nd} \tag{8-64}$$

$$\cos\theta_0 = \cos(\theta_{01}-\theta_m) = 1-\frac{\lambda}{Nd} \tag{8-65}$$

假定 θ_0 很小时，有 $\cos\theta_0\approx1-(\theta_0)^2/2$，可得

$$\theta_0 \approx \sqrt{\frac{2\lambda}{Nd}} \tag{8-66}$$

假定阵列天线长度 $L=Nd$ 时，则端射阵的主瓣宽度为

$$2\theta_0 \approx 2\sqrt{\frac{2\lambda}{Nd}} = 2\sqrt{\frac{2\lambda}{L}} \tag{8-67}$$

可知，均匀端射阵的主瓣宽度大于同样长度的均匀边射阵的主瓣宽度。

同理，可得端射阵半功率波瓣宽度为

$$2\theta_{0.5} \approx 2\sqrt{0.886\frac{\lambda}{Nd}} = 2\sqrt{0.886\frac{\lambda}{L}} \tag{8-68}$$

4) 旁瓣方向和旁瓣电平

(1) 旁瓣方向。已知阵因子归一化函数

$$F(\psi) = \frac{\sin(N\psi/2)}{N\sin(\psi/2)} \tag{8-69}$$

旁瓣是次极大值，它们发生在

$$\left|\sin\frac{N\psi}{2}\right| = 1 \tag{8-70}$$

可得

$$\frac{N\psi}{2} = \pm(2n+1)\frac{\pi}{2} \quad n=1,2,3,\cdots \tag{8-71}$$

第一旁瓣发生在 $n=1$ 即 $\psi=\pm3\pi/N$ 方向。

(2) 旁瓣电平。当 N 较大时由式可得

$$\frac{1}{N}\left|\frac{1}{\sin(3\pi/2N)}\right| \approx \frac{1}{N}\left|\frac{1}{3\pi/(2N)}\right| = \frac{2}{3\pi} \approx 0.212 \tag{8-72}$$

若以对数表示，多元均匀直线阵的第一旁瓣电平为

$$20\log_{10}\frac{1}{0.212} = 13.5(\text{dB}) \tag{8-73}$$

当 N 很大时，此值几乎与 N 无关。也就是说，对于均匀直线阵，当第一旁瓣电平达到 13.5dB 后，即使再增加天线元数，也不能降低旁瓣电平。

5) 方向性系数 D

$$D = \frac{4\pi}{\int_0^{2\pi}\int_0^{\pi}|F(\varphi)|^2\sin\theta\,\mathrm{d}\theta\,\mathrm{d}\varphi} \tag{8-74}$$

(1) 边射阵。由前面讨论可知,边射阵归一化方向函数为

$$|F(\varphi)|=\left|\frac{\sin\left[\frac{N\beta d}{2}\cos\varphi\right]}{N\sin\left[\frac{\beta d}{2}\cos\varphi\right]}\right| \tag{8-75}$$

当 $N\gg 1$ 时,上式可近似为

$$|F(\varphi)|\approx\left|\frac{\sin\frac{N\beta d}{2}\cos\varphi}{\frac{N\beta d}{2}\cos\varphi}\right| \tag{8-76}$$

若天线阵元数较多,$L=Nd\gg\lambda$,则方向性系数可近似为

$$D\approx 2\frac{Nd}{\lambda}=2\frac{L}{\lambda} \tag{8-77}$$

(2) 端射阵。由前面讨论可知,端射阵归一化方向函数为

$$|F(\varphi)|=\left|\frac{\sin\left[\frac{N\beta d}{2}(\cos\varphi-1)\right]}{N\sin\left[\frac{\beta d}{2}(\cos\varphi-1)\right]}\right| \tag{8-78}$$

将式(8-78)代入式(8-77),则方向性系数可近似为

$$D=4\frac{Nd}{\lambda}=4\frac{L}{\lambda} \tag{8-79}$$

本节所讨论的对象虽为直线阵,但是其处理方法却适用于其他形式的阵列。均匀直线阵是一种最简单的排阵方式,在要求最大辐射方向为任意值时,并不是最佳的选择。下面介绍一种大尺寸天线,具有更大的最大辐射方向。

8.2.3 *m* 行 *n* 列阵列天线

为了进一步提高阵列天线的方向性,选择 m 行 n 列的大尺寸阵列天线。下面主要分析其主瓣宽度和方向系数。

1. 主瓣宽度

对于大尺寸的阵列天线,即 $m\gg 1$,$n\gg 1$ 时,其主瓣宽度可以直接利用边射直线阵的结果。

(1) 均匀馈电时水平面的半功率波瓣宽度为

$$2\varphi_{0.5}=0.886\frac{\lambda}{nd_y} \tag{8-80}$$

可知,水平面的半功率波瓣宽度与天线行的电长度成反比,电长度越长,半功率波瓣宽度越窄。

(2) 均匀馈电时垂直面的半功率波瓣宽度为

$$2\theta_{0.5}=0.886\frac{\lambda}{md_z} \tag{8-81}$$

可知,垂直面的半功率波瓣宽度与天线列的电长度成反比,电长度越长,半功率波瓣宽度越窄。

注意：阵列天线的两个主平面的方向性是独立的，可分别进行控制。

2. 方向系数

假设阵列天线的天线阵元为半波振子，行列间均为 $\lambda/2$，且带有反射网时，m 行 n 列的阵列天线的方向性系数可近似为

$$D \approx (10 \sim 12)\frac{S}{\lambda^2} \tag{8-82}$$

式中，$S = mdnd = mn\lambda^2/4$ 为矩形阵列的面积，系数取值为 10～12 是因为不同阵列天线的电尺寸不同，金属反射网的疏密也不同。于是有

$$D \approx (2.5 \sim 3)mn \tag{8-83}$$

【例 8-5】 由半波振子构成 8 行 10 列阵列天线，行间距和列间距均为 $\lambda/2$，同向均匀馈电，求该天线在自由空间的垂直面、水平面半功率波瓣宽度和方向性系数。

【解】 根据题意，$m=8$，$n=10$，由式(8-80)和式(8-81)可计算阵列天线在两个主平面的半功率波瓣宽度分别为

$$2\varphi_{0.5} = 0.886\frac{\lambda}{md_y} = 0.886 \times \frac{\lambda}{10 \times \frac{\lambda}{2}} = 0.1772\text{rad}$$

$$2\theta_{0.5} = 0.886\frac{\lambda}{md_y} = 0.886 \times \frac{\lambda}{8 \times \frac{\lambda}{2}} = 0.2215\text{rad}$$

该阵列天线的方向性系数由式(8-83)可得

$$D \approx (2.5 \sim 3)mn = (2.5 \sim 3) \times 8 \times 10 = 200 \sim 240$$

8.3 水平振子天线和直立天线

8.3.1 水平振子天线

水平振子天线(Horizontal Dipole Antenna)即双极天线，又称 π 型天线，是近地架设的水平半波振子，广泛应用于短波通信中，天线的两臂可用单根硬拉黄铜线或铜包钢线做成，也可用多股软铜线，导线的直径根据所需的机械强度和功率容量决定，一般为 3～6mm，如图 8.19 所示。

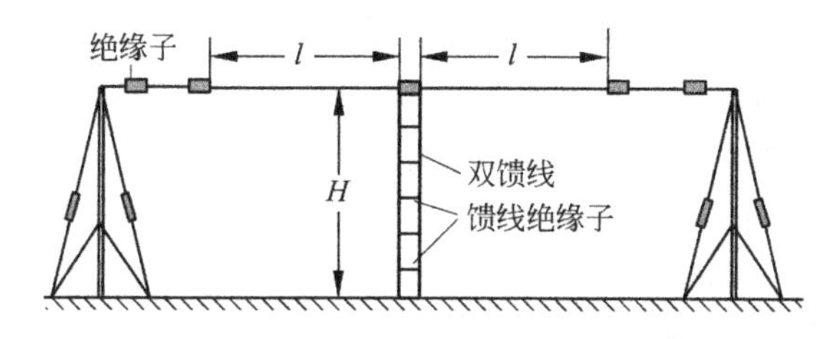

图 8.19 水平振子天线结构示意图

天线臂与地面平行，两臂之间有绝缘子。为了降低绝缘子介质损耗，绝缘子宜采用高频瓷材料。天线两端通过绝缘子与支架相连，为降低天线感应场在附近物体中引起的损耗，支

架应距离振子两端 2～3m。支架的金属拉线中亦应每相隔小于 $\lambda_{min}/4$ 的间距加入绝缘子，这样使拉线不至于引起方向图的失真。这种天线结构简单，架设撤收方便，天线的最大辐射仰角通过改变架设高度容易控制，维护简易，因而是应用广泛的短波天线，适用于天波传播。

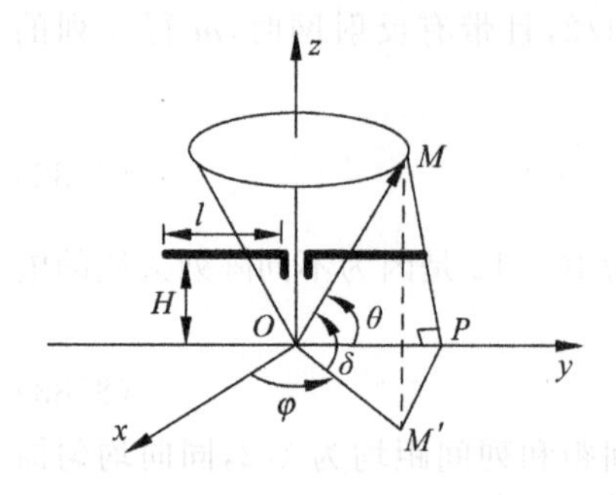

图 8.20 双极天线的坐标图

1. 水平振子天线的方向性

水平振子天线主要用于天波传播，如图 8.20 所示。

天波传播时，电波射线以一定仰角入射到电离层后又被反射回地面，从而构成甲乙两地的无线电通信，通信距离与电波射线仰角有密切关系。一般直接用 δ、φ 作自变量表示天线的方向性。

按图中的几何关系，可得

$$\sin\theta = \sqrt{1-\cos^2\delta\sin^2\varphi} \tag{8-84}$$

由自由空间对称振子方向函数和负镜像阵因子按方向图乘积定理得

$$f(\delta,\varphi) = \left|\frac{\cos(\beta l\cos\delta\sin\varphi)-\cos(\beta l)}{\sqrt{1-(\cos\delta\sin\varphi)^2}}\right| \left|2\sin(\beta H\sin\delta)\right| \tag{8-85}$$

根据式(8-85)，可以画出水平振子天线的立体方向图。图 8.21 表示双极天线在不同臂长情况下的方向图。图 8.22 表示在不同架高时的方向图。

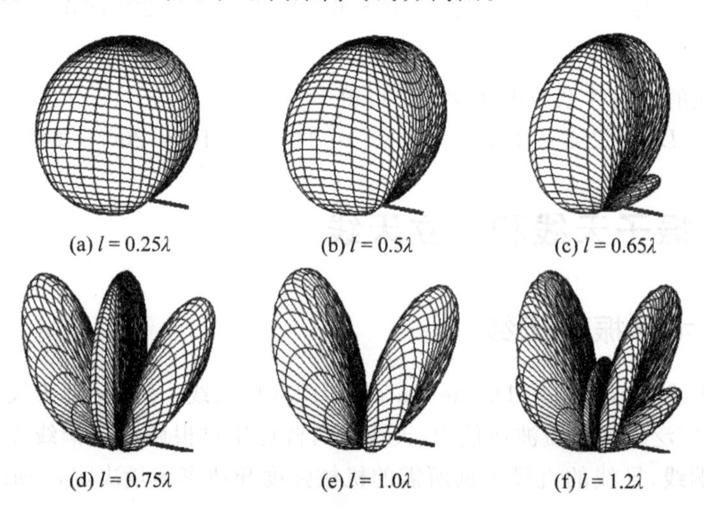

图 8.21 双极天线方向图随臂长的变化($H=0.25\lambda$)

为了便于分析，在研究天线方向性时，通常总是研究两个特定平面的方向性，通常选取垂直平面和水平平面，这两个平面具有直观方便的特点。

垂直平面就是与地面垂直且通过天线最大辐射方向的垂直平面。xOz 平面就是双极天线的垂直平面。水平平面是指对应一定的仰角 δ，固定 r，观察点 M 绕 z 轴旋转一周所在的平面，在该平面上 M 点场强随 φ 变化的相对大小即为双极天线的水平平面方向图。下面分别讨论天线的垂直平面和水平平面方向图。

1) 垂直平面方向图

图 8.20 中，xOz 面即为双极天线的垂直平面。将 $\varphi=0°$ 代入式(8-85)，可得

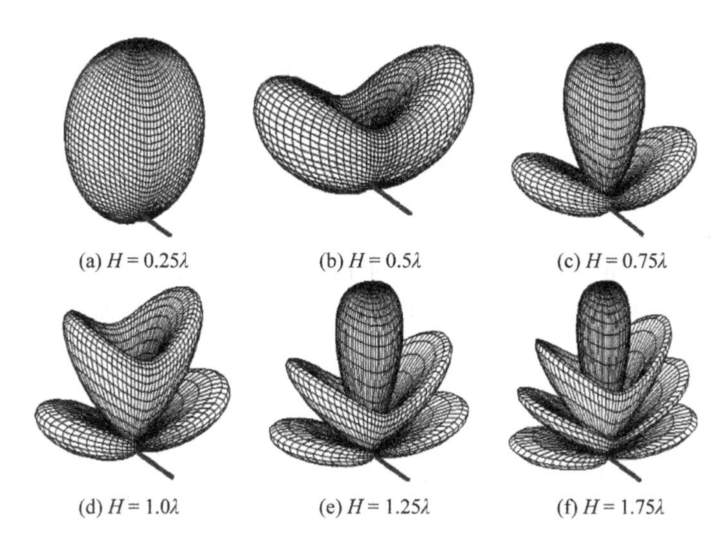

图 8.22 双极天线方向图随架高的变化($l=0.25\lambda$)

$$f_H(\delta,\varphi)=|1-\cos\beta l|\cdot|2\sin(\beta H\sin\delta)| \tag{8-86}$$

由于单元天线的 xOz 面方向图是圆,故双极天线的垂直平面方向图形状仅由阵因子决定。

垂直平面方向图具有特点:

(1) 垂直平面方向图只与 H/λ 有关,而与 l/λ 无关,故可用改变天线架设高度 H/λ 来控制垂直平面内的方向图。

(2) 无论 H/λ 为何值,沿地面方向(即 $\delta=0°$方向)均无辐射,故这种天线不能用作地波通信。

(3) 当 $H/\lambda\leqslant 0.3$ 时,最大辐射方向在 $\delta=90°$,在 $\delta=60°\sim90°$范围内场强变化不大,即在此条件下天线具有高仰角辐射性能,称这种天线为高射天线。

(4) 当 $H/\lambda>0.3$ 时,最强辐射方向不止一个,H/λ 越高,波瓣数越多,靠近地面的第一波瓣 δ_m 越低。

第一波瓣的最大辐射仰角 δ_m 可根据式(8-86)求出,令

$$\sin(\beta H\sin\delta_m)=1 \tag{8-87}$$

可得

$$\delta_m=\arcsin\frac{\lambda}{4H} \tag{8-88}$$

在架设天线时,应使天线的最大辐射仰角 δ_m 等于通信仰角 δ_0。根据通信仰角 δ_0 就可求出天线架设高度 H,即

$$H=\frac{\lambda}{4\sin\delta_0} \tag{8-89}$$

当双极天线用作天波通信时,工作距离愈远,通信仰角 δ_0 愈低,则要求天线架设高度越高。

(5) 当地面不是理想导电地时,不同架设高度的天线在垂直平面内的方向图的变化规律与理想导电地基本相同,只是场强最大值变小,最小值不为零,最大辐射方向稍有偏移。

2）水平平面方向图

水平平面方向图就是在辐射仰角 δ 一定的平面上，天线辐射场强随方位角 φ 的变化关系图。方向函数如式(8-85)所示(式中 δ 固定)，即方向函数是下列元因子与阵因子的乘积

$$\begin{cases} f_1(\theta) = \left| \dfrac{\cos(\beta l \cos\delta \sin\varphi) - \cos(\beta l)}{\sin\theta} \right| \\ f_2(\theta) = 2 \mid \sin(\beta H \sin\delta) \mid \end{cases} \tag{8-90}$$

因为阵因子与方位角 φ 无关，所以水平平面内的方向图形状仅由元因子 $f_1(\theta)$ 决定。下面分别给出了 $l/\lambda=0.25$ 及 $l/\lambda=0.50$ 时双极天线在理想导电地面上不同仰角时的水平平面方向图，如图 8.23 和图 8.24 所示。

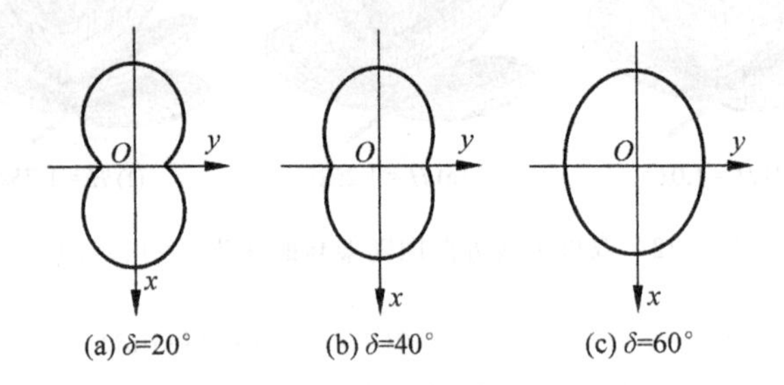

图 8.23 双极天线水平平面方向图($l/\lambda=0.25$)

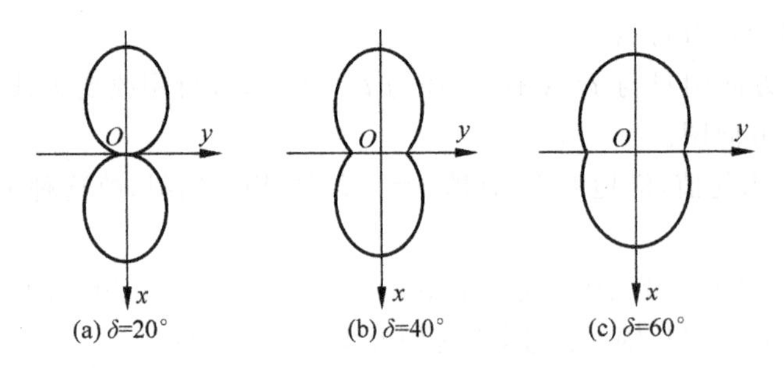

图 8.24 双极天线水平平面方向图($l/\lambda=0.5$)

由图 8.24 可以看出：

(1) 双极天线水平平面方向图与架高 H/λ 无关。

(2) 水平平面方向的形状取决于 l/λ，方向图的变化规律与自由空间对称振子的相同，l/λ 越小，方向性越不明显。当 $l/\lambda<0.7$ 时，最大辐射方向在 $\varphi=0°$ 方向；当 $l/\lambda>0.7$ 时，在 $\varphi=0°$ 方向辐射很少或没有辐射。因此，一般应选择天线长度 $l/\lambda\leqslant0.7$。

(3) 仰角越大时，水平平面方向性越不显著。因为方向性决定于 $\cos\delta\sin\varphi$，当仰角越大时，φ 的变化引起的场强变化越小。

综合双极天线垂直平面和水平平面方向图的特性，可得如下重要结论：

(1) 天线的长度仅仅影响水平平面方向图，而对垂直平面方向图没有影响。架设高度仅仅影响垂直平面方向图，而对水平平面方向图没有影响。

(2) 天线架设不高($H/\lambda\leqslant0.3$)时，在高仰角方向辐射最强，因此这种天线可作 0～300km 距离内的侦听、干扰或通信，又由于高仰角的水平平面方向性不明显，因此对天线架设方位要求不严格。

(3) 当远距离通信时，应该根据通信距离选择通信仰角，再根据通信仰角确定天线架设高度，以保证天线最大辐射方向与通信方向一致。

(4) 为保证天线在 $\varphi=0°$ 方向辐射最强，应使天线一臂的电长度 $l/\lambda\leqslant 0.7$。

2. 水平振子天线的输入阻抗

为了使天线能从发射机或馈线获得尽可能多的功率，要求天线必须与发射机或馈线实现阻抗匹配，必须了解天线的输入阻抗特性。

一般通过实际测量来得出天线的输入阻抗随频率的变化曲线。一副尺寸为 $l=20\text{m}$、$H=6\text{m}$ 的双极天线，其输入阻抗随频率的变化曲线如图 8.25 所示。

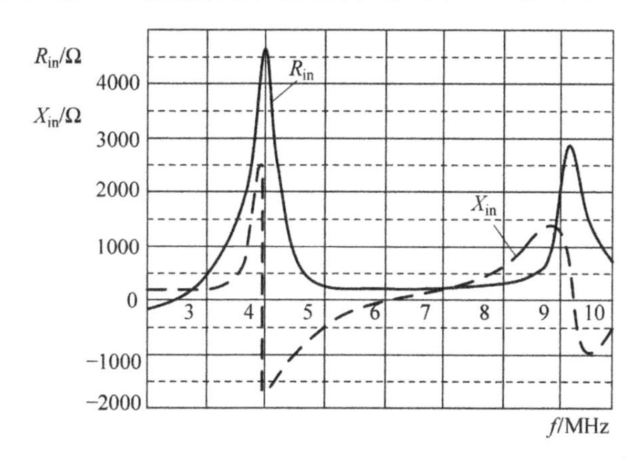

图 8.25　$l=20\text{m}$、$H=6\text{m}$ 的双极天线输入阻抗

可知，双极天线的输入阻抗在工作波段内的变化比较激烈，必须采取匹配措施，保持馈线上的行波系数的稳定，传输线的传输效率将不受到明显影响。

3. 水平振子天线的方向系数

天线的方向系数可由下式求得

$$D=\frac{120f^2(\delta_m,\varphi)}{R_\Sigma} \tag{8-91}$$

式中，$f(\delta_m,\varphi)$ 为天线在最大辐射方向的方向函数；R_Σ 为天线的辐射阻抗。

天线架高 $H>\lambda/2$，且地面为理想导电地时的方向系数与 l/λ 的关系曲线，如图 8.26 所示。假如当 H 较低或地面不是理想导电地面时，天线的方向系数低于图中的数值。

4. 水平振子天线的尺寸选择

1) 水平振子臂长的选择原则

(1) 从水平平面方向性考虑。为保证在工作频率范围内，天线的最大辐射方向不发生变动，应选择振子的臂长 $l<0.7\lambda_{\min}$，其中 $\lambda_{\min}$ 为最短工作波长，满足此条件时，最大辐射方向始终在与振子垂直(即 $\varphi=0°$)的平面上。

(2) 从天线及馈电的效率考虑。若 $1/\lambda$ 太短，天线的辐射电阻较低，使得天线效率 η_A 降低。同时当 l/λ 太短时，天线输入电阻太小，容抗很大，故与馈线匹配程度很差，馈线上的行

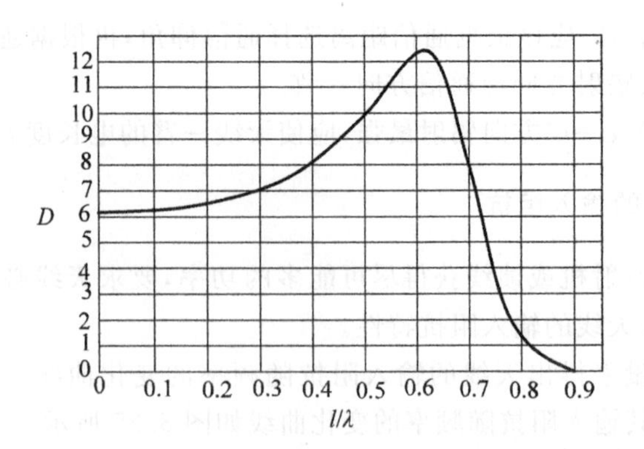

图 8.26 双极天线的 $D\sim l/\lambda$ 关系曲线

波系数很低。若要求馈线上的行波系数不小于 0.1,则 $l\geqslant 0.2\lambda$,考虑电台的工作频段,则应满足

$$l \geqslant 0.2\lambda_{\max} \tag{8-92}$$

综合以上考虑,天线长度应为

$$0.2\lambda_{\max} \leqslant l \leqslant 0.7\lambda_{\min} \tag{8-93}$$

如果工作频段较宽,宜选用长度不同的两副天线。

2) 天线架高 H 的选择

天线架高的选择原则是保证在工作波段内通信仰角方向上辐射较强。如果通信距离在 300km 以内,可采用高射天线,通常取架设高度 $H=(0.1\sim0.3)\lambda$。如果通信距离较远,则应当使天线的最大辐射方向 δ_m 与所需的射线仰角 δ_0 一致,计算天线架设高度 H,即

$$H = \frac{\lambda}{4\sin\delta_0} \tag{8-94}$$

工作中使用宽频段天线,当架设高度一定而频率改变时,天线的最大辐射仰角会随之改变,所选定的架设高度对某些频率可能不适用。因此,对一定频段内工作的双极天线架设高度应全面考虑,一方面架设要方便,另一方面要求各个频率在给定仰角上应有足够强的辐射。双极天线由于结构简单,架设方便,在通信距离($r<1000$km)的通信中广泛使用,但双极天线的方向性弱、增益低,由于其使用的导线比较细,天线的特性阻抗较高,导致输入阻抗的频率特性很差,使得馈线的匹配变得困难。为了改善阻抗的频率特性,常采用笼形结构的水平振子天线。

8.3.2 直立天线

在长波和中波波段,由于波长较长,天线架设高度 H/λ 受到限制,若采用水平悬挂的天线,受地的负镜像作用,天线的辐射能力很弱,而且在此波段主要采用地面波传播。由于地面波传播时,水平极化波的衰减远大于垂直极化波,因此在长波和中波波段主要使用垂直接地的直立天线(Vertical Antenna),如图 8.27 所示,也称单极天线。

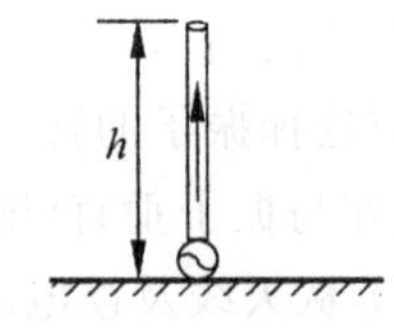

图 8.27 直立天线示意图

这种天线还广泛应用于短波和超短波段的移动通信电台中。在长波和中波波段,天线的几何高度很高,除用高塔(木杆

或金属)作为支架将天线吊起外,也可直接用铁塔作辐射体,称为铁塔天线或桅杆天线。在短波和超短波波段,由于天线并不长,外形像鞭,故又称为鞭状天线。鞭状天线是一种应用相当广泛的水平平面全向天线,最常见的鞭状天线就是一根金属棒,在棒的底部与地之间进行馈电,为了携带方便,可将棒分成数节,节间可采取螺接、拉伸等连接方法。

鞭状天线是一种垂直极化天线,在理想导电地面上,其辐射场垂直于地面,在实际地面上虽有波前倾斜,但仍属垂直极化波。地面对鞭状天线的影响可以用天线的正镜像代替,鞭状天线的方向图与自由空间对称振子的一样,但只取上半空间。利用镜像法分析其特性。

1. 辐射场及方向函数

由镜像法可得其辐射场为

$$\begin{cases} E_\theta = \mathrm{j}\dfrac{60I_m}{r}\mathrm{e}^{-\mathrm{j}kr}f(\theta) & 0\leqslant\theta\leqslant\dfrac{\pi}{2} \\ E_\theta = 0 & \dfrac{\pi}{2}\leqslant\theta\leqslant\pi \end{cases} \tag{8-95}$$

方向函数为

$$f(\theta) = \frac{\cos(\beta h\cos\theta) - \cos(\beta h)}{\sin\theta} \tag{8-96}$$

2. 方向系数

$$D_v = \frac{2f^2(\theta_m)}{\int_0^{\frac{\pi}{2}} f^2(\theta)\sin\theta\mathrm{d}\theta} = \frac{2f^2(\theta_m)}{\frac{1}{2}\int_0^{\pi} f^2(\theta)\sin\theta\mathrm{d}\theta} = 2D \tag{8-97}$$

在理想导电地上,鞭状天线的辐射电阻是相同臂长自由空间对称振子的一半,而方向系数则是其2倍。

3. 辐射电阻

直立振子天线的辐射功率为

$$P_{\Sigma v} = \frac{1}{2}\mid I_m\mid^2 R_{\Sigma v} \tag{8-98}$$

对于直立振子天线,只有上半部分的向上辐射。

对称振子天线的辐射功率为

$$P_{\Sigma} = \frac{1}{2}\mid I_m\mid^2 R_{\Sigma} \tag{8-99}$$

对称振子天线是全辐射,因此有

$$P_{\Sigma v} = \frac{1}{2}P_{\Sigma} \tag{8-100}$$

所以

$$P_{\Sigma v} = \frac{1}{2}R_{\Sigma} \tag{8-101}$$

故直立振子天线的辐射电阻是相应对称振子辐射电阻的一半。

4. 输入阻抗

直立振子天线的输入电流与相应对称振子的输入电流相同，而电压仅为对称振子的一半，则直立振子天线的输入阻抗是对应对称振子输入阻抗的一半。

5. 有效长度

直立天线有效长度即为有效高度。有效高度是直立天线的一个重要指标，可以定义如下：假想有一个等效的直立天线，其均匀分布的电流是鞭状天线输入端电流，它在最大辐射方向(沿地表方向)的场强与鞭状天线的相等，则该等效天线的长度就称为鞭状天线的有效高度 h_e。

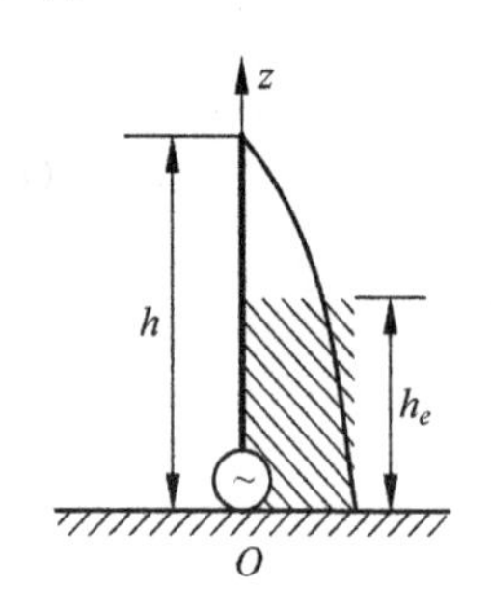

图 8.28 鞭状天线的有效高度

当鞭状天线高度 $h \ll \lambda$ 时，其有效高度近似等于实际高度的一半。这是显然的，因为振子很短时，电流近似直线分布，图 8.28 中两面积相等时有 $h_e = h/2$。有效高度表征直立天线的辐射强弱，即辐射场强正比于 h_e。

对理想导电地来说，鞭状天线的输入阻抗等于相应对称振子输入阻抗的一半。由于损耗电阻大，同时又由于受到天线高度 h 的限制，辐射电阻通常很小，故鞭状天线的效率很低，如何提高鞭状天线的效率成为重要研究内容之一。从效率的定义可知，要提高鞭状天线的效率，从两方面着手：一方面提高辐射电阻，另一方面是减小损耗电阻。实际应用中，鞭状天线性能的改善有以下几种方法。

1) 加顶负载

在鞭状天线的顶端加载小球、圆盘或辐射叶，这些均称为顶负载。顶负载属于集中加载方式，如图 8.29 所示。

天线加顶负载后，使天线顶端的电流不为零，这是由于加顶负载加大了垂直部分顶端对地的分布电容，使顶端不是开路点，顶端电流不再为零，电流的增大使远区辐射场也增大了，加大了天线的有效高度。因此，天线加顶负载后的辐射特性得到了改善。

2) 加电感线圈

在短单极天线中部某点加入一定数值的感抗，就可以部分抵消该点以上线段在该点所呈现的容抗，从而使该点以下线段的电流分布趋于均匀，它对加感点以上线段的电流分布并无改善作用，如图 8.30 所示。

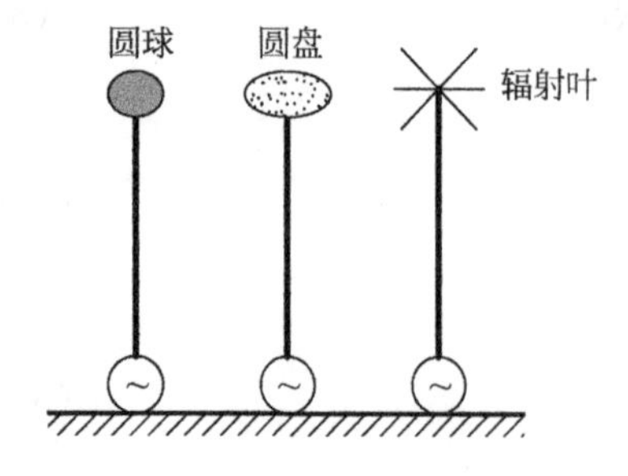

图 8.29 加顶负载的鞭状天线

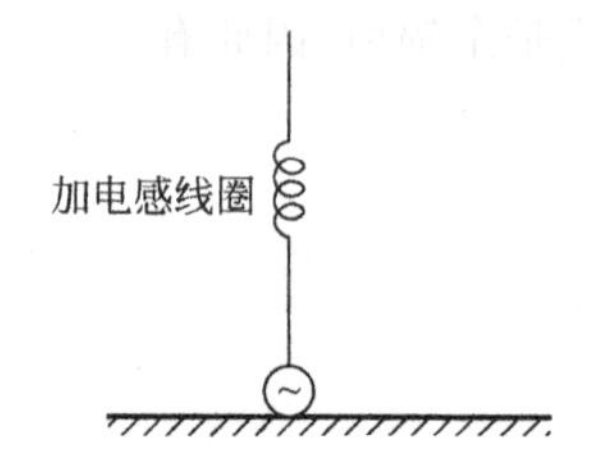

图 8.30 加电感线圈改善天线的电流分布

加大线圈的匝数不仅增加了重量,也加大了损耗。由于线圈仅对加感点以下线段上的电流分布起作用,加感点的位置也不应选得太低。加感点的位置一般选择在距天线顶端(1/3～1/2)h(h 为天线的实际高度)处,可获得较大的效率增益。无论是加顶负载还是加电感线圈,统称为对鞭状天线的加载,前者称为容性加载,后者称为感性加载。

实际上对天线的加载并不限于用集中元件加载,也可用分布在整个天线线段的电抗来加载,例如在天线外表面涂覆一层介质,或者用一细螺旋线来代替鞭形天线的金属棒,做成螺旋鞭状天线,制成分布加载天线。

3) 螺旋鞭天线

螺旋鞭天线的螺旋线是空心的或绕在低耗的介质棒上,圈的直径可以是相同的,也可以随高度逐渐变小,圈间的距离可以是等距的或变距的。螺旋鞭天线如图 8.31 所示。

螺旋天线的辐射特性取决于螺旋线直径 D 与波长的比值 D/λ,天线具有三种辐射状态,如图 8.32 所示。图 8.32(a)为 $D/\lambda<0.18$ 的细螺旋天线,最大辐射方向在垂直于天线轴的法向,又称为法向模螺旋天线。图 8.32(b)所示为 $D/\lambda=0.25\sim0.46$ 的端射型螺旋天线,这时在天线轴向有最大辐射,又称为轴向模螺旋天线或简称螺旋天线。图 8.32(c)所示为 $D/\lambda>0.46$ 的圆锥形螺旋天线。

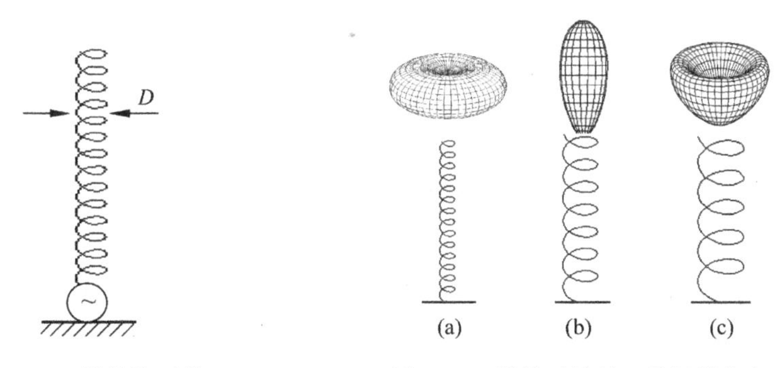

图 8.31 螺旋鞭天线

图 8.32 螺旋天线的三种辐射状态

螺旋鞭天线多采用垂直极化方式,用来取代车载和船载鞭状天线。螺旋鞭天线的增益比等高度的普通鞭状天线高,但其带宽较窄,驻波比小于 1.5 的相对带宽仅为 5%。

8.4 引向天线和电视天线

8.4.1 引向天线

引向天线又称八木天线(Yagi-Uda Antenna),由日本一位电工学教授八木秀次和其助手宇田新太郎在 20 世纪 20 年代做出,这种天线被誉为天线领域的经典之作,并且以发明人的名字来命名。八木天线被广泛地应用于通信、雷达和电视等。它由一个有源振子及若干个无源振子构成,形成一个紧耦合的寄生振子端射阵,引向天线结构图如图 8.33 所示。

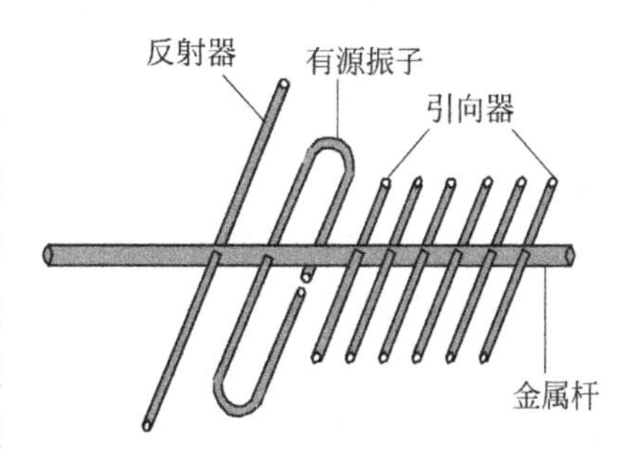

图 8.33 引向天线结构图

引向天线的反射器由稍长于有源振子的无源振子构成，主要作用是起引导能量的作用；有源振子近似为半波振子，主要作用是提供辐射能量；其余无源振子称为引向器(Director)，主要作用是使辐射能量集中到天线的端向。无源振子起引向或反射作用的大小，与它们的尺寸及离有源振子的距离有关。

通常根据振子数目大小确定天线为几元引向天线。图 8.33 的引向天线有八个振子，就称八元引向天线。引向振子尺寸和间距均相同的引向天线称为均匀天线，否则称为非均匀天线。由于每个无源振子都近似等于半波长，中点为电压波节点；各振子与天线轴线垂直，它们可以同时固定在一根金属杆上，金属杆对天线性能影响较小；不必采用复杂的馈电网络。八木天线的优点：结构与馈电简单，制作与维修方便，体积不大，重量轻，转动灵活，天线效率高，增益可以做到十几个分贝，具有较高增益。还可用作阵元，组成八木天线阵列，可获得更高的增益。八木天线的缺点是调整和匹配较困难，工作带宽较窄。

1. 工作原理

由天线阵理论可知，天线阵排列的目的是为了增强天线的方向性，改变各单元天线的电流分配比可以改变方向图的形状，获得所需要的方向性。引向天线只对其中一个有源振子馈电，其余振子则是依靠与馈电振子之间的近场耦合所产生的感应电流来激励的。感应电流的大小取决于各振子的长度和间距，因此调整天线的各振子的长度和间距来改变各振子之间的电流分配比，可以控制八木天线的方向性。

1）二元引向天线

为了使天线的结构简单、牢固、成本低，在引向天线中广泛采用无源振子作为引向器或反射器，如图 8.34 所示。

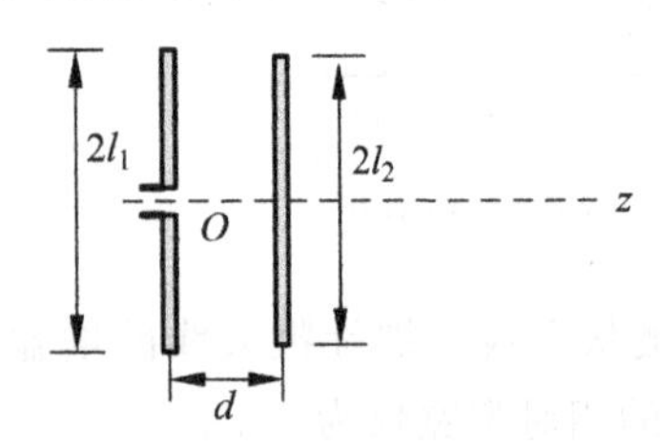

图 8.34　二元引向天线结构

在引向天线中无源振子的引向或反射作用都是相对于有源振子而言的。假定有源振子“1”的全长为 $2l_1$，无源振子“2”的全长为 $2l_2$，二者平行排列，间距为 d，在有源振子电磁场的作用下，无源振子将被感应出电流 I_2。有电流就会有辐射，无源振子的辐射场将对二元引向天线作出贡献，因而就方向性而论，无源振子实质上也是一个有效天线单元。I_2 由它自身的尺寸以及与有源振子的相对关系决定。二元引向天线方向图归纳：

(1) 当有源振子 $2l_1/\lambda$ 一定时，只要无源振子长度 $2l_2/\lambda$ 及两振子间距 d/λ 选择得合适，无源振子就可以成为引向器或反射器。

(2) 当有源及无源振子长度一定时，d/λ 值不同，无源振子所起的引向或反射作用不同，为了得到较强的引向或反射作用，应正确选择或调整无源振子的长度及两振子的间距。

(3) 为了形成较强的方向性，引向天线振子间距 d/λ 不宜过大，一般 $d/\lambda<0.4$。

2）多元引向天线

为了得到足够的方向性，实际使用的引向天线大多数是更多元数的，通过调整无源振子的长度和振子间的间距，可以使反射器上的感应电流相位超前于有源振子；使引向器“1”的感应电流相位落后于有源振子；使引向器“2”的感应电流相位落后于引向器“1”；引向器

“3”的感应电流相位再落后于引向器“2”……如此下去便可以调整得使各个引向器的感应电流相位依次落后下去，直到最末一个引向器落后于它前一个为止。这样就可以把天线的辐射能量集中到引向器的 z 方向，即为引向天线的前向，获得较强的方向性。

反射器通常一个就够了，通常选用半波振子长度。对于引向器，一般来说数目越多，其方向性就越强。但是当引向器的数目增加到一定程度以后，再继续加多，对天线增益的贡献相对较小。不仅如此，引向器个数多了还会使天线的带宽变窄、输入阻抗减小，不利于与馈线匹配。从机械上考虑，引向器数目过多，会造成天线过长，也不便于支撑。因此，在米波波段实际应用的引向天线引向器的数目不超过十三四个。

2. 引向天线的电特性

引向天线的电特性包括引向天线的增益、输入阻抗以及 E 面和 H 面方向图的波束宽度、副瓣电平前后辐射比等。

1）输入阻抗

引向天线是由若干个振子组成的，由于存在着互耦，在无源振子的影响下，有源振子的输入阻抗将发生变化，不再和单独一个振子时相同。实用中常常不注重引向天线输入阻抗的精确值，主要以馈线上的驻波比为标准进行调整。当引向天线要求在稍宽的频带内工作时，只有降低对驻波比的要求。

2）方向图的半功率角

引向天线的方向图在工程上多用近似公式、曲线和经验数据来估算。引向天线半功率波瓣宽度的估算公式为

$$2\theta_{0.5} \approx 55^\circ \sqrt{\frac{\lambda}{L}} \tag{8-102}$$

式中，L 是指由反射器到最后一个引向器的几何长度，称为引向天线的长度；λ 为工作波长。图 8.35 为半功率波瓣宽度的估算曲线。

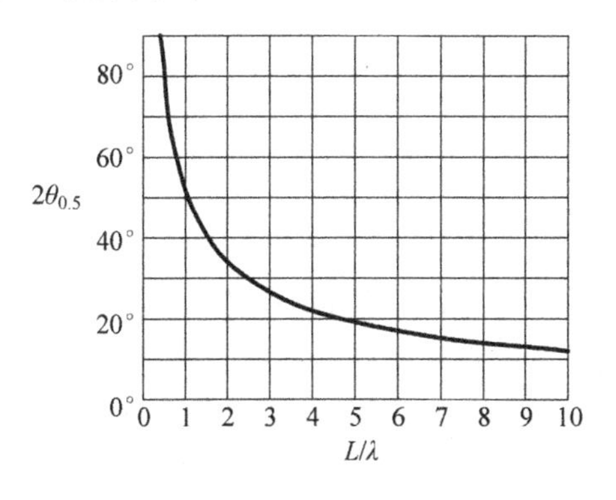

图 8.35 $2\theta_{0.5} \sim L/\lambda$ 的关系

可以看出，当 $L/\lambda>2$ 以后，$2\theta_{0.5}$ 随 L/λ 的增大下降得相当缓慢，所以引向天线的半功率角不可能做到很窄，通常都是几十度。

引向天线的副瓣电平一般也只有负几分贝到负十几分贝，H 面的副瓣电平一般总是较 E 面的高。引向天线的前后辐射比往往不是很高，即引向天线往往具有较大的尾瓣，这也是

不够理想的。为了进一步减小引向天线的尾瓣,可以将单根反射器换成反射屏或"王"形反射器等形式。带"王"字形反射器的六元引向天线如图 8.36 所示。

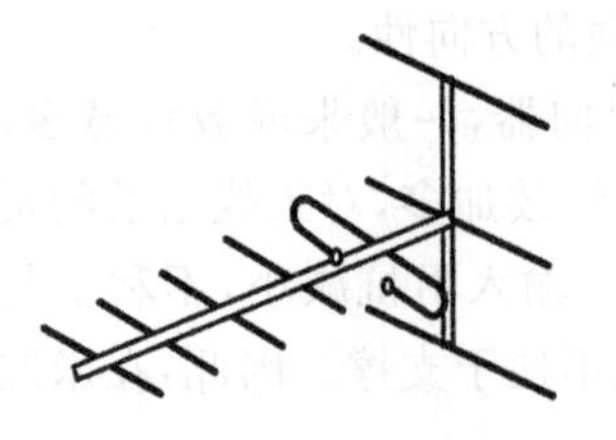

图 8.36 带"王"字形反射器的六元引向天线

3) 方向系数和增益系数

方向系数近似计算式

$$D = k\frac{L}{\lambda} \tag{8-103}$$

式中,L 为引向天线的长度; k 是与振子数 N 有关的比例系数。可近似计算为

$$k = \begin{cases} 10 & 3\lambda < L < 8\lambda \\ 7 & 10\lambda \leqslant L \leqslant 50\lambda \\ 4 & L > 50\lambda \end{cases} \tag{8-104}$$

一般的引向天线长度 L/λ 不是很大,它的方向系数只有 10 左右。当要求更强的方向性时,采用将多个引向天线排列成天线阵的方法。引向天线的效率很高,差不多都在 90% 以上,可以近似看成 1,因而引向天线的增益系数也就近似等于它的方向系数,即

$$G = \eta D \approx D \tag{8-105}$$

4) 极化特性

常用的引向天线为线极化天线,它的辐射场在空间任一点随着时间的推移始终在一条直线上变化。当振子面水平架设时,工作于水平极化; 当振子面垂直架设时,工作于垂直极化。

5) 带宽特性

引向天线的工作带宽主要受方向性和输入阻抗的限制,一般只有百分之几。在允许馈线上驻波比 $\rho \leqslant 2$ 的情况下,引向天线的工作带宽可能达到 10%。通常采用排成平面的多振子或由金属线制成的反射屏作为反射器,这样不仅可以增大前后辐射比,还可以增加工作带宽。

8.4.2 电视发射天线

1. 电视发射天线概述

对于电视信号的工作频段,电视的 1~12 频道是甚高频(VHF),其频率范围为 48.5~223MHz; 13~68 频道是特高频(UHF),其频率范围为 470~958MHz。由于电波主要以空间波传播,因而电视台的服务范围直接受到天线架设高度的限制。为了扩大电视台的服务区域,一般天线要架设在高大建筑物的顶端或专用的电视塔上。这样一来,就要求它在结构、防雷、防冰凌等方面满足一定的要求。

电视演播中心及其发射中心一般在城市中央,为了增大服务范围,要求天线在水平平面内应具有全向性。如果在城市边缘的小山或高山上建台,就应考虑某些方向人口多,而某些方向人口少等问题; 为了有效地利用发射功率,就必须考虑水平平面具有一定的方向性。而在垂直平面内要有较强的方向性,以便能量集中于水平方向而不向上空辐射。当天线架设高度过高时,还需采用主波束的下倾方式。从极化考虑,为减小天线受垂直放置的支持物和馈线的影响,减小工业干扰,并且为架设方便,应采用水平极化波。因此,电视发射天线都

是与地面平行即水平架设的对称振子及其变形。

对于电视发射天线，要求天线要有足够带宽，并要满足对驻波比的要求，以保证天线与馈线处于良好的匹配状态。不仅如此，在馈电时还要考虑到天线方向图的零点方向，进行"零点补充"，以免临近电视台的部分地区的用户收看不到清晰的电视信号。

2. 旋转场天线

对于电视及调频广播发射天线，要求它为水平平面全向天线，即水平平面的方向图近似一个圆，从而保证各个方向都接收良好。为得到近似于圆的水平方向图，可以采用旋转场天线。

下面先以电基本振子组成的旋转场天线为例，说明它的工作原理。假有两个电基本振子在空间相互垂直放置，如图 8.37 所示。

设馈给两个振子的电流大小相等，相位相差 90°，则在振子组成的平面内的任意点上，两个振子产生的场强分别为

$$\begin{cases} E_{\theta 1} = A\sin\theta\cos\omega t \\ E_{\theta 2} = A\cos\theta\sin\omega t \end{cases} \tag{8-106}$$

其中 A 是与传播距离、电流和振子电长度有关而与方向性无关的一个因子。

$$A = \frac{60\pi Il}{\lambda r} \tag{8-107}$$

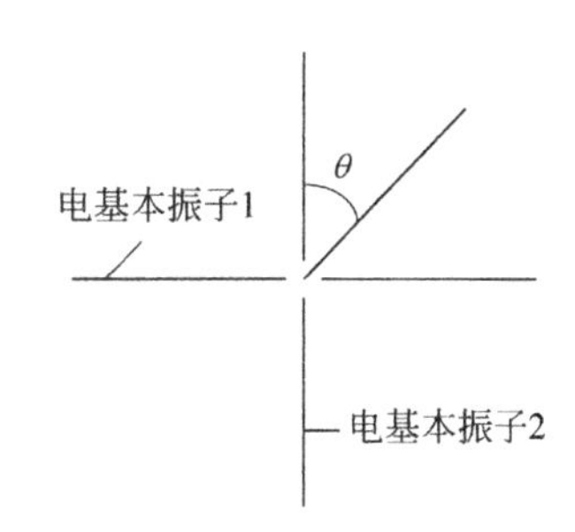

图 8.37 相互垂直的电基本振子

在两振子所处的平面内，两振子辐射电场方向相同，所以总场强就是两者的代数和，即

$$E_M = E_{\theta 1} + E_{\theta 2} = A\sin(\omega t + \theta) \tag{8-108}$$

在任何瞬间，天线在该平面内的方向图为"8"字形，但这个"8"字形的方向图随着时间的增加，围绕与两振子相垂直的中心轴以角频率 ω 旋转，故这种天线称为旋转场天线。

天线的稳态方向图为一个圆，如图 8.38(a)所示。在与两个振子相垂直的中心轴上，场强是一个常数，因为此时电场

$$E_M = A\sqrt{\cos^2\omega t + \sin^2\omega t} = A \tag{8-109}$$

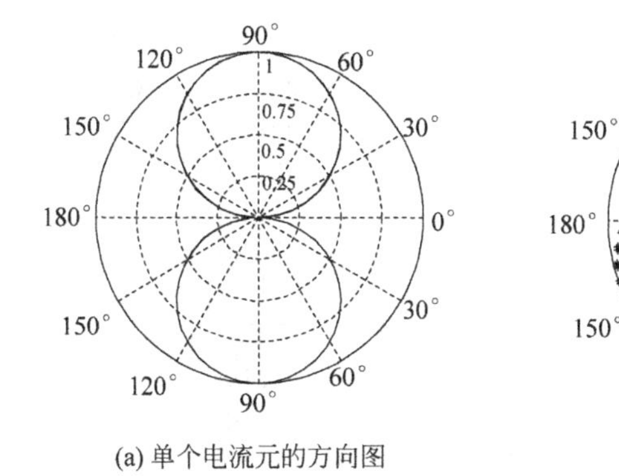

(a) 单个电流元的方向图　　(b) 两正交电流元的方向图

图 8.38 旋转场天线方向图

在该中心轴上电场是圆极化场。如果把基本振子用两个半波振子来代替，就是实际工作中常用的一种旋转场天线，其方向图与前者相比略有不同，与一个圆相比约有±5%的起伏变化，如图 8.38(b)所示。

在半波振子组成的平面内，合成场为

$$E_M = Af(\theta)(\cos\omega t + \sin\omega t)$$

$$= A\left[\frac{\cos\left(\frac{\pi}{2}\cos\theta\right)}{\sin\theta}\cos\omega t + \frac{\cos\left(\frac{\pi}{2}\cos\theta\right)}{\sin\theta}\sin\omega t\right] \tag{8-110}$$

其方向图在水平面内基本上是无方向的，如图 8.39 所示。

为了提高垂直面内的方向性，可以将若干正交半波振子以间距半波长排阵，然后安装在同一根杆子上，而同一层内的两个正交半波振子馈电电缆的长度相差 $\lambda/4$，以获得 90°的相差。正交半波振子天线阵如图 8.40 所示。

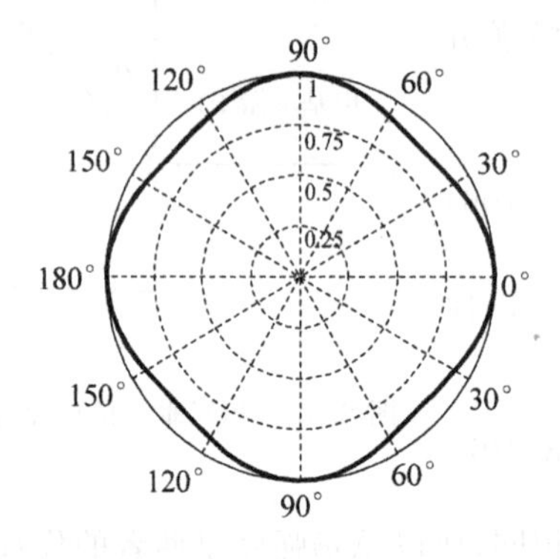

图 8.39 水平面方向图

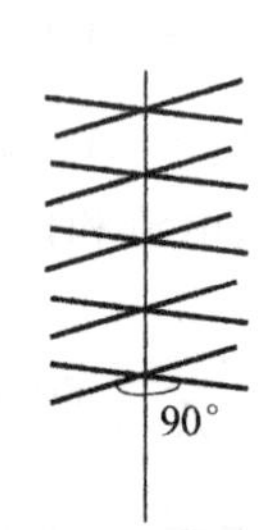

图 8.40 正交半波振子天线阵

电视发射天线要求有良好的宽频带特性，因此在天线的具体结构上必须采取一定的措施，电视发射天线要求具有一定的抗风性，对材料有一定的要求，要求天线的方向性要好。根据上述原理和要求设计的蝙蝠翼天线就是广播和电视经常使用的天线类型。蝙蝠翼天线结构图如图 8.41 所示。

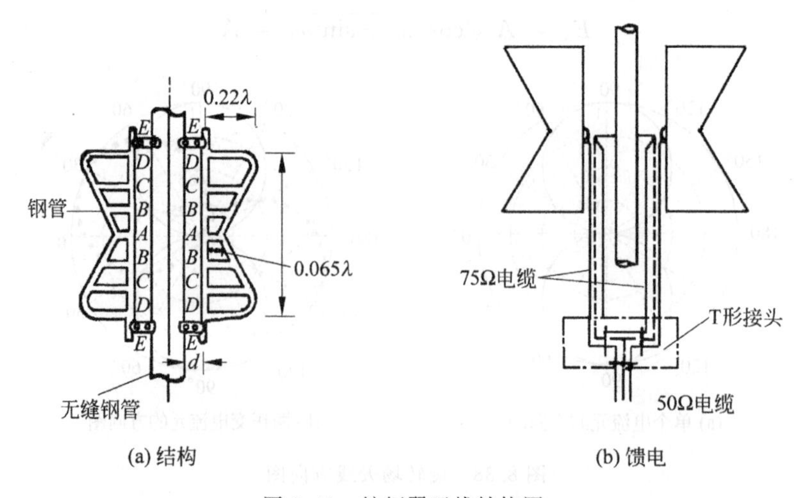

图 8.41 蝙蝠翼天线结构图

为了进一步提高天线的增益，可将蝙蝠翼天线垂直排阵，根据天线阵理论，阵元间距要合适，若间距过小，方向性增强效果不明显，还会导致阻抗特性变差；若间距过大，导致方向图波瓣增多，主瓣增益下降。所以层间增益一般选择 0.75～λ。

8.5 移动通信基站天线

1. 移动通信基站天线的分类

移动通信是指通信双方至少有一方在移动中进行信息传输和交换。在不同的应用环境中，所使用的移动通信基站天线的类型也不同，下面列出几种常用类型的基站天线：

(1) 全向天线：该天线在水平面为全面均匀辐射，其水平面方向图为一个圆，又称无方向性天线。

(2) 定向天线：该天线在水平面上向某一个特定方向辐射，能量保持一定的角度，其在水平面有方向性。定向天线水平面的波束宽度一般有 65°、90°、120°和 180°，具体选择要根据基站配置和地理环境而定。

(3) 双极化天线：该天线是近年兴起的一种天线形式。双极化天线采用极化分集形式，两副极化相互正交且同时工作的天线直接放在一起，通过极化隔离来保证天线间不会相互影响。工程上常用将＋45°和－45°极化的两副天线相组合。采用双极化天线的基站仅需一副天线，一个极化用于发射，一个极化用于接收。双极化天线不需要传统的铁塔来支撑天线，只要固定在一根高度满足要求的柱子上即可。在话务量高的城区，双极化天线是基站天线的首选。

2. 移动通信基站天线的要求

通信中的用户可以在一定范围内自由活动，移动通信的运行环境十分复杂，多径效应、衰落现象及传输损耗等都比较严重；而且移动通信的用户由于受使用条件的限制，只能使用结构简单、小型轻便的天线。移动通信基站天线的作用就是在基站和服务区域内各移动站之间建立无线电传输线路。移动通信基站天线要求如下：

(1) 为尽可能避免地形、地物的遮挡，天线应架设在很高的地方，这就要求天线有足够的机械强度和稳定性。

(2) 为了用户在移动状态下使用方便，天线应采用垂直极化。

(3) 根据组网方式的不同，如果是顶点激励，采用扇形天线；如果是中心激励，采用全向天线。

(4) 为了节省发射机功率，天线增益应尽可能地高。

(5) 为了提高天线的效率及带宽，天线与馈线应良好地匹配。

3. 移动通信基站天线工作原理

移动通信基站天线一般是由馈源和角形反射器两部分组成的，为了获得较高的增益，馈源一般采用并馈共轴阵列和串馈共轴阵列两种形式；为了承受一定的风荷，反射器可以采用条形结构，只要导线的间距 $d<0.1\lambda$，它就可以等效为反射板。两块反射板构成 120°反

射器，如图 8.42 所示。反射器与馈源组成扇形定向天线，3 个扇形定向天线组成全向天线。

并馈共轴阵列示意图如图 8.43 所示，由功分器将输入信号均分，然后用相同长度的馈线将其分别送至各振子天线上。由于各振子天线电流等幅、同相，根据阵列天线的原理，其远区场同相叠加，因而其方向性得到加强。

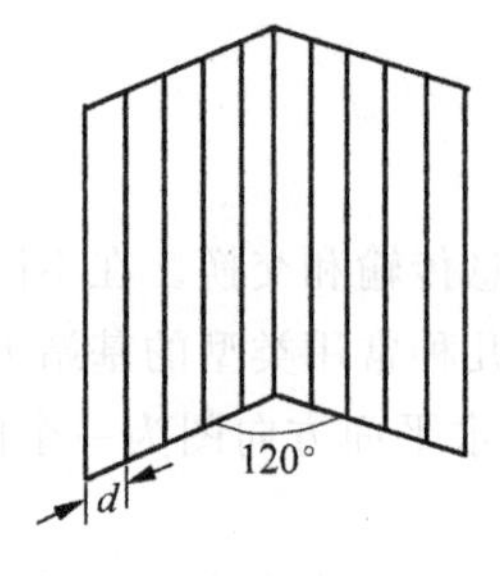

图 8.42 反射器示意图

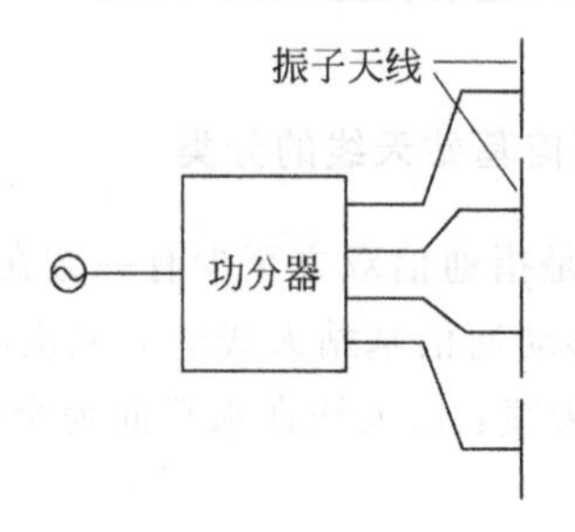

图 8.43 并馈共轴阵列示意图

串馈共轴阵列如图 8.44 所示，关键是利用 180°移相器，使各振子天线上的电流分布相位接近同相，以达到提高方向性的目的。

为了缩短天线的尺寸，实际中还采用填充介质的垂直同轴天线，其结构原理如图 8.45(a)所示。辐射振子就是同轴线的外导体，而在辐射振子与辐射振子的连接处，同轴线的内导体交叉连接如图 8.45(b)所示。

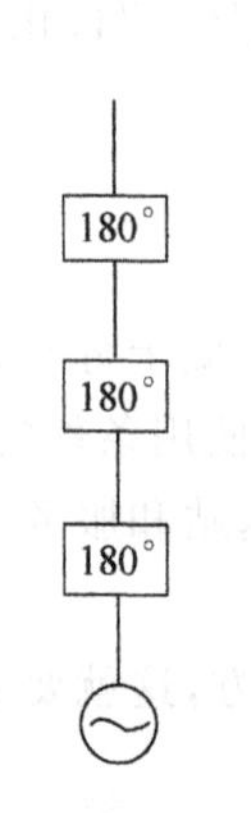

图 8.44 串馈共轴阵列

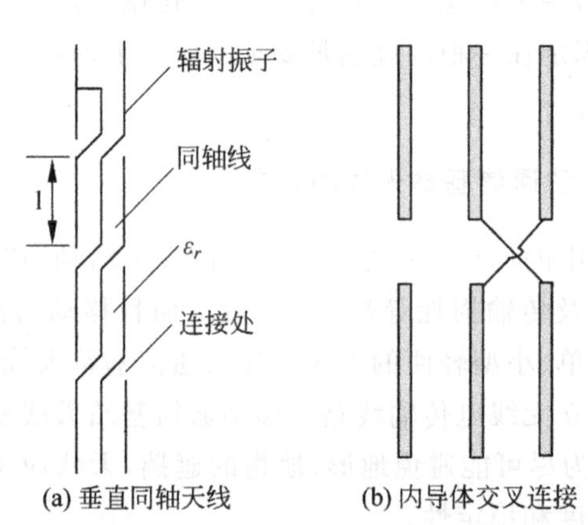

图 8.45 垂直同轴天线结构图

垂直同轴天线具有体积小、增益高、垂直极化、水平面内无方向性。为了进一步提高增益，可以给天线加上角形反射器，将会达到较好的效果。

8.6 其他类型天线

天线在通信、雷达、广播、导航等无线电系统是有效发射和接收电磁波的重要部件，天线在无线通信中起到了重要作用。经常使用到的通信天线有螺旋天线、行波天线、缝隙天线、微带天线等。

8.6.1 螺旋天线

螺旋天线(Helical Antenna)又称为轴向模螺旋天线。螺旋天线是一种广泛应用于米波和分米波段的圆极化天线,它既可独立使用,也可用作反射器天线的馈源或天线阵的辐射单元。它的主要特点是:辐射场采用圆极化波,天线导线上的电流按行波分布,轴线方向为最大辐射方向;输入阻抗近似为纯电阻;螺旋天线具有宽频带特性。

1. 螺旋天线的工作原理及电参数估算

螺旋天线的直径既可以是固定的,也可以是渐变的。直径固定的螺旋天线称为圆柱形螺旋天线,如图8.46所示。

直径$2d$渐变的螺旋天线,称为圆锥形螺旋天线,根据馈电方式的不同又分为底馈和顶馈两种方式,如图8.47所示。将圆柱形螺旋天线改型为圆锥形螺旋天线可以增大带宽。

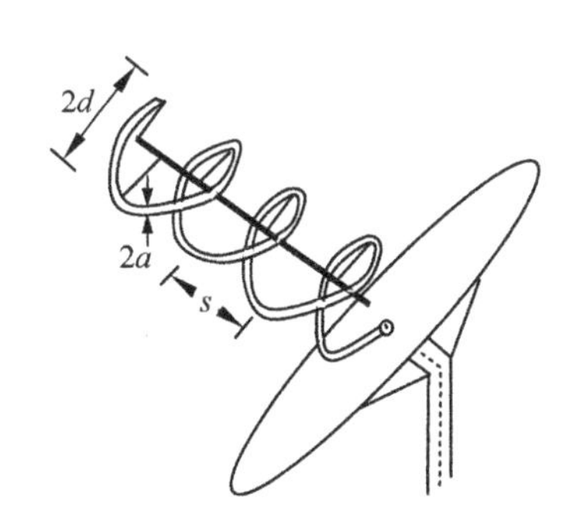

图8.46 螺旋天线的结构图

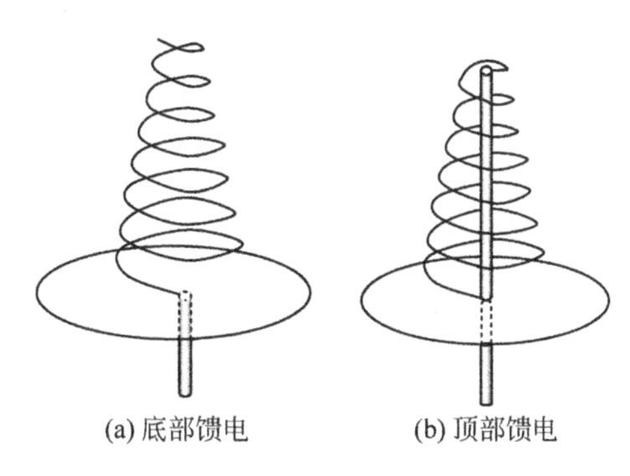

图8.47 圆锥形螺旋天线馈电方式

螺旋天线通常用同轴线来馈电,螺旋天线的一端与同轴线的内导体相连接,它的另一端处于自由状态,或与同轴线的外导体相连接。同轴线的外导体一般与垂直于天线轴线的金属板相连接,该板即为接地板。接地板可以减弱同轴线外表面的感应电流,改善天线的辐射特性,同时又可以减弱后向辐射。圆形接地板的直径为0.8～1.5λ。螺旋天线的几何图形如图8.48所示。

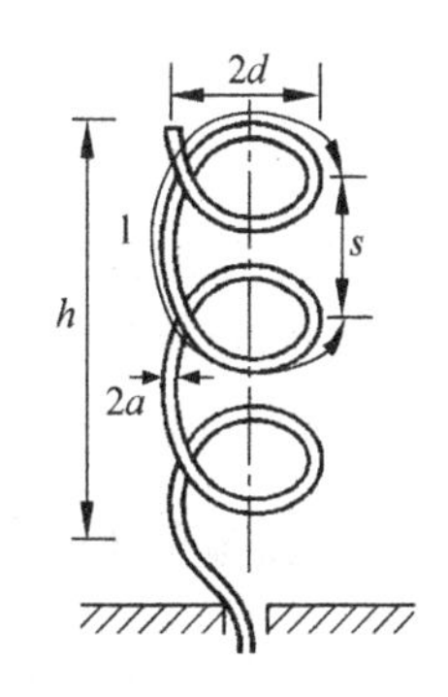

图8.48 螺旋天线的几何图形

螺旋天线的几何参数可用下列符号表示:D表示螺旋的直径;a表示螺旋线导线的半径;s表示螺距,即每圈之间的距离;α表示螺距角;l表示一圈的长度;N表示圈数;h表示轴向长度,$h=Ns$。

分析螺旋天线时,可以近似地将其看成是由N个平面圆环串接而成的,也可以把它看成是一个用环形天线作单元天线所组成的天线阵。下面我们先讨论单个圆环的辐射特性。为简便起见,设螺旋线一圈周长l近似等于一个波长,则螺旋天线的总长度就为N个波长。由于沿线电流不断向空间辐射能量,因而到达终端的能量就很小了,故终端反射也很小,这样可以认为沿螺旋线传输的是行波电流。

螺旋天线上的电流是行波电流，每圈螺旋线上的电流分布绕 z 轴以 ω 频率不断旋转，因而 z 轴方向的电场也绕 z 轴旋转，这样就产生了圆极化波。任何线极化都可以分解为两个反旋的圆极化波，可以被圆极化天线接收，所接收强度与线极化波方向无关。用螺旋天线作抛物面天线的初级馈源，如果抛物面天线接收右旋圆极化波，则反射后右旋变成左旋，因此螺旋天线必须是左旋的。

工程上常用的估算螺旋天线的方向系数、波束宽度等经验公式。

(1) 天线的方向系数或增益为

$$G \approx D = 15\left(\frac{l}{\lambda}\right)^2 \frac{h}{\lambda} = 15\left(\frac{l}{\lambda}\right)^2 \frac{Ns}{\lambda} \tag{8-111}$$

(2) 方向图的半功率角为

$$2\theta_{0.5} = \frac{52^\circ}{\frac{l}{\lambda}\sqrt{\frac{h}{\lambda}}} = \frac{52^\circ}{\frac{l}{\lambda}\sqrt{\frac{Ns}{\lambda}}} \tag{8-112}$$

(3) 方向图零功率张角为

$$2\theta_0 = \frac{115^\circ}{\frac{l}{\lambda}\sqrt{\frac{h}{\lambda}}} = \frac{115^\circ}{\frac{l}{\lambda}\sqrt{\frac{Ns}{\lambda}}} \tag{8-113}$$

(4) 输入阻抗为

$$Z_{in} \approx R_{in} = 140\frac{l}{\lambda}\Omega \tag{8-114}$$

(5) 极化椭圆的轴比

$$|AR| = \frac{2N+1}{2N} \tag{8-115}$$

由于螺旋天线在 $l=3/4\sim4/3\lambda$ 的范围内保持端射方向图，轴向辐射接近圆极化，因而螺旋天线的绝对带宽可达

$$\frac{f_{max}}{f_{min}} = \frac{\frac{4}{3}}{\frac{3}{4}} = 1.78 \tag{8-116}$$

这些公式适用于螺距角 $\alpha=12^\circ\sim16^\circ$，圈数 $N>3$，每圈长度 $l=(3/4\sim4/3)\lambda$。天线增益 G 与圈数 N 及螺距 s 有关，即与天线轴向长度 h 有关。计算表明，当 $N>15$ 以后，随 h 的增加，G 增加不明显，所以圈数 N 一般不超过 15 圈。为了提高增益，可采用螺旋天线阵。

2. 平面等角螺旋天线的工作原理

平面等角螺旋天线是 V. H. Rumsey 提出的一种角度天线，双臂用金属片制成，具有对称性，每一臂都有两条边缘线，均为等角螺旋线。平面等角螺旋天线如图 8.49 所示。等角螺旋线如图 8.50 所示。等角螺旋线的极坐标方程为

$$r = r_0 e^{a\varphi} \tag{8-117}$$

式中，r 为螺旋线矢径；φ 为极坐标中的旋转角；r_0 为 $\varphi=0^\circ$时的起始半径。

将螺旋线与矢径之间的夹角 Ψ 处处相等的螺旋线称为等角螺旋线，Ψ 称为螺旋角，它只与螺旋率有关，即

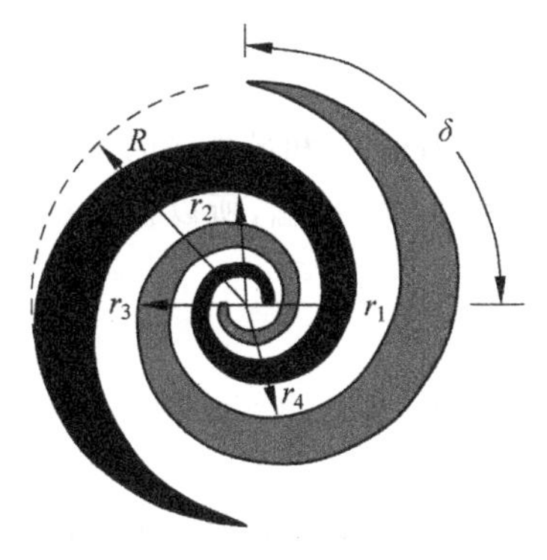

图 8.49 平面等角螺旋天线

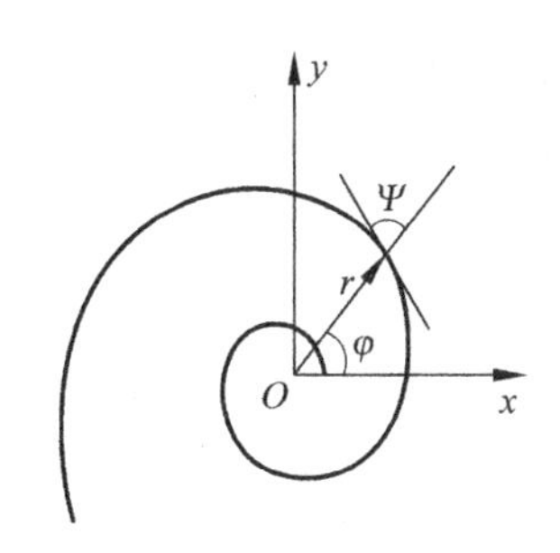

图 8.50 等角螺旋线

$$\Psi = \arctan \frac{1}{a} \tag{8-118}$$

式中,$1/a$ 为螺旋率,决定螺旋线张开的快慢。

由于平面等角螺旋天线臂的边缘仅由角度描述,因而满足非频变天线对形状的要求。如果取 $\delta=\pi/2$,天线的金属臂与两臂之间的空气缝隙是同一形状,称为自补结构。

螺旋线上的每一小段都是一基本辐射片,它们的取向沿螺旋线变化,总的辐射场就是这些元辐射场的叠加。当两臂的始端馈电时,可以把两臂等角螺旋线看成是一对变形的传输线,臂上电流沿线传输并辐射,同时衰减。实验表明,臂上电流在流过约一个波长后就迅速衰减到 20dB 以下,终端效应很弱。因此,辐射场主要是由结构中周长约为一个波长以内的部分产生的,通常将这一区域称为有效辐射区,传输行波电流。

平面等角螺旋天线的电性能有如下几种。

1) 方向性

自补平面等角螺旋天线的辐射是双向的,最大辐射方向在平面两侧的法线方向上。若设 θ 为天线平面的法线与射线之间的夹角,则方向图可近似表示为 $\cos\theta$,半功率波瓣宽度近似为 90°。因为平面等角螺旋天线是双向辐射的,为了得到单向辐射,可采用附加反射(或吸收)腔体,也可以做成圆锥形等角螺旋天线。

2) 阻抗特性

当 $\delta=\pi/2$ 时,天线为自补结构,自补是互补的特殊情况。互补天线类似于摄影中的相片和底片,互补天线的一个例子是金属带做成的对称振子和无限大金属平面上的缝隙,互补天线的阻抗具有下列性质

$$Z_f \cdot Z_j = (60\pi)^2 \tag{8-119}$$

式中,Z_f 为缝隙阻抗; Z_j 为金属带阻抗。

对于自补结构,由上式可得

$$Z_f = Z_j = 60\pi = 188.5(\Omega) \tag{8-120}$$

3) 极化特性

平面等角螺旋天线在 $\theta\leqslant 70°$ 锥形范围内接近圆极化。天线有效辐射区内的每一段螺旋线都是基本辐射单元,但它们的取向沿螺旋线变化,总的辐射场是这些单元辐射场的叠加,因此等角螺旋天线轴向辐射场的极化与臂长相关。当频率很低,全臂长比波长小得多时,为

线极化；当频率增高时，最终会变成圆极化。

4) 工作带宽

等角螺旋天线的工作带宽受其几何尺寸影响，由内径 r_0 和最外缘的半径 R 决定。实际的圆极化等角螺旋天线，外径 $R\approx\lambda_{\max}/4$，内径 $r_0\approx1/4\sim1/8\lambda_{\min}$，所以该天线可具有的相对带宽为

$$\frac{\lambda_{\max}}{\lambda_{\min}}=\frac{\frac{\lambda_{\max}}{4}}{\frac{\lambda_{\min}}{4}}=8 \tag{8-121}$$

即典型相对带宽为 8∶1。若要增加相对带宽，必须增加螺旋线的圈数或改变其参数。

3. 阿基米得螺旋天线

阿基米得螺旋天线像许多螺旋天线一样，采用印刷电路技术很容易制造。阿基米得螺旋天线如图 8.51 所示。

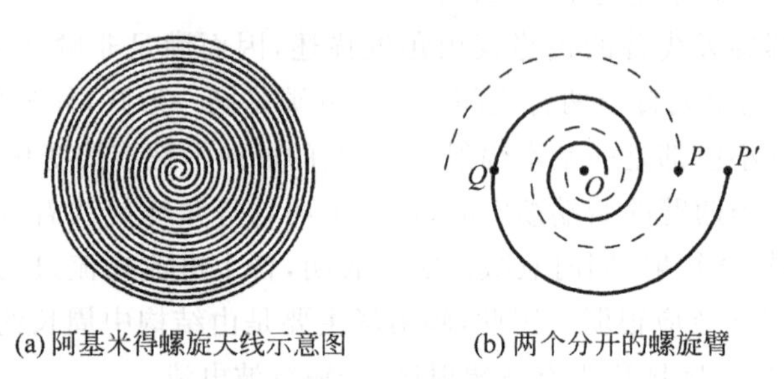

(a) 阿基米得螺旋天线示意图　　(b) 两个分开的螺旋臂

图 8.51　阿基米得螺旋天线

天线的两个螺旋臂方程分别是

$$\begin{cases}r_1=r_0+a\varphi\\ r_2=r_0+a(\varphi-\pi)\end{cases} \tag{8-122}$$

式中，r_0 对应于 $\varphi=0\text{rad}$ 的矢径。

阿基米得螺旋天线的性能基本上与等角螺旋天线类似，不再赘述。阿基米得螺旋天线具有宽频带、圆极化、尺寸小、效率高以及可以嵌装等优点，故目前其应用愈来愈广泛。

8.6.2　行波天线

1. 行波单导线

行波单导线是指天线上电流按行波分布的单导线天线。设长度为 l 的导线沿 z 轴放置，如图 8.52 所示。

导线上电流按行波分布，即天线沿线各点电流振幅相等，相位连续滞后，其馈电点置于坐标原点。设输入端电流为 I_0，忽略沿线电流的衰减，则线上电流分布为

$$I(z)=I_0\mathrm{e}^{-\mathrm{j}\beta z} \tag{8-123}$$

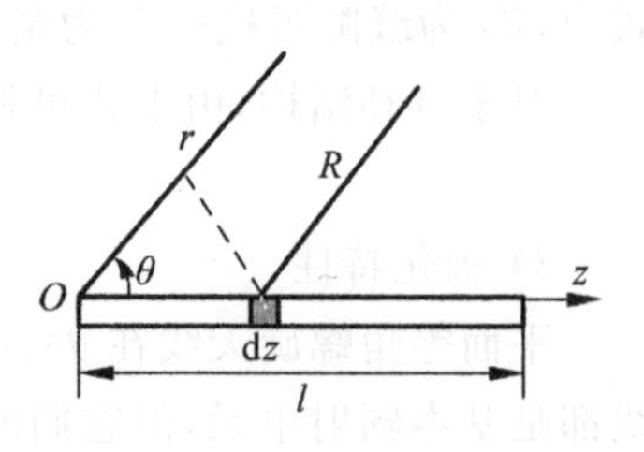

图 8.52　行波单导线及坐标

行波单导线辐射场的分析方法与对称振子相似，即把天

线分割成许多个电基本振子，而后取所有电基本振子辐射场的总和，故

$$E_\theta = \mathrm{j}\,\frac{60I_0}{r\lambda}\sin\theta\int_0^l \mathrm{e}^{\mathrm{j}\beta z}\,\mathrm{e}^{\mathrm{j}\beta(r-z\cos\theta)}\,\mathrm{d}z$$

$$= \mathrm{j}\,\frac{60I_0}{r\lambda}\mathrm{e}^{\mathrm{j}\beta z}\,\frac{\sin\theta}{1-\cos\theta}\sin\left[\frac{\beta l}{2}(1-\cos\theta)\right]\mathrm{e}^{-\mathrm{j}\frac{\beta l}{2}(1-\cos\theta)} \tag{8-124}$$

式中，r 为原点至场点的距离；θ 为射线与 z 轴之间的夹角。由上式可得行波单导线的方向函数为

$$|f(\theta)| = \left|\sin\theta\,\frac{\sin\left[\frac{\beta l}{2}(1-\cos\theta)\right]}{\left[\frac{\beta l}{2}(1-\cos\theta)\right]}\right| = |f_1(\theta)f_2(\theta)| \tag{8-125}$$

式中，$f_1(\theta)=\sin\theta$ 为线元的方向性函数；$f_2(\theta)=\dfrac{\sin\left[\frac{\beta l}{2}(1-\cos\theta)\right]}{\frac{\beta l}{2}(1-\cos\theta)}$ 为行波单导线的阵因子。

行波单导线的方向图函数是基本振子方向函数和阵因子方向图函数的乘积。

行波单导线的方向性具有如下特点：

(1) 方向图函数与方位角 φ 无关，方向图关于 z 轴旋转对称。

(2) 沿导线轴线方向没有辐射。

(3) 导线长度愈长，最大辐射方向愈靠近轴线方向，同时主瓣愈窄，副瓣愈大且副瓣数增多。

(4) 当 l/λ 很大时，主瓣方向随 l/λ 变化趋缓，即天线的方向性具有宽频带特性。

可通过对 $f(\theta)$ 取导数来计算最大辐射角，可得最大辐射角为

$$\theta_m = \arctan\left(1-\frac{\lambda}{2l}\right) \tag{8-126}$$

行波天线的输入阻抗近似为一纯电阻，可以利用坡印廷矢量在远区封闭球面上的积分求出辐射电阻为

$$R_\Sigma = \frac{2P_\Sigma}{I_m^2} = \frac{60^2\pi}{2\eta}\int_0^\pi \left\{\cot\left(\frac{\theta}{2}\right)\sin\left[\frac{\beta l}{2}(1-\cos\theta)\right]\right\}^2\sin\theta\mathrm{d}\theta \tag{8-127}$$

行波单导线的阻抗具有宽频带特性，如图 8.53 所示。

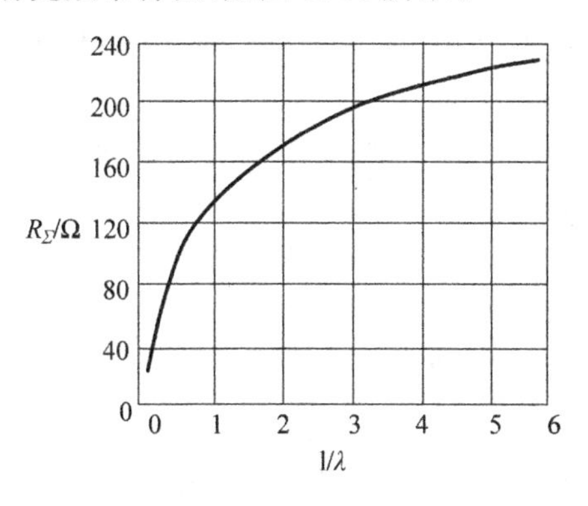

图 8.53 辐射电阻与电长度关系图

行波单导线的方向系数可以用下列近似公式计算

$$D = 10\lg\frac{\lambda}{l} + 5.97 - 10\lg\left(\lg\frac{\lambda}{l} + 0.915\right)(\text{dB}) \tag{8-128}$$

行波单导线通常应用于短波波段，利用电离层的反射进行远距离的通信。行波单导线使用的场合并不多，主要因为行波单导线的主瓣最大值方向随电长度变化，且副瓣电平较高。下面介绍的利用行波单导线构成的菱形天线和V形天线则克服了这些缺点。

2. V形天线

将两个行波单导线合在一起，就构成了V形天线，如图8.54所示。

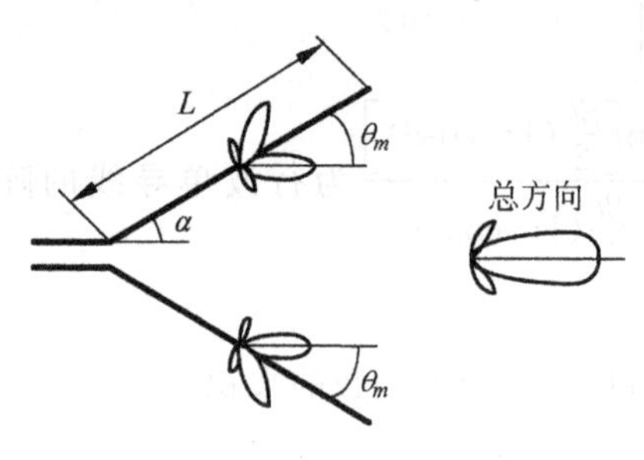

图8.54　V形天线示意图

如图8.54可知V形天线的顶角为$2\alpha=2\theta_m$，最大辐射方向指向顶角的分角线方向，V形天线比行波单导线的带宽更宽。已知行波单导线的方向函数为

$$|f(\theta)| = \left|\sin\theta\frac{\sin\left[\frac{\beta l}{2}(1-\cos\theta)\right]}{\frac{\beta l}{2}(1-\cos\theta)}\right| \tag{8-129}$$

所以$f(-\theta) = -f(\theta)$。

V形天线一般在其顶点利用平行双导线馈电，两臂电流相反，轴向辐射场同相叠加。V形天线常用于电离层发射和接收电离层反射波。V形天线的实际架设有许多形式，如V形斜天线和倒V形天线分别如图8.55和图8.56所示。

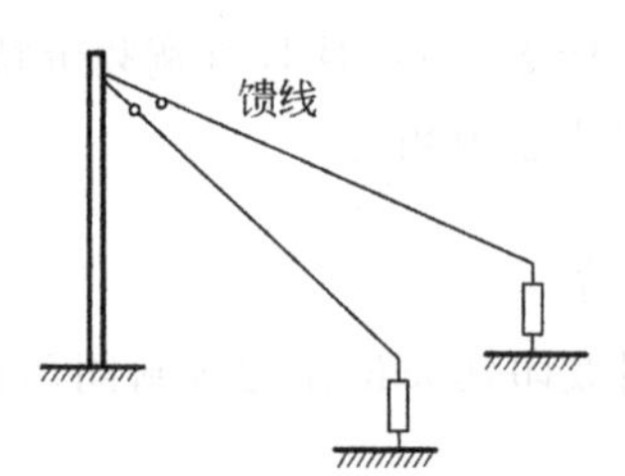

图8.55　V形斜天线

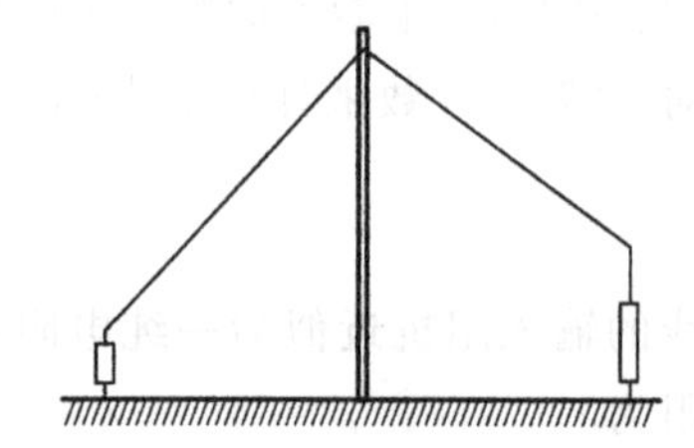

图8.56　倒V形天线

V形斜天线仅由一根支杆和两根载有行波电流的导线组成，架设很简单，因而适用于移动的台站中。V形斜天线的工作性质是一种行波天线，根据行波单导线的辐射性质可知，V形斜天线具有以下特点：

(1) 最大辐射方向在过角平分线的垂直平面内，与地面有一夹角δ，具有单向辐射特性，天线可以宽频带工作，带宽通常可达2∶1。

(2) 终端接匹配负载，其阻值等于天线的特性阻抗，通常为400Ω左右。由于终端负载上要吸收部分功率，故天线效率约为60%～80%。

(3) 由于天线导线倾斜架设在地面上，且彼此不平行，特别是考虑地面影响时，电波的极化特性就更为复杂。一般而言，在过角平分线的垂直平面内，电波为水平极化波，在其他平面内为椭圆极化波，但当射线仰角δ较低时，天线主要辐射的是水平极化波。

倒V形天线又称为Λ天线，它相当于将水平的行波单导线从中部撑起。这种天线可看成是半个菱形天线，它的最大辐射方向指向终端负载方向，在包含天线的垂直平面内，电场是垂直极化波。倒V形天线的优点是只需要一根木杆支撑，当与水平天线架设在一起时，它们之间的影响很小。倒V形天线具有较宽的频带特性，但效率低，占地面积也较大。

3. 菱形天线

1）菱形天线的结构和工作原理

为了增加行波单导线天线的增益，可以利用排阵的方法。用4根行波单导线可以构成菱形天线。菱形天线水平地悬挂在四根支柱上，从菱形天线的一只锐角端馈电，另一只锐角端接一个与菱形天线特性阻抗相等的匹配负载，使导线上形成行波电流。菱形天线可以看成是将一段匹配传输线从中间拉开，由于两线之间的距离大于波长，因而将产生辐射。

菱形天线的最大辐射方向位于通过两锐角顶点的垂直平面内，指向终端负载方向，具有单向辐射特性。

行波单导线的辐射场可由式(8-124)计算获得，求解菱形天线的辐射场即相当于求解四根导线在空间的合成场。如何才能使菱形天线获得最强的方向性，并使最大辐射方向指向负载方向呢？这可以通过适当选择菱形锐角 $2\theta_0$、边长 l 来实现，如图8.57所示。

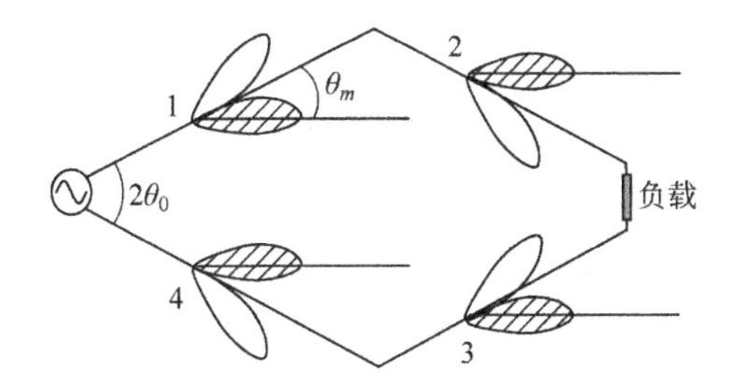

图8.57 菱形天线的辐射

选择菱形半锐角

$$\theta_0 = \theta_m\left(1 - \frac{\lambda}{2l}\right) \tag{8-130}$$

菱形四根导线各有一最大辐射方向指向长对角线方向，由于构成菱形天线的四条边的辐射场在长对角线方向上都是同相的，因此菱形天线在水平平面内的最大辐射方向是从馈电点指向负载的长对角线方向。而在其他方向上，一方面并不是各边行波导线的最大辐射方向，而且不一定能满足各导线的辐射场同相的条件，因此形成副瓣，且副瓣多，副瓣电平较大。

2）菱形天线方向函数

垂直平面的方向函数为

$$f(\delta) = \left|\frac{8\cos\Phi_0}{1 - \sin\Phi_0\cos\delta}\sin^2\left[\frac{\beta l}{2}(1 - \sin\Phi_0\cos\delta)\right]\sin(\beta H\sin\delta)\right| \tag{8-131}$$

式中，Φ_0 为菱形的半钝角；δ 为仰角；H 为天线的架设高度。当 $\delta=\delta_0$ 时（δ_0 为最大辐射方向仰角），水平平面的方向函数为

$$f(\varphi)=\left|\begin{array}{l}\left[\dfrac{\cos(\Phi_0+\varphi)}{1-\sin(\Phi_0+\varphi)\cos\delta_0}+\dfrac{\cos(\Phi_0-\varphi)}{1-\sin(\Phi_0+\varphi)\cos\delta_0}\right]\\ \sin\left\{\dfrac{\beta l}{2}[1-\sin(\Phi_0+\varphi)\cos\delta_0]\right\}\sin\left\{\dfrac{\beta l}{2}[1-\sin(\Phi_0-\varphi)\cos\delta_0]\right\}\end{array}\right| \tag{8-132}$$

式中，φ 为从菱形长对角线量起的方位角。在上述两个平面上电场仅有水平分量。方向图可由式(8-131)和式(8-132)绘出，如图 8.58 所示。

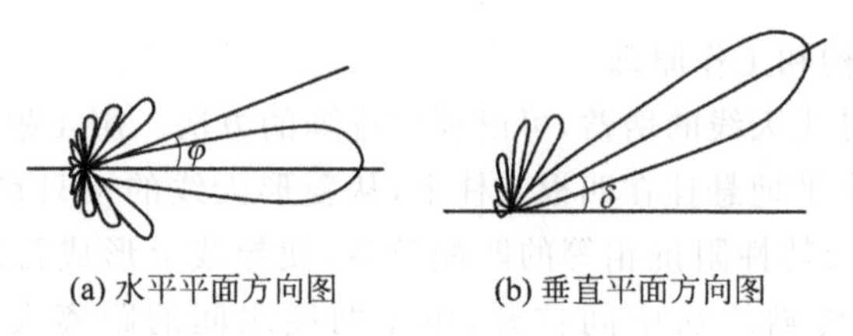

(a) 水平平面方向图　　(b) 垂直平面方向图

图 8.58　菱形天线的方向图

菱形天线每边的电长度愈长，波瓣愈窄，仰角变小，副瓣增多。当工作频率变化时，由于 l/λ 较大，θ_m 基本上没有多大变化，故自由空间菱形天线的方向图带宽是很宽的。然而，实际天线是架设在地面上的，天线在垂直平面上的最大辐射方向的仰角是与架设电高度 H/λ 直接相关的，频率的改变将引起垂直平面方向图的变化，这限制了天线方向图的带宽，一般绝对带宽仅能做到 2∶1 或 3∶1。菱形天线载行波，其输入阻抗带宽是很宽的，通常可达到 5∶1。

3) 菱形天线的尺寸选择

当通信仰角 δ_0 确定以后，选择主瓣仰角等于通信仰角。由菱形天线的垂直平面方向函数可知，为使 $f(\delta_0)$ 最大，可分别确定式(8-132)中各个因子为最大，要使第三个因子为最大，应有 $\sin(\beta H\sin\delta_0)=1$，即选择天线架高

$$H=\frac{\lambda}{4\sin\delta_0} \tag{8-133}$$

菱形天线的主要优点是：结构简单，造价低，维护方便；方向性强，增益系数可达 100 左右；频带宽，工作带宽可达 3∶1；可应用于较大的功率，因为天线上驻波成分很小，不会发生电压或电流过大的情况；增益大。菱形天线的主要缺点是：结构庞大，场地大，只适用于大型固定电台作远距离通信使用；副瓣多，副瓣电平较高；效率低，由于终端有负载电阻吸收能量，故天线效率为 50%～70%。菱形天线广泛应用于中、远距离的短波通信，它在米波和分米波波段也有应用。

8.6.3 缝隙天线

利用电磁波的传输特性，在同轴线、波导管或空腔谐振器的导体壁上开一条或数条窄缝用来接收或辐射电磁波的天线，这种天线称为缝隙天线(Slot Antenna)，如图 8.59 所示。

由于缝隙的尺寸小于波长，且开有缝隙的金属外表面的电流将影响其辐射，因此对缝隙天线的分析一般采用对偶原理。

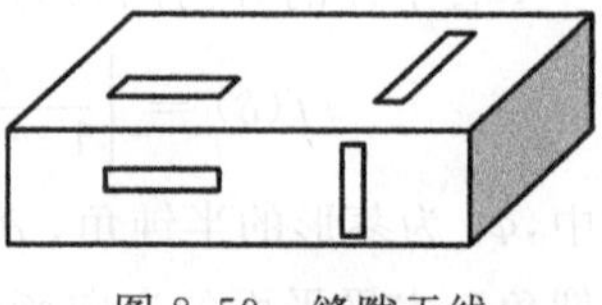

图 8.59　缝隙天线

1. 理想缝隙天线的辐射场

根据本章前面的介绍，长度为 $2l$ 的对称振子的辐射场为

$$E_\theta = \mathrm{j}60I_m \frac{\cos(\beta l\cos\theta)-\cos(\beta l)}{\sin\theta}\cdot\frac{\mathrm{e}^{-\mathrm{j}\beta r}}{r} \tag{8-134}$$

其方向函数为

$$f(\theta)=\frac{\cos(\beta l\cos\theta)-\cos(\beta l)}{\sin\theta} \tag{8-135}$$

根据对偶原理，理想缝隙天线的方向函数与同长度的对称振子的方向函数 E 面和 H 面相互交换，理想缝隙天线尺寸为 $2l=\lambda/2$ 的辐射方向图如图 8.60 所示。

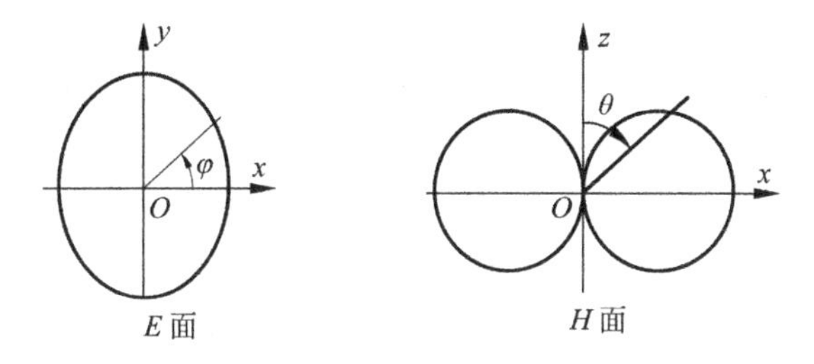

图 8.60 理想缝隙辐射方向图

2. 波导缝隙天线

实际应用的波导缝隙天线通常是开在传输 TE_{10} 模的矩形波导壁上的半波谐振缝隙，如果所开缝隙截断波导内壁表面电流，表面电流的一部分绕过缝隙，另一部分以位移电流的形式沿原来的方向流过缝隙，因而缝隙被激励，向外空间辐射电磁波，如图 8.61 所示。

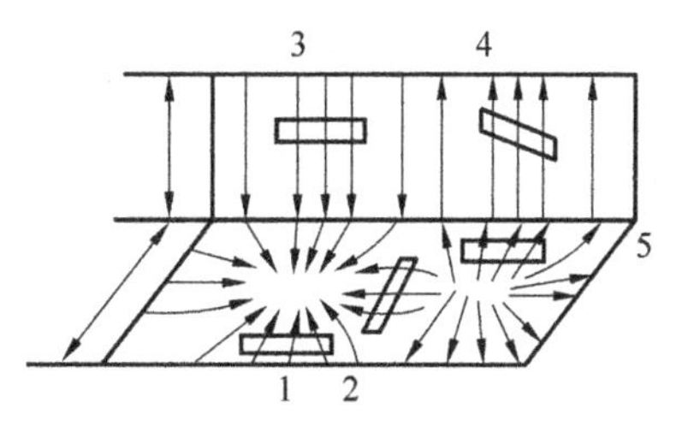

图 8.61 波导缝隙的辐射

只要所开的缝隙与电流方向有一定夹角，就会有能量的激励。如图 8.61 所示，纵缝“1、3、5”是由横向电流激励；横缝“2”是由纵向电流激励；斜缝“4”则是由与其长边垂直的电流分量激励。而波导缝隙辐射的强弱取决于缝隙在波导壁上的位置和取向。为了获得最强辐射，应使缝隙垂直截断电流密度最大处的电流线，即应沿磁场强度最大处的磁场方向开缝，如波导缝隙“1、2、3”。实验证明，沿波导缝隙的电场分布与理想缝隙的几乎一样，近似为正弦分布，但由于波导缝隙是开在有限大波导壁上的，辐射受没有开缝的其他三面波导壁的影响，因此是单向辐射，方向图如图 8.62 所示。

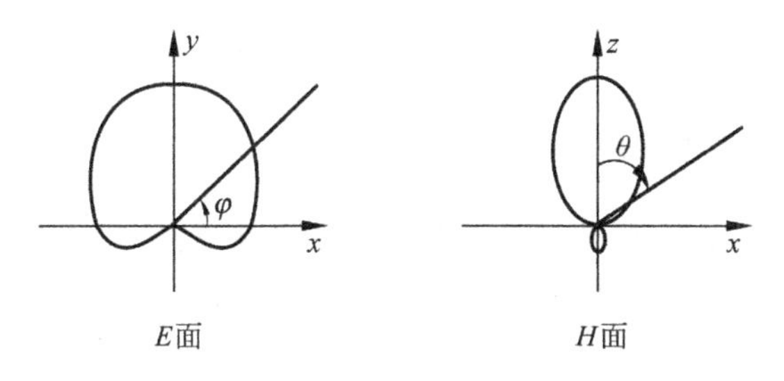

图 8.62 波导缝隙天线辐射方向图

由于波导缝隙的单向辐射性，为了提高波导缝隙天线的辐射能力，则一般在一面波导壁上按一定的规律多开一系列尺寸相同的缝隙，组成波导缝隙天线阵，获得较强的方向性。

8.6.4 微带天线

微带辐射器的概念首先由 Deschamps 于 1953 年提出来。但是没有得到工程界的重视，直到 20 世纪 70 年代初，当较好的理论模型以及对敷铜或敷金的介质基片的光刻技术发展之后，实际的微带天线才制造出来，此后这种新型的天线得到了发展。微带天线(Microstrip Antenna)在一个薄介质基片上，一面附上金属薄层作为接地板，另一面用光刻腐蚀方法制成一定形状的金属贴片，利用微带线或同轴探针对贴片馈电构成的天线。

和常用的微波天线相比，它有如下一些优点：体积小，重量轻，低剖面，能与载体共形；制造成本低，易于批量生产；天线的散射截面较小；能得到单方向的宽瓣方向图，最大辐射方向在平面的法线方向；易于和微带线路集成；易于实现线极化和圆极化，容易实现双频段、双极化等多功能工作。微带天线已得到愈来愈广泛的重视，已用于大约 100MHz～100GHz 的宽广频域上，包括卫星通信、雷达、遥感、生物工程、制导武器以及便携式无线电设备上。为了实现更大的增益，获得较好的方向性，常采用相同结构的微带天线组成微带天线阵，有直线阵和平面阵。经合理布阵，使微带天线可以获得更高的增益和更大的带宽。下面介绍微带天线的结构、馈电及工作原理。

1. 微带天线的结构

微带天线利用微带线或同轴线等馈电，在导体贴片与接地板之间激励起射频电磁场，并通过贴片周围与接地板间的缝隙向外辐射。导体贴片一般为规则的面单元，如矩形、圆形、圆环等，其中矩形和圆形贴片微带天线最常见，还有窄长条形的薄片振子，由这两种单元构成的微带天线分别称为微带贴片天线和微带振子天线。如果把接地板刻出缝隙，而在介质基片的另一面印制出微带线时，缝隙馈电，则构成微带缝隙天线。矩形微带天线如图 8.63 所示。

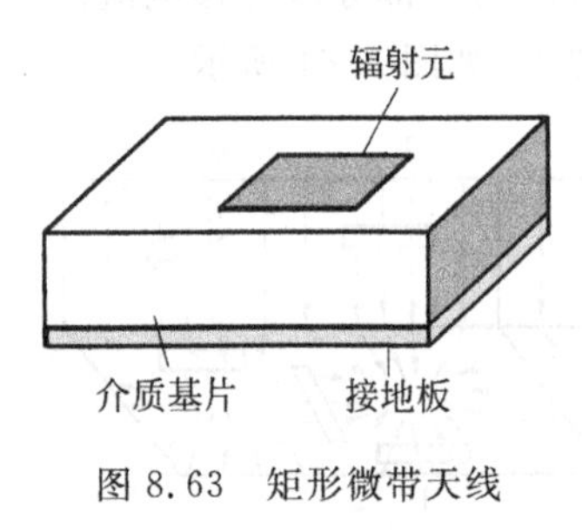

图 8.63　矩形微带天线

2. 微带天线的馈电

微带天线的馈电会影响到其输入阻抗进而影响天线的辐射性能，因而馈电对微带天线的设计至关重要。微带天线的馈电方法有很多种，按照贴片与馈线是否由金属导体接触将其分为直接馈电和间接馈电。直接馈电包括微带线馈电和同轴探针馈电，如图 8.64 所示。间接馈电包括电磁耦合馈电、孔径耦合馈电和共面波导传输线馈电。

3. 矩形微带天线的工作原理

矩形微带天线是由矩形导体薄片粘贴在背面有导体接地板的介质基片上形成的天线。如图 8.65 所示，通常利用微带传输线或同轴探针来馈电，使导体贴片与接地板之间激励起高频电磁场，并通过贴片四周与接地板之间的缝隙向外辐射。微带天线的最大辐射方向垂直于贴片的方向,微带天线的辐射可以等效为有两个缝隙组成的二元天线。微带贴片也可看作为宽为 W、长为 L 的一段微带传输线,其终端($y=L$ 边)处因为呈现开路,将形成电压波腹和电流的波节。一般取 $L\approx\lambda_g/2$,λ_g 为微带线上波长。于是另一端($y=0$ 边)也呈现电压波腹和电流的波节。

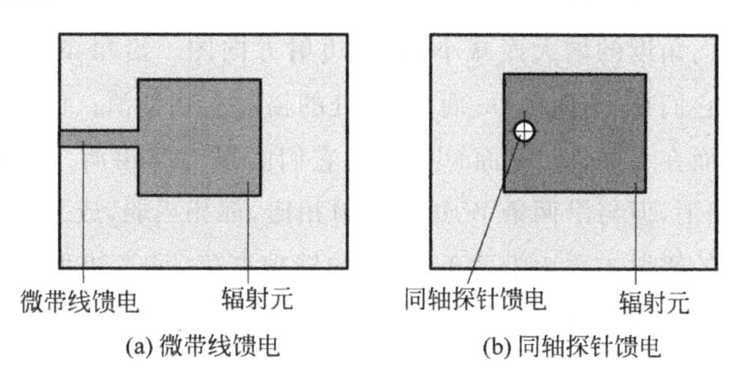

图 8.64 矩形微带天线馈电

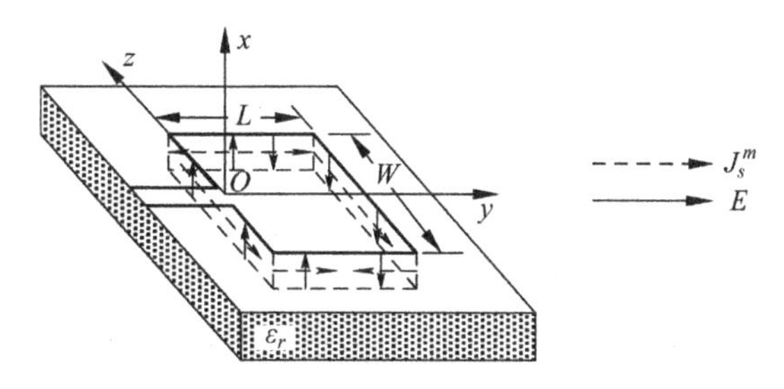

图 8.65 矩形微带天线

如图 8.65 所示,贴片与地板间的介质基片中电磁场表示为

$$\begin{cases} E_x = E_0\cos\left[\dfrac{\pi}{L}\left(y+\dfrac{L}{2}\right)\right] \\ H_x = E_0\sin\left[\dfrac{\pi}{L}\left(y+\dfrac{L}{2}\right)\right] \\ E_y = E_z = H_x = H_y = 0 \end{cases} \tag{8-136}$$

微带矩形贴片天线可等效为长为 W,宽为 h 的两个缝隙组成的二元天线,其间距为

$$L_e = L + 2\Delta L \tag{8-137}$$

其中

$$\Delta L = 0.412h\,\frac{(\varepsilon_e+0.3)\left(\dfrac{W}{h}+0.264\right)}{(\varepsilon_e-0.258)\left(\dfrac{W}{h}+0.8\right)} \tag{8-138}$$

有效介电常数为

$$\varepsilon_e = \frac{\varepsilon_r+1}{2}+\frac{\varepsilon_r-1}{2}\left(1+12\,\frac{h}{W}\right)^{-\frac{1}{2}} \tag{8-139}$$

利用等效原理,分析缝隙产生的场与具有磁流的磁偶极子的辐射场相同。由对偶边界条件,贴片四周窄缝上等效的面磁流密度为

$$J_s^m = -e_n \times E \tag{8-140}$$

式中，$E=e_x E_x$，e_x是 x 方向单位矢量；e_n是缝隙表面(辐射口径)的外法线方向单位矢量。

由式(8-140)，缝隙表面上的等效面磁流均与接地板平行，如图 8.65 虚线箭头所示。可以分析出，沿两条 W 边的磁流是同向的，故其辐射场在贴片法线方向(x 轴)同相相加，呈最大值，且随偏离此方向角度的增大而减小，形成边射方向图。沿每条 L 边的磁流都由反对称的两个部分构成，它们在 H 面(xOz 面)上各处的辐射互相抵消；而两条 L 边的磁流又彼此呈反对称分布，因而在 E 面(xOy 面)上各处，它们的场也都相消。在其他平面上这些磁流的辐射不会完全相消，但与沿两条 W 边的辐射相比，都相当弱，成为交叉极化分量。由上可知，矩形微带天线的辐射主要由沿两条 W 边的缝隙产生，该二边称为辐射边。首先计算 $y=0$ 处辐射边产生的辐射场，该处的等效面磁流密度 $J_s^m = -e_z E_0$。等效磁流产生的电矢位可以由电流产生的磁矢位对偶得出

$$F = -e_z \frac{1}{4\pi r} \int_{-W/2}^{W/2} \int_{-h}^{h} E_0 \mathrm{e}^{-\mathrm{j}k(r - x\sin\theta\cos\varphi + z\cos\theta)} \mathrm{d}z\mathrm{d}x \tag{8-141}$$

根据

$$\begin{cases} H \approx -\mathrm{j}\omega F \\ E = \eta H \times r \end{cases} \tag{8-142}$$

可得微带矩形贴片天线的远区辐射电磁场量，其电场可计算

$$E = \mathrm{j}\frac{kWhE_0}{\pi r}\sin\theta \frac{\sin\left(\frac{kh}{2}sin\theta\right)}{\frac{kh}{2}\sin\theta} \frac{\sin\left(\frac{kW}{2}\sin\theta\right)}{\frac{kW}{2}\sin\theta} \cos\left(\frac{kL_e}{2}\sin\theta\sin\varphi\right) \tag{8-143}$$

假设介质厚度 $kh \ll 1$，式(8-139)可化简得到

$$E_\varphi(\theta) = \mathrm{j}\frac{kWhE_0}{\pi r}\sin\theta \frac{\left(\frac{kW}{2}\sin\theta\right)}{\frac{kW}{2}\sin\theta} \cos\left(\frac{kL_e}{2}\sin\theta\sin\varphi\right) \tag{8-144}$$

则由式(8-136)可得 E 面和 H 面的方向函数如下。

(1) E 面方向图函数(xOy 面，$\theta=\pi/2$)

$$F_E(\varphi) = \frac{\sin\left(\frac{kh}{2}\cos\varphi\right)}{\frac{kh}{2}\cos\varphi} \cos\left(\frac{kL_e}{2}\sin\varphi\right) \tag{8-145}$$

(2) H 面方向图函数(xOz 面，$\varphi=0$)

$$F_H(\theta) = \sin\theta \frac{\sin\left(\frac{kh}{2}\sin\theta\right)}{\frac{kh}{2}\sin\theta} \frac{\sin\left(\frac{kW}{2}\sin\theta\right)}{\frac{kW}{2}\sin\theta} \tag{8-146}$$

微带天线的研究方向除了多频工作、实现圆极化以外，还有展宽频带、小型化、组阵等。近来利用微带传输线上开出的缝隙，形成漏波，实现了新型微带馈电线缝隙天线阵。随着对微带天线的理论分析的不断深入，微带天线将获得更广泛的应用。

8.7 小结

本章利用等效传输线理论分析了对称振子天线的特性，研究了对称振子天线电参数的计算方法；介绍天线阵的辐射场的分析方法，讨论二元阵天线阵的方向图乘积定理，元因子和阵因子对方向图的影响，并研究了均匀直线阵天线方向图特性及 m 行 n 列大尺寸阵列天线的性能；最后对工程中常用的水平振子天线、直立天线、八木天线、移动基站天线、缝隙天线和微带天线等天线的基本特性进行了分析。

习题

8-1 填空题

(1) ________定义为在各天线元为相似元的条件下，天线阵的方向图函数是元因子与阵因子之积。

(2) ________表示组成天线阵的单个辐射元的方向图函数，其值仅取决于天线元本身的类型和尺寸。

(3) ________表示各向同性元所组成的天线阵的方向性，其值取决于天线阵的排列方式及其天线元上激励电流的相对振幅和相位。

(4) 指最大辐射方向在垂直于天线阵轴(即 $\varphi_m=\pm\pi/2$)方向的天线阵称为________。

(5) 指最大辐射方向在天线阵轴($\varphi_m=0$ 或 $\varphi_m=\pi$)方向的天线阵称为________。

(6) 这种通过改变相邻元电流相位差实现方向图扫描的天线阵称为________。

(7) 对称振子具有________现象。缩短的长度与振子直径有关，振子直径越大，振子长度缩短约明显。

(8) 边射阵($\varphi_m=\pi/2$)抑制栅瓣的条件为________；端射阵($\varphi_m=0$)抑制栅瓣的条件为________；相控阵(φ_m 为最大扫描角)抑制栅瓣的条件为________。

(9) 边射阵的零功率波瓣宽度为________和半功率波瓣宽度为________。

(10) 端射阵的零功率波瓣宽度为________和半功率波瓣宽度为________。

(11) 引向天线又称八木天线。它由________、________和________。

(12) 半波振子的辐射电阻为________，方向系数为________。

8-2 已知有两个平行于 z 轴并沿 x 轴方向排列的半波振子，若 $d=\lambda/4$，$\zeta=\pi/2$，试求其 E 面和 H 面方向函数，并画出其方向图。

8-3 两等幅馈电的半波振子沿 z 轴排列，已知 $d=\lambda/4$，$\zeta=\pi/2$，它们的辐射功率都为1W，试计算在 xOy 平面内 $\varphi=30^\circ$、$r=1\text{km}$ 处的场强值。

8-4 设在相距 1.5km 的两个站之间进行通信，每站均以半波振子为天线，工作频率为300MHz，若一个站发射的功率为 100W，则另一个站的最大接收功率为多少？

8-5 已知架设在理想地面上的水平振子天线，工作波长 $\lambda=40\text{m}$，若要在垂直于天线的平面内是最大辐射仰角 $\Delta=30^\circ$，试求该天线的架设高度为多少？

8-6 写出全波振子的辐射场表达式，写出其 E 面和 H 面方向函数，并画出其方向图。

8-7　相控直线阵的单元间距 $d=\lambda/2$，相邻单元馈电相位差 $\beta=\pi/2$，求波数最大值指向偏离直线阵法线方向多少角度？

8-8　六元均匀直线阵的各阵元间距为 $d=\lambda/2$，求

(1) 天线阵相对于 Ψ 的归一化阵因子方向函数。

(2) 分别画出工作于边射阵和端射阵的方向图，并计算其半功率波瓣宽度和旁瓣电平。

8-9　已知直立振子天线的高度 $h=10\text{m}$，工作波长 $\lambda=300\text{m}$ 时，求它的有效高度以及归于波腹电流的辐射电阻。

8-10　N 匝，直径为 $2b$、螺距为 s 的法向模螺旋天线，其中 $2b$ 和 s 均远小于 λ/N，且螺旋天线辐射圆极化波，求(1)增益系数和方向系数；(2)辐射电阻。

8-11　由半波振子构成 6 行 8 列阵列天线，行间距和列间距均为 $\lambda/2$，同向均匀馈电，求该天线在自由空间的垂直面、水平面半功率波瓣宽度和方向系数。

8-12　计算五元边射直线阵的零辐射方向、主瓣宽度、零功率波瓣宽度和半功率波瓣宽度、旁瓣电平，方向系数以及消除栅瓣的条件。

8-13　写出最常用的半波对称振子的辐射场表达式、半功率波瓣宽度、辐射功率、方向函数，并画出其 E 面和 H 面方向图。

8-14　一引向天线，反射器与主振子的间距 0.5λ，五个引向器等间距排列间距为 0.23λ，计算其主瓣宽度与方向系数。

8-15　对称振子全长为 $2l=1.2\text{m}$，导线半径 $a=10\text{mm}$，工作频率 $f=300\text{MHz}$，计算对称振子的输入阻抗。

第9章 面天线

面天线(Aperture Antenna)表示天线所在的电流是沿天线体的金属表面，其口径尺寸远大于工作波长，又称为口径天线。面天线广泛用于微波波段。面天线的种类很多，常见的有喇叭天线、抛物面天线、卡塞格伦天线等。面天线在导航、卫星通信、雷达和气象等无线电技术设备中获得了广泛的应用。

面天线通常采用口径场法分析辐射场，它基于惠更斯-菲涅尔原理，即在空间任一点的场，是包围天线的封闭曲面上各点的电磁扰动产生的辐射在该点叠加的结果。对于面天线而言，常用的分析方法就是根据辐射源求出口径面上的场分布，进而求出辐射场。

9.1 惠更斯元的辐射

面天线的口径面指具有有限尺寸的平面或者曲面，其上分布有交变的电场和磁场。口径面形状常用的有矩形和圆形口径面。面天线通常由金属面 S 和辐射源组成。设包围天线的封闭曲面由金属面的外表面 S 以及金属面的口径面 S' 共同组成，由于 S 为导体的外表面，其上的场为零，于是面天线的辐射问题就转化为口径面 S' 的辐射。由于口径面上存在着口径场 E_S 和 H_S，根据惠更斯原理，将口径面 S' 分割成许多面元，这些面元称为惠更斯元或二次辐射源。面天线示意图如图 9.1 所示。

由所有惠更斯元的辐射之和即得到整个口径面的辐射场。为方便计算，口径面 S' 通常取为平面。当由口径场求解辐射场时，每一个面元的次级辐射可用等效电流元与等效磁流元来代替，口径场的辐射场就是由所有等效电流元(等效电基本振子)和等效磁流元(等效磁基本振子)所共同产生的。如同电基本振子和磁基本振子是分析线天线的基本辐射单元一样，惠更斯元是分析面天线辐射问题的基本辐射元如图 9.2 所示。

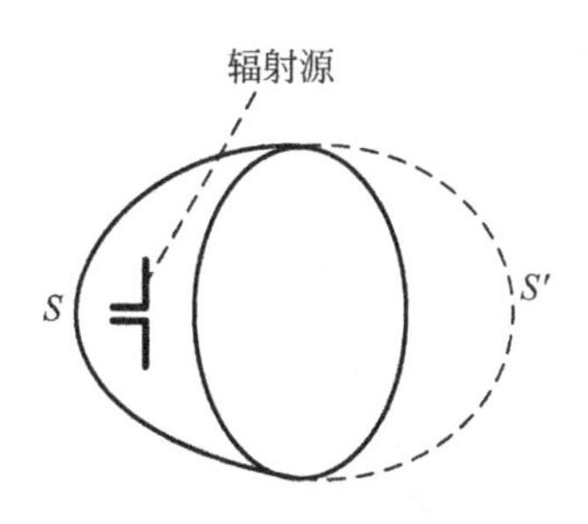

图 9.1 面天线示意图

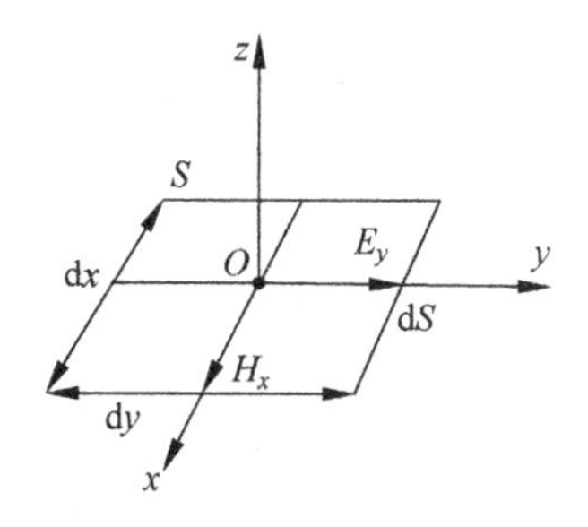

图 9.2 惠更斯辐射元

设平面口径面(xOy 面)上的一个惠更斯元 $dS=dxdy$,其上有着均匀的切向电场 E_y 和切向磁场 H_x,根据等效原理,此面元上的等效面电流密度为

$$J = e_n \times H_x = J_y \tag{9-1}$$

相应的等效电基本振子电流为

$$I = J_y dx = H_x dx \tag{9-2}$$

而此面元上的等效面磁流密度为

$$J_m = - e_n \times E_y = J_{xm} \tag{9-3}$$

相应的等效磁基本振子磁流为

$$I_m = J_{xm} dy = E_y dy \tag{9-4}$$

惠更斯元的辐射即为此相互正交放置的等效电基本振子和等效磁基本振子的辐射场之和。

在研究天线的方向性时,通常更关注两个主平面的情况。电基本振子产生的 E 平面(yOz 平面)辐射场为

$$dE_e = j\frac{60\pi(H_x dx)dy}{\lambda r}\cos\theta e^{-j\beta r} e_\theta \tag{9-5}$$

利用 $E_y/H_x=120\pi$,代入式(9-5)可得

$$dE_e = j\frac{E_y}{2\lambda r}\cos\theta e^{-j\beta r} dxdy e_\theta \tag{9-6}$$

磁基本振子产生的 E 平面辐射场为

$$dE_m = - j\frac{(E_y dy)dx}{2\lambda r} e^{-j\beta r} e_\theta \tag{9-7}$$

则由式(9-6)和式(9-7)可得,惠更斯元在 E 平面上的辐射场为

$$E_E \mid_{\varphi=90^\circ} = j\frac{1}{2\lambda r}(1+\cos\theta)E_y e^{-j\beta r} dS e_\theta \tag{9-8}$$

同理,电基本振子产生的 H 平面(xOz 平面)辐射场为

$$dE_e = j\frac{1}{2\lambda r}E_y e^{-j\beta r} dS e_\varphi \tag{9-9}$$

磁基本振子产生的 H 平面辐射场为

$$dE_m = j\frac{1}{2\lambda r}E_y \cos\theta e^{-j\beta r} dS e_\varphi \tag{9-10}$$

则由式(9-9)和式(9-10)可得,惠更斯元在 H 平面上的辐射场为

$$E_H \mid_{\varphi=0^\circ} = j\frac{1}{2\lambda r}(1+\cos\theta)E_y e^{-j\beta r} dS e_\theta \tag{9-11}$$

则由式(9-8)和式(9-11)可得,两主平面的归一化方向函数均为

$$|F_E(\theta)| = |F_H(\theta)| = \frac{1}{2}|(1+\cos\theta)| \tag{9-12}$$

惠更斯元的归一化方向图如图 9.3 所示。

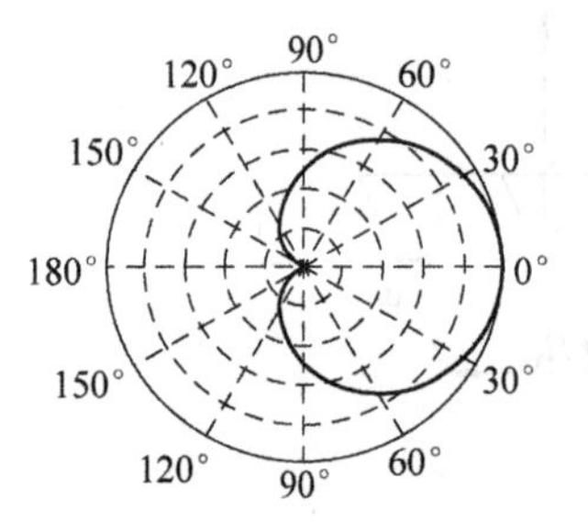

图 9.3 惠更斯元方向图

由方向图的形状可以看出,惠更斯元具有单向辐射性,最大辐射方向为 $\theta=0°$ 的方向,即最大辐射方向与其本身垂直。如果平面口径由这样的面元组成,而且各面元同相激

励，则此同相口径面的最大辐射方向势必垂直于该口径面。

9.2 平面口径的辐射

实用中的面天线如抛物面天线及喇叭天线等，其口径面都是平面，讨论平面口径的辐射具有一定的实用意义。

1. 平面口径辐射场一般计算公式

设有一任意形状的平面口径位于 xOy 平面内，口径面积为 S，其上的口径场仍为 E_y，因此该平面口径辐射场的极化与惠更斯元的极化相同，如图 9.4 所示。图中坐标原点至远区观察点 A 的距离为 r，面元 $\mathrm{d}S(x,y)$ 到观察点的距离为 r'，将惠更斯元的主平面辐射场积分，可得到平面口径在远区的两个主平面辐射场为

$$E_A = \mathrm{j}\,\frac{1+\cos\theta}{2\lambda r}\iint_S E_{Sy}(x,y)\,\mathrm{e}^{\mathrm{j}\beta r'}\,\mathrm{d}x\mathrm{d}y \tag{9-13}$$

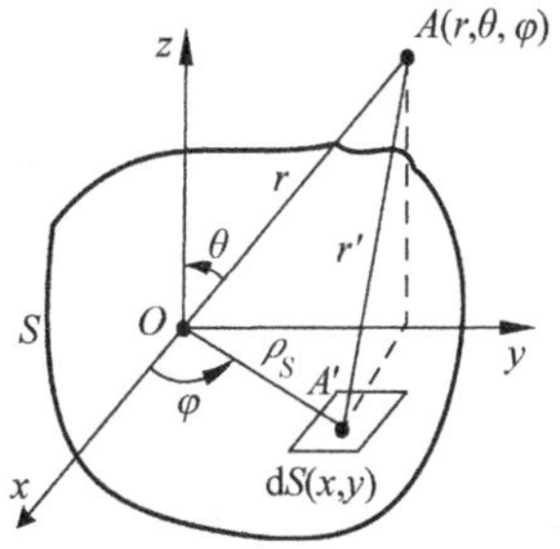

图 9.4 平面口径坐标系

当观察点很远时，可认为 r' 与 r 近似平行，r' 可表示为

$$\begin{aligned} r' &\approx r - \rho_S \cdot e_r \\ &= r - x\sin\theta\cos\varphi - y\sin\theta\sin\theta \end{aligned} \tag{9-14}$$

对于 E 平面（yOz 平面），$\varphi=90°$，$r'=r-y\sin\theta$，辐射场为

$$E_\theta = \mathrm{j}\,\frac{\mathrm{e}^{-\mathrm{j}\beta r}}{2\lambda r}(1+\cos\theta)\iint_S E_y(x,y)\,\mathrm{e}^{\mathrm{j}\beta y\sin\theta}\,\mathrm{d}x\mathrm{d}y \tag{9-15}$$

对于 H 平面（xOz 平面），$\varphi=0°$，$r'=r-x\sin\theta$，辐射场为

$$E_\varphi = \mathrm{j}\,\frac{\mathrm{e}^{-\mathrm{j}\beta r}}{2\lambda r}(1+\cos\theta)\iint_S E_y(x,y)\,\mathrm{e}^{\mathrm{j}\beta x\sin\theta}\,\mathrm{d}x\mathrm{d}y \tag{9-16}$$

则式(9-15)和式(9-16)是计算平面口径辐射场的常用公式。

只要给定口径面的形状和口径面上的场分布，就可以求得两个主平面的辐射场，分析其方向性变化规律。对于同相平面口径，最大辐射方向一定发生在 $\theta=0°$ 处，根据方向系数的计算公式

$$D = \frac{r^2\,|E_{\max}|^2}{60P_r} \tag{9-17}$$

可得

$$|E_{\max}| = \frac{1}{r\lambda}\iint_S E_y(x,y)\,\mathrm{d}x\mathrm{d}y \tag{9-18}$$

天线辐射功率即为整个口径面向空间辐射的功率，其计算式为

$$P_\Sigma = \frac{1}{240\pi}\iint_S |E_y(x,y)|^2\,\mathrm{d}x\mathrm{d}y \tag{9-19}$$

方向系数 D 可以表示为

$$D = \frac{4\pi}{\lambda^2}\frac{\left|\iint_S E_y(x,y)\mathrm{d}x\mathrm{d}y\right|^2}{\iint_S |E_y(x,y)|^2\mathrm{d}x\mathrm{d}y} \tag{9-20}$$

若口径场均匀分布，可得

$$D = \frac{4\pi}{\lambda^2}S \tag{9-21}$$

式中，S 称为口径面的几何面积，$S=ab$。

若口径场为非均匀分布，最大方向系数可表示为

$$D = \frac{4\pi}{\lambda^2}A_e = v\frac{4\pi S}{\lambda^2} \tag{9-22}$$

式中，A_e 称为口径面的有效面积；v 称为口径面的面积利用系数，则有

$$v = \frac{\left|\iint_S E_y(x,y)\mathrm{d}x\mathrm{d}y\right|^2}{S\iint_S |E_y(x,y)|^2\mathrm{d}x\mathrm{d}y} \tag{9-23}$$

面积利用系数反映了口径场分布的均匀程度，口径场分布越均匀，值越大，$v<1$，当完全均匀分布时，$v=1$。则方向系数为

$$D = v\frac{4\pi}{\lambda^2}S \tag{9-24}$$

则式(9-24)为同相平面口径方向系数常用计算式。

2. 矩形同相平面口径的辐射

设矩形口径的尺寸为 $a\times b$，如图 9.5 所示。

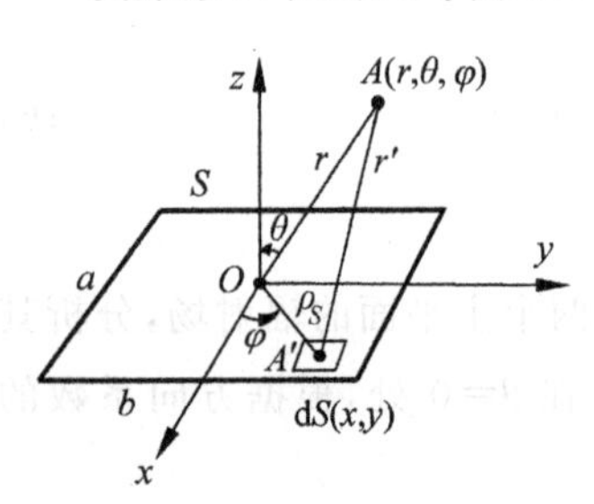

图 9.5 矩形平面口径坐标系

对于 E 平面（yOz 平面），利用式(9-15)可得

$$E_\theta = \mathrm{j}\frac{1}{2\lambda r}(1+\cos\theta)\mathrm{e}^{-\mathrm{j}\beta r}\int_{-a/2}^{a/2}\mathrm{d}x\int_{-b/2}^{b/2}E_y(x,y)\mathrm{e}^{\mathrm{j}\beta y\sin\theta}\mathrm{d}y \tag{9-25}$$

对于 H 平面（xOz 平面），利用式(9-16)可得

$$E_\varphi = \mathrm{j}\frac{1}{2\lambda r}(1+\cos\theta)\mathrm{e}^{-\mathrm{j}\beta r}\int_{-b/2}^{b/2}\mathrm{d}y\int_{-a/2}^{a/2}E_y(x,y)\mathrm{e}^{\mathrm{j}\beta x\sin\theta}\mathrm{d}y \tag{9-26}$$

当口径场 E_y 为均匀分布时，$E_y=E_0$，如果引入

$$\begin{cases}\psi_1 = \dfrac{1}{2}\beta b\sin\theta \\[2ex] \psi_2 = \dfrac{1}{2}\beta a\sin\theta\end{cases} \tag{9-27}$$

则两主平面的方向函数为

$$\begin{cases}f_E = \left|\dfrac{(1+\cos\theta)}{2}\dfrac{\sin\psi_1}{\psi_1}\right| \\[2ex] f_H = \left|\dfrac{(1+\cos\theta)}{2}\dfrac{\sin\psi_2}{\psi_2}\right|\end{cases} \tag{9-28}$$

天线两个主面的半功率波瓣宽度为

$$\begin{cases} 2\theta_{0.5E} = 0.89\,\dfrac{\lambda}{b} = 51\,\dfrac{\lambda}{b} \\ 2\theta_{0.5H} = 0.89\,\dfrac{\lambda}{a} = 51\,\dfrac{\lambda}{a} \end{cases} \tag{9-29}$$

该结果和均匀直线阵一致。矩形口径天线的 E 面和 H 面的方向图的尖锐程度,满足:若 $a>b$,$2\theta_{0.5H}<2\theta_{0.5E}$,则 H 面方向图主瓣窄些。例如矩形口径场匀分布时,$a=3\lambda$,$b=2\lambda$ 的天线方向图如图 9.6 所示。

当口径场为均匀分布时,天线的面积利用系数为

$$v = \frac{\left|\iint\limits_S E_y(x,y)\,\mathrm{d}x\mathrm{d}y\right|^2}{A\iint\limits_S |E_y(x,y)|^2\,\mathrm{d}x\mathrm{d}y} = 1 \tag{9-30}$$

天线的增益系数为

$$G = v\,\frac{4\pi A}{\lambda^2} = \frac{4\pi ab}{\lambda^2} \tag{9-31}$$

当口径场 E_y 为余弦分布时,例如:TE_{10} 波激励的矩形波导口径场为

$$E_y = E_0 \cos\frac{\pi x}{a} \tag{9-32}$$

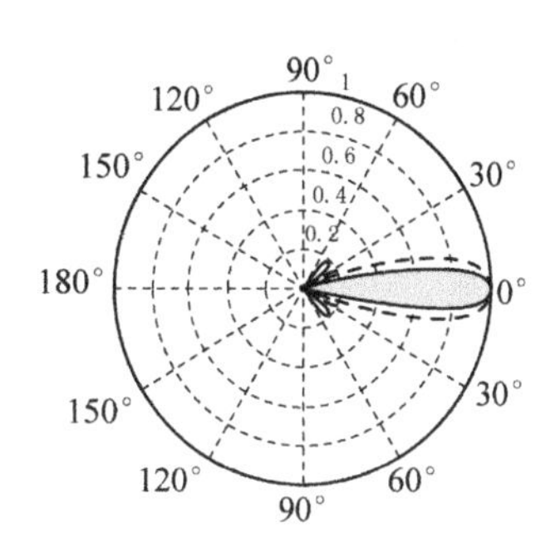

图 9.6 矩形口径场均匀分布时的方向图($a=3\lambda$,$b=2\lambda$)

则两主平面的方向函数为

$$\begin{cases} f_E(\theta) = \left|\dfrac{1+\cos\theta}{2}\cdot\dfrac{\sin\psi_1}{\psi_1}\right| \\ f_E(\theta) = \left|\dfrac{1+\cos\theta}{2}\cdot\dfrac{\cos\psi_2}{1-\left(\dfrac{2}{\pi}\psi_2\right)^2}\right| \end{cases} \tag{9-33}$$

天线两个主面的半功率波瓣宽度为

$$\begin{cases} 2\theta_{0.5E} = 0.89\,\dfrac{\lambda}{b} = 51\,\dfrac{\lambda}{b}(^\circ) \\ 2\theta_{0.5H} = 1.18\,\dfrac{\lambda}{a} = 68\,\dfrac{\lambda}{a}(^\circ) \end{cases} \tag{9-34}$$

天线的面积利用系数为

$$v = \frac{\left|\iint\limits_S E_y(x,y)\,\mathrm{d}x\mathrm{d}y\right|^2}{S\iint\limits_S |E_y(x,y)|^2\,\mathrm{d}x\mathrm{d}y} = \frac{\left|\iint\limits_S E_0\cos\left(\dfrac{\pi x}{a}\right)\mathrm{d}S\right|^2}{S\iint\limits_S \left|E_0\cos\left(\dfrac{\pi x}{a}\right)\right|^2\mathrm{d}S} = 0.81 \tag{9-35}$$

天线的增益系数为

$$G = v\,\frac{4\pi S}{\lambda^2} = 0.81\,\frac{4\pi ab}{\lambda^2} \tag{9-36}$$

3. 圆形同相平面口径的辐射

除了矩形口径天线,圆形口径天线在实际中应用也非常广泛,如圆波导开口天线、圆锥

喇叭天线和旋转抛物面天线等。矩形口径天线的分析方法同样适用于圆形口径天线，圆形口径天线采用极坐标比较方便，圆形平面口径坐标系如图 9.7 所示。

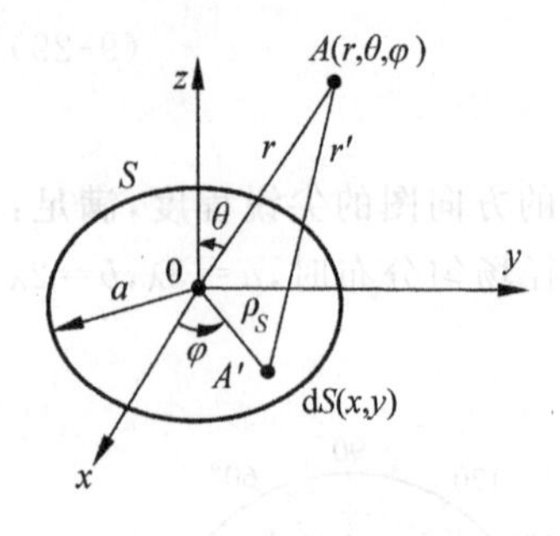

图 9.7 圆形平面口径坐标系

引入极坐标与直角坐标的转换关系

$$\begin{cases} x = \rho_S \cos\varphi \\ y = \rho_S \sin\varphi \\ \mathrm{d}S = \rho_S \mathrm{d}\varphi \mathrm{d}\rho_S \end{cases} \tag{9-37}$$

当口径场均匀分布时，则两主平面的辐射场表达式为

$$E_\theta = \mathrm{j}\frac{\mathrm{e}^{-\mathrm{j}\beta r}}{2r\lambda}(1+\cos\theta)E_y\int_0^a \rho_S \mathrm{d}\rho_S \int_0^{2\pi} \mathrm{e}^{\mathrm{j}\beta\rho_S \sin\theta\sin\varphi}\mathrm{d}\varphi \tag{9-38}$$

$$E_\varphi = \mathrm{j}\frac{\mathrm{e}^{-\mathrm{j}\beta r}}{2r\lambda}(1+\cos\theta)E_y\int_0^a \rho_S \mathrm{d}\rho_S \int_0^{2\pi} \mathrm{e}^{\mathrm{j}\beta\rho_S \sin\theta\sin\varphi}\mathrm{d}\varphi \tag{9-39}$$

引入贝塞尔函数公式

$$J_0(\beta\rho_S\sin\theta) = \frac{1}{2\pi}\int_0^{2\pi} \mathrm{e}^{\mathrm{j}\beta\rho_S \sin\theta\sin\varphi}\mathrm{d}\varphi \tag{9-40}$$

在式(9-38)和式(9-39)中引入参量

$$\psi_3 = \beta a\sin\theta \tag{9-41}$$

$$\int_0^a tJ_0(t) = aJ_1(a) \tag{9-42}$$

则圆形均匀口径的两主平面方向函数为

$$|f_E(\theta)| = |f_H(\theta)| = \left|\frac{(1+\cos\theta)}{2}\right| \times \left|\frac{2J_1(\beta a\sin\theta)}{\beta a\sin\theta}\right| \tag{9-43}$$

可知最大辐射方向为口径面的垂直方向。

对于口径场分布沿半径方向呈锥削状分布的圆形口径，口径场分布一般可拟合为

$$E_y = E_0\left[1-\left(\frac{\rho_S}{a}\right)^2\right]^P \tag{9-44}$$

式中，指数 P 反映了口径场振幅分布沿半径方向衰减的快慢程度，P 值越大，衰减越快。

天线两个主平面的半功率波瓣宽度为

$$\begin{cases} 2\theta_{0.5E} = 2\theta_{0.5H} = 1.03\dfrac{\lambda}{2a} = 59.1\dfrac{\lambda}{2a}(^\circ) & P=0 \\ 2\theta_{0.5E} = 2\theta_{0.5H} = 1.27\dfrac{\lambda}{2a} = 72.8\dfrac{\lambda}{2a}(^\circ) & P=1 \\ 2\theta_{0.5E} = 2\theta_{0.5H} = 1.47\dfrac{\lambda}{2a} = 84.27\dfrac{\lambda}{2a}(^\circ) & P=2 \end{cases} \tag{9-45}$$

天线的增益系数为

$$D = vA\frac{4\pi}{\lambda^2} \tag{9-46}$$

若口径场均匀分布时，面积利用系数为 1，若口径场不均匀分布时面积利用系数为 $v<1$，则有

$$\begin{cases} v = 1 & P=0 \\ v = 0.75 & P=1 \\ v = 0.56 & P=2 \end{cases} \tag{9-47}$$

综合以上对不同口径场辐射场的分析，对同相口径场而言，可归纳出如下结论：

(1) 平面同相口径的最大辐射方向一定位于口径面的法线方向。

(2) 在口径场分布规律一定的情况下，口径面的电尺寸越大，主瓣越窄，方向系数越大。

(3) 当口径电尺寸一定时，口径场分布越均匀，其面积利用系数越大，方向系数越大，但是副瓣电平越高。

(4) 口径辐射的副瓣电平以及面积利用系数只取决于口径场的分布情况，而与口径的电尺寸无关。

9.3 抛物面天线

利用抛物面的几何特性，抛物面天线可以把方向性较弱的初级辐射器的辐射反射为方向性较强的辐射。旋转抛物面天线是反射面天线中应用最广泛的天线，常用来得到笔形、扇形和特殊形状的波束等。它由馈源和反射面组成，天线的反射面由形状为旋转抛物面的导体表面或导线栅格网构成，馈源是放置在抛物面焦点上的具有弱方向性的初级照射器，它可以是单个振子或振子阵，单喇叭或多喇叭，开槽天线等。

1. 抛物面的工作原理

抛物面的几何特性如图 9.8 所示。

抛物线上动点 $M(\rho,\phi)$ 所满足的极坐标方程为

$$\rho = \frac{2f}{1+\cos\phi} = f\sec^2\frac{\phi}{2} \tag{9-48}$$

$M(y,z)$ 所满足的直角坐标方程为

$$y^2 = 4fz \tag{9-49}$$

式(9-48)和式(9-49)中，f 为抛物线的焦距；ϕ 为抛物线上任一点 M 到焦点的连线与焦轴(Oz)之间的夹角；ρ 为点 M 与焦点 F 之间的距离。

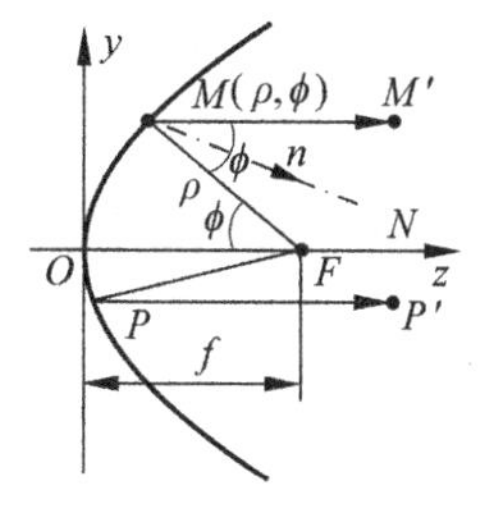

图 9.8 抛物面的几何特性

一条抛物线绕其焦轴(Oz)旋转所得的曲面就是旋转抛物面。旋转抛物面所满足的直角坐标方程为

$$x^2 + y^2 = 4fz \tag{9-50}$$

其极坐标方程与式(9-49)相同。旋转抛物面天线具有以下两个重要性质：

(1) 点 F 发出的光线经抛物面反射后，所有的反射线都与抛物面轴线平行，即

$$\angle FMN = \angle NMM' = \frac{\phi}{2} \Rightarrow MM' \parallel OF \tag{9-51}$$

(2) 由 F 点发出的球面波经抛物面反射后成为平面波。等相面是垂直 OF 的任一平面，即

$$FMM' = FPP' \tag{9-52}$$

式(9-52)的证明可以根据抛物线上任一点到焦点的距离等于其到准线的距离的性质得到。

以上两个光学性质是抛物面天线工作的基础。如果馈源是理想的点源，抛物面尺寸无限大，则馈源辐射的球面波经抛物面反射后，将成为理想的平面波。考虑到一些实际情况，

如反射面尺寸有限，口径边缘的绕射和相位畸变，尽管馈源的辐射经抛物面反射以后不是理想的平面波，但是反射以后的方向性也会大大加强。

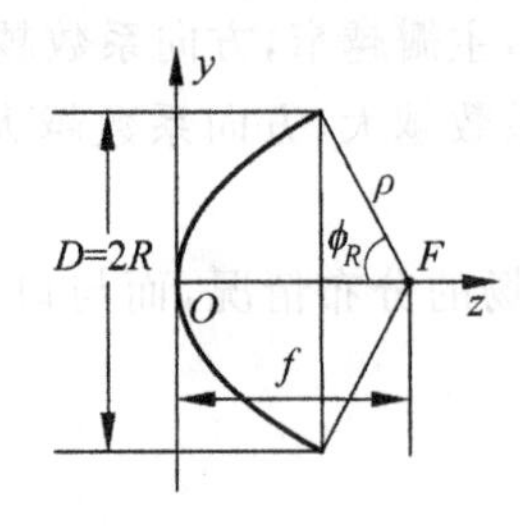

图 9.9 抛物面的口径与张角

抛物面天线常用的结构参数有 f、$2\phi_R$、R 和 D。f 表示抛物面焦距；$2\phi_R$ 表示抛物面口径张角；R 表示抛物面反射面的口径半径；D 表示抛物面反射面的口径直径，$D=2R$。抛物面的口径与张角如图 9.9 所示。

根据前面可得

$$\rho=\frac{2f}{1+\cos\phi_R} \tag{9-53}$$

根据图 9.9 所示的几何关系，则有

$$\sin\phi_R=\frac{R}{\rho}=\frac{R(1+\cos\phi_R)}{2f} \tag{9-54}$$

由上式可得

$$\frac{R}{2f}=\frac{\sin\phi_R}{1+\cos\phi_R}=\tan\frac{\phi_R}{2} \tag{9-55}$$

则可以得到焦距口径比为

$$\frac{f}{D}=\frac{1}{4}c\tan\frac{\phi_R}{2} \tag{9-56}$$

根据式(9-56)，可知：

当 $\phi_R=\frac{\pi}{2}$时，可得$\frac{f}{D}=\frac{1}{4}$，称抛物面天线为中等焦距抛物面。

当 $\phi_R<\frac{\pi}{2}$时，可得$\frac{f}{D}>\frac{1}{4}$，称抛物面天线为长焦距抛物面。

当 $\phi_R>\frac{\pi}{2}$时，可得$\frac{f}{D}<\frac{1}{4}$，称抛物面天线为中等焦距抛物面。

求出馈源需要照射的角度 $2\phi_R$，也就给定了设计馈源的基本出发点。根据抛物面张角的大小，抛物面的形状分为以下三种，如图 9.10 所示。

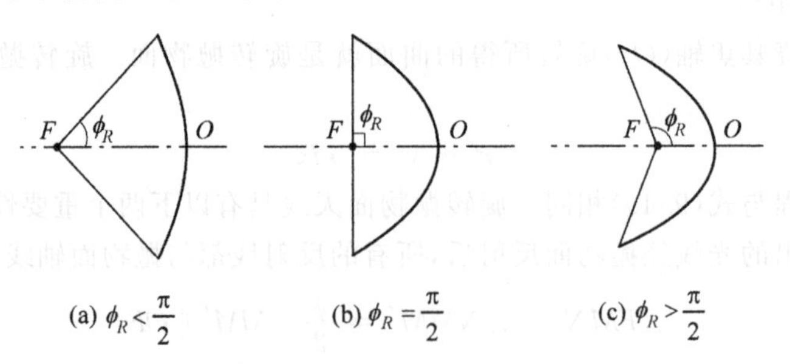

图 9.10 抛物面张角的类型

长焦距抛物面天线电特性较好，但天线的纵向尺寸太长，使机械机构复杂。焦距口径比 f/D 是一个重要的参数。从增益出发确定口径 D 以后，如再选定 f/D，则抛物面的形状就可以确定了。

2. 抛物面天线的口径场

抛物面的分析采用几何光学和物理光学导出口径面上的场分布，然后依据口径场分布，求出辐射场。

根据抛物面的几何特性，口径场是一同相口径面。如图 9.11 所示，设馈源的总辐射功率为 P_Σ，方向系数为 $D(\phi,\Delta)$，则抛物面上 M 点的场强为

$$E(\phi,\Delta)=\frac{\sqrt{60P_\Sigma D(\phi,\Delta)}}{\rho} \tag{9-57}$$

因而由 M 点反射至口径上 M' 的场强为

$$E(R,\Delta)=\frac{\sqrt{60P_\Sigma D_{\max}(0,\Delta)}}{\rho}F(\phi,\Delta) \tag{9-58}$$

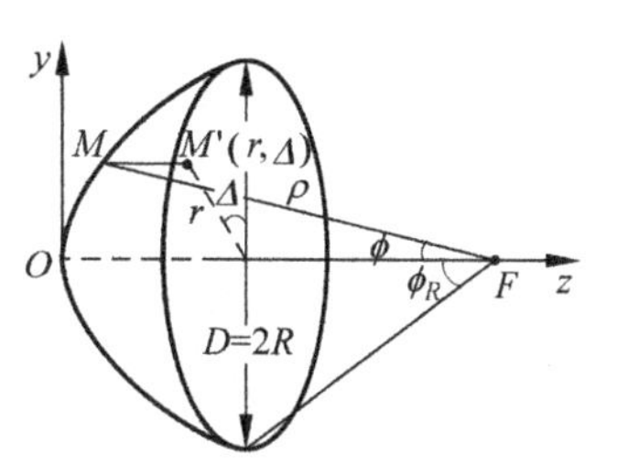

图 9.11 抛物面天线的口径场及其计算

式中，$F(\phi,\Delta)$是馈源的归一化方向函数。

将式(9-44)代入式(9-58)，可得

$$E(R,\Delta)=\frac{\sqrt{60P_\Sigma D_{\max}}}{2f}(1+\cos\phi)F(\phi,\Delta) \tag{9-59}$$

即为抛物面天线口径场振幅分布的表示式。

3. 抛物面天线的辐射场

求出了抛物面天线的口径场分布以后，就可以利用圆形同相口径辐射场积分表达式(9-29)和式(9-30)来计算抛物面天线 E、H 面的辐射场和方向图，得口径上的坐标关系为

$$\begin{cases} R=\rho\sin\phi=\dfrac{2f}{1+\cos\phi}=2f\tan\dfrac{\phi}{2} \\ \mathrm{d}R=f\sec^2\dfrac{\phi}{2}\mathrm{d}\phi=\rho\mathrm{d}\phi \\ x=R\sin\Delta \\ y=R\cos\Delta \\ \mathrm{d}S=R\mathrm{d}R\mathrm{d}\Delta=\rho^2\sin\phi\mathrm{d}\phi\mathrm{d}\Delta \end{cases} \tag{9-60}$$

将以上关系代入式(9-29)和(9-30)得 E 面、H 面的辐射场为

$$\begin{cases} E_E=\mathrm{j}\dfrac{1+\cos\theta}{2\lambda r}\mathrm{e}^{-\mathrm{j}\beta r}\displaystyle\iint_S\frac{\sqrt{60P_\Sigma D}}{\rho}f(\phi,\Delta)\mathrm{e}^{\mathrm{j}\beta R\sin\theta\cos\Delta}R\,\mathrm{d}R\mathrm{d}\Delta \\ \quad=E_{\max}\displaystyle\int_0^{2\pi}\int_0^{\phi_R}f(\phi,\Delta)\tan\left(\frac{\phi}{2}\right)\mathrm{e}^{\mathrm{j}2\beta f\tan\left(\frac{\phi}{2}\right)\sin\theta\cos\Delta}\mathrm{d}\phi\mathrm{d}\Delta \\ E_H=\mathrm{j}\dfrac{1+\cos\theta}{2\lambda r}\mathrm{e}^{-\mathrm{j}\beta r}\displaystyle\iint_S\frac{\sqrt{60P_\Sigma D}}{\rho}f(\phi,\Delta)\mathrm{e}^{\mathrm{j}\beta R\sin\theta\cos\Delta}R\,\mathrm{d}R\mathrm{d}\Delta \\ \quad=E_{\max}\displaystyle\int_0^{2\pi}\int_0^{\phi_R}f(\phi,\Delta)\tan\left(\frac{\phi}{2}\right)\mathrm{e}^{\mathrm{j}2\beta f\tan\left(\frac{\phi}{2}\right)\sin\theta\cos\Delta}\mathrm{d}\phi\mathrm{d}\Delta \end{cases} \tag{9-61}$$

根据场量与方向函数的关系

$$E(\phi,\Delta)=E_{\max}\cdot F(\phi,\Delta) \tag{9-62}$$

故 E 面、H 面的方向函数为

$$\begin{cases} F_E = \int_0^{2\pi}\int_0^{\phi_R} f(\phi,\Delta)\tan\left(\dfrac{\phi}{2}\right)\mathrm{e}^{\mathrm{j}2\beta f\tan\left(\frac{\phi}{2}\right)\sin\theta\cos\Delta}\,\mathrm{d}\phi\mathrm{d}\Delta \\ F_H = \int_0^{2\pi}\int_0^{\phi_R} f(\phi,\Delta)\tan\left(\dfrac{\phi}{2}\right)\mathrm{e}^{\mathrm{j}2\beta f\tan\left(\frac{\phi}{2}\right)\sin\theta\cos\Delta}\,\mathrm{d}\phi\mathrm{d}\Delta \end{cases} \tag{9-63}$$

假如抛物面天线的馈源为带圆盘反射器的偶极子，则可以得到

$$f(\phi,\Delta) = \sqrt{1-\sin^2(\phi)\cos^2(\Delta)}\,\sin\left(\frac{\pi}{2}\cos\phi\right) \tag{9-64}$$

这种馈源的抛物面天线由于馈源在 E 面方向性较强，对抛物面 E 面的照射不如 H 面均匀，故这种带圆盘反射器的偶极子抛物面天线的 H 面方向性反而强于 E 面方向性。

4. 抛物面天线的方向系数和增益系数

由抛物面的口径面积为

$$S = \pi R^2 = 4\pi f^2\tan^2\frac{\phi_R}{2} \tag{9-65}$$

则抛物面天线的方向系数为

$$D = \frac{4\pi}{\lambda^2}Sv \tag{9-66}$$

超高频天线中，由于天线本身的损耗很小，通常认为天线效率 $\eta_A\approx 1$，所以 $G\approx D$。在抛物面天线中，天线口径截获的功率 $P_{\Sigma S}$ 只是馈源所辐射的总功率 P_Σ 的一部分，还有一部分为漏失损失。如图 9.12 所示，定义口径截获效率为

$$\eta_A = \frac{P_{\Sigma S}}{P_i} \tag{9-67}$$

则抛物面天线的增益系数 G 可写成

$$G = D\eta = \frac{4\pi}{\lambda^2}Sv\eta_A = \frac{4\pi}{\lambda^2}Sg \tag{9-68}$$

式中，$g=v\eta_A$ 称为增益因子。增益因子是馈源方向性系数和抛物面张角的函数。

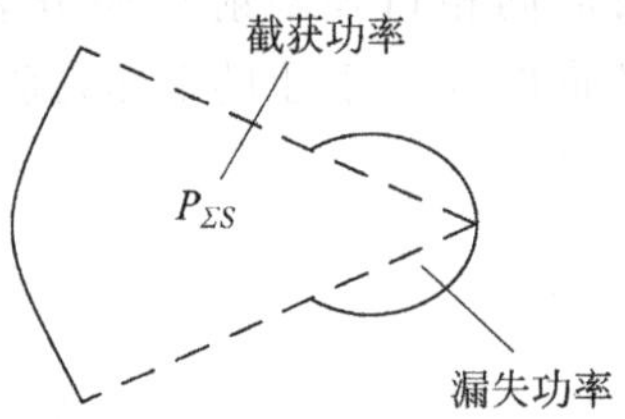

截获功率

$P_{\Sigma S}$

漏失功率

图 9.12 抛物面天线的截获功率

如果馈源也是旋转对称的，其归一化方向函数为 $F(\phi)$，根据式(9-58)，可得

$$E = \frac{\sqrt{60P_\Sigma D_{\max}}}{\rho}F(\phi) \tag{9-69}$$

可以得到面积利用系数为

$$v = \frac{\left|\iint\limits_S E_S\mathrm{d}S\right|^2}{S\iint\limits_S |E_S|^2\mathrm{d}S} = 2c\tan^2\frac{\phi_R}{2}\,\frac{\left|\int_0^{\phi_R}F(\phi)\tan\dfrac{\phi_R}{2}\mathrm{d}\phi\right|}{\int_0^{\phi_R}F^2(\phi)\sin\phi\mathrm{d}\phi} \tag{9-70}$$

为了增大面积利用系数，应尽量达到均匀照射。口径截获效率为

$$\eta_A = \frac{P_{\Sigma S}}{P_\Sigma} = \frac{\int_0^{\phi_R}F^2(\phi)\sin\phi\mathrm{d}\phi}{\int_0^{\pi}F^2(\phi)\sin\phi\mathrm{d}\phi} \tag{9-71}$$

通常，馈源的方向函数近似地表示为

$$\begin{cases} F(\phi) = \cos^{\frac{n}{2}\phi} & 0 \leqslant \phi \leqslant \dfrac{\pi}{2} \\ F(\phi) = 0 & \dfrac{\pi}{2} \leqslant \phi \leqslant \pi \end{cases} \tag{9-72}$$

式中，馈源方向图随着指数 n 越大越窄，馈源能量漏失得越少，面积利用系数也变小；反之则 n 越小越宽。

抛物面天线的半功率波瓣宽度和副瓣电平可按式(9-73)近似计算。

$$\begin{cases} 2\theta_{0.5} = 70\,\dfrac{\lambda}{2R}\ (^{\circ}) \\ SLL = 16\ (\mathrm{dB}) \end{cases} \tag{9-73}$$

计算和实践表明，只要抛物面的口径边缘比中心低约10dB，对应张角则为最佳张角。

5. 抛物面天线的馈源

馈源作为抛物面天线的重要部分，其电性能和结构对天线会产生很大的影响。为了保证天线性能良好，对馈源有以下基本要求：

(1) 馈源应该体积较小，目的以减少其对抛物面口面的遮挡。

(2) 馈源方向图的形状应该符合最佳照射，同时旁瓣和后瓣应尽量小。

(3) 馈源应该有确定的相位中心，相位中心位于抛物面的焦点。

(4) 馈源应具有一定的带宽，馈源的带宽影响抛物面天线的带宽。

馈源的设计是抛物面天线设计的核心问题。所有弱方向性天线都可作抛物面天线的馈源，例如振子型馈源天线、波导喇叭天线、对数周期天线、螺旋天线、波导缝隙馈源等。

6. 抛物面天线的偏焦

当抛物面天线的馈源相位中心与抛物面的焦点不重合，将这种现象称为偏焦。偏焦分为纵向偏焦和横向偏焦两种：馈源的相位中心沿抛物面的轴线偏焦，称为纵向偏焦；馈源的相位中心垂直于抛物面的轴线偏焦，称为横向偏焦。

纵向偏焦使得抛物面口径上发生旋转对称的相位偏移，方向图主瓣变宽，但是最大辐射方向不变，有利于搜索目标。正焦时方向图主瓣窄，有利于跟踪目标。因此雷达可以同时兼作搜索与跟踪两种用途。而当小尺寸横向偏焦时，抛物面口径上发生直线率相位偏移，天线的最大辐射方向偏转，但波束形状几乎不变。

如果馈源以横向偏焦的方式绕抛物面的轴线旋转，则天线的最大辐射方向就会在空间产生圆锥式扫描，这样就可以扩大搜索空间。

9.4 卡塞格伦天线

为了改善卫星跟踪与通信应用的大型地面微波反射面天线的性能，解决旋转抛物面天线由于口面照射不均匀，从而导致辐射场方向性变差及方向系数小的问题，提出了双反射面天线系统即卡塞格伦天线，不仅可使反射面的焦距变短，又可以方便地控制口径场的分布，得到需要的天线方向图。卡塞格伦天线出现于20世纪50年代，卡塞格伦天线是由卡塞格伦光学望远镜发展设计的一种微波天线，卡塞格伦光学望远镜以其发明人卡塞格伦(Cassegrain)的名字而命名。卡塞格伦天线是主反射面是抛物面，副反射是置于主面与其焦点之间的旋转双曲面。卡塞格伦天线广泛地应用于单脉冲雷达、卫星通信以及射电天文等领域。

1. 卡塞格伦天线的几何特性

卡塞格伦天线是由主反射面、副反射面和馈源三部分组成的。主反射面是由焦点在 F 焦距的 f 抛物线绕其焦轴旋转而成；副反射面是由一个焦点在 F_1(称为虚焦点，与抛物面的焦点 F 重合)，另一个焦点在 F_2(称为实焦点，在抛物面的顶点附近)的双曲线绕其焦轴旋转而成，主、副面的焦轴重合；馈源通常采用喇叭，它的相位中心位于双曲面的实焦点 F_2 上，如图9.13所示。

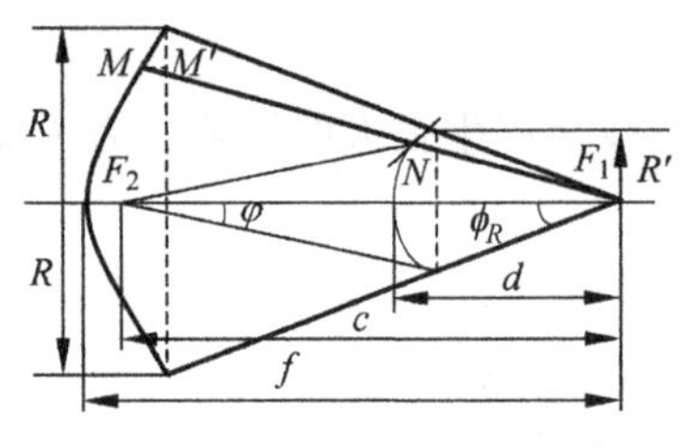

图9.13 卡塞格伦天线示意图

双曲面的四个参量：直径 R'、焦距 f、半张角 φ、顶点到抛物面焦点距离 d。

抛物面的三个参量：直径 $D=2R$、焦距 c、半张角 ϕ_R。

这七个参量，其中四个为独立的，其余的利用抛物面和双曲面的几何关系计算出。

1) 双曲面的特性之一

双曲面的任一点 N 处的切线把 N 对两焦点的张角 $\angle F_2NF$ 平分。连接 F、N 并延长之，与抛物面相交于点 M。

这说明由 F_2 发出的各射线经双曲面反射后，反射线的延长线都相交于 F 点。因此由馈源 F_2 发出的球面波，经双曲面反射后其所有的反射线就像从双曲面的另一个焦点发出来的一样，这些射线经抛物面反射后都平行于抛物面的焦轴。

2) 双曲面的特性之二

双曲面的任一点两焦点的距离之差等于常数，由图9.13有

$$F_2N - F_1N = c_1 \tag{9-74}$$

根据抛物面的几何特性

$$F_1N + NM + MM' = c_2 \tag{9-75}$$

将上述两式相加得

$$F_2N + NM + MM' = c_1 + c_2 = \text{常数} \tag{9-76}$$

即由馈源在 F_2 发出的任意射线经双曲面和抛物面反射后，到达抛物面口径时所经过的波程相等。

2. 卡塞格伦天线的工作原理

延长馈源至副面的任一条射线 F_2N 与该射线经副、主面反射后的实际射线 MM' 的延长线相交于 Q，由此方法而得到的 Q 点的轨迹是一条抛物线，如图9.14所示，于是有

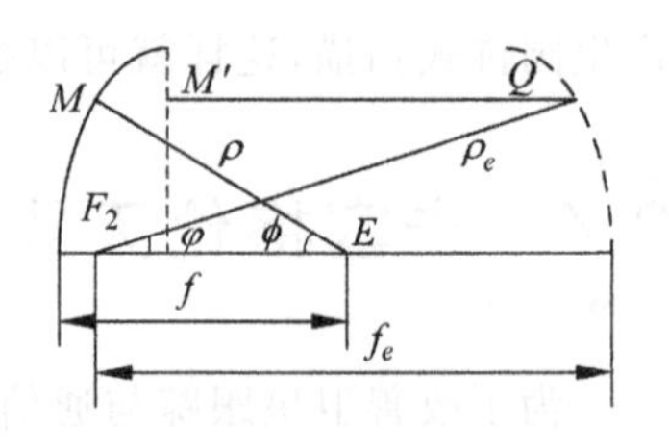

图9.14 卡塞格伦天线的工作原理

$$\rho\sin\phi = \rho_e\sin\varphi \tag{9-77}$$

根据抛物面方程

$$\rho=\frac{2f}{1+\cos\phi} \tag{9-78}$$

将式(9-77)代入式(9-78)并化简得

$$\rho_e=\frac{2f}{1+\cos\varphi}\frac{\tan\dfrac{\phi}{2}}{\tan\dfrac{\varphi}{2}} \tag{9-79}$$

令 $M=\dfrac{f_e}{f}=\dfrac{\tan\dfrac{\phi}{2}}{\tan\dfrac{\varphi}{2}}$，则式(9-79)可以写为

$$\rho_e=\frac{2f_eM}{1+\cos\varphi} \tag{9-80}$$

可见，式(9-80)表示一条抛物线，其焦点为 F_2，焦距为 f_e，由此等效抛物线旋转形成的抛物面称为等效抛物面，此等效抛物面的口径尺寸与原抛物面的口径尺寸相同，但焦距放大了 M 倍，而放大倍数为

$$M=\frac{f_e}{f}=\frac{\tan\dfrac{\phi}{2}}{\tan\dfrac{\varphi}{2}}=\frac{e+1}{e-1} \tag{9-81}$$

式中，e 为双曲线的离心率。

由前面可知，卡塞格伦天线可以用一个口径尺寸与原抛物面相同，但焦距放大了 M 倍的旋转抛物面天线来等效，且具有相同的场分布。

与抛物面天线相比，卡塞格伦天线具有以下的优点：

(1) 以较短的纵向尺寸实现了长焦距抛物面天线的口径场分布，因而具有高增益，锐波束。

(2) 由于馈源后馈，缩短了馈线长度，减少了由传输线带来的噪声。

(3) 设计时自由度多，可以灵活地选取主射面、反射面形状，对波束赋形。

(4) 馈源面对的是双曲面，双曲面对馈源辐射能量的散开损失比抛物面要小。

卡塞格伦天线存在着如下缺点：卡塞格伦天线的副反射面的边缘绕射效应较大，容易引起主面口径场分布的畸变，副面的遮挡也会使方向图变形，使得增益下降和副瓣电平升高。

标准的卡塞格伦天线和普通单反射面天线都存在着要求对口面照射尽可能均匀和要求从反射面边缘溢出的能量尽可能少的矛盾，从而限制了反射面天线增益因子的提高。因此提出改进型卡塞格伦天线，可以通过修正卡塞格伦天线副反射面的形状，使其顶点附近的形状较标准的双曲面更凸起一些，则馈源辐射到修正后的副反射面中央附近的能量就会被向外扩散到主反射面的非中央部分，从而使得口径场振幅分布趋于均匀，可减少副反射面的能量漏失和边缘绕射。修正主面形状以确保口径场为同相场，最终可以提高增益系数。改进型卡塞格伦天线在高增益天线中得到了广泛应用。

9.5 喇叭天线

喇叭天线是使用最广泛的一种微波天线。喇叭天线不仅用作反射面天线的馈源，而且是相控阵天线的常用单元天线，还可以用作对其他高增益天线进行校准和增益测试的通用标准。喇叭天线的优点是具有高增益、功率容量大、结构简单和馈电简便。在天线测量中，喇叭天线常用作标准天线，对其他高增益天线进行校准和增益测量。

1. 喇叭天线的分类

喇叭天线由矩形波导和圆波导的开口面逐渐张开构成。不论什么结构，喇叭天线都由两部分组成：波导管和喇叭。波导管的作用是提供给喇叭天线信号能量。喇叭天线逐渐张开的过渡段既可以保证波导与空间的良好匹配，又可以获得较大的口径尺寸，以加强辐射的方向性。喇叭天线根据口径的形状可分为矩形喇叭天线和圆形喇叭天线等。喇叭天线的分类如图 9.15 所示。

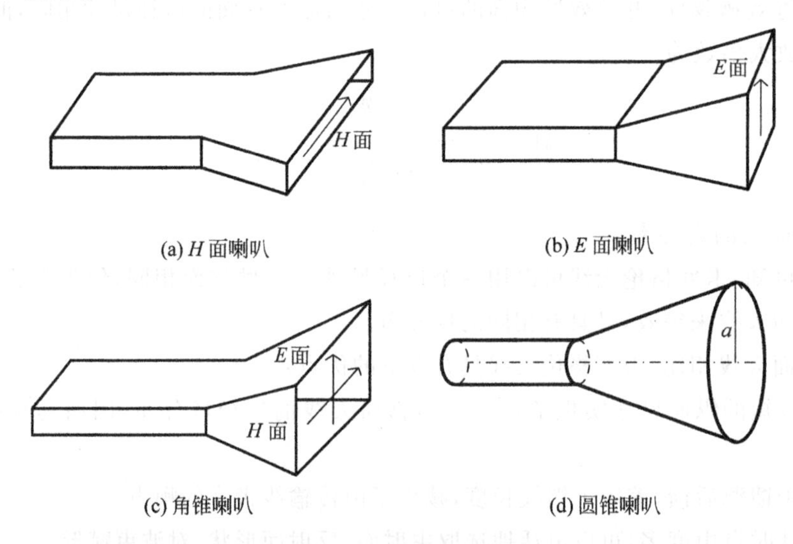

图 9.15 喇叭天线

由图 9.15 可知，图 9.15(a)保持矩形波导的窄边 b 尺寸不变，逐渐展开宽边 a，即沿波导 H 平面扩展而得到，称为 H 面喇叭；图 9.15(b)保持矩形波导的宽边 a 尺寸不变，逐渐展开窄边 b，即沿波导 E 平面扩展而得到，称为 E 面喇叭；图 9.15(c)为矩形波导的宽边 a 和窄边 b 同时扩展而形成的喇叭天线，称为角锥喇叭；图 9.15(d)为圆波导逐渐展开半径形成，称为圆锥喇叭。由于喇叭天线是反射面天线的常用馈源，它的性能直接影响反射面天线的整体性能，因此喇叭天线还有很多其他的改进型。由于波导开口面的逐渐增大，改善了波导与自由空间的匹配，使得波导的反射系数变小，即波导中传输的大部分能量有喇叭辐射出去，反射的能量非常小。

2. 矩形喇叭天线的口径场

喇叭天线可以作为口径天线来处理，选择角锥喇叭天线进行分析。角锥喇叭的坐标如

图 9.16 所示。其中，a、b 为波导的宽边和窄边尺寸，a_L、b_L 为相应的口径尺寸，R_E、R_H 分别为 E 面和 H 面长度。$R_E \neq R_H$ 时，为楔形角锥喇叭；当 $R_E = R_H$ 时，为尖顶角锥喇叭；当 $a_L = a$ 或 $R_H = \infty$ 时，为 E 面喇叭；当 $b_L = b$ 或 $R_E = \infty$ 时，为 H 面喇叭。喇叭天线的口径场可近似地由矩形波导至喇叭结构波导的相应截面的导波场来决定。

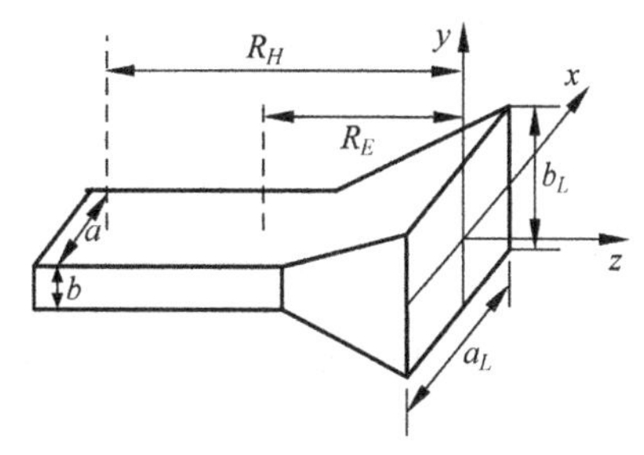

图 9.16 角锥喇叭的坐标

假设矩形波导内只传输 TE_{10} 模式的条件下，喇叭内场结构可以近似看作与波导的内场结构相同，角锥喇叭内传输的近似为球面波；因此在近似的条件下，喇叭口径上场的相位分布为平方律，对于 H 面喇叭天线相位沿宽边 x 轴方向发生变化，在喇叭口径边缘具有最大相移量为

$$\Delta\varphi_{mx} = \frac{\pi}{4\lambda}\frac{a_L^2}{R_H} \tag{9-82}$$

同理，对于 E 面喇叭天线相位沿宽边 y 轴方向发生变化，在喇叭口径边缘具有最大相移量为

$$\Delta\varphi_{my} = \frac{\pi}{4\lambda}\frac{b_L^2}{R_E} \tag{9-83}$$

对于角锥喇叭天线，沿 x、y 方向上同时扩展，则在此两口径上相位都有平方律相位分布，相位最大值

$$\Delta\varphi_{mxy} = \frac{\pi}{4\lambda}\left(\frac{a_L^2}{R_H} + \frac{b_L^2}{R_E}\right) \tag{9-84}$$

对矩形喇叭天线是矩形波导扩张而成，矩形波导传输主模 TE_{10}，则矩形喇叭天线也传输 TE_{10}，口径场振幅随宽边按照余弦规律分布。根据矩形波导 TE_{10} 的场分布为

$$E_y = E_0\cos\left(\frac{\pi x}{a}\right) \tag{9-85}$$

对于 H 面喇叭天线，口径场场分布为

$$E_{Sy} = E_0\cos\left(\frac{\pi x}{a_L}\right)e^{-j\beta\frac{x^2}{2R_H}} \tag{9-86}$$

对于 E 面喇叭天线，口径场场分布为

$$E_{Sy} = E_0\cos\left(\frac{\pi x}{a_L}\right)e^{-j\beta\frac{y^2}{2R_E}} \tag{9-87}$$

角锥喇叭口径场为

$$\begin{cases} E_{Sy} = E_0\cos\left(\dfrac{\pi x_S}{a_L}\right)e^{-j\frac{\beta}{2}}\left(\dfrac{x^2}{R_H} + \dfrac{y^2}{R_E}\right) \\ E_{Sx} \approx -\dfrac{E_{Sy}}{120\pi} \end{cases} \tag{9-88}$$

可见，对于矩形喇叭天线，不论口径场向沿哪个方向扩张，其振幅沿窄边均匀分布，沿宽边余弦分布，相位沿扩张边平方律分布。矩形喇叭天线口径场分布不均匀，使得喇叭天线辐射方向性变差，所以矩形喇叭天线只作为馈源，不能作为独立的天线。

3. 矩形喇叭天线的方向性

有了口径场的表达式,根据式(9-15)和(9-16)就可以分别计算角锥喇叭的 E 面和 H 面的辐射场。

$$\begin{cases} E_E = \mathrm{j}\dfrac{\mathrm{e}^{-\mathrm{j}\beta r}}{2\lambda r}(1+\cos\theta)E_0 a_L \displaystyle\int_{-\frac{b_L}{2}}^{\frac{b_L}{2}} \cos\left(\dfrac{\pi y}{b_L}\right)\mathrm{e}^{-\mathrm{j}\frac{\beta y^2}{2R_E}+\mathrm{j}\beta y\sin\theta}\mathrm{d}y \\ E_H = \mathrm{j}\dfrac{\mathrm{e}^{-\mathrm{j}\beta r}}{2\lambda r}(1+\cos\theta)E_0 b_L \displaystyle\int_{-\frac{a_L}{2}}^{\frac{a_L}{2}} \cos\left(\dfrac{\pi y}{a_L}\right)\mathrm{e}^{-\mathrm{j}\frac{\beta y^2}{2R_E}+\mathrm{j}\beta y\sin\theta}\mathrm{d}x \end{cases} \tag{9-89}$$

图 9.17 和图 9.18 分别计算了角锥喇叭的 E 面和 H 面方向图,图中的参数反映了喇叭口径的 E、H 面的相位偏移的严重程度。

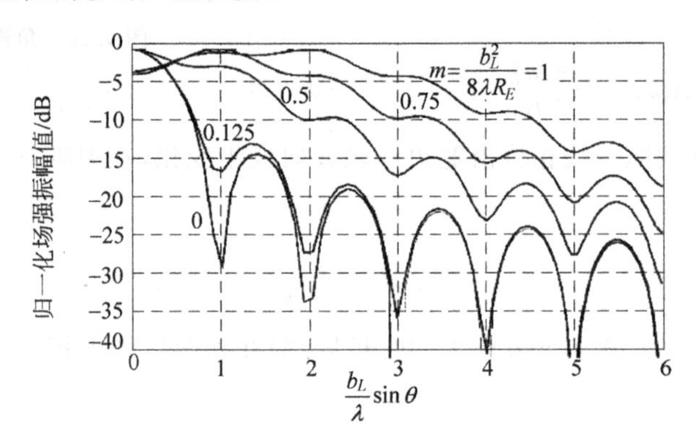

图 9.17 角锥喇叭的 E 面方向图

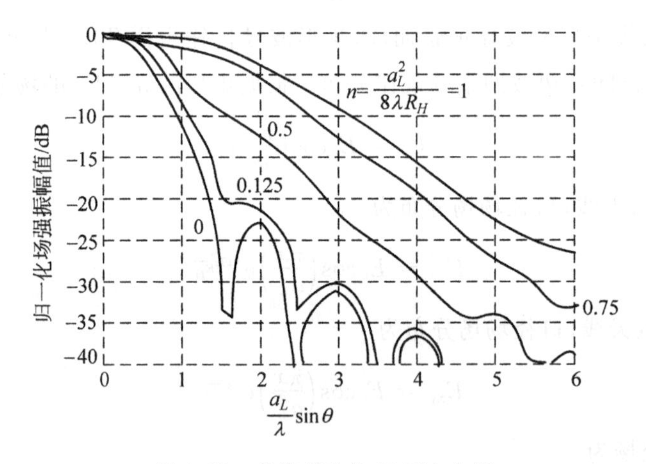

图 9.18 角锥喇叭的 H 面方向图

为了获得较好的方向图,工程上通常规定 H、E 面允许的最大相差为

$$\begin{cases} \varphi_{mH} = \dfrac{\pi a_L^2}{4\lambda R_H} \leqslant \dfrac{3\pi}{4} \\ \varphi_{mE} = \dfrac{\pi b_L^2}{4\lambda R_E} \leqslant \dfrac{\pi}{2} \end{cases} \tag{9-90}$$

则得到角锥喇叭天线的设计尺寸

$$\begin{cases} a_L \leqslant \sqrt{3\lambda R_H} \\ b_L \leqslant \sqrt{2\lambda R_E} \end{cases} \tag{9-91}$$

由于 H 面的口径场为余弦分布，边缘场幅小，所以 φ_{mH} 可大于 φ_{mE}。

喇叭天线的方向系数可由式(9-92)计算。

$$D = \frac{4\pi}{\lambda^2} \frac{\left| \iint_S E_{Sy} \mathrm{d}S \right|^2}{\iint_S |E_{Sy}|^2 \mathrm{d}S} \tag{9-92}$$

H 面喇叭的方向系数为

$$D_H = \frac{64R_H}{\pi\lambda a_L}\left[C^2\left(\frac{a_L}{\sqrt{2\lambda R_H}}\right) + S^2\left(\frac{a_L}{\sqrt{2\lambda R_H}}\right)\right] \tag{9-93}$$

E 面喇叭的方向系数为

$$D_E = \frac{64R_E}{\pi\lambda b_L}\left[C^2\left(\frac{b_L}{\sqrt{2\lambda R_E}}\right) + S^2\left(\frac{b_L}{\sqrt{2\lambda R_E}}\right)\right] \tag{9-94}$$

角锥喇叭的方向系数为

$$D = \frac{\pi}{32}\left(\frac{\lambda}{a_L}D_E\right)\left(\frac{\lambda}{b_L}D_H\right) \tag{9-95}$$

图 9.19 和图 9.20 分别计算了 E 面和 H 面喇叭的方向系数。

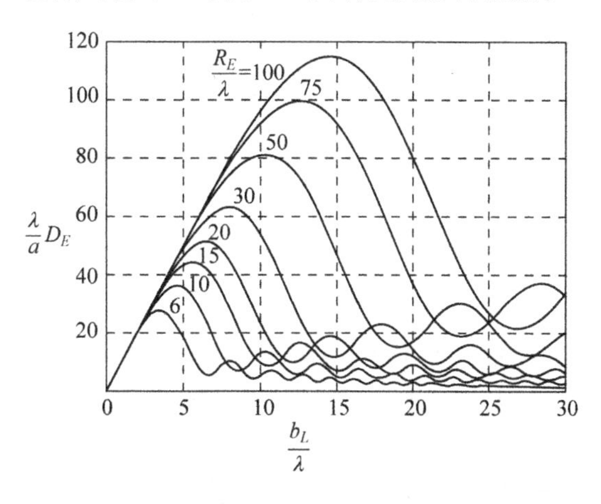

图 9.19 E 面喇叭的方向系数

从图 9.19 和图 9.20 中可以看出，在喇叭长度一定的条件下，起初增大口径尺寸可以增大口径面积，进而增大了方向系数，但是当口径尺寸增大到超过某定值后，继续再增大口径尺寸，方向系数反而减小。实际上，最佳尺寸即为 E 面和 H 面分别允许的最大相差尺寸为

$$\begin{cases} a_L = \sqrt{3\lambda R_H} \\ b_L = \sqrt{2\lambda R_E} \end{cases} \tag{9-96}$$

满足最佳尺寸的喇叭称为最佳喇叭。

最佳 E 面喇叭的 E 面主瓣宽度为

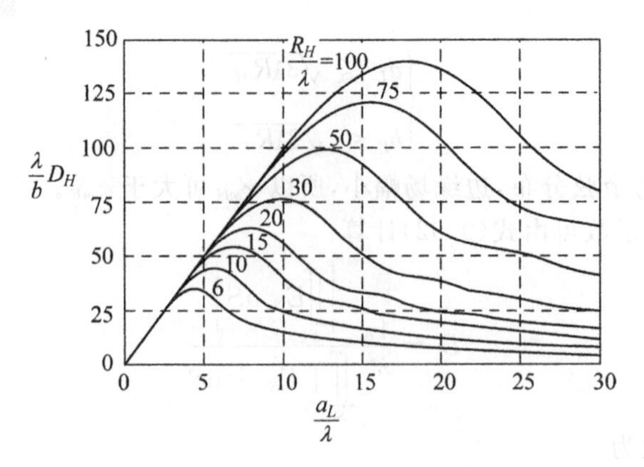

图 9.20 H 面喇叭的方向系数

$$2\theta_{0.5E} = 0.89\frac{\lambda}{a_L}(\mathrm{rad}) = 51\frac{\lambda}{a_L}(^\circ) \tag{9-97}$$

最佳 H 面扇形喇叭的 H 面主瓣宽度为

$$2\theta_{0.5H} = 1.18\frac{\lambda}{a_L}(\mathrm{rad}) = 68\frac{\lambda}{a_L}(^\circ) \tag{9-98}$$

最佳扇形喇叭的面积利用系数 v=0.64,所以其方向系数为

$$D_H = D_E = 0.64\frac{4\pi}{\lambda^2}S \tag{9-99}$$

角锥喇叭的最佳尺寸就是其 E 面扇形和 H 面扇形都取最佳尺寸,其方向系数为

$$\begin{aligned} D &= \frac{\pi}{32}\left(\frac{\lambda}{a_L}D_H\right)\left(\frac{\lambda}{b_L}D_E\right) \\ &= \frac{\pi}{32}\left(0.64\frac{4\pi a_L}{\lambda}\right)\left(0.64\frac{4\pi b_L}{\lambda}\right) \\ &= 0.51\frac{4\pi}{\lambda^2}S \end{aligned} \tag{9-100}$$

由上式可知,角锥喇叭的面积利用系数为 0.51。

设计喇叭天线时,首先应根据工作带宽,选择合适的波导尺寸。

对于角锥喇叭天线,确定其尺寸时,需要考虑喇叭与波导尺寸的配合,如图 9.21 所示。

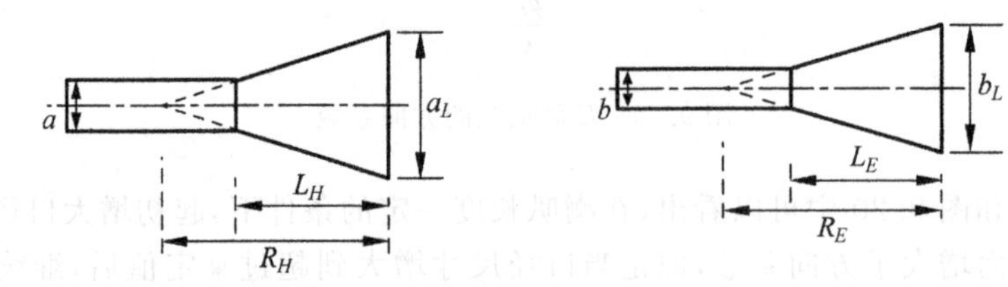

图 9.21 角锥喇叭设计尺寸图

为了使两者在颈部正好配合,必须使的 $L_H = L_E$,由几何关系可得

$$\begin{cases} \dfrac{a_L}{a} = \dfrac{R_H}{R_H - L_H} \\ \dfrac{b_L}{b} = \dfrac{R_E}{R_E - L_E} \end{cases} \tag{9-101}$$

将 $L_H=L_E$ 代入式(9-101),可得

$$\frac{R_H}{R_E}=\frac{1-\dfrac{b}{b_L}}{1-\dfrac{a}{a_L}} \tag{9-102}$$

若所选择的喇叭尺寸不满足式(9-102),则应加以调整。

4. 圆锥喇叭

圆锥喇叭采用圆波导馈电,描述圆锥喇叭的尺寸包括口径直径 d_m 和喇叭长度 l,如图 9.22 所示。

圆锥喇叭的口径场的振幅分布与圆波导中的 TE_{11} 相同,相位按平方律沿半径方向变化。圆锥喇叭的分析方法与矩形喇叭相似,其数学计算过程复杂。圆锥喇叭和矩形喇叭类似,当轴向长度 l 一定时,增大口径尺寸 d_m 的效果将以增大口径面积为优势逐渐地转向以平方相位偏移为优势。圆锥喇叭同样存在着最佳设计尺寸。最佳圆锥喇叭的主瓣宽度由以下公式近似计算为

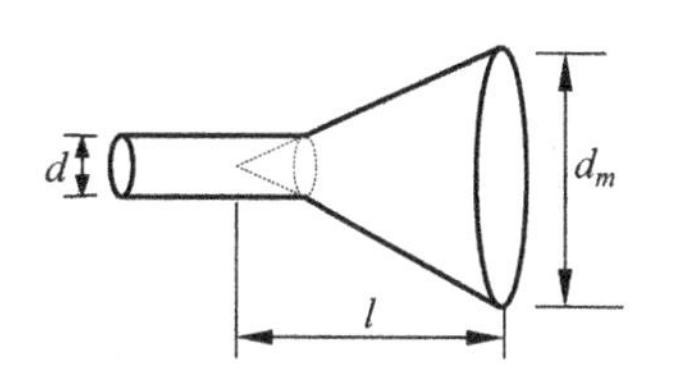

图 9.22 圆锥喇叭尺寸图

$$\begin{cases} 2\theta_{0.5E}=60.19\dfrac{\lambda}{d_m}(°) \\ 2\theta_{0.5H}=69.94\dfrac{\lambda}{d_m}(°) \end{cases} \tag{9-103}$$

方向系数近似计算为

$$D=0.5\left(\frac{\pi d_m}{\lambda}\right)^2 \tag{9-104}$$

5. 馈源喇叭

对于普通喇叭天线,由于口径场的不对称性,因此其两主平面的方向图也不对称,两主平面的相位中心也不重合,因而不适宜作旋转对称型反射面天线的馈源。通常要针对反射面天线对馈源的特殊要求,如辐射方向图频带宽、等化好、低交叉极化、宽频带内低驻波比等,对喇叭天线进行改进,从而提出了高效率馈源的概念。这其中常用的就是多模喇叭以及波纹喇叭。

1) 多模喇叭

为了提高天线口径的面积利用系数,就必须设法给主反射器提供等幅同相且轴向对称的方向图,即所谓的等化方向图。因此提出多模喇叭,它利用不连续截面激励起的数个幅度及相位来配置适当的高次模,使喇叭口径面上合成的 E 面及 H 面的相位特性基本相同,从而获得等化和低副瓣的方向图,使之成为反射面天线的高效率馈源。多模喇叭可以由圆锥喇叭和角锥喇叭演变而成,一般都采用圆锥喇叭,利用锥角和半径的变化以产生所需要的高次模。双模圆锥喇叭如图 9.23 所示。

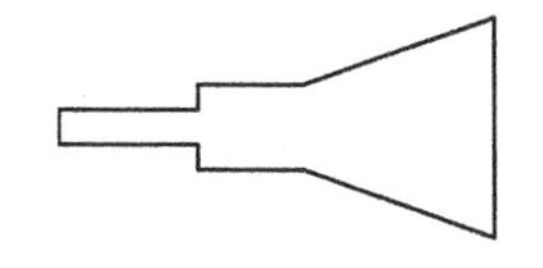
图 9.23 双模圆锥喇叭

在圆锥喇叭的颈部加入了一个不连续段,不仅激励了主模 TE_{11},还激励了高次模 TM_{11}。适当调整不连续段的长度和直径,就

可以控制 TE_{11} 和 TM_{11} 两种模式之间的幅度比及相位关系，在喇叭口径上得到较为均匀的口径场分布。双模圆锥喇叭的口径场如图 9.24 所示。

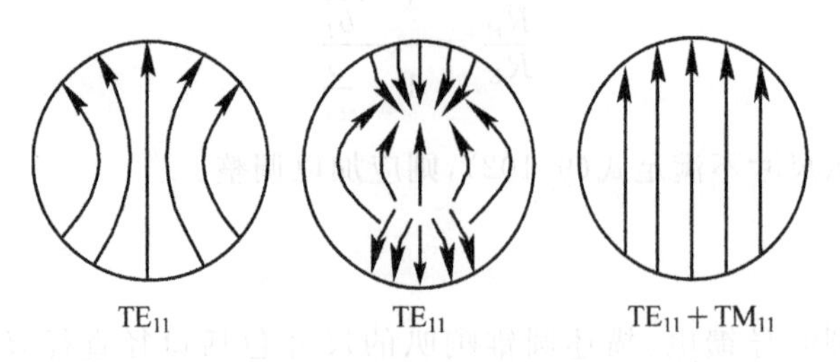

图 9.24　双模圆锥喇叭的口径场

2）波纹喇叭

自从 1966 年提出波纹喇叭以来，经过三十多年的发展，波纹喇叭的理论与实践已日趋完善，已在测控、通信、射电望远镜以及卫星接收天线等系统中广泛应用。在喇叭的内壁上对称地开有一系列 $\lambda/4$ 深的沟槽，它们对纵向传播的表面电流呈现出很大的阻抗。与几何尺寸相同的光壁喇叭比较，这些纵向的表面传导电流将大大减弱，由全电流连续性定理，则不可避免地使法向位移电流减弱，从而使喇叭口径上边壁附近的电场法向分量减弱，即使得 E 面场分布也变为由口径中心向边缘下降，最终使 E 面方向图与 H 面方向图对称。

9.6　小结

口径面天线具有增益高、波束窄和天线的方向性强等特点，口径面天线广泛应用于频率较高的微波频段。本章主要讨论了惠更斯元和平面口径的辐射特性，分析矩形口径和圆形口径的辐射特性及相应辐射场的计算公式，天线方向图、增益和效率；分析抛物面天线、卡塞格伦天线和喇叭天线的基本结构和辐射性能。

习题

9-1　填空题

(1) 面天线表示天线所在的电流是沿天线体的金属表面，其口径尺寸________工作波长。

(2) 惠更斯元的辐射可以等效为________和________共同产生。

(3) 惠更斯元具有单向辐射性，最大辐射方向为________的方向，即最大辐射方向与其本身垂直。

(4) 旋转抛物面天线是应用最广泛的天线之一，它由________和________组成。天线的反射面由形状为旋转抛物面的导体表面或导线栅格网构成，馈源是放置在抛物面焦点上的具有弱方向性的初级照射器，它可以是单个振子或振子阵、单喇叭或多喇叭、开槽天线等。

(5) 卡塞格伦天线是由________、________和________三部分组成的。

(6) 面天线通常采用口径场法分析辐射场，它基于________，即在空间任一点的场，是包围天线的封闭曲面上各点的电磁扰动产生的辐射在该点叠加的结果。

9-2 旋转抛物面天线对馈源有哪些基本要求？

9-3 卡塞格伦天线与旋转抛物面天线相比，有哪些优点？

9-4 一旋转抛物面天线的工作波长 $\lambda=1.0\text{m}$，方向系数 $D=10000$，计算其直径尺寸。

9-5 已知一抛物面天线的口径面为矩形，口径尺寸为 $9.21\text{m}\times3.3\text{m}$，口径利用系数 $v=0.45$，天线的工作波长 $\lambda=0.24\text{m}$，计算该天线的增益。

9-6 某天线的方向系数为 900，求其最大有效口径是多少？

9-7 假设有一位于 xOy 平面内尺寸为 $a\times b$ 的矩形口径，口径内场为均匀相位和余弦振幅分布：$f(x)=\cos(\pi x/a)$，$|x|\leqslant a/2$ 并沿 y 方向线极化。试求：

(1) xOz 平面的方向函数。

(2) 主瓣的半功率波瓣宽度。

(3) 第一个零点的位置。

(4) 第一旁瓣电平。

9-8 角锥喇叭、E 面喇叭和 H 面喇叭的口径场各有什么特点？

9-9 设旋转抛物面天线的馈源功率方向图函数为

$$D_f(\psi)=\begin{cases}D_0\sec^2\left(\dfrac{\psi}{2}\right)\\0\end{cases}$$

抛物面直径 $D=150\text{cm}$，工作波长 $\lambda=3\text{cm}$，如果要使抛物面口径振幅分布为：口径边缘相对其中心上的场值为 $1/\sqrt{2}$，试求：

(1) 焦比 f/D。

(2) 口径利用因数。

(3) 天线增益。

9-10 设口径直径为 2m 的抛物面天线，$\lambda=10\text{cm}$，其张角为 60°，设馈源的方向函数为

$$D_f(\psi)=\begin{cases}2\cos^2\psi & 0\leqslant\psi\leqslant90^\circ\\0 & \psi>90^\circ\end{cases}$$

估算此天线的方向函数及口径利用系数。

9-11 有一卡塞格伦天线，其抛物面主面焦距 $f=2\text{m}$，若选用离心率为 $e=2.4$ 的双曲副反射面，求等效抛物面的焦距。

9-12 设矩形波导尺寸 $a\times b$，口径场为 TE_{10} 波形，即 $E_y=E_0\sin\left(\dfrac{\pi x}{a}\right)$，工作波长为 λ，试推导 E 面和 H 面方向性系数。

9-13 H 面扇形喇叭天线的工作波长为 5cm，方向系数为 14dB，求该喇叭天线的尺寸。

附录 A 同轴射频电缆参数表

电缆型号	内导体/mm		绝缘外径/mm	电缆外径/mm	特性阻抗/Ω	衰减常数(3GHz)/(dB/m)	电晕电压/kV
	根数/直径	外径					
SYV-50-2-1 SWY-50-2-1	7.00/0.15	0.45	1.50±0.10	2.90±0.10	50.00±3.50	2.690	1.00
SYV-50-2-2 SWY-50-2-2	1.00/0.68	0.68	2.20±0.10	4.00±0.20	50.00±2.50	1.855	1.50
SYV-50-3 SWY-50-3	1.00/0.90	0.90	3.00±0.15	5.00±0.25	50.00±2.50	1.482	2.00
SYV-50-5-1 SWY-50-5-1	1.00/1.37	1.37	4.60±0.20	7.00±0.30	50.00±2.50	1.062	3.00
SYV-50-7-1 SWY-50-7-1	7.00/0.76	2.28	7.30±0.25	10.20±0.30	50.00±2.50	0.851	4.00
SYV-50-9 SWY-50-9	7.00/0.95	2.85	9.00±0.30	12.40±0.40	50.00±2.50	0.724	5.00
SYV-50-12 SWY-50-12	7.00/1.20	3.60	11.50±0.40	15.00±0.50	50.00±2.50	0.656	6.50
SYV-50-15 SWY-50-15	7.00/1.54	4.62	15.00±0.50	19.00±0.50	50.00±2.50	0.574	9.00
SYV-75-2 SWY-75-2	7.00/0.08	0.24	1.50±0.10	2.90±0.10	75.00±5.00	2.970	0.75
SYV-75-3 SWY-75-3	7.00/0.17	0.51	3.00±0.15	5.00±0.25	75.00±3.00	1.676	1.50
SYV-75-5-1 SWY-75-5-1	1.00/0.72	0.72	4.60±0.20	7.00±0.30	75.00±3.00	1.028	2.50
SYV-75-7 SWY-75-7	7.00/0.40	1.20	7.30±0.25	10.20±0.30	75.00±3.00	0.864	3.00
SYV-75-9 SWY-75-9	1.00/1.37	1.37	9.00±0.30	12.40±0.40	75.00±3.00	0.693	4.50
SYV-75-12 SWY-75-12	7.00/0.64	1.92	11.50±0.40	15.00±0.50	75.00±3.00	0.659	5.50

续表

电缆型号	内导体/mm		绝缘外径/mm	电缆外径/mm	特性阻抗/Ω	衰减常数(3GHz)/(dB/m)	电晕电压/kV
	根数/直径	外径					
SYV-75-15 SWY-75-15	7.00/0.82	2.46	15.00±0.50	19.00±0.50	75.00±3.00	0.574	7.00
SYV-100-7	1.00/0.60	0.60	7.30±0.25	10.20±0.30	100.00±5.00	0.729	2.50

说明：同轴射频电缆型号组成介绍：

① 第一部分字母：第1个字母为分类代号："S"表示同轴射频电缆；第2个字母为绝缘材料："Y"表示聚乙烯，"W"表示稳定聚乙烯；第3个字母为护层材料："V"表示聚氯乙烯，"Y"表示聚乙烯。

② 第二部分数字：特性阻抗。

③ 第三部分数字：芯线绝缘外径。

④ 第四部分数字：结构序号。

附录B 硬同轴线参数表

型号参数	特性阻抗/Ω	外导体内直径 b/mm	内导体外直径 a/mm	衰减/(dB/m $\sqrt{Hz}$)	理论最大功率/kW	最小工作波长/mm
50-7	50.00	7.00	3.04	$3.38\times10^{-6}\sqrt{f}$	167	1.73
75-7	75.00	7.00	2.00	$3.08\times10^{-6}\sqrt{f}$	94	1.56
50-16	50.00	16.00	6.95	$1.48\times10^{-6}\sqrt{f}$	756	3.90
75-16	75.00	16.00	4.58	$1.34\times10^{-6}\sqrt{f}$	492	3.60
50-35	50.00	35.00	15.20	$0.67\times10^{-6}\sqrt{f}$	3555	8.60
75-35	75.00	35.00	10.00	$0.61\times10^{-6}\sqrt{f}$	2340	7.80
53-39	53.00	39.00	16.00	$0.6\times10^{-6}\sqrt{f}$	4270	9.60
50-75	50.00	75.00	32.50	$0.31\times10^{-6}\sqrt{f}$	16300	18.50
50-87	50.00	87.00	38.00	$0.27\times10^{-6}\sqrt{f}$	22410	21.60
50-110	50.00	110.00	48.00	$0.22\times10^{-6}\sqrt{f}$	35800	27.30

说明：① 本表数据以介质为空气计算。② 最小工作波长计算式：$\lambda_{min}=1.1\pi(a+b)$。

附录C 射频电缆型号符号意义

分类代号		绝缘		护套		派生特性	
符号	意义	符号	意义	符号	意义	符号	意义
S	同轴射频电缆	Y	聚乙烯	V	聚乙烯	P	屏蔽
SE	对称射频电缆	W	稳定聚乙烯	Y	聚乙烯	Z	综合式
SJ	强力射频电缆	F	氟塑料	F	氟塑料		
SG	高压射频电缆	X	橡皮	B	玻璃丝编制浸硅有机物		
SZ	延迟射频电缆	I	聚乙烯-空气绝缘	H	橡套		
ST	特种射频电缆	D	稳定聚乙烯-空气绝缘	M	棉纱编织		
SS	电视电缆	B	聚苯乙烯	Q	铅色		
		N	聚苯乙烯-空气绝缘	W	稳定聚乙烯		
		U	氟塑料-空气绝缘				

附录 D　标准矩形波导主要参数表

波导标准型号		主模频率范围/GHz	截止频率/MHz	内截面尺寸 $a\times b$/(mm×mm)			衰减/(dB/m)	
国际标准 IECR-	中国标准 BJ-			标宽 a	标高 b	标厚 t	频率/GHz	理论值
3	3	0.32～0.49	256.58	584.20	292.10		0.38	0.00078
4	4	0.35～0.53	281.02	533.40	266.70		0.42	0.00090
5	5	0.41～0.62	327.86	457.20	228.60		0.49	0.00113
6	6	0.49～0.75	393.43	381.00	190.50		0.59	0.00149
8	8	0.64～0.98	513.17	292.10	146.05	3.00	0.77	0.00222
9	9	0.76～1.15	605.27	247.65	123.83	3.00	0.91	0.00284
12	12	0.96～1.46	766.42	195.58	97.79	3.00	1.15	0.00405
14	14	1.14～1.73	907.91	165.10	82.55	2.00	1.36	0.00522
18	18	1.45～2.20	1 137.10	129.54	64.77	2.00	1.74	0.00749
22	22	1.72～2.61	1 372.40	109.22	54.61	2.00	2.06	0.00970
26	26	2.17～3.30	1 735.70	86.36	43.18	2.00	2.61	0.01380
32	32	2.60～3.95	2 077.90	72.14	34.04	2.00	3.12	0.01890
40	40	3.22～4.90	2 576.90	58.17	29.08	1.50	3.87	0.02490
48	48	3.94～5.99	3 152.40	47.55	22.14	1.50	4.73	0.03550
58	58	4.64～7.05	3 711.20	40.39	20.19	1.50	5.57	0.04310
70	70	5.38～8.17	4 301.20	34.85	15.79	1.50	6.46	0.05760
84	84	6.57～9.99	5 259.70	28.49	12.62	1.50	7.89	0.07940
100	100	8.20～12.50	6 557.10	22.86	10.16	1.00	9.84	0.11000
120	120	9.84～15.00	7 868.60	19.05	9.52	1.00	11.80	0.13300
140	140	11.90～18.00	9 487.70	15.79	7.89	1.00	14.20	0.17600
180	180	14.50～22.00	11 571	12.94	6.47	1.00	17.40	0.23800
220	220	17.60～26.70	14 051	10.66	5.32	1.00	21.10	0.37000
260	260	21.70～33.00	17 357	8.63	4.31	1.00	26.10	0.43500
320	320	26.40～40.00	21 077	7.11	3.55	1.00	31.60	0.58300
400	400	32.90～50.10	26 344	5.69	2.84	1.00	39.50	0.81500
500	500	39.20～59.60	31 392	4.77	2.38	1.00	47.10	1.06000
620	620	49.80～75.80	39 977	3.75	1.88	1.00	59.90	1.52000
740	740	60.50～91.90	48 369	3.09	1.54	1.00	72.60	2.03000
900	900	73.80～112.00	59 014	2.54	1.27	1.00	88.60	2.74000
1200	1200	92.20～140.00	73 768	2.03	1.01	1.00	111.00	3.82000
1400	1400	114.00～173.00	90 791	1.65	0.82		136.30	5.21000
1800	1800	145.00～220.00	115 750	1.29	0.64		174.00	7.50000
2200	2200	172.00～261.00	137 268	1.09	0.54		206.00	9.70000
2600	2600	217.00～330.00	173 491	0.86	0.43		260.50	13.76000

附录E 标准扁波导主要参数表

扁波导型号		频率范围 f/GHz	截止频率 f_c/MHz	内截面尺寸 $a\times b$ /(mm×mm)			衰减值/(dB/m)	
国际标准 F-	中国标准 BB-			标宽 a	标高 b	标厚 t	频率 f/GHz	理论值
22	22	1.72～2.61	1372.20	109.20	13.10	2.00	2.07	0.03018
26	26	2.17～3.30	1735.40	88.40	10.40	2.00	2.61	0.04393
32	32	2.60～3.95	2077.90	72.14	8.60	2.00	3.12	0.05676
39	39	3.22～4.90	2576.90	58.20	7.00	1.50	3.87	0.07765
48	48	3.94～5.99	3152.40	47.55	5.70	1.50	4.73	0.10507
58	58	4.64～7.05	3711.20	40.40	5.00	1.50	5.57	0.13066
70	70	5.38～8.17	4301.20	34.85	5.00	1.50	6.46	0.14390
84	84	6.57～9.99	5259.20	28.50	5.00	1.50	7.89	0.16510
100	100	8.20～12.50	6557.10	22.86	5.00	1.00	9.84	0.19310

附录F 常用圆波导参数表

圆波导型号		半径 a/mm	截止频率 f_c/GHz			TE_{11}衰减值/(dB/m)	
国际标准 C-	中国标准 BY-		TE_{11}	TM_{01}	TE_{01}	f/GHz	理论值
3.3	3.3	323.900	0.27	0.35	0.56	0.325	0.00067
4	4	276.700	0.32	0.41	0.66	0.380	0.00085
4.5	4.5	236.400	0.37	0.48	0.77	0.446	0.00108
5.3	5.3	201.900	0.43	0.57	0.90	0.522	0.00137
6.2	6.2	172.500	0.51	0.66	1.06	0.611	0.00174
7	7	147.300	0.60	0.78	1.24	0.715	0.00219
8	8	125.920	0.70	0.91	1.45	0.838	0.00278
10	10	107.570	0.82	1.07	1.70	0.980	0.00352
12	12	91.880	0.96	1.25	1.99	1.147	0.00447
14	14	78.500	1.20	1.46	2.33	1.343	0.00564
16	16	67.050	1.31	1.71	2.73	1.572	0.00715
18	18	57.290	1.53	2.00	3.19	1.841	0.00906
22	22	48.930	1.79	2.34	3.74	2.154	0.01150
25	25	41.810	2.10	2.74	4.37	2.521	0.01400
30	30	35.710	2.46	3.21	5.12	2.952	0.01840
35	35	30.520	2.88	3.76	5.99	3.455	0.02330
40	40	25.990	3.38	4.41	7.03	4.056	0.02970
48	48	22.220	3.95	5.16	8.23	4.744	0.03750
56	56	19.050	4.61	6.02	9.60	5.534	0.04730
65	65	16.270	5.40	7.05	11.20	6.480	0.05990
76	76	13.894	6.32	8.26	13.20	7.588	0.07590

续表

圆波导型号		半径 a/mm	截止频率 f_c/GHz			TE_{11}衰减值/(dB/m)	
国际标准 C-	中国标准 BY-		TE_{11}	TM_{01}	TE_{01}	f/GHz	理论值
89	89	11.912	7.37	9.63	15.30	8.850	0.09560
104	104	10.122	8.68	11.30	18.10	10.420	0.12200
120	120	8.737	10.00	13.10	20.90	12.070	0.15240
140	140	7.544	11.60	15.20	24.20	13.980	0.18930
165	165	6.350	13.80	18.10	28.20	16.610	0.24590
190	190	5.563	15.80	20.60	32.90	18.950	0.30030
220	220	4.762	18.40	24.10	38.40	22.140	0.37870
255	255	4.165	21.10	27.50	43.90	25.310	0.46200
290	290	3.563	24.60	32.20	51.20	29.540	0.58340
330	330	7.175	27.70	36.10	57.60	33.200	0.69380
380	380	2.781	31.60	41.30	65.70	37.910	0.84860
430	430	2.387	36.80	48.10	76.60	44.160	1.06500
495	495	2.184	40.20	52.50	83.70	48.260	1.21900
580	580	1.790	49.10	64.10	102.00	58.880	1.64300
660	660	1.583	55.30	72.30	115.00	66.410	1.96700
765	765	1.384	63.50	82.90	132.00	76.150	2.41300
890	890	1.194	73.60	96.10	153.00	88.300	3.01100

说明：

① 标准矩形波导："BJ"表示"标"和"矩"汉字的第一个字母的组合。

② 标准扁波导："BB"表示"标"和"扁"汉字的第一个字母的组合。

③ 标准圆波导："BY"表示"标"和"圆"汉字的第一个字母的组合。

附录 G　微带线特性阻抗和有效介电常数参考表

ε_r	ω/h	Z_e/Ω	ε_e	ε_r	ω/h	Z_e/Ω	ε_e
9.0	0.005	196.2	5.1076	9.0	0.900	53.5	6.1504
9.0	0.011	174.5	5.1529	9.0	0.940	52.4	6.1504
9.0	0.019	159.4	5.1529	9.0	0.980	51.3	6.2001
9.0	0.025	151.8	5.1984	9.0	1.000	50.8	6.2001
9.0	0.033	144.0	5.2441	9.0	1.050	49.5	6.2500
9.0	0.045	135.4	5.2900	9.0	1.100	48.3	6.2500
9.0	0.055	129.8	5.2900	9.0	1.150	47.2	6.3001
9.0	0.071	122.7	5.3361	9.0	1.200	46.1	6.3001
9.0	0.085	117.7	5.3824	9.0	1.300	44.2	6.3504
9.0	0.099	113.5	5.4289	9.0	1.400	42.5	6.4009
9.0	0.140	103.8	5.4756	9.0	1.500	40.9	6.4501
9.0	0.200	93.9	5.5696	9.0	1.600	39.5	6.5025
9.0	0.260	86.6	5.6169	9.0	1.800	36.9	6.5536
9.0	0.300	82.7	5.6644	9.0	2.000	34.1	6.6564
9.0	0.340	79.3	5.7121	9.0	230.000	31.9	6.7081

续表

ε_r	ω/h	Z_e/Ω	ε_e	ε_r	ω/h	Z_e/Ω	ε_e
9.0	0.400	74.9	5.7600	9.0	2.600	29.4	6.8121
9.0	0.440	72.3	5.8081	9.0	3.000	26.7	6.9169
9.0	0.500	68.8	5.8564	9.0	3.500	24.0	7.0225
9.0	0.540	66.8	5.9049	9.0	4.000	21.7	7.1289
9.0	0.580	64.9	5.9536	9.0	4.500	19.9	7.2361
9.0	0.620	63.1	5.9536	9.0	5.000	18.4	7.2900
9.0	0.660	61.5	6.0025	9.0	6.000	15.9	7.4529
9.0	0.700	59.9	6.0025	9.0	7.000	14.0	7.5625
9.0	0.740	58.5	6.0516	9.0	8.000	12.6	7.6729
9.0	0.780	57.1	6.0516	9.0	9.000	11.4	7.7284
9.0	0.820	55.8	6.1009	9.0	10.000	10.4	7.8400
9.0	0.860	54.6	6.1009	9.0	15.000	7.34	8.0656
9.6	0.005	190.6	5.3824	9.6	0.900	51.9	6.5536
9.6	0.011	174.8	5.4056	9.6	0.940	50.8	6.5536
9.6	0.019	154.8	5.4756	9.6	0.980	49.8	6.6049
9.6	0.025	147.4	5.5225	9.6	1.000	49.3	6.6049
9.6	0.033	139.9	5.5696	9.6	1.050	48.0	6.6049
9.6	0.045	131.5	5.5696	9.6	1.100	46.8	6.6564
9.6	0.055	126.0	5.6196	9.6	1.150	45.8	6.6564
9.6	0.071	119.1	5.6644	9.6	1.200	44.7	6.7081
9.6	0.085	114.3	5.7121	9.6	1.300	42.9	6.7600
9.6	0.099	110.1	5.7121	9.6	1.400	41.2	6.8121
9.6	0.140	100.7	5.8081	9.6	1.500	39.7	6.8644
9.6	0.200	91.1	5.9049	9.6	1.600	38.3	6.8644
9.6	0.260	84.1	6.0025	9.6	1.800	35.8	6.9696
9.6	0.300	80.3	6.0516	9.6	2.000	33.7	7.0756
9.6	0.340	76.9	6.1009	9.6	2.300	30.9	7.1824
9.6	0.400	72.6	6.1504	9.6	2.600	28.5	7.2361
9.6	0.440	70.1	6.2001	9.6	3.000	25.9	7.3441
9.6	0.500	66.8	6.2500	9.6	3.500	23.2	7.4529
9.6	0.540	64.8	6.2500	9.6	4.000	21.1	7.6176
9.6	0.580	62.9	6.3001	9.6	4.500	19.3	7.6729
9.6	0.620	61.2	6.3504	9.6	5.000	17.8	7.2900
9.6	0.660	59.6	6.3504	9.6	6.000	15.4	7.8961
9.6	0.700	58.1	6.4009	9.6	7.000	13.6	8.0656
9.6	0.740	56.7	6.4516	9.6	8.000	12.2	8.1796
9.6	0.780	55.4	6.4516	9.6	9.000	11.0	8.2369
9.6	0.820	54.2	6.5025	9.6	10.000	10.1	8.3521
9.6	0.860	53.0	6.5025	9.6	15.000	7.1	8.5849
9.9	0.005	187.9	5.5696	9.9	0.900	51.1	6.7081
9.9	0.011	167.1	5.6169	9.9	0.940	50.0	6.7600
9.9	0.019	152.6	5.6644	9.9	0.980	49.0	6.7600

续表

ε_r	ω/h	Z_e/Ω	ε_e	ε_r	ω/h	Z_e/Ω	ε_e
9.9	0.025	145.3	5.6644	9.9	1.000	48.6	6.7600
9.9	0.033	137.9	5.7121	9.9	1.050	47.3	6.8121
9.9	0.045	129.6	5.7600	9.9	1.100	46.2	6.8121
9.9	0.055	124.3	5.7600	9.9	1.150	45.1	6.8644
9.9	0.071	117.4	5.8081	9.9	1.200	44.1	6.9169
9.9	0.085	112.6	5.8564	9.9	1.300	42.3	6.9696
9.9	0.099	108.6	5.9049	9.9	1.400	40.6	7.0225
9.9	0.140	99.3	5.9536	9.9	1.500	39.1	7.0756
9.9	0.200	89.8	6.0516	9.9	1.600	37.7	7.1289
9.9	0.260	82.9	6.1504	9.9	1.800	35.3	7.1824
9.9	0.300	79.1	6.2001	9.9	2.000	33.1	7.2900
9.9	0.340	75.8	6.2500	9.9	230.000	30.4	7.3441
9.9	0.400	71.6	6.3001	9.9	2.600	28.0	7.4529
9.9	0.440	69.1	6.3504	9.9	3.000	25.5	7.5625
9.9	0.500	65.8	6.4009	9.9	3.500	22.9	7.7284
9.9	0.540	63.9	6.4516	9.9	4.000	20.8	7.8400
9.9	0.580	62.0	6.5025	9.9	4.500	19.0	7.8961
9.9	0.620	60.3	6.5025	9.9	5.000	17.5	8.0089
9.9	0.660	58.9	6.5536	9.9	6.000	15.2	8.1796
9.9	0.700	57.3	6.6049	9.9	7.000	13.4	8.2944
9.9	0.740	55.9	6.6049	9.9	8.000	12.0	8.4100
9.9	0.780	54.6	6.6564	9.9	9.000	10.9	8.5264
9.9	0.820	53.4	6.6564	9.9	10.000	10.0	8.5649
9.9	0.860	52.2	6.7081	9.9	15.000	7.0	8.8804

附录H 常用介质材料参数表

材料参数	相对介电常数 ε_r		损耗角正切 $\tan\delta\times10^{-4}$		击穿强度/(kV/cm)	热传导率/[W/(cm²·℃)]	热膨胀系数/℃
	3GHz	10GHz	3GHz	10GHz			
空气	1.00	1.00	0	0	30	0.00024	—
聚四氟乙烯	2.08	2.10	4	4	300	0.00100	—
聚乙烯	2.26	2.26	4	5	300	0.00100	—
聚苯乙烯	2.55	2.55	5	7	300	0.00100	—
有机玻璃	—	2.72	—	15	—	—	—
石英	3.78	3.78	1	1	10×10^3	0.00800	0.55
氧化玻	—	6.40	—	2	—	2.50000	6.00
氧化铝 99%	—	9.00	—	1	4×10^3	0.30000	6.00
氧化铝 96%	—	8.90	—	6	4×10^3	0.30000	6.40
蓝宝石	—	9.30～11.70	—	1	4×10^3	0.40000	5.00～6.60

续表

材料参数	相对介电常数 ε_r		损耗角正切 $\tan\delta\times10^{-4}$		击穿强度 /(kV/cm)	热传导率 /[W/(cm² · ℃)]	热膨胀系数 /℃
	3GHz	10GHz	3GHz	10GHz			
砷化镓	—	13.00	—	60	300	0.30000	5.70
石榴石铁氧体	—	13.00～16.00	—	2	—	—	—
二氧化钛	—	85.00	—	40	—	—	8.30
金红石	—	100.00	—	4	—	—	—

附录 I　常用导体材料参数表

材料特性参量	电导率 σ/(S/m)	磁导率 μ/(H/m)	趋肤深度 δ/m	表面电阻 R_s/Ω
银	6.170×10^7	$4\pi\times10^{-7}$	$0.0641/\sqrt{f}$	$2.52\times10^{-7}\sqrt{f}$
紫铜	5.800×10^7	$4\pi\times10^{-7}$	$0.0661/\sqrt{f}$	$2.61\times10^{-7}\sqrt{f}$
金	4.100×10^7	$4\pi\times10^{-7}$	$0.0786/\sqrt{f}$	$3.10\times10^{-7}\sqrt{f}$
铝	3.820×10^7	$4\pi\times10^{-7}$	$0.0814/\sqrt{f}$	$3.22\times10^{-7}\sqrt{f}$
黄铜	1.570×10^7	$4\pi\times10^{-7}$	$0.127/\sqrt{f}$	$5.01\times10^{-7}\sqrt{f}$
焊锡	0.706×10^7	$4\pi\times10^{-7}$	$0.189/\sqrt{f}$	$7.49\times10^{-7}\sqrt{f}$

附录 J　部分习题答案

第 1 章

1-1　(1) 0.3～3GHz,10～1cm;

(2) 2.45GHz;

(3)“无线电窗口”;

(4)“微波技术”;

(5) 微波炸弹;

(6) 电磁波,电磁波

1-2　(略)

1-3　(略)

1-4　(略)

1-5　(略)

1-6　(略)

第 2 章

2-1　(1) TEM 波传输线、TE 波和 TM 波传输线(金属波导管)、表面波传输线(介质传输线);

(2) 电长度,0.05;

(3) 电报方程,微分方程;

(4) 特性阻抗、$Z_0=\dfrac{120}{\sqrt{\varepsilon_r}}\ln\dfrac{2D}{d}$、$Z_0=\dfrac{60}{\sqrt{\varepsilon_r}}\ln\dfrac{b}{a}$;

(5) 传播常数、相速度、等相位面;

(6) 电压与电流,$Z_{in}(z)=Z_0\dfrac{Z_L+jZ_0\tan\beta z}{Z_0+jZ_L\tan\beta z}$,$\lambda/4$,$\lambda/2$;

(7) 反射系数,传输系数;

(8) 电压驻波比,驻波比,电压驻波系数,行波系数;

(9) 行波状态,纯驻波状态,行驻波状态;

(10) 回波损耗,小,反射损耗,大;

(11) 感抗,容抗,纯电阻点,阻抗短路点(电压驻波节点),阻抗开路点(电压驻波腹点),阻抗匹配点,$\lambda/2$;

(12) 单支节调配器,解析法,史密斯圆图法

2-2 长线,短线

2-3 50Ω,66Ω,44Ω,0.67m

2-4 55.6Ω,1.85×10^{-7}H/m

2-5 $\Gamma_L=-0.2-j0.4=0.45\angle-116.56°$、VSWR=2.62,$Z_{in}=41.37+j39.65=57.3\angle43.78°$

2-6 (1) 3.08;

(2) $0.51e^{j74.3}$;

(3) (48−j64)Ω

2-7 25Ω

2-8 $82.4\angle64.3°$

2-9 160Ω,0.2W

2-10 ① $372.7\angle-26.56°$V;

② 138.89W;

③ $424.92\angle-33.69°$V

2-11 5.85,1.92

2-12 $0.707\angle-j135°$

2-13 (18.5+j24)Ω,(0.022−j0.026)S

2-14 (1) 75Ω,33.3Ω;(2) (60+j20)Ω;(3) 0.7cm (波腹),3.2cm(波节)

2-15 214.46Ω,0.043λ

2-16 $Z_L=322.87-j736.95$,支节位置为0.22λ(或0.08λ),支节长度为0.42λ(或0.08λ)

2-17 支节位置为0.396λ(或0.28λ),支节长度为0.432λ(或0.068λ)

2-18 支节位置为2.5cm(或0cm),支节长度为3.5cm(或6.5cm)

第3章

3-1 (1) TEM波,TE波和TM波,表面波;

(2) 截止波长,截止频率;

(3) 波导波长,波阻抗;

(4) TE_{00}导模,场量沿 x 轴(x 由 0 至 a)分布的半驻波数目(半周期数目),场量沿 y(y 为 0 至 b)分布的半驻波数目(半周期数目),TE_{10}模;

(5) 场沿圆周分布的整波数(整驻波个数),场沿半径方向分布的最大值的个数(半驻波个数),TM_{m0};

(6) 模式简并,极化简并,TE_{0n},TM_{1n},TE_{0n},TM_{0n};

(7) TE_{11},TM_{01},TE_{01};

(8) TEM 导波,TE,TM;

(9) 3.6,77; 2.72,60; 1.65,30; 2.303,50;

(10) 产生电磁场的各种模式,电激励,磁激励,直接过渡

3-2 1.5cm$<a<$3cm,$b<$1.5cm; 假设 a=2cm,b=1cm,则 $v_p=4.54\times10^{10}$ cm/s,$v_g=1.98\times10^{10}$ cm/s,λ_g=4.54cm

3-3 $t=\beta l/\omega=2.53\times10^{-7}$ s

3-4 λ=1.5cm,TE_{10}、TE_{20}、TE_{01}、TE_{11}、TM_{11}、TE_{30}、TE_{21}、TM_{21}; λ=1.53cm,TE_{10}; λ=5cm,无

3-5 5.97MW

3-6 (1) 6.5GHz$<f<$13GHz;

(2) 加载(使第一高次模与主模的截止频率间隔加大,如脊波导)

3-7 (1) 12.9679cm,9.9283cm,6.2312cm;

(2) 15.7067cm;

(3) 2.31GHz$<f<$3.02GHz

3-8 8cm 时 TE_{11}; 6cm 时 TE_{11}、TM_{01}; 3cm 时 TE_{11}、TM_{01}、TE_{21}、TM_{11}、TE_{01}、TE_{31}、TM_{21}

3-9 1.47cm$<R<$1.91cm,可取 1.7cm

3-10 3.71mm,7.72mm

3-11 15.77mm

3-12 TEM、TE_{11}、TE_{21}

3-13 D=17.69cm,d=7.69cm; 14.03cm,4.03cm

第 4 章

4-1 (1) 准 TEM 波传输线、非 TEM 波传输线、开放式介质波导传输线、半开放式介质波导;

(2) 三板线,TEM 模;

(3) 准 TEM 模、准静态法、色散模型法、全波分析法;

(4) 不对称,对称,奇模激励,偶模激励;

(5) TE_{mn},TM_{mn},TE_{0n},TM_{0n},HE_{mn},EH_{mn},HE_{11};

(6) LSM,LSE;

(7) E_{mn}^y,E_{mn}^x,E_{mn}^x,E_{mn}^y,E_{11}^y;

(8) 高锟，光频率的介质纤维表面波导；

(9) TE_{0n}、TM_{0n} HE_{mn}、EH_{mn}、HE_{11}；

(10) 光波波长 λ_g、折射率分布因子 g、数值孔径 NA

4-2　77.3Ω，20GHz

4-3　(1) 7.086，29.4Ω；

(2) 1.127×10^8 m/s，1.88cm

4-4　0.925，3.57，37Ω

4-5　0.56dB/m

4-6　1mm，19.76mm

4-7　17.6Ω，29.1Ω；1.46×10^8 m/s，1.26×10^8 m/s；15.6mm，13.3mm

4-8　(1) $D<3.62\mu$m；

(2) $NA=0.1738,\theta\leqslant10°$

第5章

5-1　(1) 网络分析，网络综合；

(2) 场描述，等效电路描述，网络参数矩阵描述；

(3) $\int e_k\times h_k\cdot dS=1,\dfrac{e_k}{h_k}=\dfrac{Z_w}{Z_{ek}}$；

(4) 对称的，$Z_{ij}=Z_{ji}$、$Y_{ij}=Y_{ji}$，纯虚数；

(5) $AD-BC=ad-bc=1$，$A=D$ 或 $a=d$，各单个二端口网络 **ABCD** 矩阵之积；

(6) 普通散射参数，广义散射参数；

(7) 入射电压波，出射电压波；

(8) $\begin{cases}V_i(z)=\sqrt{Z_{0i}}(a_i+b_i)\\ I_i(z)=\dfrac{1}{\sqrt{Z_{0i}}(a_i-b_i)}\end{cases}$ 或 $\begin{cases}a_i=\dfrac{1}{2}\left[\dfrac{V_i(z)}{\sqrt{Z_{0i}}}+\sqrt{Z_{0i}}I_i(z)\right]\\ b_i=\dfrac{1}{2}\left[\dfrac{V_i(z)}{\sqrt{Z_{0i}}}-\sqrt{Z_{0i}}I_i(z)\right]\end{cases}$

(9) $S_{ij}=S_{ji}$ 或 $[\boldsymbol{S}]=[\boldsymbol{S}]^t$；$S_{ij}=S_{ji},S_{ii}=S_{jj}$；$[\boldsymbol{S}]^t[\boldsymbol{S}]^*=[\boldsymbol{S}]$ 或 $[\boldsymbol{S}]^+[\boldsymbol{S}]=[E]$；不变性；

(10) $T_{21}=-T_{12},T_{11}T_{22}-T_{12}T_{21}=0$

5-2　$\begin{bmatrix}\boldsymbol{A}&\boldsymbol{B}\\ \boldsymbol{C}&\boldsymbol{D}\end{bmatrix}=\begin{bmatrix}\cos\theta-B_0Z_0\sin\theta & \mathrm{j}Z_0\sin\theta\\ 2\mathrm{j}B_0\cos\theta+\mathrm{j}\sin\theta/Z_0-\mathrm{j}B_0^2Z_0\sin\theta & \cos\theta-B_0Z_0\sin\theta\end{bmatrix}$，$2Y_0\cot\theta$

5-3　(1) $\rho_1=\dfrac{1+|S_{11}|}{1-|S_{11}|}$；

(2) $\Gamma_1=\dfrac{b_1}{a_1}=S_{11}+\dfrac{S_{12}S_{21}\Gamma_2}{1-S_{22}\Gamma_2}$；

(3) $\rho_2=\dfrac{1+|S_{22}|}{1-|S_{22}|}$

5-4　是互易网络，不是无耗网络；$\Gamma_1=0.633,L_r=2.23$dB

5-5　$Z_{in}=\dfrac{Z_0(1-BX)+\mathrm{j}(2X-1/B)}{(1-BX)+\mathrm{j}BZ_0}$，$X=Z_0,B=1/Z_0$

5-6 $[\boldsymbol{S}]=\begin{bmatrix}-\mathrm{j}0.2 & 0.98\\ 0.98 & -\mathrm{j}0.2\end{bmatrix}$

5-7 $[a]=\begin{bmatrix}-1 & \mathrm{j}\\ 0 & -1\end{bmatrix}$，$[\boldsymbol{S}]=\begin{bmatrix}\dfrac{\mathrm{j}}{2+\mathrm{j}} & \dfrac{-2}{2+\mathrm{j}}\\ \dfrac{-2}{2+\mathrm{j}} & \dfrac{\mathrm{j}}{2+\mathrm{j}}\end{bmatrix}$

5-8 $\Gamma_{\mathrm{in}}=S_{11}+\dfrac{S_{12}S_{21}\Gamma_L}{1-S_{22}\Gamma_L}$

5-9 $[\boldsymbol{S}']=\begin{bmatrix}S_{11} & S_{12} & -S_{13}\\ S_{21} & S_{22} & -S_{23}\\ -S_{31} & -S_{32} & S_{33}\end{bmatrix}$

第6章

6-1 (1) 波导型、同轴线型、微带线型；

(2) 接触式、扼流式；

(3) 感性膜片、容性膜片、谐振窗；

(4) 反射计、作固定衰减器；

(5) E-T、H-T；

(6) 谐振波长 λ_0(或谐振频率 f_0)、品质因数 Q_0、损耗电导 G；

(7) TE_{101} 模，$\lambda_{0\mathrm{TE}_{101}}=\dfrac{2al}{\sqrt{a^2+l^2}}$；

(8) TE_{111} 模式、TM_{010} 模、$2.61a$；

(9) 铁氧体(Ferrite)；

(10) 反向器、谐振式、场移式

6-2 $\Gamma=0.32\mathrm{e}^{-\mathrm{j}0.6\pi}$，$b=0.67$

6-3 $b_1=0.57\mathrm{cm}$ 或 $b_1=1.75\mathrm{cm}$

6-4 $d=11.39\mathrm{mm}$

6-5 (1) 三个匹配，端口②和③相互隔离，互易对称有耗元件；

(2) 不等分的电阻性功率分配元件

6-6 $\varepsilon_r'=1.6$，$l=\lambda_g/4=0.67\mathrm{cm}$

6-7 $|\Gamma_{\mathrm{in}}|=\dfrac{1}{2}\left|\dfrac{\sin\beta l}{\beta l}\right|\ln\overline{Z_l}$

6-8 $P_3=0.0125\mathrm{W}$，$P_4=5\times10^{-5}\mathrm{W}$，$P_2=24.9875\mathrm{W}$

6-9 $Z_{0e}=59.8\Omega$，$Z_{0o}=41.8\Omega$

6-10 (略)

6-11 (1) $S_\alpha=\begin{bmatrix}0 & \mathrm{e}^{-\alpha l}\\ \mathrm{e}^{-\alpha l} & 0\end{bmatrix}$

(2) $S_\theta=\begin{bmatrix}0 & \mathrm{e}^{-\mathrm{j}\theta}\\ \mathrm{e}^{-\mathrm{j}\theta} & 0\end{bmatrix}$

(3) $[\boldsymbol{S}]=\begin{pmatrix}0 & 0\\ 1 & 0\end{pmatrix}$

(4) $[\boldsymbol{S}]=\frac{1}{\sqrt{2}}\begin{pmatrix}0 & 0 & 1 & 1\\ 0 & 0 & 1 & -1\\ 1 & 1 & 0 & 0\\ 0 & -1 & 0 & 0\end{pmatrix}$

6-12 （略）

6-13 7.68cm，$Q_0=2125$

6-14 $f_{0\mathrm{TM}_{010}}=2.29\mathrm{GHz}$，$Q_{0\mathrm{TM}_{010}}=12587.5$，$f_{0\mathrm{TE}_{111}}=2.16\mathrm{GHz}$，$Q_{0\mathrm{TE}_{111}}=13472.5$

6-15 $D=12.20\mathrm{cm}$

6-16 $a=1.77\mathrm{cm}$

6-17 $Q_{空气}=2380$，$Q_{聚四氟乙烯}=1218$

6-18 入纸面

6-19 （略）

第7章

7-1 (1) 导波能量、电磁场能量；

(2) 感应场、辐射场；

(3) 方向系数 D、增益系数 G；

(4) 有效接收面积 A_e、等效噪声温度 T_a；

(5) 线极化天线、圆极化天线、椭圆极化天线；

(6) 视距；

(7) 天线方向图；

(8) 主瓣宽度、半功率波瓣宽度、零功率波瓣宽度；

(9) 互易；

(10) 天线有效长度

7-2 （略）

7-3 1.59mV/m

7-4 $7.96\mathrm{m}^2$

7-5 (1) $\sqrt{5}:2\sqrt{2}$；

(2) $2\sqrt{2}:\sqrt{5}$，$1:1$

7-6 $2\theta_{0.5}=180°$

7-7 $P_r=2.63\times10^{-9}\mathrm{W}$

7-8 （略）

7-9 1.03m，1.27m

7-10 $2\theta_{0.5}=80°$

第8章

8-1 (1) 方向图乘积定理；

(2) 元因子；

(3) 阵因子；

(4) 边射阵；

(5) 端射阵；

(6) 扫描相控阵；

(7) 波长缩短效应；

(8) $d<\lambda$；$d<\lambda/2$；$d<\dfrac{\lambda}{1+|\cos\varphi_m|}$；

(9) $2\theta_0\approx\dfrac{2\lambda}{Nd}=\dfrac{2\lambda}{L}$；$2\theta_{0.5}\approx0.886\dfrac{\lambda}{Nd}=0.886\dfrac{\lambda}{L}$；

(10) $2\theta_0\approx2\sqrt{\dfrac{2\lambda}{Nd}}=2\sqrt{\dfrac{2\lambda}{L}}$；$2\theta_{0.5}\approx2\sqrt{0.886\dfrac{\lambda}{Nd}}=2\sqrt{0.886\dfrac{\lambda}{L}}$

(11) 反射器、有源振子、引向器；

(12) 73.1Ω，1.64

8-2　$|f_H(\varphi)|=\left|\cos\dfrac{\pi}{4}(\cos\varphi+1)\right|$；$|f_E(\theta)|=\left|\dfrac{\cos\left(\dfrac{\pi}{2}\cos\theta\right)}{\sin\theta}\right|\left|\cos\dfrac{\pi}{4}(\sin\theta-1)\right|$

8-3　11.5mW/m

8-4　0.76μW

8-5　20m

8-6　(略)

8-7　60°

8-8　(1) $|F(\psi)|=\left|\dfrac{\sin(3\psi)}{6\sin(\psi/2)}\right|$；

(2) 边射阵：$|F(\psi)|=\dfrac{1}{6}\left|\dfrac{\sin(3\cos\varphi)}{\sin\left(\dfrac{\pi}{2}\cos\varphi\right)}\right|$，端射阵：$|F(\psi)|=\dfrac{1}{6}\left|\dfrac{\sin3\pi(\cos\varphi+1)}{\sin\dfrac{\pi}{2}(\cos\varphi+1)}\right|$

8-9　1m，0.0192Ω

8-10　$G=3\sin^2\theta, D=3$；$R_\Sigma=40N^2\pi^2\left(\dfrac{2\pi b}{\lambda}\right)^2$

8-11　$2\varphi_{0.5}=12.75°, 2\theta_{0.5}=17°, D=120\sim144$

8-12　(略)

8-13　(略)

8-14　43°，11.7

8-15　65−j1.1

第9章

9-1　(1) 远大于；

(2) 电基本振子，磁基本振子；

(3) $\theta=0°$；

(4) 馈源，反射面组；

(5) 主反射面，副反射面，馈源；

(6) 惠更斯-菲涅尔原理

9-2 （略）

9-3 （略）

9-4 3.2m

9-5 $G=2982$

9-6 $71.6\lambda^2$

9-7 (1) $F_H(\theta)=\left|\frac{\cos\left(\frac{ka}{2}\sin\theta\right)}{1-\left(\frac{ka}{2}\sin\theta\right)^2}\right|\left|\frac{1+\cos\theta}{2}\right|$；

(2) $2\theta_{0.5}=68°\frac{\lambda}{a}$；

(3) $\theta=\arcsin\left(1.5\frac{\lambda}{a}\right)$；

(4) −23dB

9-8 （略）

9-9 (1) $\frac{f}{D}=2726$；

(2) $v=0.99$；

(3) $G=1.7\times10^4 D$

9-10 $D=1700, v=0.99$

9-11 $f_e=4.86\text{m}$

9-12 （略）

9-13 （略）

参考文献

[1] 廖承恩.微波技术基础[M].西安：西安电子科技大学出版社，1994.

[2] 刘学观，郭辉萍.微波技术与天线.4版[M].西安：西安电子科技大学出版社，2016.

[3] 张瑜，郝文辉，高金辉.微波技术及应用[M].西安：西安电子科技大学出版社，2006.

[4] 王新稳，李萍.微波技术与天线[M].北京：电子工业出版社，2004.

[5] 郭辉萍，曹洪龙，刘学观.《微波技术与天线(第三版)》学习指导与实验教程[M].西安：西安电子科技大学出版社，2013.

[6] 龙光利.微波串并联短路单支节调配器的分析[J].江苏技术师范学院学报.2004，10(2)：43-47.

[7] 赵春晖，张朝柱，廖艳苹.微波技术学习与解题指南[M].北京：高等教育出版社，2008.

[8] 阎润卿，李英惠.微波技术基础[M].北京：北京理工大学出版社，1988.

[9] 曹祥玉，高军.微波技术与天线[M].西安：西安电子科技大学出版社，2008.

[10] 姚中兴，黄立伟.微波技术与天线[M].西安：西安电子科技大学出版社，1999.

[11] 傅文斌.微波技术与天线[M].北京：机械工业出版社，2013.

[12] 宋峥，张建华.天线与电波传播[M].西安：西安电子科技大学出版社，2003.

[13] 周朝栋，王元坤，杨恩耀.天线与电波[M].西安：西安电子科技大学出版社，1994.

图书资源支持

感谢您一直以来对清华版图书的支持和爱护。为了配合本书的使用，本书提供配套的资源，有需求的读者请扫描下方的“书圈”微信公众号二维码，在图书专区下载，也可以拨打电话或发送电子邮件咨询。

如果您在使用本书的过程中遇到了什么问题，或者有相关图书出版计划，也请您发邮件告诉我们，以便我们更好地为您服务。

我们的联系方式：

地　　址：北京海淀区双清路学研大厦 A 座 707

邮　　编：100084

电　　话：010－62770175－4604

资源下载：http://www.tup.com.cn

电子邮件：weijj@tup.tsinghua.edu.cn

QQ：883604（请写明您的单位和姓名）

资源下载、样书申请

书圈

用微信扫一扫右边的二维码，即可关注清华大学出版社公众号“书圈”。